U0938934

高等院校 EDA 系列教材

控制系统的虚拟仪器仿真

郭天石　编著

机 械 工 业 出 版 社

本书采用 MATLAB 与 LabVIEW 相结合的方法设计控制系统特性虚拟仿真分析仪。本书共分 6 章。在对控制系统时域、频域、稳定性及性能指标与校正的仿真分析中，突出虚拟仿真分析仪的仪器性、动态性、交互性和对系统参数选择的指导性。本书配有全书所有虚拟仿真仪程序代码，可从机械工业出版社网站上下载，所有仿真须在 MATLAB 6.5 及以上、LabVIEW 8.2及以上版本下运行。虚拟仿真仪可对实用工程对象模型进行仿真，并且可移植。

本书可供测控技术与仪器类各专业、控制类和电子信息类各专业以及相关专业的本科生和研究生参考，也可供相关专业教师及工程技术人员用做研究开发虚拟仪器及仿真技术时参考。

图书在版编目（CIP）数据

控制系统的虚拟仪器仿真/郭天石编著. —北京：机械工业出版社，2011.10

高等院校 EDA 系列教材

ISBN 978-7-111-35881-7

Ⅰ.①控… Ⅱ.①郭… Ⅲ.①控制系统－计算机仿真－虚拟仪表－高等学校－教材 Ⅳ.①TH86

中国版本图书馆 CIP 数据核字（2011）第 188896 号

机械工业出版社（北京市百万庄大街 22 号 邮政编码 100037）

策划编辑：李馨馨 责任编辑：李馨馨 赵东旭

版式设计：霍永明 责任校对：刘怡丹

责任印制：杨 曦

北京中兴印刷有限公司印刷

2012 年 1 月第 1 版第 1 次印刷

184mm × 260mm · 18.75 印张 · 459 千字

0 001 —3 000 册

标准书号：ISBN 978-7-111-35881-7

定价：39.00 元

凡购本书，如有缺页、倒页、脱页，由本社发行部调换

电话服务	网络服务
社服务中心：(010) 88361066	门户网：http：//www.cmpbook.com
销售一部：(010) 68326294	
销售二部：(010) 88379649	教材网：http：//www.cmpedu.com
读者购书热线：(010) 88379203	**封面无防伪标均为盗版**

前言

近年来，控制系统的计算机仿真技术发展迅速。仿真技术的发展在促进控制理论研究向前拓展的同时，极大地促进了实际工程控制系统的设计和开发。控制系统的仿真已经成为新型控制技术走向实际应用、新型控制设备投入实际运行之前的一个不可或缺的手段。

以计算机为核心的现代测试及控制仪器正经历着数字化、智能化、虚拟化和网络化的发展进程。智能程度不断提高的虚拟仪器既是现阶段仪器发展的重大成果，也是仪器网络化的前提，是方兴未艾的物联网（传感网）技术中信息感知获取、加工处理、变换传输的重要组成部分。

控制系统的仿真和仪器虚拟化都依托于计算机技术，特别依赖于支撑这两项技术的工程软件。仿真技术中最有效的软件是功能强大的 MATLAB 软件，支持虚拟仪器技术的代表性软件是美国 NI 公司（美国国家仪器公司）开发的 LabVIEW。

将 MATLAB 软件和 LabVIEW 软件结合起来，在一台计算机上可以设计出能对控制系统各项性能进行仿真分析的虚拟仪器。这种虚拟仿真仪既具有 MATLAB 软件对于控制系统各项性能进行分析的巨大功能，又具有“软件即仪器”的虚拟仪器的强大功能，能够实现对控制系统参数的设定与调节，对控制系统中各种特征量的测量、显示、输出和存储，从而让用户使用自己设计的仪器实现对控制系统真正意义上的动态仿真。

本书以控制系统作为研究对象，将 MATLAB 软件和 LabVIEW 结合起来，融合它们各自在控制功能和仪器功能方面的长处，构筑起控制系统动态仿真的虚拟仪器平台。读者既可以下载本书提供的、已经实际运行通过的各个仿真仪程序对自选的控制系统进行仿真，同时也可以借鉴、移植、修改这些仿真仪程序，设计出自己的仿真仪，从这个意义上说，本书也可作为控制系统虚拟仿真仪的设计工具。

全书共分 6 章。

第 1 章，控制系统模型描述及仿真，介绍了连续传递函数、离散传递函数和状态空间模型中常用的生成命令、相互转换命令及其虚拟仿真仪的构成与运行。

第 2 章，控制系统时域特性的分析与仿真，介绍了典型输入及其组合信号，介绍在这些典型信号激励之下，单输入单输出（SISO）连续与离散系统、多输入多输出（MIMO）连续与离散状态空间模型的时域响应分析与仿真。

第 3 章，线性控制系统频域特性的分析与仿真，介绍了频率特性分析中的伯德图、奈奎斯特图、尼柯尔斯图和根轨迹图。在介绍离散系统频率特性时，分别介绍了真实和虚拟两种频率特性描述方法，最后介绍系统时域和频域性能指标的相互关系。

第 4 章，控制系统的稳定性分析与仿真，主要介绍了连续线性系统的劳斯判据、赫尔维茨判据、中国学者谢绪凯提出的稳定性判据、奈奎斯特判据和对数判据，同时也介绍了离散系统稳定性的判别方法。最后介绍了状态空间模型稳定性及李亚普诺夫稳定性的判别与仿真。

第5章，控制系统的性能仿真分析。本章围绕“稳、准、快”三种性能，介绍在典型信号激励下，不同类型控制系统的时域和频域性能指标，其中包括时域稳态误差指标、时域快速性动态指标、频域中的相对稳定性指标、闭环频率特性指标和频域时域性能指标的关系。

第6章，控制系统的校正分析与仿真。本章着重介绍最常用的相位超前、相位滞后、相位滞后——超前和PID等串联校正方法，最后介绍了计算机控制中针对纯滞后系统的大林算法和史密斯预估器校正的设计与仿真。

书中所有虚拟仿真仪的程序代码可在机工教育服务网（www. cmpedu. com）上下载。程序代码可直接在装有MATLAB 6.5及以上版本，LabVIEW 8.2及以上版本软件的计算机上运行。读者可以输入自己的实用工程对象参数替代仿真示例参数进行仿真分析，也可移植程序代码设计新的虚拟仿真仪。

在本书成书过程中，得到了四川理工学院机械学院的多方面支持和鼓励，特别感谢测控技术及仪器系柳忠彬、杨大志、韩采芹、陶跃珍和其他老师的鼎力帮助，也得到了测控专业及相关专业学生的互动启发，在本书落稿之时，作者谨表谢忱。

由于作者水平有限，错误和不妥之处在所难免，恳请各位读者不吝赐教。

作　者

目　录

绪　论

本书讨论控制系统特性的动态仿真问题。仿真对象涉及控制系统的多种描述模型，包括经典传递函数模型、状态空间模型、连续和离散系统模型、线性系统和非线性系统模型描述等。所有讨论仅从仿真实际需要出发，引用控制理论的若干结论，而不着重于对控制理论本身的论述与介绍。

本书讨论的动态仿真是在 MATLAB[1] 和 LabVIEW[2] 两种软件环境下进行的。撰写本书的初衷，或者说本书有别于其他仿真书籍的地方，是突出了控制系统仿真技术的仪器性、动态性、交互性和对系统参数选择的指导性。因此，与未对控制理论本身进行详细论述类似，本书同样未对上述两种软件进行专门介绍。一则因为这方面的文献书籍很多，可供参考的资料较多，同时作者认为，读者已经具有控制理论、MATLAB 和 LabVIEW 应用这方面的基础。

下面通过一个简单的仿真实例初步领略一下虚拟仿真仪的特点和优势。

【例 0-1】 仿真二阶控制系统阻尼比 ξ 和固有频率 ω_n 对其单位阶跃响应的影响。

设典型二阶系统为

$$G(s)=\frac{\omega_n^2}{s^2+2\xi\omega_n s+\omega_n^2} \tag{0-1}$$

通常使用 MATLAB 软件进行仿真。MATLAB 问世以来，随着它本身功能的不断增强，已被业界作为控制系统计算机仿真的基本软件。所以，下面首先使用 MATLAB 仿真阻尼比 ξ 对其单位阶跃响应的影响。程序代码为

```
i =1;
for del =0.1:0.2:0.9;
    num =1;
    den =[1 2 * del 1];
    step(tf(num,den),30),grid
    hold on,
    i =i +1;
end
```

程序中设式（0-1）所示二阶系统的固有频率 $\omega_n=1$，阻尼比 ξ 分别等于 0.1、0.3、0.5、0.7、0.9。运行该程序立即获得如图 0-1 所示的仿真曲线簇。

仿真图绘制了固有频率固定的情况下，对应 5 个 ξ 值的“静止”单位阶跃响应曲线。响应的特征量，例如超调，随阻尼比变化的趋势清晰可见，即阻尼比越小，超调越大，系统振荡性越强。这是图 0-1 的优势，显示了 MATLAB 软件在控制系统仿真方面的强大能力。但也明显存在着不足。

第一，不具仪器性。首先是不能在图形面板上随意调节阻尼比（或固有频率）。要想获

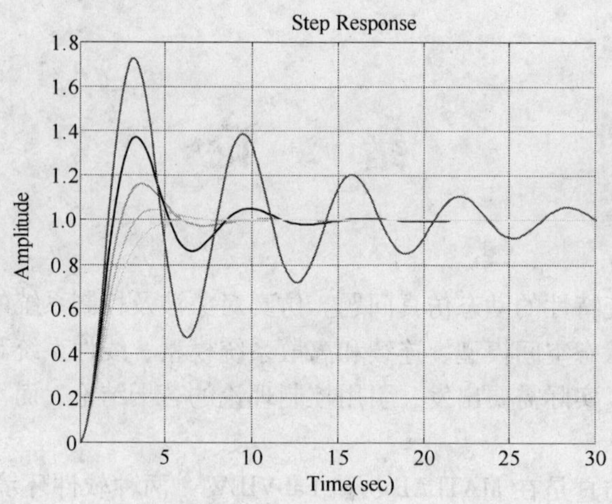

图 0-1　二阶系统阻尼比 ξ 对单位阶跃响应的影响仿真图

得程序设定的 5 个值以外的阻尼比对系统响应的影响，只能修改程序代码。其次，虽然可以使用鼠标单击测量曲线上一点的纵横坐标，但难以保证测量的准确性。既不能在面板上调节参数，也不方便测量，丧失了测量仪器的基本特征。

第二，不具动态性。图 0-1 所获得的是 5 条静止的响应曲线。阻尼比对二阶系统响应的影响是从静止仿真曲线上分析得到的，实际上是一种“静态仿真”。虽然可以采用其他手段使仿真曲线随阻尼比的变化而动态变化，但程序显得复杂，调整仍不方便。实际要求像调节音量一样，使系统响应曲线随着阻尼比旋钮的变化而动态变化，实现真正意义上的“动态仿真”。

第三，与图形面板不具交互性。程序代码一旦编制，赋值参数即被固定，仿真结果只由程序代码决定，一旦运行，仿真结果即被程序代码“凝固”。用户只能“被迫”接受这一结果，而不能从仿真曲线图面板上改变系统参数，不能进行干预。

第四，对系统参数选择的指导性不强。仿真的重要目的是研究系统参数变化对系统性能的影响，以便选择符合实际需要的参数，优化系统性能。在图 0-1 的仿真中，阻尼比变化步长较大（例 0-1 中为 0.2），致使各条响应曲线之间变化跨度大，难以通过仿真曲线的指导细致选择合适的系统参数。虽然可以通过修改程序代码减小参数变化步长，获得变化更为精细的仿真曲线簇，但仿真曲线簇越精细，分布越密，选择误差反而变大，选择参数的准确性反而变低。如果能使系统参数近于连续变化，系统的仿真曲线（而非曲线簇）也随之“捆绑式”变化，根据仿真曲线的数据选择系统参数就更准确，也更容易。

如果将 MATLAB 脚本嵌入 LabVIEW 之中，构成虚拟仿真仪器，则可以克服上述“静态”仿真的不足。

基于 LabVIEW 的虚拟仪器由前面板和程序面板组成[3],[4]。前面板类似于传统仪器的面板，但具有比传统仪器更强大的功能和更灵活的布局。可以根据个人的需求和风格，在计算机屏幕上设置、摆放和修饰控件与显示件，实现对控制参数的设定与调节，以及被测量的显示、测量、输出和存储。

虚拟仪器的程序面板类似于传统仪器内部实现各种功能的电路硬件。在虚拟仪器中，这些功能是依靠软件，通过编制符合软件语法规则的程序（流程），与前面板构成一个整体来实现的。这就是通常所说的“软件即仪器”的含义。

式（0-1）所示系统的动态虚拟仿真仪程序见配套程序中的 shili00_01. vi 文件。仿真运行时前面板如图 0-2 所示，程序流程图面板如图 0-3 所示。

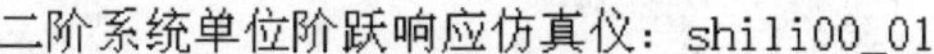

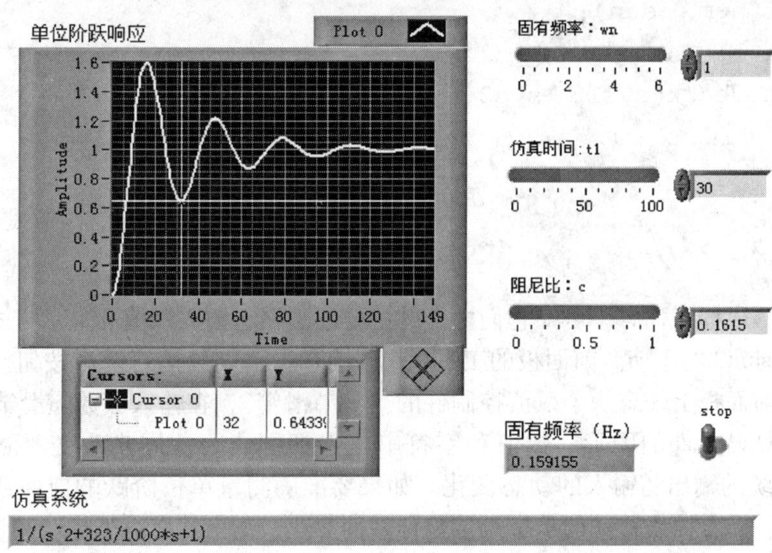

图 0-2　二阶系统单位阶跃响应动态仿真仪前面板图

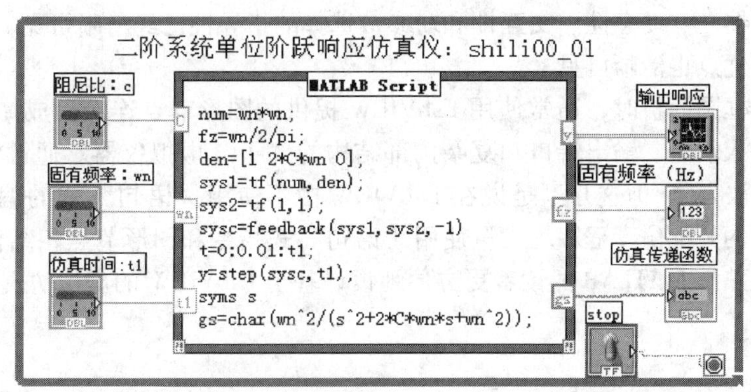

图 0-3　二阶系统单位阶跃响应动态仿真仪程序流程面板图

前面板上的控制件包括：固有频率调节件、阻尼比调节件和仿真时间调节件，如图 0-2 所示。

前面板上的显示件包括：示波器屏幕（图形显示）、固有频率（以 Hz 为单位，数字显示）、仿真系统（传递函数表达式，字符串显示）。

程序框图面板如图 0-3 所示。将 MATLAB 脚本嵌入 LabVIEW 的 While 环中，所有控制件作为 MATLAB 脚本的输入端口，脚本内部 MATLAB 程序代码的控制变量（固有频率 ω_n、阻尼比 ξ、仿真时间 t）由前面板相应控制件赋值输入。所有显示器件作为 MATLAB 脚本的输出端口，显示程序运行结果。MATLAB 脚本内的程序代码为

程序 shili00_01

```
num = wn * wn;
fz = wn/2/pi;
den = [1  2 * C * wn  0];
sys1 = tf(num,  den);
sys2 = tf(1,  1);
sysc = feedback(sys1,  sys2,  -1)
t = 0:  0.01:  t1;
y = step(sysc,  t);
syms s
gs = char(wn^2/(s^2 + 2 * C * wn * s + wn^2));
```

对比上述两段程序代码，可知它们之间的主要区别在于输入赋值和显示方式不同。

运行程序 shili00_01. vi。前面板的工具栏上设有单次和连续运行两个按钮。按下连续运行按钮，拖动前面板上任意一个赋值控制件的“调节滑竿”，在输入参数随滑竿“连续”改变的同时，可见显示件的图形、数值和字符串也“捆绑式”地同步改变，形象地仿真式(0-1) 所示系统的输出随输入的动态变化。如果要准确测量单位阶跃响应曲线上某时刻的幅值，可以使用沿着曲线移动的十字测量坐标系的方法，测出其横纵坐标。测量精度在一定范围内取决于仿真时间步长（横坐标分格）。

通过连续运行和改变系统参数，像 shili00_01. vi 这样仅具有虚拟仪器基本特征的仿真仪所表现出来的仪器性、动态性、交互性和对参数选择的指导性已经清晰可见。虚拟仪器仿真较之传统仿真的优点也清晰可见。

在构成程序框图面板时，通常使用 LabVIEW 提供的图形节点连接而成。图形节点实际上是一个具有输入端口、输出端口和复杂内部结构的“子”虚拟仪器。通常将 LabVIEW 称为“G（图形）语言”，但这并不是说在 LabVIEW 中不使用“语句”式的编程方式。上述实例，以及本书的其他仿真程序均大量使用“语句”式指令和图形节点相结合的编程方法。这样做，可以使熟悉 MATLAB 的读者更方便地设计基于 LabVIEW 的虚拟仿真仪。

第1章　控制系统模型描述及仿真

在 MATLAB 语言中，控制系统的传递函数通常有分子分母多项式降幂系数行矢量、零极点增益和以 s 为自变量的（有理）分式等3种形式，这些描述形式可以相互转换。构造传递函数的模型可以使用不同的命令，有的形式可以在程序中进行代数运算，有的形式不可以进行代数运算，在编程时要加以注意。本章分别介绍了连续系统的传递函数、离散系统的传递函数和连续系统状态空间模型中常用的 MATLAB 生成命令、相互转换命令以及运行结果。这些命令大都使用 LabVIEW 中的 MATLAB 脚本节点构成虚拟仪器进行计算分析和仿真。仿真实例中的模型参数可以随机赋值，也可通过输入数组或簇由仪器前面板输入。

1.1　连续系统的传递函数模型

1.1.1　连续系统传递函数模型的描述方法

传递函数有理分式模型的通式为

$$G(s)=\frac{\sum_{i=0}^{m} b_i s^i}{\sum_{j=0}^{n} a_j s^j} \Rightarrow \frac{\text{num}}{\text{den}} \qquad (n \geqslant m) \tag{1-1-1}$$

传递函数零极点增益模型的通式为

$$G(s)=\frac{K\prod_{i=1}^{m}(s+z_i)}{s^v\prod_{j=1}^{n-v}(s+p_j)} \qquad (n \geqslant m) \tag{1-1-2}$$

在编写程序时，常常表述为分子分母 s 多项式降幂系数行矢量形式。

【例1-1】　设传递函数为

$$G(s)=\frac{b_1 s+b_0}{a_3 s^3+a_2 s^2+a_1 s+a_0} \tag{1-1-3}$$

用不同的方法求出零极点和增益。程序如 shili01_01. vi 所示。

程序 shili01_01

```
% 求取传递函数的零极点增益
num = [b1 b0];% 分子系数
den = [a3 a2 a1 a0];% 分母系数
sys = tf(num,den);% 有理分式
[Z,P,K] = tf2zp(num,den);% 零极点增益数值
```

```
P01 = P(1,:);
P02 = P(2,:);
P03 = P(3,:);
d_s = zpk('s')% 构造零极点增益自变量 s
sys_s = (b1 * d_s + b0)/(a3 * d_s^3 + a2 * d_s^2 + a1 * d_s + a0);
                                    % 零极点增益表达式
[Z1,P1,K1] = zpkdata(sys_s,'v');% 由表达式反求零极点增益数值
P11 = P1(1,:);
P12 = P1(2,:);
    P13 = P1(3,:);
    ee1 = norm(Z1 -Z);% 两种算法的误差
    ee2 = norm(P1 -P);
    ee3 = norm(K1 -K);
end
```

待定参数 b1、b0、a3、a2、a1、a0 由用户在虚拟仪器面板上自行设定。传递函数零极点增益模型的前面板和框图面板分别如图 1-1-1 和图 1-1-2 所示。

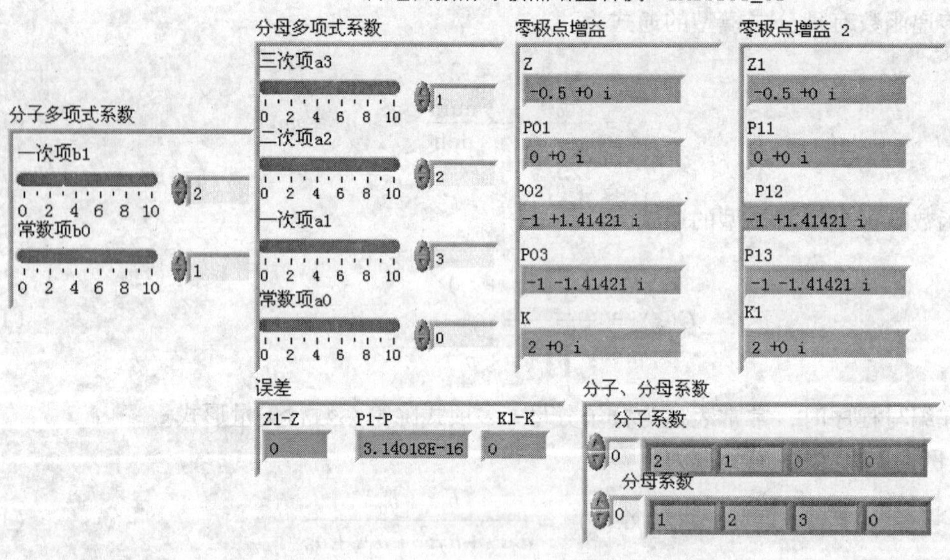

图 1-1-1　程序 shili01_01 前面板

由于 MATLAB 在非符号工具箱中传递函数系数不支持符号参数，因此为待定系数赋值的功能由用户在虚拟仪器前面板上完成。这种赋值功能可以在连续运行程序时，通过连续调节数值滑竿进行，因此称这种赋值方式为“动态赋值”。在进行动态赋值时，对应的零极点增益随着滑竿的移动而“捆绑式”变化。

选择如图 1-1-1 所示参数运行程序。如果在 MATLAB 的命令窗口输入 sys 和 sys_s，则

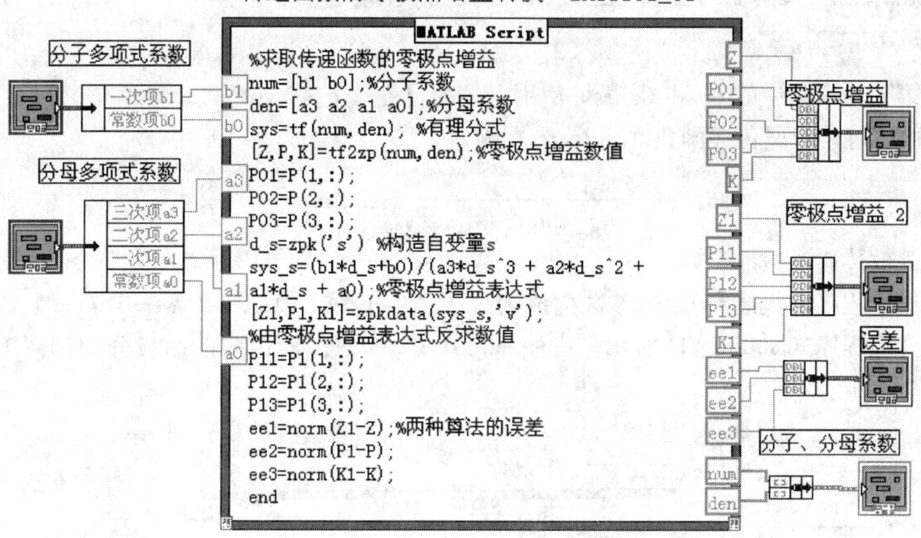

图 1-1-2 程序 shili01_01 框图面板

可以分别获得赋值后的有理分式和零极点增益模型，见式（1-1-4）和式（1-1-5）。

$$\frac{2s+1}{s\hat{}3+2s\hat{}2+3s} \tag{1-1-4}$$

$$\frac{2(s+0.5)}{s(s\hat{}2+2s+3)} \tag{1-1-5}$$

命令 d_s = zpk（'s'）可以生成连续传递函数的自变量 s，可以使用 d_s 代替 s，像书写代数式一样书写传递函数表达式，这种表达式具有零极点增益形式，而且可以在程序中进行代数运算。例如程序 shili01_01 中的表达式 sys_s 就是用 d_s 代替 s 构成的，运行结果为式（1-1-5）。显然 sys_s 中含有一个实极点和一对复共轭极点，这是一个很有用的命令。

命令

```
[Z1,P1,K1] = zpkdata(sys_s, 'v')
```

可以直接求取零极点和增益。

程序 shili01_01a 使用命令 char 可以在前面板上显示出传递函数的字符串表达式。

1.1.2 传递函数框图的处理

用框图可以方便地表示传递函数的并联、串联及反馈。使用虚拟仪器功能，可以方便地获得框图变换结果。

1. 并联

两传递函数的并联如图 1-1-3 所示。

两传递函数并联的等效传递函数为参与并联的传递函数的代数和。

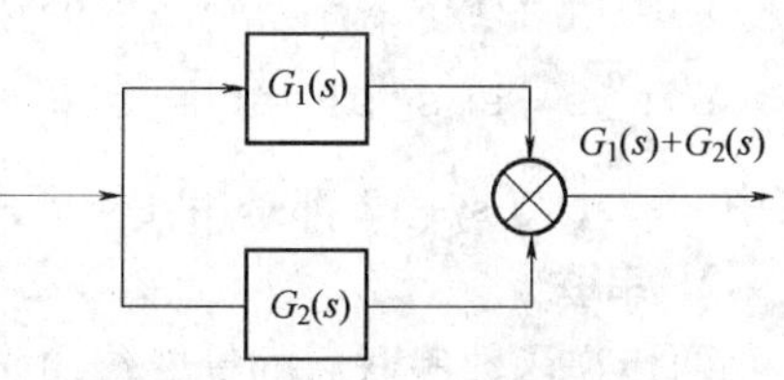

图 1-1-3 传递函数的并联

基本语句如下：

```
sys = parallel(sys1,sys2)
```

```
[num,den]=parallel(num1,den1,num2,den2)
G=G1 +G2
```

其中，第 3 条语句中的 G_1 和 G_2 最好使用上述的自变量 d_s = zpk（'s'）语句书写。

【例 1-2】 设两传递函数 G_1、G_2 分别为

$$G_1(s)=\frac{b_1s+b_0}{a_3s^3+a_2s^2+a_1s+a_0},G_2(s)=\frac{T_1s+k_1}{T_2s+k_2} \tag{1-1-6}$$

求并联等效传递函数。

设通过程序面板选定 G_1 的参数构成为式(1-1-4)。G_2 中 $T_1=2,k_1=0;T_2=4,k_2=1$，并联等效变换程序如 shili01_02 所示。程序 shili01_02 的框图面板和前面板分别如图 1-1-4 和图 1-1-5 所示。

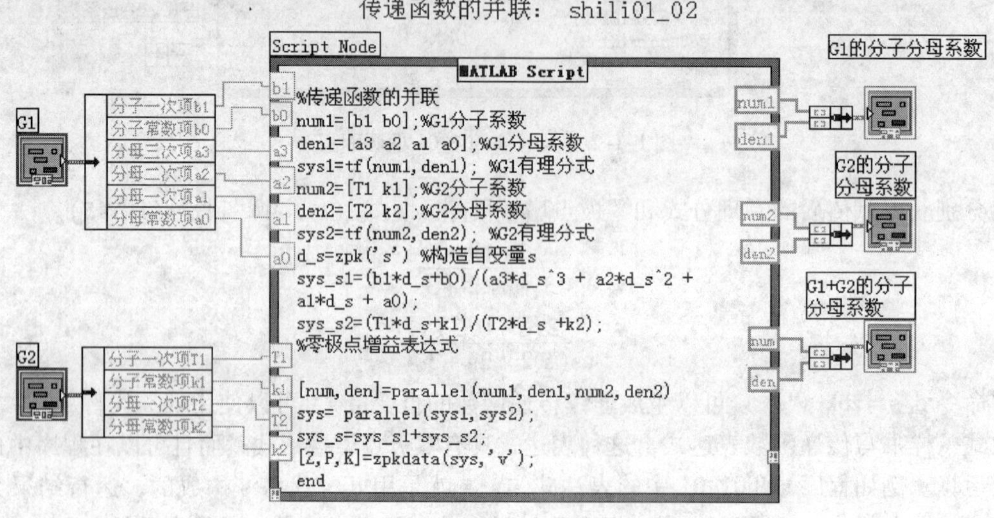

图 1-1-4 程序 shili01_02 框图面板

在 MATLAB 命令窗口运行 sys，得到 G_1 与 G_2 并联的多项式，见式（1-1-7）。

$$\frac{2s\hat{}4+4s\hat{}3+14s\hat{}2+6s+1}{4s\hat{}4+9s\hat{}3+14s\hat{}2+3s} \tag{1-1-7}$$

运行 sys_s 得到 G_1 与 G_2 并联的零极点增益形式，见式（1-1-8）。

$$\frac{0.5(s\hat{}2+0.4634s+0.08055)(s\hat{}2+1.537s+6.207)}{s(s+0.25)(s\hat{}2+2s+3)} \tag{1-1-8}$$

由式（1-1-8），再对比式（1-1-5）和式（1-1-6）可见，并联后传递函数的极点由参与并联的传递函数的极点共同组成。

注意：程序中实现并联功能的代数表达式语句为

```
sys_s =sys_s1 +sys_s2
```

其中 sys_s1 与 sys_s2 都是用 d_s 形式书写的。

2. 串联

两传递函数串联后的等效传递函数为参与串联的传递函数之积，如图 1-1-6 所示。

基本语句如下：

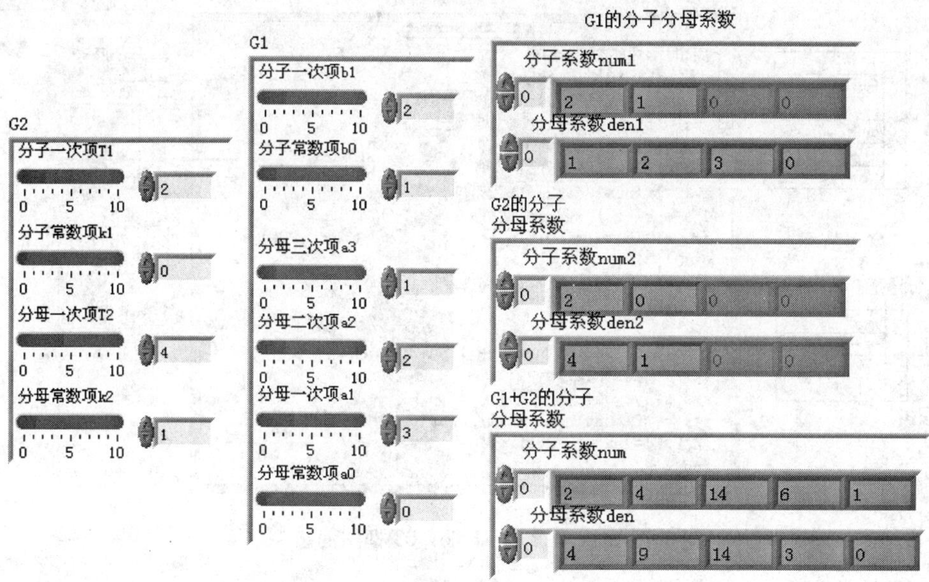

图 1-1-5 程序 shili01_02 前面板

```
syss = series(sys1,sys2)
[num,den] = series(num1,den1,num2,den2)
G = G1 * G2
num = conv(num1,num2)
den = conv(den1,den2)
```

最后两条语句采用多项式乘法分别求取分子分母多项式的降幂系数。

【例 1-3】 设两传递函数 G_1 与 G_2 分别为

$$G_1(s)=\frac{b_1s+b_0}{a_3s^3+a_2s^2+a_1s+a_0},\quad G_2(s)=\frac{T_1s+k_1}{T_2s+k_2}$$

使用不同方法求其串联等效传递函数。

程序如 shili01_03 所示。通过程序面板选择与例 1-2 相同的参数，其框图面板和前面板分别如图 1-1-7 和图 1-1-8 所示。

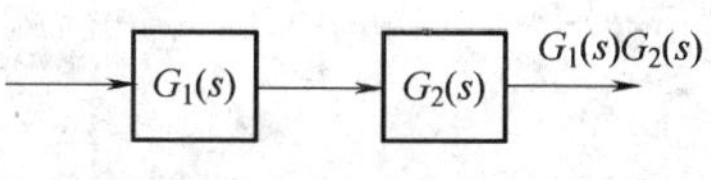

图 1-1-6 传递函数的串联

在 MATLAB 命令窗口运行 sys，得到 G_1 与 G_2 串联的多项式形式见式（1-1-9）。

$$\frac{4s\hat{\ }2+2s}{4s\hat{\ }4+9s\hat{\ }3+14s\hat{\ }2+3s} \tag{1-1-9}$$

运行 sys_s 得到 G_1 与 G_2 串联的零极点增益形式见式（1-1-10）。

$$\frac{s(s+0.5)}{s(s+0.25)(s\hat{\ }2+2s+3)} \tag{1-1-10}$$

由式（1-1-10），再对比式（1-1-5）和式（1-1-6）可见，串联后传递函数的零极点分别由参与串联的传递函数的零极点共同组成，增益为各串联环节增益之积。

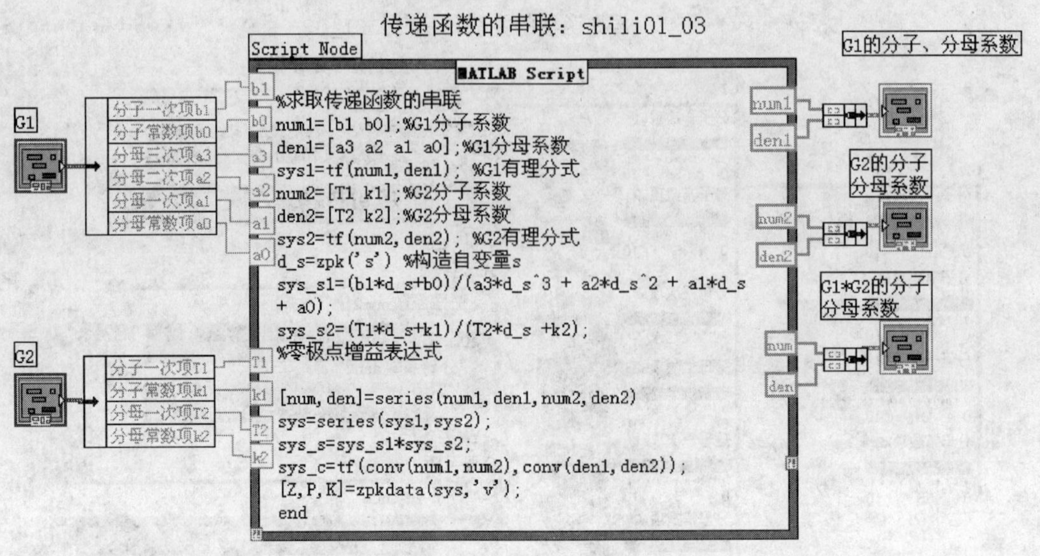

图 1-1-7　程序 shili01_03 框图面板

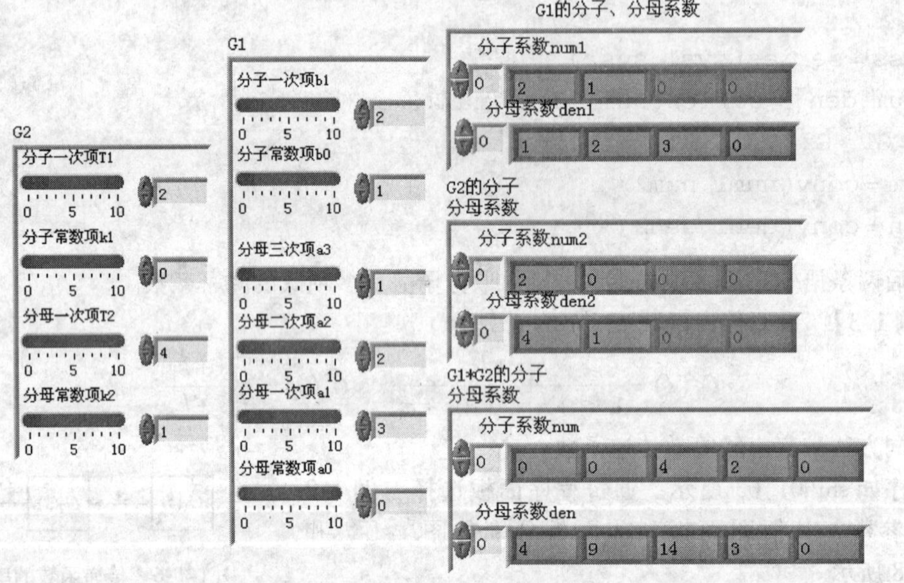

图 1-1-8　程序 shili01_03 前面板

注意程序中

```
sys_c =tf(conv(num1,num2),conv(den1,den2))
```

的构成方法。

3. 反馈

有反馈时，等效传递函数为前向通道传递函数乘积与 1 加开环传递函数的比，如图 1-1-9 所示。

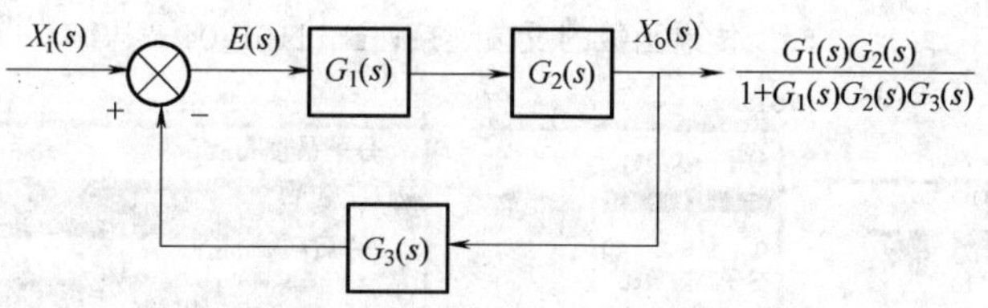

图 1-1-9　传递函数的反馈连接

基本语句如下：

```
sysc = feedback(syss,sys3, ±1)默认值( -1)。
```

其中，syss 为 G_1 与 G_2 的串联，表示前向通道传递函数。

```
[numc,denc] = feedback(nums,dens,num3,den3)
G = (G1 * G2)/(1 + G1 * G2 * G3)
```

其中，最后一条语句采用代数式书写方式，式中的 G_1、G_2、G_3 是用自变量 s 定义的。

【例 1-4】 传递函数 G_1 与 G_2 分别为

$$G_1(s) = \frac{b_1 s + b_0}{a_3 s^3 + a_2 s^2 + a_1 s + a_0}, \quad G_2(s) = \frac{T_1 s + k_1}{T_2 s + k_2}$$

设 （1）G_1 与 G_2 串联构成前向通道传递函数，比例反馈系数为 k。

（2）前向通道传递函数为 G_1，反馈传递函数为 G_2。

求取以上两种情况下的负反馈等效闭环传递函数。

程序如 shili01_04 所示。通过程序面板选择与例 1-3 相同的参数，其框图面板和前面板分别如图 1-1-10 和图 1-1-11 所示。

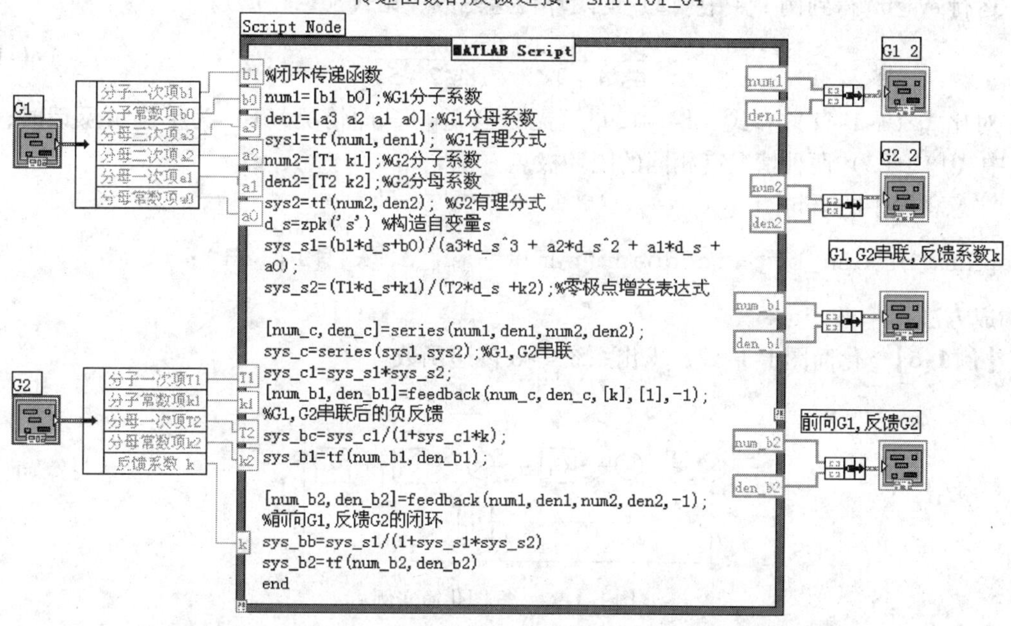

图 1-1-10　程序 shili01_04 框图面板

传递函数的反馈连接：shili01_04

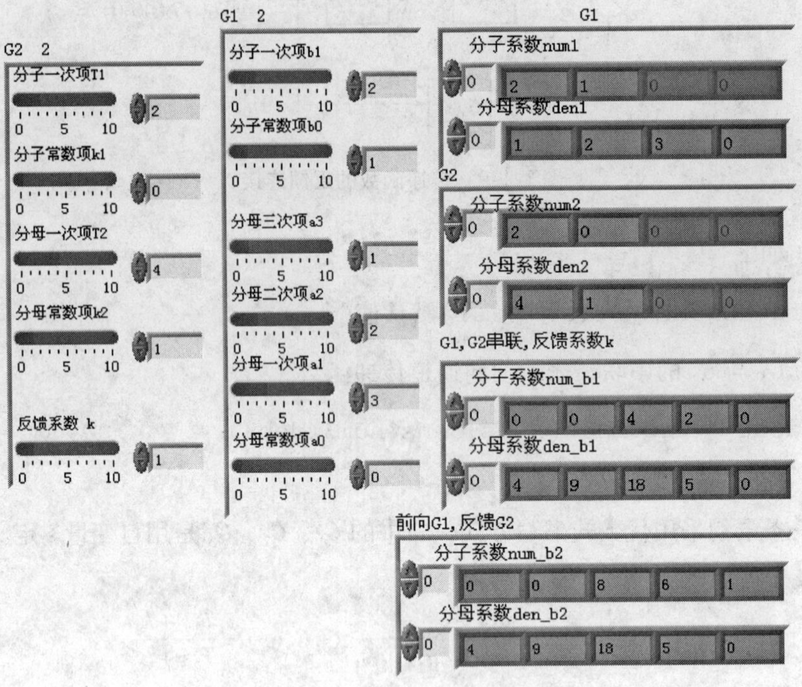

图 1-1-11　程序 shili01_04 前面板

在 MATLAB 命令窗口运行 sys_b1，得到例 1-4 中（1）的闭环传递函数，见式（1-1-11）。

$$\frac{4s\hat{}2+2s}{4s\hat{}4+9s\hat{}3+18s\hat{}2+5s} \tag{1-1-11}$$

运行 sys_b2 得到例 1-4 中（2）的闭环传递函数，见式（1-1-12）。

$$\frac{8s\hat{}2+6s+1}{4s\hat{}4+9s\hat{}3+18s\hat{}2+5s} \tag{1-1-12}$$

对比式（1-1-11）和式（1-1-12）可见，当 $k=1$，即情况（1）为单位负反馈时，例 1-4 中（1）、(2) 两种情况有相同的闭环极点。

注意程序中的语句

```
[num_b1,den_b1] = feedback(num_c,den_c,[k],[1],-1);
```

的构成方法。

【例 1-5】 化简图 1-1-12，求出系统等效传递函数。

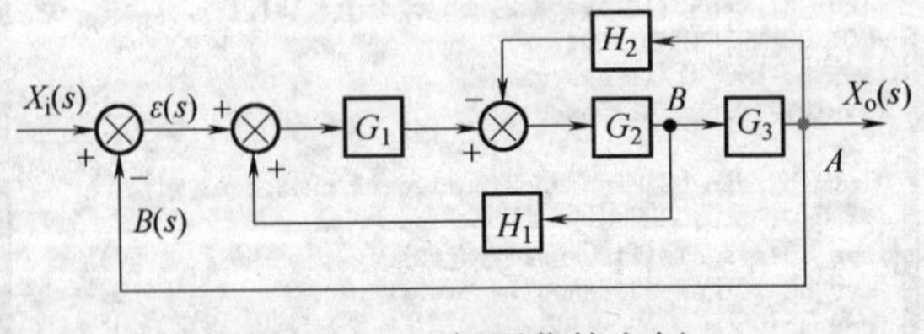

图 1-1-12　框图化简实例

按照框图化简规则，容易得到系统等效传递函数。给定图中各传递函数的具体形式和参数，通过虚拟仪器仿真，可以方便地获得等效传递函数的有理分式及零极点增益模型。程序如 shili01_05 所示。程序框图面板和前面板分别如图 1-1-13 和图 1-1-14 所示。

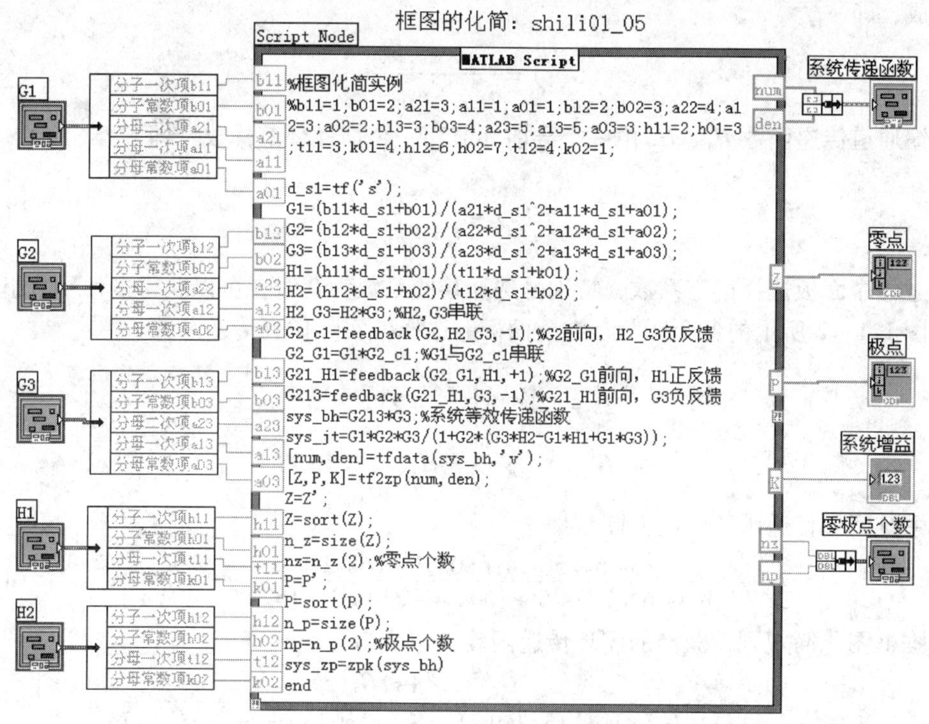

图 1-1-13　程序 shili01_05 框图面板

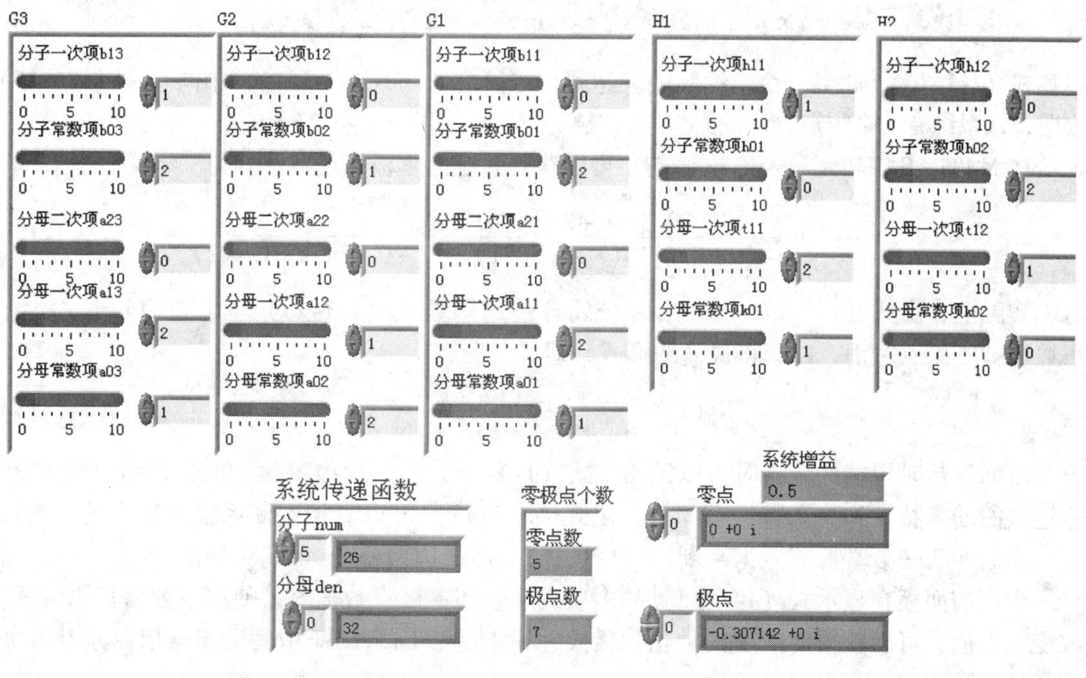

图 1-1-14　程序 shili01_05 前面板

程序说明：

为简洁起见，例 1-5 中设定前向通道传递函数 G_1、G_2、G_3 由一个导前环节和一个二阶环节构成，即

$$G(s)=\frac{b_1 s+b_0}{a_2 s^2+a_1 s+a_0} \tag{1-1-13}$$

反馈通道传递函数 H_1、H_2 由一个导前环节和一个惯性环节构成，即

$$H(s)=\frac{h_1 s+h_0}{t_1 s+k_0} \tag{1-1-14}$$

通过程序面板选择待定系数，特别是选择某些系数为 0 时，可以获得多种环节组合。例如按照图 1-1-12 所示的各个环节，在前面板上选择各实际仿真传递函数

$$G_1(s)=\frac{2}{2s+1},G_2(s)=\frac{1}{s+2},G_3(s)=\frac{s+2}{2s+1}$$

$$H_1(s)=\frac{s}{2s+1},H_2(s)=\frac{2}{s}$$

则系统闭环传递函数(sys_bh) 为

$$\frac{16s\text{^}5+56s\text{^}4+60s\text{^}3+26s\text{^}2+4s}{32s\text{^}7+144s\text{^}6+272s\text{^}5+360s\text{^}4+314s\text{^}3+157s\text{^}2+40s+4} \tag{1-1-15}$$

根据框图化简规则，获得的闭环传递函数表达式为

$$G_B(s)=\frac{G_1(s)G_2(s)G_3(s)}{1+G_2(s)[G_3(s)H_2(s)-G_1(s)H_1(s)+G_1(s)G_3(s)]} \tag{1-1-16}$$

可以验证，若将各仿真传递函数带入式（1-1-16），可得式（1-1-15）。程序中使用语句

```
sys_jt = G1 * G2 * G3 /(1 + G2 * (G3 * H2 - G1 * H1 + G1 * G3))
```

运算式（1-1-16），得到一个未约简的表达式，约简之后与式（1-1-15）相同。式（1-1-15）表明，该系统有 5 个零点，7 个极点。

在 MATLAB 窗口运行 sys_zp 语句，可以获得系统的零极点增益形式为

$$\frac{0.5s(s+2)(s+0.5)\text{^}3}{(s+2.258)(s+0.5)\text{^}3(s+0.3071)(s\text{^}2+0.4345s+1.442)} \tag{1-1-17}$$

实际上，由式（1-1-17）可见，系统闭环传递函数式（1-1-15）也非最简约形式，还可以进行零极点对消，以获得最简约形式，即

$$G_B(s)=\frac{2s(s+2)}{4s^4+12s^3+13s^2+16s+4} \tag{1-1-18}$$

后面进行时域特性分析时可以证明，式（1-1-15）、式（1-1-17）和式（1-1-18）3 个表达式的动态特性和稳态特性都相同。由式（1-1-17）可以直接判断系统是稳定的，还可以使用谢绪凯—聂义勇[5]判据判断式（1-1-15）和式（1-1-18）的稳定性。

程序前面板在显示式（1-1-15）的多项式系数和零极点数值时，使用了数组索引方式。改变索引值，可以获得对应项的数值。需要注意的是，LabVIEW 中的数组索引是从 0 开始编号的。

1.2 离散系统的传递函数模型

1.2.1 离散系统传递函数模型的描述方法

在 MATLAB 语言中，离散系统有一套与连续系统对应的、平行的函数语句。对应语句的格式和用法基本相同，主要区别在于：

1）连续系统在 S 域中讨论问题，变量为 s；离散系统在 Z 域中讨论问题，变量为 z。

2）描述离散系统必须明确规定采样周期 t_s，采样周期 t_s 将作为输入而出现在一些语句当中。

可以这样认为，对于一个线性系统，当指定了采样周期 t_s，它就是一个离散系统模型。

离散系统模型描述的基本语句有

```
d_z =1/zpk('z',ts);% 定义离散系统零极点增益描述变量 z^(-1)
d_z1 =tf('z',ts):% 定义离散系统脉冲传递函数描述变量 z
sys =tf(num,den,ts);% 离散系统传递函数。num 与 den 分别为分子、分母多项式
                      降幂排列系数
sys =zpk(Z,P,K,ts);% 离散系统传递函数零极点增益模型
```

与连续系统相同，传递函数描述与零极点增益描述可以相互转换。

```
sys =tf(sys);% 转换成传递函数形式。由于被转换的模型已经使用过 ts,此语句不
               再使用 ts
```

【例 1-6】 设离散传递函数为

$$G(z)=\frac{b_2z^2+b_1z+b_0}{a_3z^3+a_2z^2+a_1z+a_0} \tag{1-2-1}$$

用不同的方法求出其零极点和增益。程序如 shili01_06 所示。程序前面板和框图面板分别如图 1-2-1 和图 1-2-2 所示。

在 MATLAB 窗口运行 sys_1，得到离散系统传递函数模型，见式（1-2-2），标明采样周期为 0.5s

$$\frac{\text{z^2 + 2z + 2}}{\text{z^3 + 3z^2 + z + 0.5}} \tag{1-2-2}$$

Sampling time:0.5

运行 sys_2 或 sys_z1，得到对应的零极点增益模型，见式（1-2-3）。

$$\frac{\text{(z^2 + 2z + 2)}}{\text{(z + 2.698) (z^2 + 0.302z + 0.1853)}} \tag{1-2-3}$$

Sampling time:0.5

1.2.2 连续、离散系统传递函数模型的相互转换

连续系统与离散系统之间可以进行相互转换。通常，将连续系统转换成离散系统的过程称为连续系统的“离散化”。

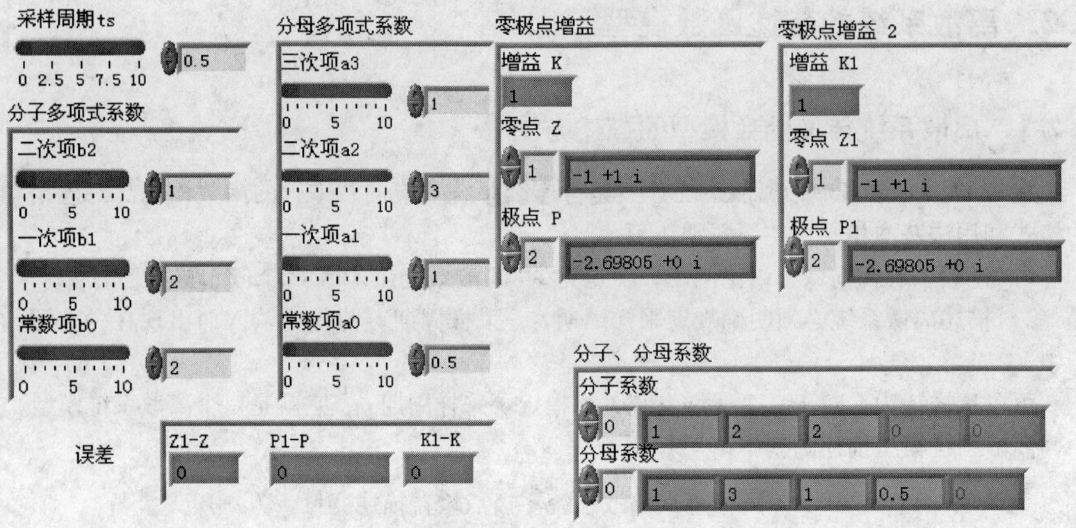

图 1-2-1　程序 shili01_06 前面板

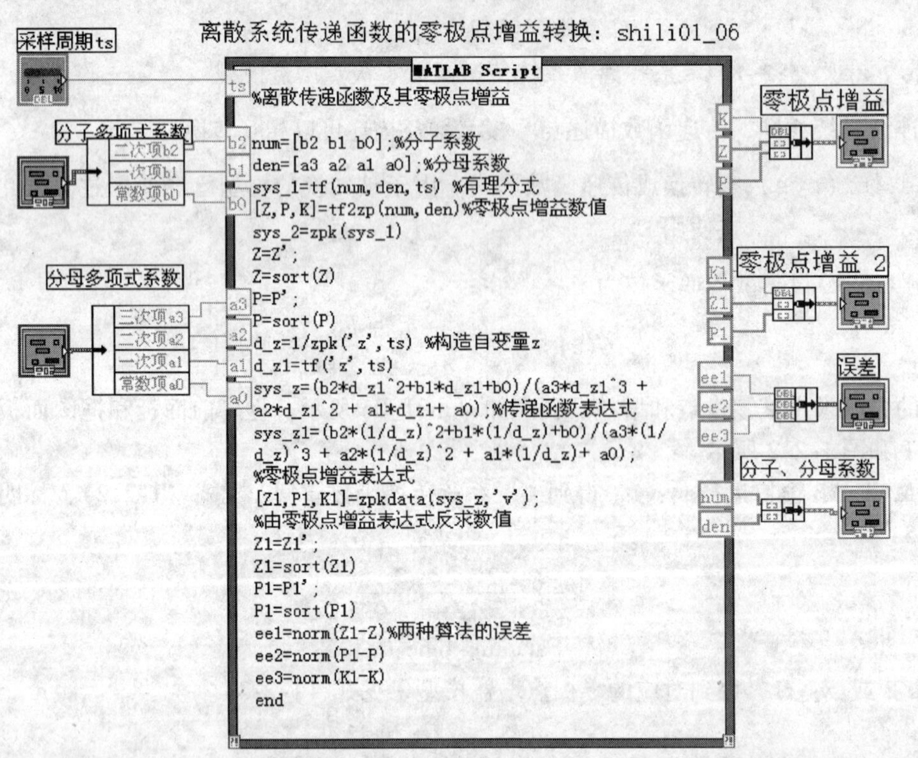

图 1-2-2　程序 shili01_06 框图面板

1. 连续系统离散化

```
[numd,dend] = c2dm(num,den,ts,'method');
sysd = c2d(sysc,ts,'method');
```

其中，ts 为采样周期；method 为指定的离散方法。输入 method 的默认值为零阶保持器方法，可供选择的方法有以下几种。

'zoh':零阶保持器方法。默认方法。

'foh':一阶保持器方法。

'imp':脉冲响应不变法。

'tustin':双线性变换法。

'matched':零极点匹配法(仅限于 SISO 系统)。

'prewarp':预曲双线性变换法。规定预曲频率点 wc(rad/sec)作为语句的第 4 输入,即

```
sysd = c2d(sysc,ts,'prewarp',wc)
```

注意：两个基本语句都必须规定采样周期 ts。

2. 离散系统连续化

```
[numc,denc] = d2cm(numd,dend,ts,'method')
sysc = d2c(sysd,'method');
```

功能：对离散系统 sysd，使用指定方法转换成连续系统。规定的使用方法有'zoh'、'tustin'、'matched'和'prewarp'等 4 种方法。在使用'prewarp'方法时必须指定预曲频率 wc，即

```
[numc,denc] = d2cm(numd,dend,ts,'prewarp',wc);
sysc = d2c(sysd,'prewarp',wc);
```

注意：在 d2c（或 d2cm）语句中，不使用一阶保持器法（'foh'）和脉冲响应不变法('imp')。同时，d2cm 语句输入含有采样周期 ts，而 d2c 语句不含 ts。

【例 1-7】 使用不同离散化方法将式（1-2-4）所示连续系统离散化。

$$G(s) = \frac{b_2 s^2 + b_1 s + b_0}{a_3 s^3 + a_2 s^2 + a_1 s + a_0} \tag{1-2-4}$$

程序如 shili01_07 所示。程序框图面板和前面板分别如图 1-2-3 和图 1-2-4 所示。

程序说明：

程序使用了选择结构，离散化方法由用户通过“离散化方法”菜单框的按钮选择。用户除了需要给定被离散系统分子、分母多项式系数外，还必须设定采样周期（s），如果使用预曲双线性变换方法，还必须设置预曲频率。为节省篇幅，使用了索引方式显示离散后的分子、分母多项式系数和零极点增益值，图中可能没有全部显示各项，请使用索引值穷尽。

注意：没有零点时，零点全部显示为不可用状态。

离散系统还原成连续系统的指令 d2c 和 d2cm 的使用方法与对应的 c2d 与 c2dm 类似，只是指令的输入、输出部分互换，使用区别前段已有说明，请读者自行练习。

程序 shili01_07a 将不同离散方法的结果同时显示在前面板上，便于对比。

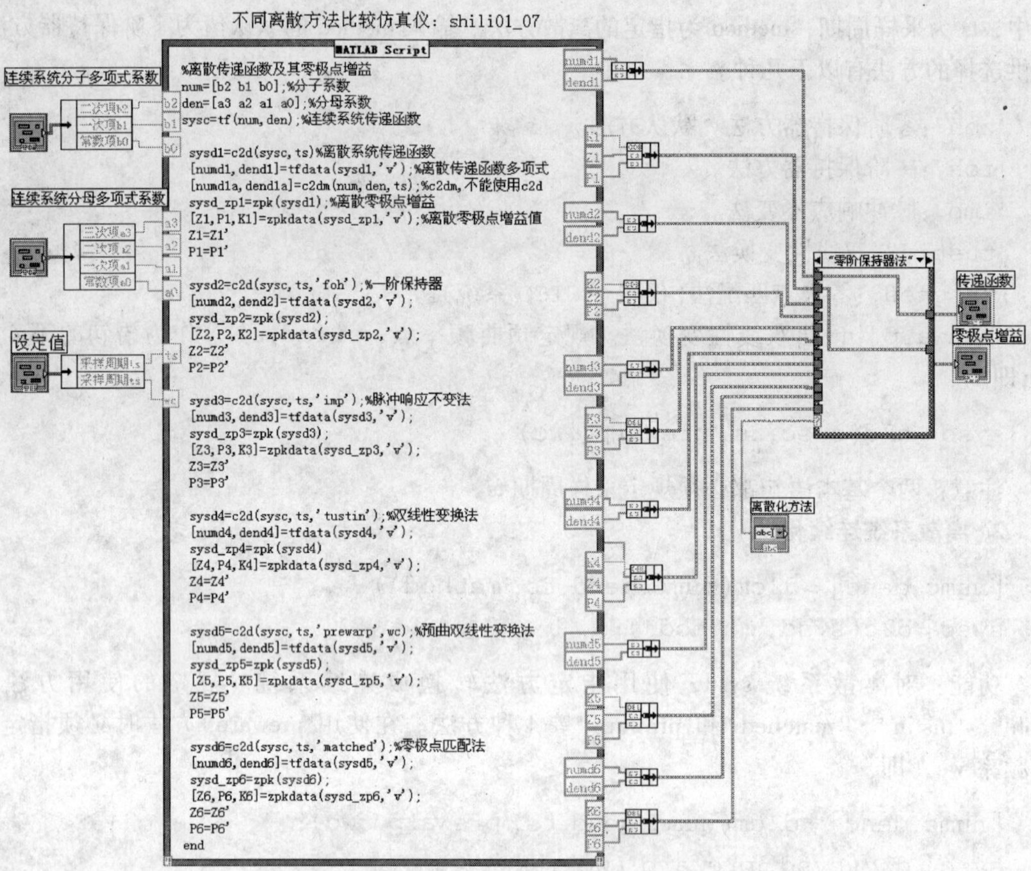

不同离散方法比较仿真仪：shili01_07
MATLAB Script
连续系统分子多项式系数
二次项b2
一次项b1
常数项b0
连续系统分母多项式系数
三次项a3
二次项a2
一次项a1
常数项a0
设定值
采样周期ts
%离散传递函数及其零极点增益
num=[b2 b1 b0];%分子系数
den=[a3 a2 a1 a0];%分母系数
sysc=tf(num,den);%连续系统传递函数
sysd1=c2d(sysc,ts)%离散系统传递函数
[numd1,dend1]=tfdata(sysd1,'v');%离散传递函数多项式
[numd1a,dend1a]=c2dm(num,den,ts);%c2dm,不能使用c2d
sysd_zp1=zpk(sysd1);%离散零极点增益
[Z1,P1,K1]=zpkdata(sysd_zp1,'v');%离散零极点增益值
Z1=Z1'
P1=P1'
sysd2=c2d(sysc,ts,'foh');%一阶保持器
[numd2,dend2]=tfdata(sysd2,'v');
sysd_zp2=zpk(sysd2);
[Z2,P2,K2]=zpkdata(sysd_zp2,'v');
Z2=Z2'
P2=P2'
sysd3=c2d(sysc,ts,'imp');%脉冲响应不变法
[numd3,dend3]=tfdata(sysd3,'v');
sysd_zp3=zpk(sysd3);
[Z3,P3,K3]=zpkdata(sysd_zp3,'v');
Z3=Z3'
P3=P3'
sysd4=c2d(sysc,ts,'tustin');%双线性变换法
[numd4,dend4]=tfdata(sysd4,'v');
sysd_zp4=zpk(sysd4)
[Z4,P4,K4]=zpkdata(sysd_zp4,'v');
Z4=Z4'
P4=P4'
sysd5=c2d(sysc,ts,'prewarp',wc);%预曲双线性变换法
[numd5,dend5]=tfdata(sysd5,'v');
sysd_zp5=zpk(sysd5);
[Z5,P5,K5]=zpkdata(sysd_zp5,'v');
Z5=Z5'
P5=P5'
sysd6=c2d(sysc,ts,'matched');%零极点匹配法
[numd6,dend6]=tfdata(sysd5,'v');
sysd_zp6=zpk(sysd6);
[Z6,P6,K6]=zpkdata(sysd_zp6,'v');
Z6=Z6'
P6=P6'
end
"零阶保持器法"
传递函数
零极点增益
离散化方法

图 1-2-3　程序 shili01_07 框图面板

不同离散方法比较仿真仪：shili01_07
连续系统分子多项式系数
二次项b2
1
一次项b1
2
常数项b0
2
连续系统分母多项式系数
三次项a3
2
二次项a2
3
一次项a1
1
常数项a0
0.5
离散化方法
零阶保持器法
传递函数
分子系数
0 0.2872 -0.3083 0.1082
分母系数
1 -2.373 1.867 -0.4724
零极点增益
零点 Z
增益 K 0.2872 +0 i
0.5368 -0.2975 i 0.5368 +0.2975 i
极点 P
0.9203 +0.2005 i 0.5324 +0 i
设定值
采样周期ts
0.5
预曲频率 wc
1

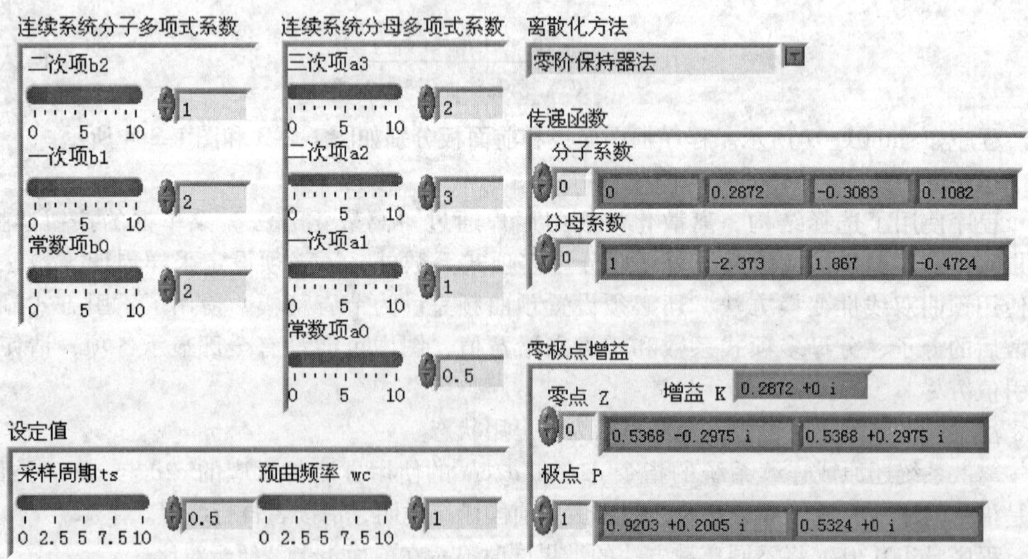

图 1-2-4　程序 shili01_07 前面板

1.3 连续系统状态空间模型

1.3.1 连续系统的状态方程及其框图

线性定常连续系统状态空间描述包括状态方程和输出方程。状态方程是一阶微分方程组，输出方程是一组代数方程，见式（1-3-1）。

$$
\begin{aligned}
\dot{\boldsymbol{X}} &= \boldsymbol{AX} + \boldsymbol{BU} \\
\boldsymbol{Y} &= \boldsymbol{CX} + \boldsymbol{DU}
\end{aligned}
\tag{1-3-1}
$$

式中,状态向量 $\boldsymbol{X}$ 为 $n\times 1$ 维列向量;输入向量 $\boldsymbol{U}$ 为 $m\times 1$ 维列向量;输出向量 $\boldsymbol{Y}$ 为 $p\times 1$ 维列向量;系数矩阵 $\boldsymbol{A}$ 为 $n\times n$ 维方阵;输入矩阵 $\boldsymbol{B}$ 为 $n\times m$ 维;输出矩阵 $\boldsymbol{C}$ 为 $p\times n$ 维;直传矩阵 $\boldsymbol{D}$ 为 $p\times m$ 维。

当 $p=m=1$ 时,式(1-3-1)描述单输入/单输出(SISO)系统;当 p、m 均不为 1 时,式(1-3-1)描述多输入/多输出(MIMO)系统。

连续系统状态空间模型的框图如图 1-3-1 所示。

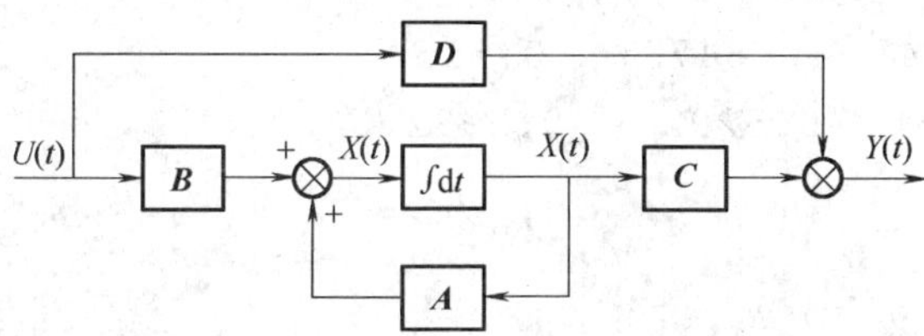

图 1-3-1 连续系统状态空间模型的框图

1.3.2 连续系统状态空间模型的传递函数矩阵

由图 1-3-1,求取输出 $y(t)$ 与输入 $u(t)$ 之间的传递函数。对式(1-3-1)两边进行拉普拉斯变换,在零初始条件下容易得到

$$
\boldsymbol{G}(s)=\frac{\boldsymbol{Y}(s)}{\boldsymbol{U}(s)}=\boldsymbol{C}(s\boldsymbol{I}-\boldsymbol{A})^{-1}\boldsymbol{B}+\boldsymbol{D}
\tag{1-3-2}
$$

一般而言，式（1-3-2）是一个传递函数矩阵，该矩阵有 p 行 m 列。也就是说，传递函数矩阵（1-3-2）实际上含有 $p\times m$ 个传递函数，可以进一步表示为

$$
G_{ij}(s)=\frac{Y_i(s)}{U_j(s)}=\boldsymbol{C}(s\boldsymbol{I}-\boldsymbol{A})^{-1}\boldsymbol{B}+\boldsymbol{D}=\begin{pmatrix}
\dfrac{y_1(s)}{u_1(s)} & \dfrac{y_1(s)}{u_2(s)} & \cdots & \dfrac{y_1(s)}{u_m(s)} \\
\dfrac{y_2(s)}{u_1(s)} & \dfrac{y_2(s)}{u_2(s)} & & \dfrac{y_2(s)}{u_m(z)} \\
\vdots & & & \vdots \\
\dfrac{y_p(s)}{u_1(s)} & \dfrac{y_p(s)}{u_2(s)} & \cdots & \dfrac{y_p(s)}{u_m(s)}
\end{pmatrix}
\tag{1-3-3}
$$

式(1-3-3)中任意一个传递函数

$$g_{ij}(s)=\frac{y_i(s)}{u_j(s)}(i=1,2,\cdots,p;j=1,2,\cdots,m) \tag{1-3-4}$$

表示第 i 个输出变量 y_i 中,由第 j 个输入 u_j 所引起的输出和第 j 个输入之间的传递函数。显然,对于 SISO 系统,传递函数只有一个分量,就是系统输出 y 对输入 u 的传递函数。

1.3.3 连续系统状态空间模型描述的 MATLAB 主要指令

1. 状态空间对象和系数矩阵

如果已知系数矩阵 $\boldsymbol{A}$、$\boldsymbol{B}$、$\boldsymbol{C}$、$\boldsymbol{D}$,可以使用基本函数 ss 构造状态空间对象。

命令

```
sys_sc = ss (A, B, C, D)
```

获得包含状态变量 $\boldsymbol{X}$、输入 $\boldsymbol{U}$、输出 $\boldsymbol{Y}$ 的连续状态空间对象模型。例如，给定所有系数矩阵 $\boldsymbol{A}$、$\boldsymbol{B}$、$\boldsymbol{C}$、$\boldsymbol{D}$，运行上述命令可得以下结果：

```
a =
           x1        x2       x3
    x1  -0.3684   0.2027   0.1493
    x2  -0.2364   -0.6478    0.515
    x3  0.08665   -0.5292   -0.5992
b =
           u1
    x1  -0.1364
    x2  0.1139
    x3       0
c =
           x1        x2        x3
    y1       0   -0.09565   -0.8323
d =
           u1
    y1  0.2944
Continuous-time model.
```

如果已知状态空间的对象模型，可以使用命令 dssdata

```
[A,B,C,D,E] = dssdata(sys_sc)
```

快速获取各系数矩阵及采样周期等“描述符”，其中矩阵 $\boldsymbol{E}$ 可以不输出。对于规范型状态模型，函数 dssdata 等价于函数 ssdata，此时 $\boldsymbol{E}=1$（单位阵）。命令 rmodel

```
[A,B,C,D] = rmodel(n,p,m)
```

用于返回稳定的随机连续状态空间模型系数矩阵。

2. 与传递函数及零极点模型的转换

存在两套平行的转换命令可以完成此功能。一套是状态空间对象模型转换成传递函数、

零极点对象模型，分别使用命令 tf，zpk

```
sys_tf = tf(sys_sc)
sys_zp = zpk(sys_sc)
```

语句中的输入为状态空间对象模型 sys_sc，输出分别是传递函数对象模型 sys_tf 和零极点增益对象模型 sys_zp。如果输入是离散对象模型 sys_sd，将获得对应的 Z 传递函数及其零极点增益。例如，当对上述状态空间对象模型 sys_sc 运行 tf，zpk 命令时，可以得到传递函数为（注意，本例的 sys_sc 是一个 SISO 系统）

$$\frac{0.2944s\text{^}3 + 04647s\text{^}2 + 03865s + 0.1033}{s\text{^}3 + 1.615s\text{^}2 + 1.155s + 0.236}$$

对应的零极点增益模型为

$$\frac{0.29441(s + .04279)(s\text{^}2 + 1.151s + 0.8204)}{(s + 0.3178)(s\text{^}2 + 1.298s + 0.7428)}$$

如果已知传递函数和零极点对象模型，可以使用命令 ss 转换成状态空间对象模型。

另一套转换命令是"描述符"对"描述符"的相互转换。使用命令

```
[num,den] = ss2tf(A,B,C,D,iu)
[Z,P,K] = ss2zp(A,B,C,D,iu)
```

分别获得传递函数的多项式系数和零极点增益数值。其中，语句中的输入量 iu 表示实际状态空间模型中输入 U 的分量序号，就是式（1-3-4）中的序号 $j = 1, 2, \cdots, m$。使用命令

```
[A,B,C,D] = tf2ss(num,den)
[A,B,C,D] = zp2ss(Z,P,K)
```

可以将传递函数或零极点增益模型还原成状态空间模型。对于 MIMO 系统，注意要将 num、den、Z、P、K 等全部列出。

前已述及，传递函数和零极点的相互转换命令为 zp2tf，tf2zp。将其推广到一般的 MIMO系统时，传递函数分子多项式 num 的行数等于输出 y 的分量数 p。与此对应，系统零点 Z 也不只一组，其组数也等于输出 y 的分量数 p。同样，增益 K 也有 p 个。但是传递函数分母多项式 den 只有一行，极点 P 也只有一组。den 是系统特征多项式系数，极点 P 是特征多项式的根，也是系统矩阵 $\boldsymbol{A}$ 的特征值。这些关系由式（1-3-2）描述。在 MATLAB 中式（1-3-2）写成

$$\boldsymbol{G}(s) = \frac{\boldsymbol{Y}(s)}{\boldsymbol{U}(s)} = \boldsymbol{C}(s\boldsymbol{I} - \boldsymbol{A})^{-1}\boldsymbol{B} + \boldsymbol{D} = \frac{\mathrm{num}(s)}{\mathrm{den}(s)} = K\frac{\prod_{i=1}^{n}(s - z_i)}{\prod_{i=1}^{n}(s - p_i)} \tag{1-3-5}$$

【例 1-8】 状态空间模型与传递函数、零极点增益模型转换仿真仪。

将一个随机生成的三阶状态空间模型转换成传递函数和零极点增益模型。程序如 shili01_08 所示。程序前面板图和框图面板如图 1-3-2 ~ 图 1-3-4 所示。

程序说明：

由选择开关选择 SISO 和 MIMO 系统。当选择 MIMO 时，实例给出二输入、三输出系统。语句

```
sys_ss1 =rss(3,1,1);
sys_ss2 =rss(3,3,2);
```

分别生成一个单输入、单输出和一个二输入、三输出的三阶状态空间对象模型，仿真仪自动进行传递函数和零极点转换。

由图 1-3-2 可见，对于 SISO 系统，输出矩阵 $\boldsymbol{C}$ 只有一行（$p=1$），输入矩阵 $\boldsymbol{B}$ 只有一列（$m=1$），传递函数分子多项式系数只有一行 num11，与一行分母多项式系数 den 共同构成一个传递函数。与此相对应，零点只有一组 Z_{11}，增益只有一个 K_{11}。

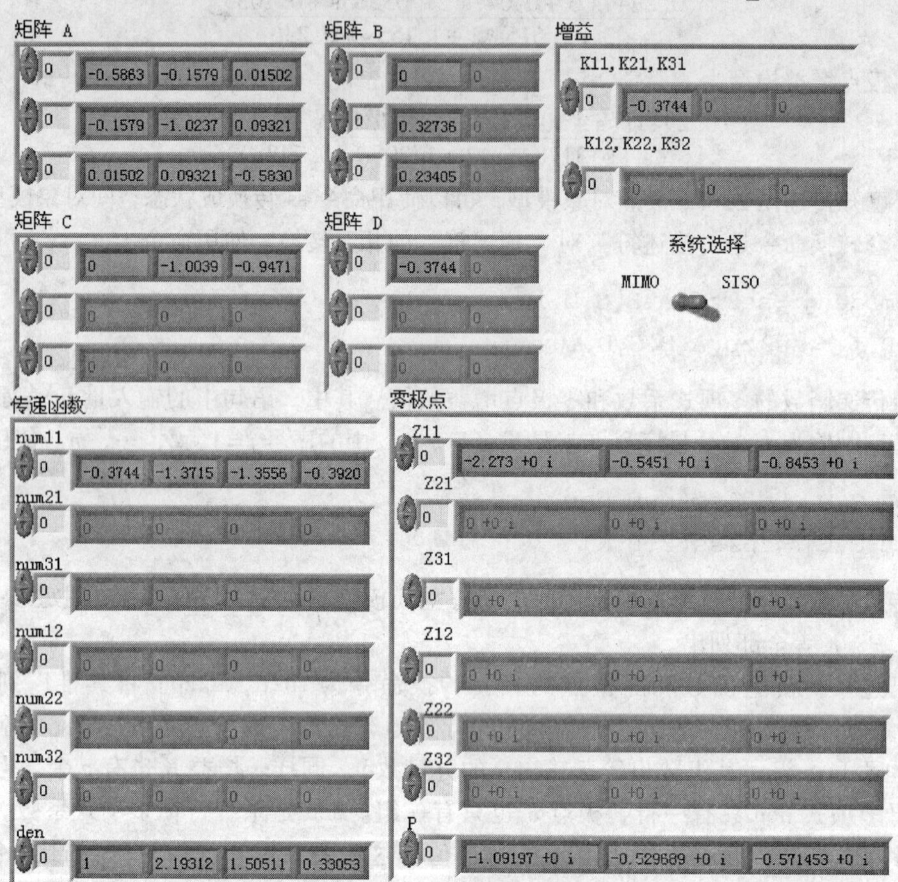

图 1-3-2　程序 shili01_08 前面板（单输入、单输出）

对于图 1-3-3 所示的二输入、三输出状态空间模型，输出矩阵 $\boldsymbol{C}$ 有 3 行（$p=3$），输入矩阵 $\boldsymbol{B}$ 有 2 列（$m=2$），传递函数分子多项式系数有 6 行，与一行分母多项式 den 可以构成 6 个传递函数。与此相对应，零点有 6 组 $Z_{11} \sim Z_{32}$，增益有 6 个 K_{11}。当然，与 SISO 系统相同，系统只有一组极点 P。

仔细考查图 1-3-3 可以发现，实例的输出矩阵 $\boldsymbol{C}$ 中的第一行为全 0。由式（1-3-5）可知，与 num11 和 num12 相对应的传递函数表达式前一部分为 0，后一部分完全由矩阵 $\boldsymbol{D}$ 的第一行元素决定，应当为 0 或常数。num11 为全 0，对应传递函数为 0。num12 各项与 den

各项的公约数正是 D（1，2）（使用 num12./den 计算，得［0.7936，0.7936，0.7936，0.7936］）。从零极点看，Z_{12}与极点 P 完全相同（使用［roots（den)'roots（num_12)'］计算，都得［-4.6642，-2.4263，-1.5288］），零极点对消后只剩下增益 K21 = D（1，2）。这说明，转换命令 ss2tf、ss2zp 并不给出最简结果。由于随机赋值，此例数值仅适用于图 1-3-3，其框图面板如图 1-3-4 所示。

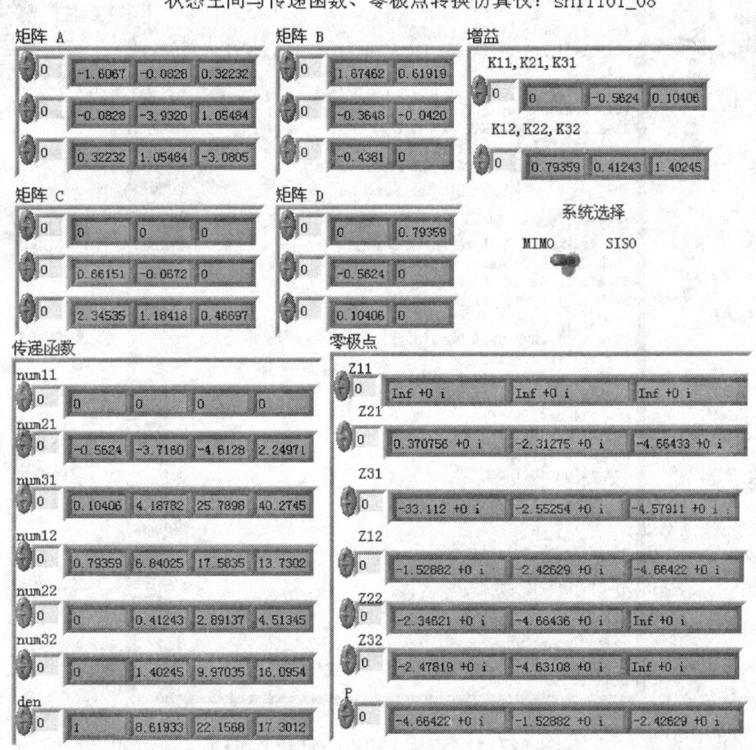

图 1-3-3 程序 shili01_08 前面板（二输入、三输出）

1.3.4 连续系统状态空间模型的典型连接[6]

连续系统状态空间模型的典型连接也有串联、并联和反馈等几种。由于状态空间模型常常用来描述 MIMO 系统，它们的连接比起 SISO 系统的连接要复杂一些。

设两个状态空间模型子系统 S_1、S_2 分别为

$$S_1: \begin{cases} \dot{\boldsymbol{X}}_1 = \boldsymbol{A}_1\boldsymbol{X}_1 + \boldsymbol{B}_1\boldsymbol{U}_1 \\ \boldsymbol{Y}_1 = \boldsymbol{C}_1\boldsymbol{X}_1 + \boldsymbol{D}_1\boldsymbol{U}_1 \end{cases} \tag{1-3-6}$$

$$S_2: \begin{cases} \dot{\boldsymbol{X}}_2 = \boldsymbol{A}_2\boldsymbol{X}_2 + \boldsymbol{B}_2\boldsymbol{U}_2 \\ \boldsymbol{Y}_2 = \boldsymbol{C}_2\boldsymbol{X}_2 + \boldsymbol{D}_2\boldsymbol{U}_2 \end{cases} \tag{1-3-7}$$

并设子系统 S_1 为 n_1 阶，含有 m_1 个输入，p_1 个输出；即 $\boldsymbol{A}_1$ 为 $n_1 \times n_1$ 方阵，$\boldsymbol{B}_1$ 为 $n_1 \times m_1$ 阵，$\boldsymbol{C}_1$ 为 $p_1 \times n_1$ 阵，$\boldsymbol{D}_1$ 为 $p_1 \times m_1$ 阵。子系统 S_2 为 n_2 阶，含有 m_2 个输入，p_2 个输出；即 $\boldsymbol{A}_2$ 为 $n_2 \times n_2$ 方阵，$\boldsymbol{B}_2$ 为 $n_2 \times m_2$ 阵，$\boldsymbol{C}_2$ 为 $p_2 \times n_2$ 阵，$\boldsymbol{D}_2$ 为 $p_2 \times m_2$ 阵。

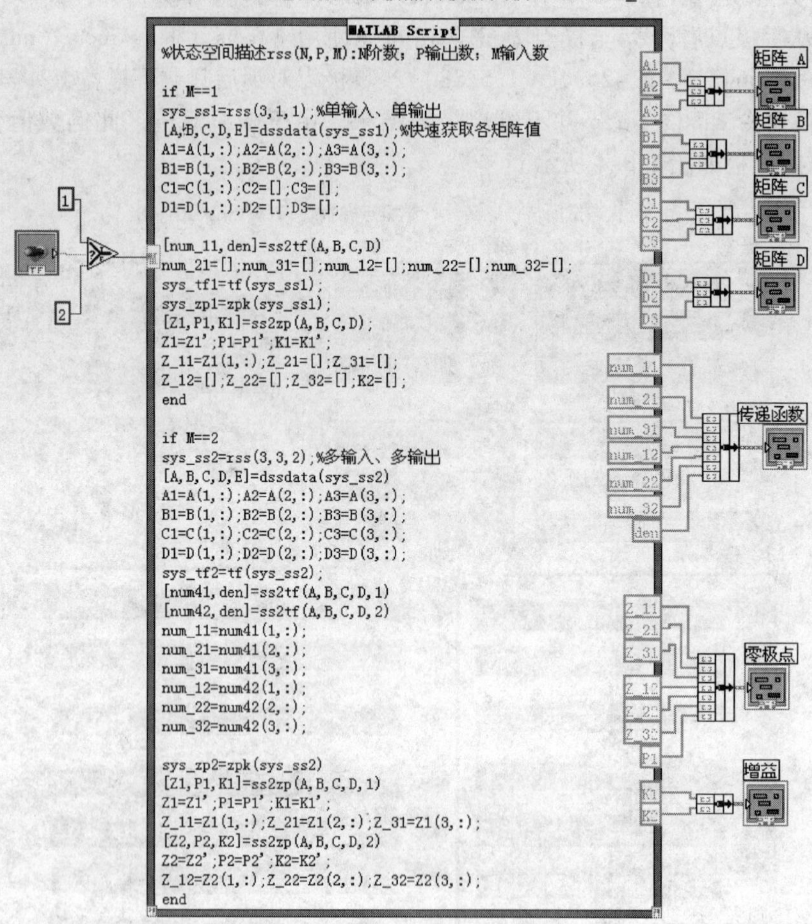

图 1-3-4 程序 shili01_08 框图面板

1. 串联

子系统 S_1 和子系统 S_2 串联的示意图如图 1-3-5 所示。

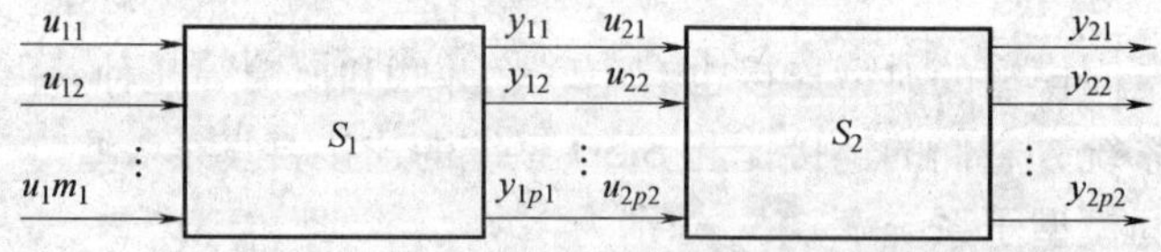

图 1-3-5 状态空间模型串联示意图

串联系统的内部结构如图 1-3-6 所示。

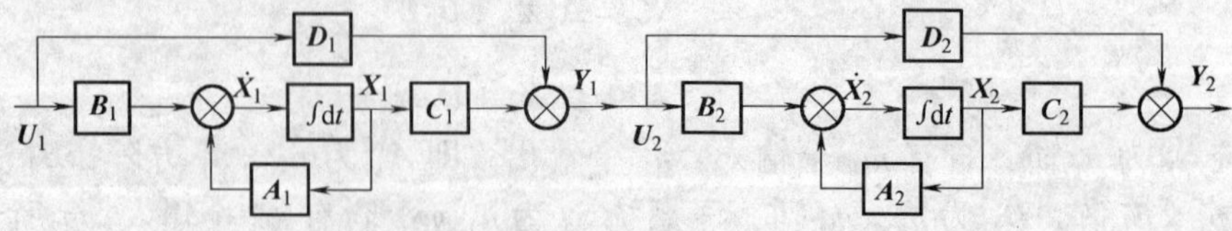

图 1-3-6 串联系统的内部结构

下面分 3 种情况讨论状态空间模型的串联。

（1）S_1 的输出分量数等于 S_2 的输入分量数（$p_1=m_2$）

这时 S_2 的每一个输入都对应等于 S_1 的一个输出，即 $\boldsymbol{Y}_1=\boldsymbol{U}_2$。串联等效系统的输入为 S_1 的输入 $\boldsymbol{U}_1$，输出为 S_2 的输出 $\boldsymbol{Y}_2$。系统的状态向量由 $\boldsymbol{X}_1$，$\boldsymbol{X}_2$ 共同组成。

用式（1-3-6）中的 $\boldsymbol{Y}_1$ 代替式（1-3-7）中的 $\boldsymbol{U}_2$，经过简单运算可得

$$\begin{aligned}\dot{\boldsymbol{X}}_2&=\boldsymbol{B}_2\boldsymbol{C}_1\boldsymbol{X}_1+\boldsymbol{A}_2\boldsymbol{X}_2+\boldsymbol{B}_2\boldsymbol{D}_1\boldsymbol{U}_1\\ \boldsymbol{Y}_2&=\boldsymbol{D}_2\boldsymbol{C}_1\boldsymbol{X}_1+\boldsymbol{C}_2\boldsymbol{X}_2+\boldsymbol{D}_2\boldsymbol{D}_1\boldsymbol{U}_1\end{aligned}\tag{1-3-8}$$

由式（1-3-6）和式（1-3-8）可得串联系统的状态空间模型

$$\begin{pmatrix}\dot{\boldsymbol{X}}_1\\ \dot{\boldsymbol{X}}_2\end{pmatrix}=\begin{pmatrix}\boldsymbol{A}_1 & 0\\ \boldsymbol{B}_2\boldsymbol{C}_1 & \boldsymbol{A}_2\end{pmatrix}\begin{pmatrix}\boldsymbol{X}_1\\ \boldsymbol{X}_2\end{pmatrix}+\begin{pmatrix}\boldsymbol{B}_1\\ \boldsymbol{B}_2\boldsymbol{D}_1\end{pmatrix}\boldsymbol{U}\tag{1-3-9}$$

$$\boldsymbol{Y}=(\boldsymbol{D}_2\boldsymbol{C}_1\quad \boldsymbol{C}_2)\begin{pmatrix}\boldsymbol{X}_1\\ \boldsymbol{X}_2\end{pmatrix}+\boldsymbol{D}_2\boldsymbol{D}_1\boldsymbol{U}\tag{1-3-10}$$

两式中 $\boldsymbol{U}=\boldsymbol{U}_1$ 表示串联系统的输入，$\boldsymbol{Y}=\boldsymbol{Y}_2$ 表示串联系统的输出。

显然若式（1-3-9）和式（1-3-10）成立，必须使矩阵乘积 $\boldsymbol{B}_2\boldsymbol{C}_1$、$\boldsymbol{B}_2\boldsymbol{D}_1$、$\boldsymbol{D}_2\boldsymbol{C}_1$ 和 $\boldsymbol{D}_2\boldsymbol{D}_1$ 有定义，这就要求 $m_2=p_1$。

将式（1-3-9）和式（1-3-10）改写成式（1-3-1）状态方程和输出方程的形式，可知串联系统的状态向量 $\boldsymbol{X}$ 有 n_1+n_2 个分量。系数矩阵为 $(n_1+n_2)\times(n_1+n_2)$ 方阵，输入矩阵有 $(n_1+n_2)\times m_1$ 维，输出矩阵有 $p_2\times(n_1+n_2)$ 维，直传矩阵有 $p_2\times m_1$ 维。传递函数矩阵仍有式（1-3-3）的形式，有 $p_2\times m_1$ 维。

对于 MIMO 系统，因为 $p_1=m_2>1$，所以 S_1 的 p_1 个输出与 S_2 的 m_2 个输入分量可以全部一一对应连接。为讨论方便，假定 S_2 输入分量顺序 $[u_1,\ u_2,\ \cdots,\ u_{m2}]$ 不变，通过改变 S_1 的输出分量顺序 $[y_1,\ y_2,\ \cdots,\ y_{p1}]$ 来改变 S_1 与 S_2 的串联方式。S_1 的输出分量顺序变化有 p_1 阶乘（$p_1!$）种情况，因而串联也有 $p_1!$ 种情况。以 $p_1=m_2=3$ 为例，图 1-3-7 列出了所有的串联情况，共 $3!=6$ 种。

$$①\ \overset{S_1:y}{\begin{bmatrix}1\\2\\3\end{bmatrix}}\Rightarrow\overset{S_2:u}{\begin{bmatrix}1\\2\\3\end{bmatrix}},\quad ②\ \overset{S_1:y}{\begin{bmatrix}2\\3\\1\end{bmatrix}}\Rightarrow\overset{S_2:u}{\begin{bmatrix}1\\2\\3\end{bmatrix}},\quad ③\ \overset{S_1:y}{\begin{bmatrix}3\\1\\2\end{bmatrix}}\Rightarrow\overset{S_2:u}{\begin{bmatrix}1\\2\\3\end{bmatrix}},$$

$$④\ \overset{S_1:y}{\begin{bmatrix}1\\3\\2\end{bmatrix}}\Rightarrow\overset{S_2:u}{\begin{bmatrix}1\\2\\3\end{bmatrix}},\quad ⑤\ \overset{S_1:y}{\begin{bmatrix}3\\2\\1\end{bmatrix}}\Rightarrow\overset{S_2:u}{\begin{bmatrix}1\\2\\3\end{bmatrix}},\quad ⑥\ \overset{S_1:y}{\begin{bmatrix}2\\1\\3\end{bmatrix}}\Rightarrow\overset{S_2:u}{\begin{bmatrix}1\\2\\3\end{bmatrix}}$$

图 1-3-7　S_1 输出与 S_2 输入的连接方式（$m_2=p_1=3$）

图 1-3-7 中的数字 1、2、3 分别表示 S_1 的输出 $[y_1,\ y_2,\ y_3]$ 与 S_2 的输入 $[u_1,\ u_2,\ u_3]$。例如，第⑥种情况表示 S_1 的输出 y_2、y_1、y_3 分别与 S_2 的输入 u_1、u_2、u_3 连接。由图 1-3-7 可见，这些连接是通过对 S_1 的输出序号进行全排列，而保持 S_2 的输入不动来实现的。

S_1 输出序号的全排列可以通过交换矩阵 $\boldsymbol{C}_1$ 和 $\boldsymbol{D}_1$ 的行来实现。保持 S_2 的输入不动就是保持矩阵 $\boldsymbol{B}_2$、$\boldsymbol{D}_2$ 行列位置不动。通过这种处理，式（1-3-9）和式（1-3-10）可以涵盖所有串联方式。

MATLAB 为串联提供了以下两种常用的基本函数：

```
sys = sys1 * sys2
sys = series(sys1,sys2,outputS1,inputS2)
```

函数 sys1 * sys2 只适用于 $p_1 = m_2$ 的情况，故称之为“标准串联”，如图 1-3-7 中的第①种情况。函数 series 可以适用于所有串联情况。

使用“标准串联”函数除了注意 $p_1 = m_2$ 的基本条件之外，仿真运行时还需注意以下两点：

1）与 series（sys1，sys2，outputS1，inputS2）命令等价的“标准串联”函数格式实际上是 sys = sys2 * sys1，即这两个命令中子系统 S_1、S_2 次序是颠倒的。如果要求串联连接满足两子系统可交换相乘，则使用相乘函数仿真时，“标准串联”实际上要求满足 $p_1 = m_2$ 和$p_2 = m_1$。

2）仿真格式使状态向量 $\boldsymbol{X}_1$ 与 $\boldsymbol{X}_2$ 交换顺序，式（1-3-9）和式（1-3-10）更改为

$$\dot{\boldsymbol{X}} = \begin{pmatrix} \dot{\boldsymbol{X}}_2 \\ \dot{\boldsymbol{X}}_1 \end{pmatrix} = \begin{pmatrix} \boldsymbol{A}_2 & \boldsymbol{B}_2\boldsymbol{C}_1 \\ 0 & \boldsymbol{A}_1 \end{pmatrix}\begin{pmatrix} \boldsymbol{X}_2 \\ \boldsymbol{X}_1 \end{pmatrix} + \begin{pmatrix} \boldsymbol{B}_2\boldsymbol{D}_1 \\ \boldsymbol{B}_1 \end{pmatrix}\boldsymbol{U} \tag{1-3-11}$$

$$\boldsymbol{Y} = (\boldsymbol{C}_2 \quad \boldsymbol{D}_2\boldsymbol{C}_1)\begin{pmatrix} \boldsymbol{X}_2 \\ \boldsymbol{X}_1 \end{pmatrix} + \boldsymbol{D}_2\boldsymbol{D}_1\boldsymbol{U} \tag{1-3-12}$$

一般的串联函数 series（sys1，sys2，outputS1，inputS2）中，outputS1 表示 S_1 输出量序号所构成的矢量，如［1，2，3］，［2，3，1］等，如上所述，共有 3！ =6 种排列方式。inputS2表示 S_2 输入量序号所构成的矢量，只有［1，2，3］一种方式。于是，series 函数的具体格式为

```
sys = series(sys1,sys2,[1,2,3],[1,2,3])
sys = series(sys1,sys2,[2,3,1],[1,2,3])
            ⋮
```

不过，不同的串联方式都具有相同的特征值。

也可以保持 S_1 输出量序号不变，通过改变 S_2 输入量序号来实现所有的串联情况。这和保持 S_2 输入顺序不变，改变 S_1 的输出顺序是等价的。不过需要注意等价与否应当从 $\boldsymbol{B}_2\boldsymbol{C}_1$ 结果是否相同来评定。例如，图 1-3-7 中的第②串联方式的等价形式如图 1-3-8 所示。

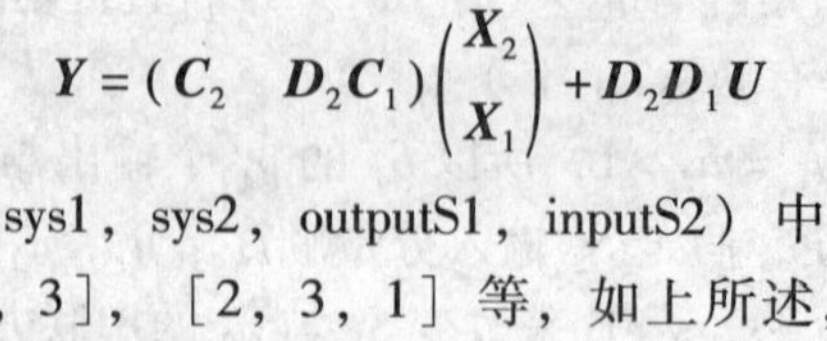

$$S_1{:}y \quad S_2{:}u \qquad\qquad S_1{:}y \quad S_2{:}u$$

$$\begin{bmatrix} 2 \\ 3 \\ 1 \end{bmatrix} \Rightarrow \begin{bmatrix} 1 \\ 2 \\ 3 \end{bmatrix} \quad \xleftrightarrow{\text{等价}} \quad \begin{bmatrix} 1 \\ 2 \\ 3 \end{bmatrix} \Rightarrow \begin{bmatrix} 3 \\ 1 \\ 2 \end{bmatrix}$$

图 1-3-8　S_1 输出与 S_2 输入连接的等价示意图

因为$\boldsymbol{B}_2\boldsymbol{C}_1$的乘积实际上是$\boldsymbol{B}_2$的列（对应$S_2$的$u$）和$\boldsymbol{C}_1$的对应行（对应$S_1$的$y$）相乘再求和，图1-3-8左边表示$\boldsymbol{B}_2$的第1、2、3列对应与$\boldsymbol{C}_1$的2、3、1行相乘后求和，简记为(12)+(23)+(31)，右边$\boldsymbol{B}_2\boldsymbol{C}_1$相乘则可简记为（31）+(12)+(23)，两种情况下矩阵乘积$\boldsymbol{B}_2\boldsymbol{C}_1$相同。

【例1-9】 $p_1=m_2$时状态空间模型串联仿真分析仪。

设S_1为随机产生的三阶二输入、三输出系统，S_2为随机产生的四阶三输入、二输出系统（$p_1=m_2=3$）。仿真仪程序如shili01_09所示，其程序框图面板和前面板分别如图1-3-9和图1-3-10所示。

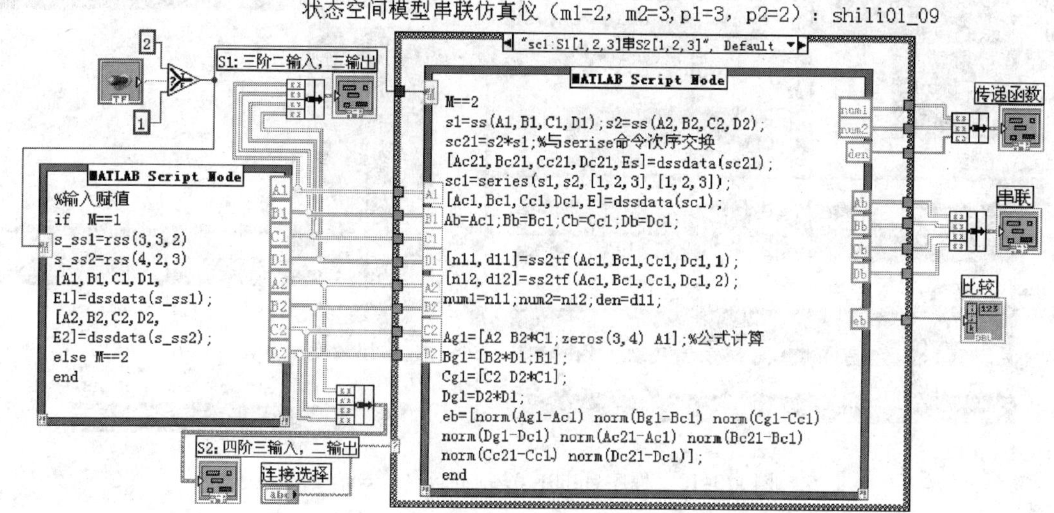

图1-3-9　程序shili01_09框图面板（$p_1=m_2=3$）

程序说明：

程序给出了标准串联方式，S_1输出全排列的6种串联方式的状态空间模型和对应的传递函数矩阵，给出了按式（1-3-9）和式（1-3-10）的计算结果，并对这些串联方式的结果进行比较。

运行程序，首先选择随机赋值，构造子系统S_1和S_2，然后将选择开关置于“串联连接”。再通过“连接选择”菜单选择S_1输出与S_2输入的6种连接方式，连接选择菜单如图1-3-11所示。

对应每种连接方式，前面板（见图1-3-10）同时给出了子系统S_1、S_2的各系数矩阵$\boldsymbol{A}_1$、$\boldsymbol{B}_1$、$\boldsymbol{C}_1$、$\boldsymbol{D}_1$和$\boldsymbol{A}_2$、$\boldsymbol{B}_2$、$\boldsymbol{C}_2$、$\boldsymbol{D}_2$，以及串联之后的系数矩阵$\boldsymbol{A}$、$\boldsymbol{B}$、$\boldsymbol{C}$、$\boldsymbol{D}$。对于每种串联的传递函数矩阵均有如下形式：

$$G_{ij}(s)=\frac{Y_i(s)}{U_j(s)}=\boldsymbol{C}(s\boldsymbol{I}-\boldsymbol{A})^{-1}\boldsymbol{B}+\boldsymbol{D}=\begin{pmatrix}\dfrac{y_1(s)}{u_1(s)} & \dfrac{y_1(s)}{u_2(s)}\\[2ex] \dfrac{y_2(s)}{u_1(s)} & \dfrac{y_2(s)}{u_2(s)}\end{pmatrix} \tag{1-3-13}$$

图1-3-10中num1的两行分别表示传递函数$y_1(s)/u_1(s)$和$y_2(s)/u_1(s)$的分子多项式系数，num2的两行分别表示传递函数$y_1(s)/u_2(s)$和$y_2(s)/u_2(s)$的分子多项式系数。

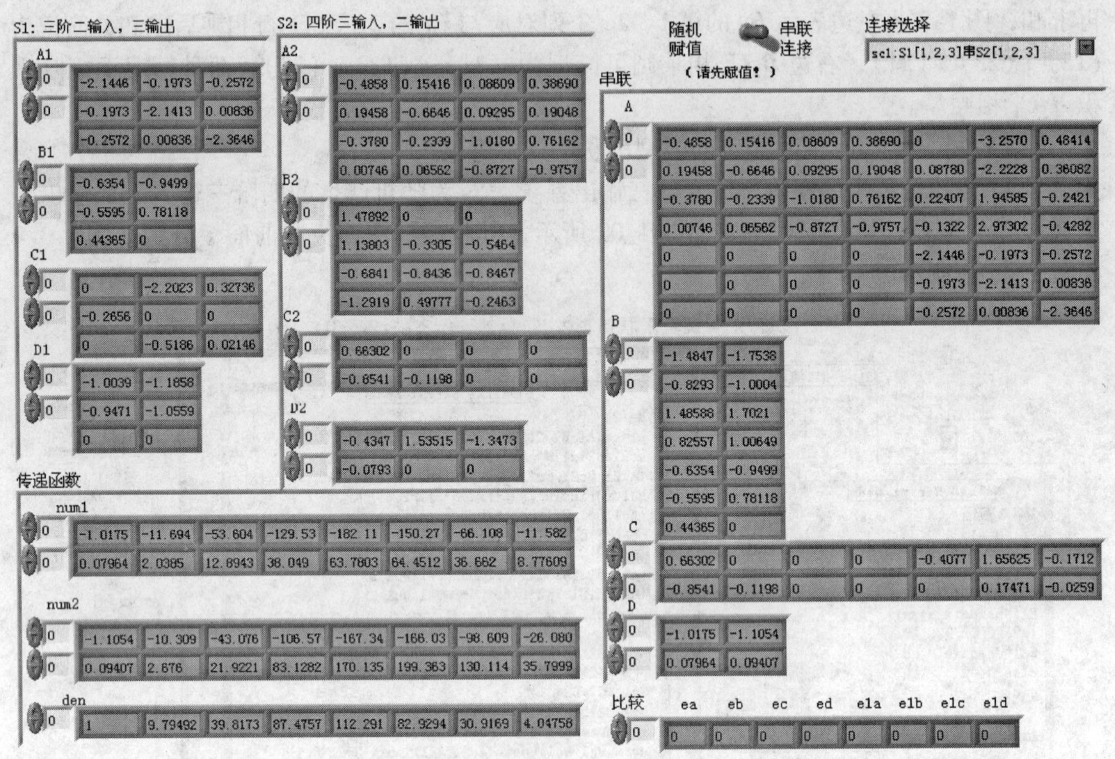

图 1-3-10　程序 shili01_09 前面板（$p_1=m_2=3$）

所有传递函数分母多项式均相同，因为它们具有相同的特征多项式，其系数统一表示为 den。

前面板右下方最末一行数组给出了各种串联结果的比较。前 4 列（ea、eb、ec、ed）表示 6 种串联方法所得各系数矩阵，与由式（1-3-11）和式（1-3-12）所计算得出的对应矩阵的范数（norm）差。后 4 列（e1a、e1b、e1c、e1d）表示由 s2 * s1 命令所得出的结果与由 series 函数针对图 1-3-7 中①运算结果的比较。仿真表明式（1-3-11）和式（1-3-12）的计算结果与 series 函数运行结果相同，“标准串联”仅仅与图 1-3-7 中的①等价，而不适用于其他排列情况下的串联。

（2）S_1 的输出分量数大于 S_2 的输入分量数（$p_1>m_2$）

连接菜单如图 1-3-11 所示，S_1 的输出在连接 S_2 的所有输入后还有剩余，如图 1-3-12 所示。

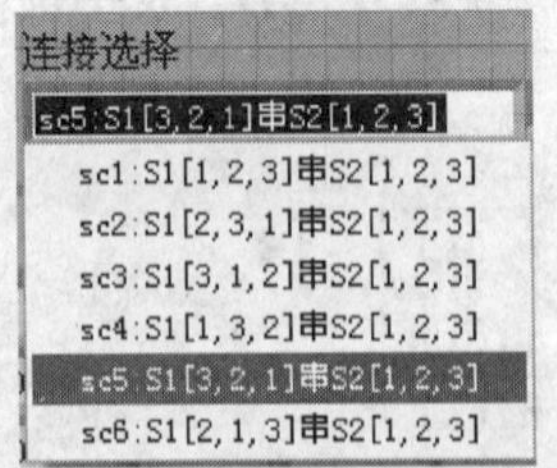

图 1-3-11　连接选择菜单

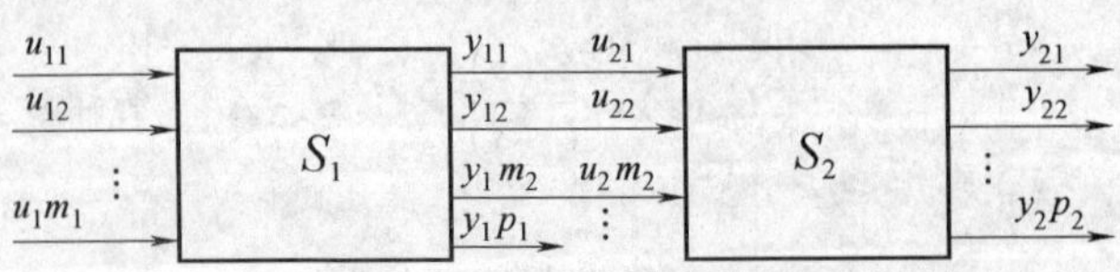

图 1-3-12　$p_1>m_2$ 的串联示意图

此时函数 sys = sys1 * sys2 不再适用，只能使用 series 函数。保持分量数较少的 S_2 输入不动，每次从 S_1 的输出中取 m_2 个输出与 S_2 的全部输入串联，总共构成从 p_1 中取 m_2 的排列（A_{p1}^{m2}）种串联连接方式。例如，若 $p_1=3$，$m_2=2$，则可以构成 $A_3^2=6$ 种串联形式，具体连接方式如图 1-3-13 所示。

$$
\begin{matrix} & S_1:y & & S_2:u \\ ① & \begin{bmatrix}1\\2\end{bmatrix} & \Rightarrow & \begin{bmatrix}1\\2\end{bmatrix} \end{matrix},\quad
\begin{matrix} & S_1:y & & S_2:u \\ ② & \begin{bmatrix}2\\1\end{bmatrix} & \Rightarrow & \begin{bmatrix}1\\2\end{bmatrix} \end{matrix},\quad
\begin{matrix} & S_1:y & & S_2:u \\ ③ & \begin{bmatrix}2\\3\end{bmatrix} & \Rightarrow & \begin{bmatrix}1\\2\end{bmatrix} \end{matrix},
$$

$$
\begin{matrix} & S_1:y & & S_2:u \\ ④ & \begin{bmatrix}3\\2\end{bmatrix} & \Rightarrow & \begin{bmatrix}1\\2\end{bmatrix} \end{matrix},\quad
\begin{matrix} & S_1:y & & S_2:u \\ ⑤ & \begin{bmatrix}3\\1\end{bmatrix} & \Rightarrow & \begin{bmatrix}1\\2\end{bmatrix} \end{matrix},\quad
\begin{matrix} & S_1:y & & S_2:u \\ ⑥ & \begin{bmatrix}1\\3\end{bmatrix} & \Rightarrow & \begin{bmatrix}1\\2\end{bmatrix} \end{matrix}
$$

图 1-3-13　S_1 输出与 S_2 输入的串联方式（$p_1=3$，$m_2=2$）

【例 1-10】　S_1 输出分量数大于 S_2 输入分量数（$p_1=3$，$m_2=2$）的状态空间模型串联仿真仪。仿真程序如 shili01_10 所示，其前面板和程序框图面板分别如图 1-3-14 和图 1-3-15 所示。

程序说明：

本例 $p_1=3$，$m_2=2$，不满足“标准串联”条件，只能使用 series 函数仿真。按图 1-3-13 所示，每次从 S_1 输出中取出两个分量与 S_2 的两个输入分量连接，串联语句的具体格式为

```
sys = series(sys1,sys2,[1,2],[1,2])
sys = series(sys1,sys2,[2,1],[1,2])
                 …
```

这样处理后，式（1-3-11）和式（1-3-12）仍然适用。但是由矩阵乘积构成的各块矩阵元 $\boldsymbol{B}_2\boldsymbol{C}_1$、$\boldsymbol{B}_2\boldsymbol{D}_1$、$\boldsymbol{D}_2\boldsymbol{C}_1$ 和 $\boldsymbol{D}_2\boldsymbol{D}_1$ 中，属于 S_1 的 $\boldsymbol{C}_1$ 和 $\boldsymbol{D}_1$ 将发生两点变化。第一，从原始 $\boldsymbol{C}_1$ 和 $\boldsymbol{D}_1$ 的 3（$p_1=3$）行中取出 2（$m_2=2$）行构成子矩阵；第二，这些子矩阵的行序需要按照图 1-3-13 所示的排列规律进行排列。例如，图 1-3-13 中的④表示取出原始 $\boldsymbol{C}_1$ 和 $\boldsymbol{D}_1$ 中的第 3 行构成子矩阵的第 1 行；取出原始 $\boldsymbol{C}_1$ 和 $\boldsymbol{D}_1$ 中的第 2 行构成子矩阵的第 2 行。这时式（1-3-11）和式（1-3-12）的程序编写如下（以④为例）：

```
Ag4 = [A2 B2 * [C1(3,:);C1(2,:)];zeros(3,2) A1];
Bg4 = [B2 * [D1(3,:);D1(2,:)];B1];
Cg4 = [C2 D2 * [C1(3,:);C1(2,:)]];
Dg4 = D2 * [D1(3,:);D1(2,:)];
```

程序中［C1（3,:）；C1（2,:）］和［D1（3,:）；D1（2,:）］分别是原始 $\boldsymbol{C}_1$ 和 $\boldsymbol{D}_1$ 在串联方式④中的子矩阵。程序的物理意义在于使 S_1 输出分量 y_3 与 S_2 的输入分量 u_1 串联，使 S_1 输出分量 y_2 与 S_2 的输入分量 u_2 串联。

每种串联后的传递函数矩阵均由 2 行 3 列组成，对应 S_2 的两个输出（串联系统输出）和 S_1 的 3 个输入（串联系统输入），见式（1-3-14）。图 1-3-14 中 num1、num2 和 num3 的两行分别表示式（1-3-14）中第 1、2 和第 3 列所示的两个传递函数的分子多项式系数。所有传递函数分母多项式均相同，因为它们具有相同的特征多项式，其系数统一表示为 den。

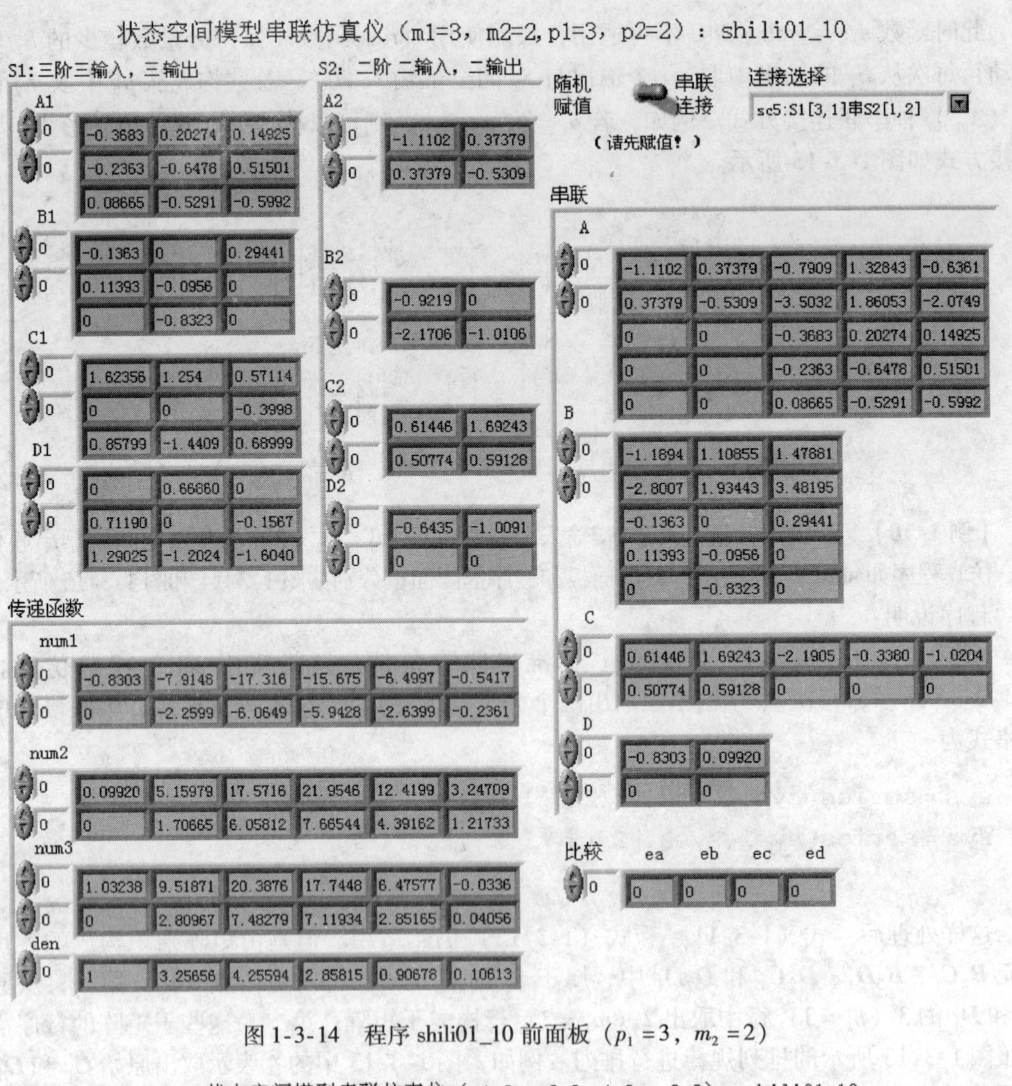

状态空间模型串联仿真仪（m1=3，m2=2, p1=3，p2=2）：shili01_10

S1:三阶三输入，三输出

A1

-0.3683	0.20274	0.14925
-0.2363	-0.6478	0.51501
0.08665	-0.5291	-0.5992

B1

-0.1363	0	0.29441
0.11393	-0.0956	0
0	-0.8323	0

C1

1.62356	1.254	0.57114
0	0	-0.3998
0.85799	-1.4409	0.68999

D1

0	0.66660	0
0.71190	0	-0.1567
1.29025	-1.2024	-1.6040

S2：二阶 二输入，二输出

A2

-1.1102	0.37379
0.37379	-0.5309

B2

-0.9219	0
-2.1706	-1.0106

C2

0.61446	1.69243
0.50774	0.59128

D2

-0.6435	-1.0091
0	0

随机赋值　串联连接

（请先赋值！）

连接选择：sc5:S1[3,1]串S2[1,2]

串联

A

-1.1102	0.37379	-0.7909	1.32843	-0.6361
0.37379	-0.5309	-3.5032	1.86053	-2.0749
0	0	-0.3683	0.20274	0.14925
0	0	-0.2363	-0.6478	0.51501
0	0	0.08665	-0.5291	-0.5992

B

-1.1894	1.10855	1.47881
-2.8007	1.93443	3.48195
-0.1363	0	0.29441
0.11393	-0.0956	0
0	-0.8323	0

C

0.61446	1.69243	-2.1905	-0.3380	-1.0204
0.50774	0.59128	0	0	0

D

-0.8303	0.09920
0	0

传递函数

num1

-0.8303	-7.9148	-17.316	-15.675	-6.4997	-0.5417
0	-2.2599	-6.0649	-5.9428	-2.6399	-0.2361

num2

0.09920	5.15979	17.5716	21.9546	12.4199	3.24709
0	1.70665	6.05812	7.66544	4.39162	1.21733

num3

1.03238	9.51871	20.3876	17.7448	6.47577	-0.0336
0	2.80967	7.48279	7.11934	2.85165	0.04056

den

1	3.25656	4.25594	2.85815	0.90678	0.10613

比较

ea	eb	ec	ed
0	0	0	0

图 1-3-14　程序 shili01_10 前面板（$p_1=3$，$m_2=2$）

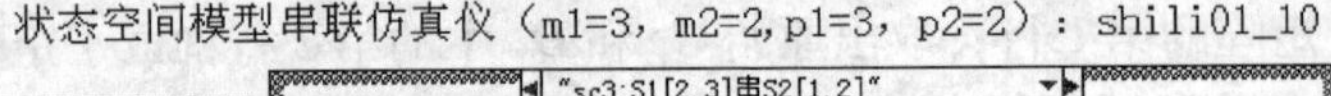

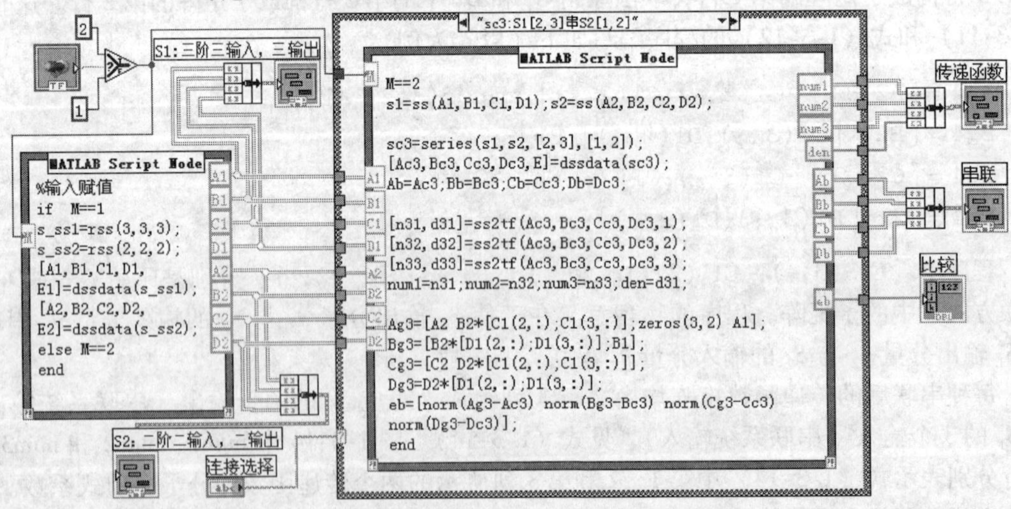

图 1-3-15　程序 shili01_10 框图面板（$p_1=3$，$m_2=2$）

前面板右下方最末一行数组给出了各种串联结果的比较。从 e_a 到 e_d 表示 6 种串联方法所得各系数矩阵，与由式（1-3-11）和式（1-3-12）计算得出的对应矩阵的范数（norm）差。仿真表明，使用对应的子矩阵后，式（1-3-11）和式（1-3-12）的计算结果与 series 函数运行结果相同。

$$G_{ij}(s)=\frac{Y_i(s)}{U_j(s)}=\boldsymbol{C}(s\boldsymbol{I}-\boldsymbol{A})^{-1}\boldsymbol{B}+\boldsymbol{D}=\begin{pmatrix}\dfrac{y_1(s)}{u_1(s)} & \dfrac{y_1(s)}{u_2(s)} & \dfrac{y_1(s)}{u_3(s)}\\ \dfrac{y_2(s)}{u_1(s)} & \dfrac{y_2(s)}{u_2(s)} & \dfrac{y_2(s)}{u_3(s)}\end{pmatrix} \tag{1-3-14}$$

（3）S_1 的输出分量数小于 S_2 的输入分量数（$p_1<m_2$）

这时 S_2 的输入在连接了 S_1 的所有输出后还有剩余，如图 1-3-16 所示。

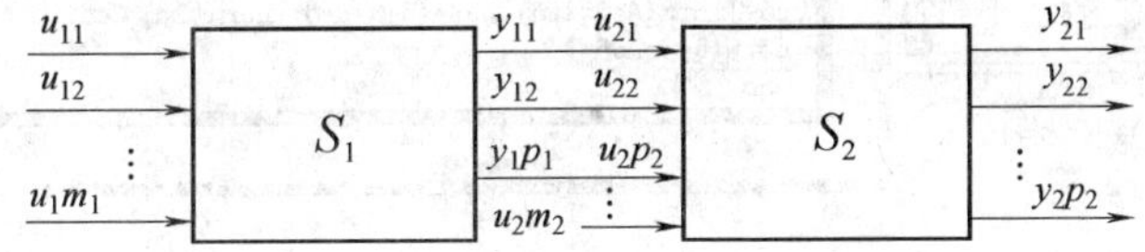

图 1-3-16　$p_1<m_2$ 的串联示意图

此时函数 sys = sys1 * sys2 也不再适用，只能使用 series 函数。保持分量数较少的 S_1 输出不动，每次从 S_2 的输入中取 p_1 个输入与 S_1 的全部输出串联，总共构成从 m_2 中取 p_1 的排列（A_{m2}^{p1}）种串联连接方式。例如，若 $p_1=2$，$m_2=3$，则可以构成 $A_3^2=6$ 种串联形式，具体连接方式可以将图 1-3-13 中的输入输出交换得到，如图 1-3-17 所示。

$$\overset{S_1:y}{①\begin{bmatrix}1\\2\end{bmatrix}}\Rightarrow\overset{S_2:u}{\begin{bmatrix}1\\2\end{bmatrix}},\ \overset{S_1:y}{②\begin{bmatrix}1\\2\end{bmatrix}}\Rightarrow\overset{S_2:u}{\begin{bmatrix}2\\1\end{bmatrix}},\ \overset{S_1:y}{③\begin{bmatrix}1\\2\end{bmatrix}}\Rightarrow\overset{S_2:u}{\begin{bmatrix}2\\3\end{bmatrix}},$$

$$\overset{S_1:y}{④\begin{bmatrix}1\\2\end{bmatrix}}\Rightarrow\overset{S_2:u}{\begin{bmatrix}3\\2\end{bmatrix}},\ \overset{S_1:y}{⑤\begin{bmatrix}1\\2\end{bmatrix}}\Rightarrow\overset{S_2:u}{\begin{bmatrix}3\\1\end{bmatrix}},\ \overset{S_1:y}{⑥\begin{bmatrix}1\\2\end{bmatrix}}\Rightarrow\overset{S_2:u}{\begin{bmatrix}1\\3\end{bmatrix}}$$

图 1-3-17　S_1 输出与 S_2 输入的连接方式（$p_1=2$，$m_2=3$）

【例 1-11】　S_1 输出分量数小于 S_2 输入分量数（$p_1=2$，$m_2=3$）的状态空间模型串联仿真仪。仿真程序如 shili01_11 所示，其程序框图面板和前面板分别如图 1-3-18 和图 1-3-19 所示。

程序说明：

本例 $p_1=2$，$m_2=3$，也不满足“标准串联”条件，只能使用 series 函数仿真。按图 1-3-17 所示，每次从 S_2 输入中取出两个分量与 S_1 的两个输出分量连接，串联语句的具体格式为

```
sys = series(sys1,sys2,[1,2],[1,2])
sys = series(sys1,sys2,[1,2],[2,1])
                  ⋮
```

可以对式（1-3-11）和式（1-3-12）进行推广，使之适用于各种串联情况。推广时，由

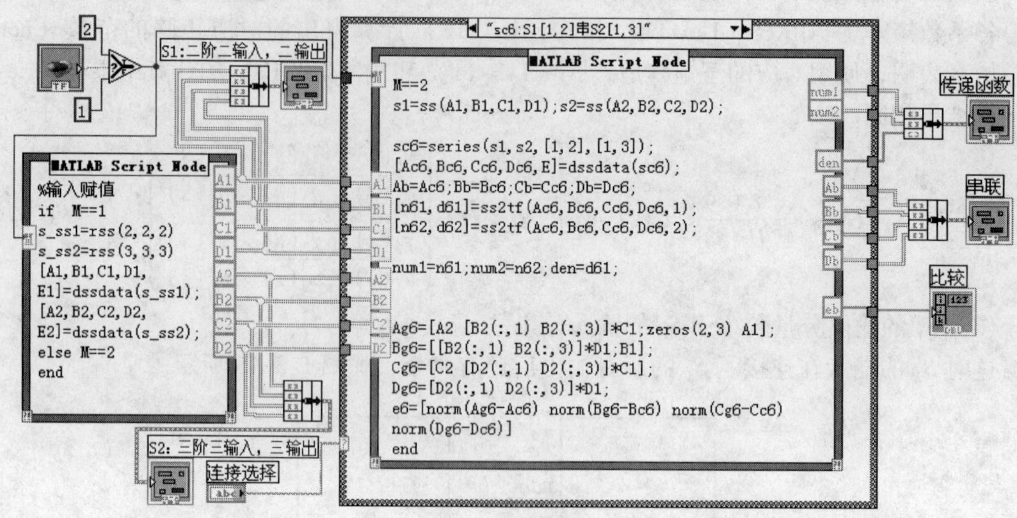

图 1-3-18　程序 shili01_11 框图面板（$p_1=2$，$m_2=3$）

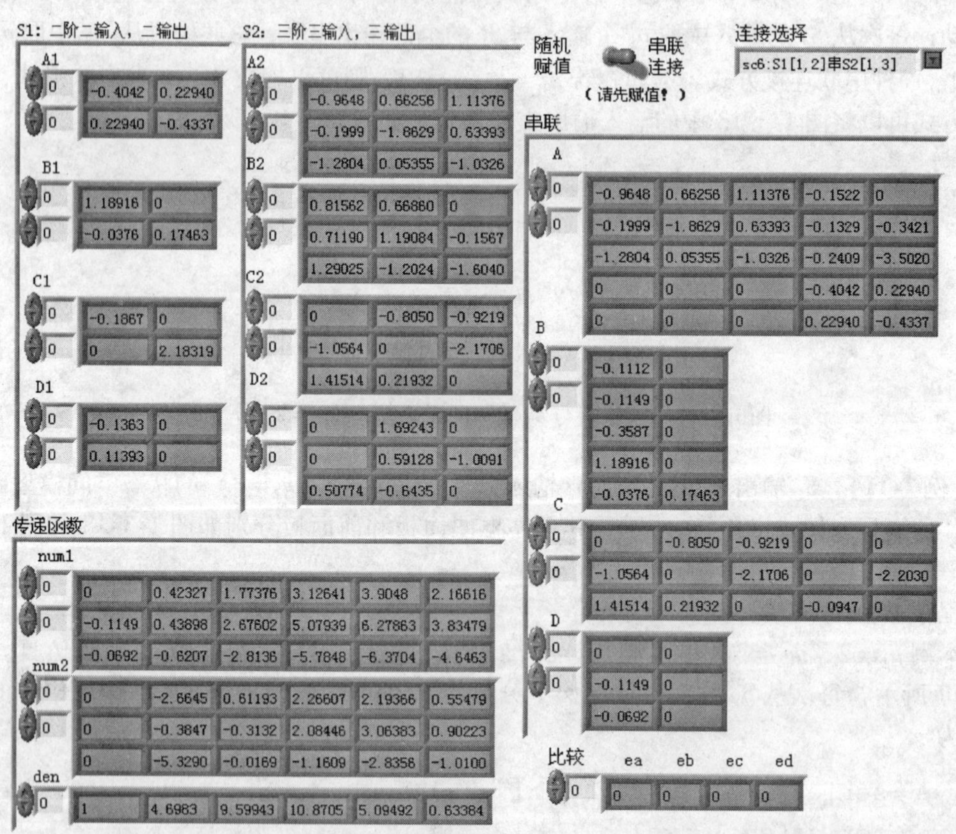

图 1-3-19　程序 shili01_11 前面板（$p_1=2$，$m_2=3$）

矩阵乘积构成的各块矩阵元$\boldsymbol{B}_2\boldsymbol{C}_1$、$\boldsymbol{B}_2\boldsymbol{D}_1$、$\boldsymbol{D}_2\boldsymbol{C}_1$和$\boldsymbol{D}_2\boldsymbol{D}_1$中，属于$S_2$的$\boldsymbol{B}_2$和$\boldsymbol{D}_2$将发生两点变化。第一，从原始$\boldsymbol{B}_2$和$\boldsymbol{D}_2$的3（$m_2=3$）列中取出两（$p_1=2$）列构成子矩阵；第二，这些子矩阵的列序需要按照图1-3-17的规律进行排列。例如，图1-3-17中的④表示取出原始$\boldsymbol{B}_2$和$\boldsymbol{D}_2$中的第3列构成子矩阵的第1列；取出原始$\boldsymbol{B}_2$和$\boldsymbol{D}_2$中的第2列构成子矩阵的第2列。这时式（1-3-11）和式（1-3-12）的程序编写如下（以④为例）：

```
Ag4 =[A2[B2(:,3),B2(:,2)] * C1;zeros(2,3)A1];
Bg4 =[[B2(:,3),B2(:,2)] * D1;B1];
Cg4 =[C2[D2(:,3),D2(:,2)] * C1];
Dg4 =[D2(:,3),D2(:,2)] * D1;
```

其中，[B2（:，3），B2（:，2）] 和 [D2（:，3），D2（:，2）] 分别是原始$\boldsymbol{B}_2$和$\boldsymbol{D}_2$在串联方式④中的子矩阵。程序的意义在于使S_1的输出分量y_1与S_2的输入分量u_3串联，使S_1的输出分量y_2与S_2的输入分量u_2串联。

每种串联的传递函数矩阵均由3行2列组成（$p_2=3$，$m_1=2$），对应S_2的3个输出和S_1的两个输入，见式（1-3-15）。图1-3-19中num1和num2的3行分别表示式（1-3-15）中第1、2列所示的3个传递函数的分子多项式系数。所有传递函数分母多项式均相同，因为它们具有相同的特征多项式，其系数统一表示为den。

$$G_{ij}(s)=\frac{Y_i(s)}{U_j(s)}=\boldsymbol{C}(s\boldsymbol{I}-\boldsymbol{A})^{-1}\boldsymbol{B}+\boldsymbol{D}=\begin{pmatrix}\dfrac{y_1(s)}{u_1(s)} & \dfrac{y_1(s)}{u_2(s)}\\ \dfrac{y_2(s)}{u_1(s)} & \dfrac{y_2(s)}{u_2(s)}\\ \dfrac{y_3(s)}{u_1(s)} & \dfrac{y_3(s)}{u_2(s)}\end{pmatrix} \tag{1-3-15}$$

前面板右下方最末一行数组给出了各种串联连接结果的比较。从$e_a \sim e_d$表示6种串联方法所得各系数矩阵，与由式（1-3-11）和式（1-3-12）计算得出的对应矩阵的范数（norm）差。仿真表明使用对应的子矩阵后，式（1-3-11）和式（1-3-12）的计算结果与series函数运行结果相同。

2. 并联

状态空间模型S_1与S_2并联的结构如图1-3-20所示。系统输入相同，即$\boldsymbol{U}_1=\boldsymbol{U}_2=\boldsymbol{U}$；输出为两子系统输出的代数和，$\boldsymbol{Y}=\boldsymbol{Y}_1+\boldsymbol{Y}_2$。

MATLAB为并联连接提供了如下两种常用的基本函数：

```
sys =sys1 +sys2
sys =parallel(sys1,sys2,input1,input2,output1,output2)
```

其中，input1、input2分别表示S_1与S_2相互连接的输入分量序号矢量；output1、output2分别表示S_1与S_2相互叠加的输出分量序号矢量。

因此，parallel函数包括并联时输入、输出的各种不同的连接方式，而sys1 + sys2只包含一种连接方式。

下面分两种情况讨论状态空间模型的并联。

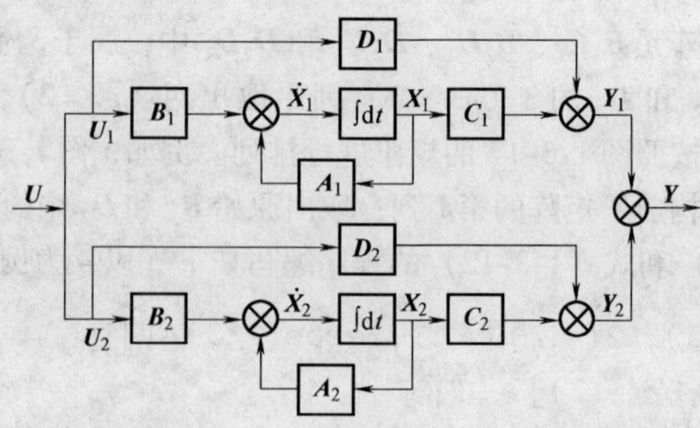

图 1-3-20　状态空间模型 S_1 与 S_2 的并联结构

（1）S_1 与 S_2 的输入分量数和输出分量数分别相等（$m_1=m_2$，$p_1=p_2$）

将 $\boldsymbol{U}_1=\boldsymbol{U}_2=\boldsymbol{U}$ 和 $\boldsymbol{Y}=\boldsymbol{Y}_1+\boldsymbol{Y}_2$ 代入式（1-3-6）和（1-3-7）中有

$$\begin{pmatrix}\dot{X}_1\\ \dot{X}_2\end{pmatrix}=\begin{pmatrix}A_1 & 0\\ 0 & A_2\end{pmatrix}\begin{pmatrix}X_1\\ X_2\end{pmatrix}+\begin{pmatrix}B_1\\ B_2\end{pmatrix}U \tag{1-3-16}$$

$$Y=[C_1\quad C_2]\begin{pmatrix}X_1\\ X_2\end{pmatrix}+[D_1+D_2]U \tag{1-3-17}$$

由矩阵的性质可知，欲使式（1-3-16）和式（1-3-17）成立，则要求 $\boldsymbol{B}_1$ 和 $\boldsymbol{B}_2$ 有相同的列数，$\boldsymbol{C}_1$ 和 $\boldsymbol{C}_2$ 有相同的行数，$\boldsymbol{D}_1$ 和 $\boldsymbol{D}_2$ 有相同的行、列数。也就是说，式（1-3-16）和式（1-3-17）所描述的状态空间模型并联，仅限于参与并联的两子系统具有相同的输入分量数和相同的输出分量数的情况。当满足这个条件时，才构成状态空间模型的“标准并联”。“标准并联”的基本特征是相同序号的输入并联，相同序号的输出叠加，不考虑“交叉”连接情况，如图 1-3-21 所示。

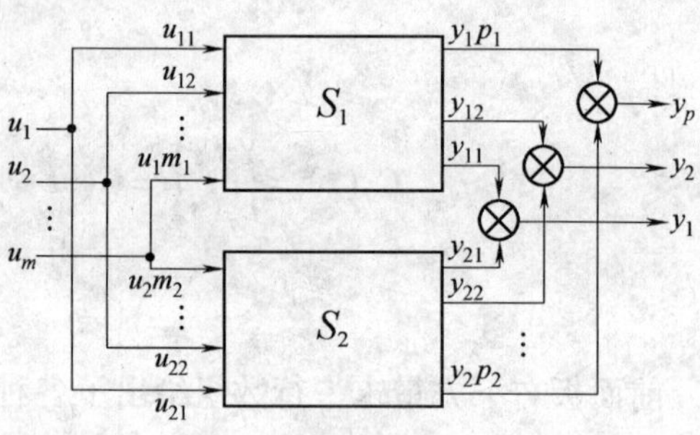

图 1-3-21　输入、输出数分别相等的并联示意图

显然，如果考虑“交叉”连接情况，输入的连接方式有 A_{m1}^{m1} 种，输出的连接方式有 A_{p1}^{p1} 种，并联方式有 $A_{m1}^{m1}\times A_{p1}^{p1}$ 种。

以 $m_1=m_2=2$，$p_1=p_2=3$ 为例，输入并联的 $A_2^2=2$ 方式如图 1-3-22 所示。

$$S_1:u_1 \quad S_2:u_2 \qquad\qquad S_1:u_1 \quad S_2:u_2$$

$$①\begin{bmatrix}1\\2\end{bmatrix}\Rightarrow\begin{bmatrix}1\\2\end{bmatrix}\quad,\quad ②\begin{bmatrix}1\\2\end{bmatrix}\Rightarrow\begin{bmatrix}1\\2\end{bmatrix}$$

图1-3-22　S_1 与 S_2 输入的并联连接方式（$m_1=m_2=2$）

输出叠加的 $A_3^3=6$ 种方式如图 1-3-23 所示。图中的加号表示 S_1 与 S_2 输出对应分量的代数和。

考虑输入输出连接的组合后，并联方式有 $A_2^2\times A_3^3=12$ 种。语句 sys1 + sys2 仅描述图

$$1\ \overset{S_1:y}{\begin{bmatrix}1\\2\\3\end{bmatrix}} + \overset{S_2:y}{\begin{bmatrix}1\\2\\3\end{bmatrix}},\quad 2\ \overset{S_1:y}{\begin{bmatrix}1\\2\\3\end{bmatrix}} + \overset{S_2:y}{\begin{bmatrix}2\\3\\1\end{bmatrix}},\quad 3\ \overset{S_1:y}{\begin{bmatrix}1\\2\\3\end{bmatrix}} + \overset{S_2:y}{\begin{bmatrix}3\\1\\2\end{bmatrix}},$$

$$4\ \overset{S_1:y}{\begin{bmatrix}1\\2\\3\end{bmatrix}} + \overset{S_2:y}{\begin{bmatrix}1\\3\\2\end{bmatrix}},\quad 5\ \overset{S_1:y}{\begin{bmatrix}1\\2\\3\end{bmatrix}} + \overset{S_2:y}{\begin{bmatrix}3\\2\\1\end{bmatrix}},\quad 6\ \overset{S_1:y}{\begin{bmatrix}1\\2\\3\end{bmatrix}} + \overset{S_2:y}{\begin{bmatrix}2\\1\\3\end{bmatrix}}$$

图 1-3-23　S_1 与 S_2 输出的叠加方式（$p_1 = p_2 = 3$）

1-3-22和图 1-3-23 中的第①1 号组合，所有并联情况均可使用 parallel 函数。

【例 1-12】　状态空间模型并联仿真仪。

设子系统 S_1 为三阶二输入三输出，子系统 S_2 为二阶二输入三输出。仿真程序如 shili01_12 所示，其程序框图面板和前面板分别如图 1-3-24 和图 1-3-25 所示。

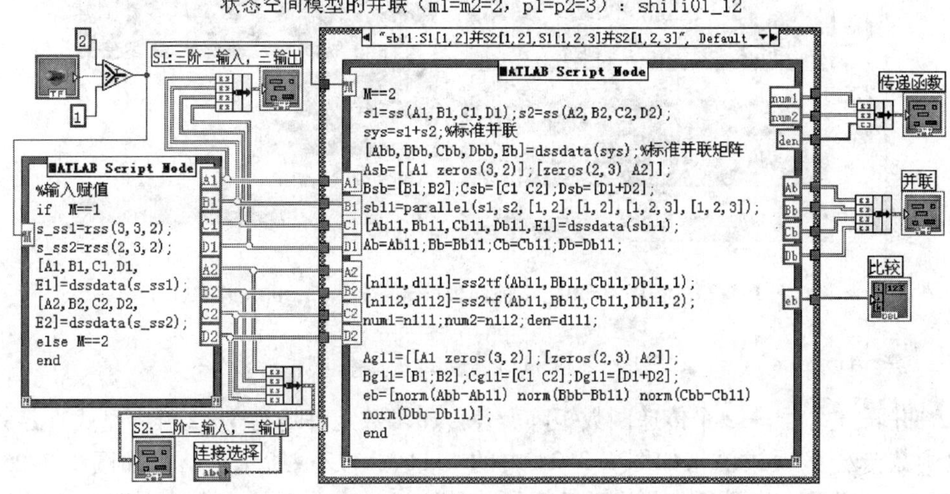

图 1-3-24　程序 shili01_12 框图面板（$m_1 = m_2 = 2$，$p_1 = p_2 = 3$）

程序说明：

子系统 S_1、S_2 均有两个输入，并联时可以将两者同序号的输入相连（u_{11} 接 u_{21}，u_{12} 接 u_{22}），也可以将两者输入交叉相连（u_{11} 接 u_{22}，u_{12} 接 u_{21}），分别如图 1-3-22 的①和②所示。S_1、S_2 子系统的 3 个输出叠加的 6 种方式如图 1-3-23 所示。以图中的叠加③为例，表示 S_1 的输出 y_{11}、y_{12}、y_{13} 分别与 S_2 的 y_{23}、y_{21}、y_{22} 对应叠加，构成并联后的系统输出 y_1、y_2 和 y_3。对图 1-3-22 的输入连接与图 1-3-23 的输出叠加组合的 $A_2^2 \times A_3^3 = 12$ 种并联方式，使用并联命令 parallel 的具体书写格式为（以图 1-3-22 和图 1-3-23 的组合①3 为例）

```
sb13 =parallel(s1,s2,[1,2],[1,2],[1,2,3],[3,1,2]);
```

其余 11 种并联方式可以依此类推。

前已述及，标准并联命令 sys1 + sys2 只描述相同序号输入、输出对应连接的情况，其等价 parallel 语句为

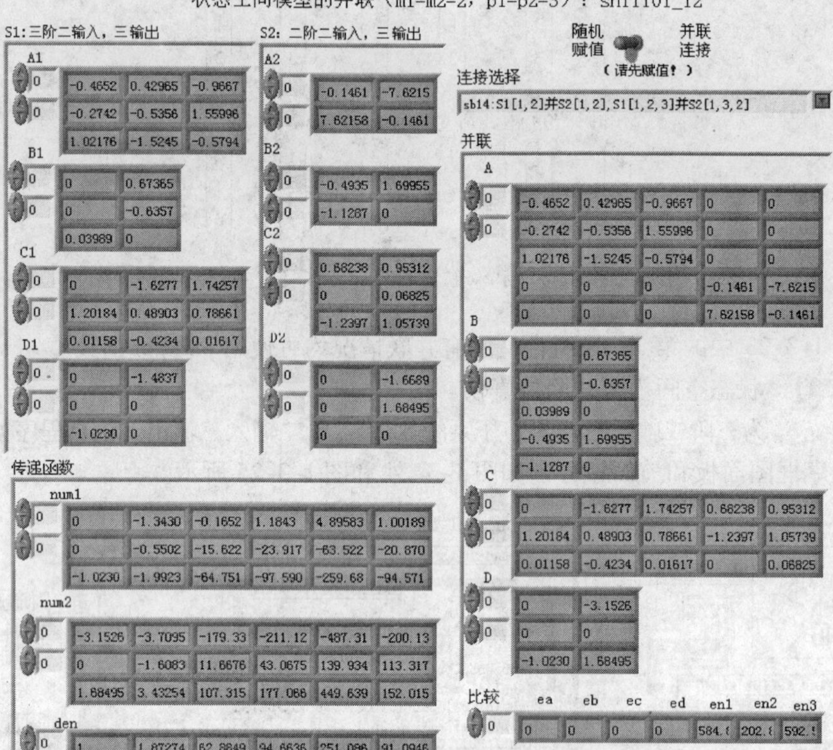

图 1-3-25　程序 shili01_12 前面板（$m_1=m_2=2$，$p_1=p_2=3$）

```
sb11 =parallel(s1,s2,[1,2],[1,2],[1,2,3],[1,2,3]);
```

12 种并联方式对应 12 个传递函数矩阵。各传递函数矩阵均为 3×2 维，见式（1-3-15）。各传递函数分子多项式语句如图 1-3-24 中的 n111、n112…所示，结果如图 1-3-25 中的 num1 和 num2 所示，分别对应由并联后系统的输入 1、输入 2 与 3 个输出所构成的传递函数。所有传递函数具有共同的特征矩阵，其特征多项式系数用 den 表示。

运行程序，先选择随机赋值，再选择并联方式。12 种并联方式由图 1-3-26 所示的连接选择菜单给出。

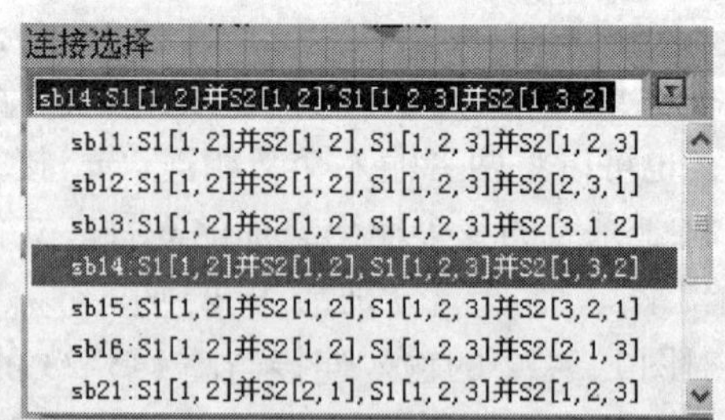

图 1-3-26　输入数与输出数分别相等的并联方式连接选择菜单（$m_1=m_2=2$，$p_1=p_2=3$）

式（1-3-16）和式（1-3-17）只适用于标准并联情况，但进行推广后可适用于所有并联方式。仍取图 1-3-22 的①和图 1-3-23 的 3 组合①3 为例，对比一下该组合与①1 组合可知，两者只是 S_2 的输出序号不同，也就是 S_2 的输出矩阵 $\boldsymbol{C}_2$ 的行改变了顺序，式（1-3-16）和式（1-3-17）所给出的各系数矩阵可以写成

```
Ag13 =[[A1 zeros(3,2)];[zeros(2,3)A2]];% 并联状态矩阵 A
```

```
Bg13 =[B1;B2];% 输入矩阵 B
Cg13 =[C1[C2(3,:);C2(1,:);C2(2,:)]];% 输出矩阵 C
Dg13 =[D1 +[D2(3,:);D2(1,:);D2(2,:)]];% 直传矩阵 D
```

上述语句是按照图 1-3-23 的 3 重新排列 $\boldsymbol{C}_2$ 与 $\boldsymbol{D}_2$ 的各行构成的。需要注意的是，当输入连接变成图 1-3-22 的②时，矩阵 $\boldsymbol{B}_2$ 和 $\boldsymbol{D}_2$ 的列顺序需要进行相应的排列。以图 1-3-22 的②和图 1-3-23 的 3 组合②3 为例，程序如下：

```
Ag23 =[[A1 zeros(3,2)];[zeros(2,3)A2]];
Bg23 =[B1;[B2(:,2)B2(:,1)]];
Cg23 =[C1[C2(3,:);C2(1,:);C2(2,:)]];
D_2 =[D2(:,2)D2(:,1)];% 重排 D2 的列
Dg23 =[D1 +[D_2(3,:);D_2(1,:);D_2(2,:)]];% 再重排 D2 的行
```

先对矩阵 $\boldsymbol{D}_2$ 进行列排列，演变成 D_2，再对 D_2 实施行排列。这表明，输入顺序的改变导致输入矩阵 $\boldsymbol{B}$ 和直传矩阵 $\boldsymbol{D}$ 的列顺序改变；输出顺序的改变导致输出矩阵 $\boldsymbol{C}$ 和直传矩阵 $\boldsymbol{D}$ 的行顺序改变。进行这种列、行顺序变更后，式（1-3-16）和式（1-3-17）将适用于所有并联情况。

再仔细分析图 1-3-23 中 S_2 输出分量的各种叠加方式，可以发现这 6 种叠加方式（也就是 6 种并联方式）并非各自独立，其中的叠加方式 4、5 和 6 可以由叠加方式 1、2 和 3 通过适当的行序重排构成。例如，叠加 4 的第 1 行、第 2 行和第 3 行可以分别由叠加 1 的第 1 行、叠加 2 的第 2 行和叠加 3 的第 3 行组合构成。这种非独立性既反映在对式（1-3-16）和式（1-3-17）的修正和推广上，也反映出在同一种输入连接情况下（例如图 1-3-22 的①），这 6 种并联方式所对应的传递函数矩阵不是独立的。以并联方式①4 的传递函数矩阵为例（参见式（1-3-15）），其第 1、第 2 和第 3 行分别等于并联①1、①2 和①3 的传递函数矩阵的第 1 行、第 2 行和第 3 行。在程序中描述为 n141 的 3 行分别等于 n111 的第 1 行、n121 的第 2 行和 n131 的第 3 行，即 n141（1,:） = n111（1,:），n141（2,:） = n121（2,:），n141（3,:） = n131（3,:）。叠加方式 5 和 6 也有类似情况。于是，对于本例，12 个传递函数矩阵只有 6 个是独立的，72 个传递函数只有 36 个是独立的。仿真结果证实了这种分析的正确性。

前面板的右下角比较数组给出了两部分的比较结果。前 4 个表示使用更改后的公式与对应的 parallel 语句运行结果的比较，ea、eb、ec 和 ed 分别表示系统矩阵、输入矩阵、输出矩阵和直传矩阵的比较结果。后 3 个（en1，en2，en3）表示对于相同输入方式，叠加方式 4、5 和 6 所构成的传递函数矩阵与用叠加方式 1、2 和 3 所构成的传递函数矩阵各行的比较。这 3 个比较只针对①4、①5、①6 和②4、②5、②6，其中①4 组合与①1、①2、①3 组合的传递函数矩阵的仿真数据如图 1-3-27 所示。

要强调的是，由 sysb = s_ss1 + s_ss2 构成的标准并联只要求两个子系统的输入分量数、输出分量数分别相等，不要求输入和输出分量数相等，也不要求子系统阶数相同。在构成标准并联结构图时，两子系统相同序号的输入相连，相同序号的输出相叠加，不考虑交叉输入连接和交叉输出叠加的情况。

（2）S_1 与 S_2 的输入分量数和输出分量数均不相等（$m_1 \neq m_2$，$p_1 \neq p_2$）

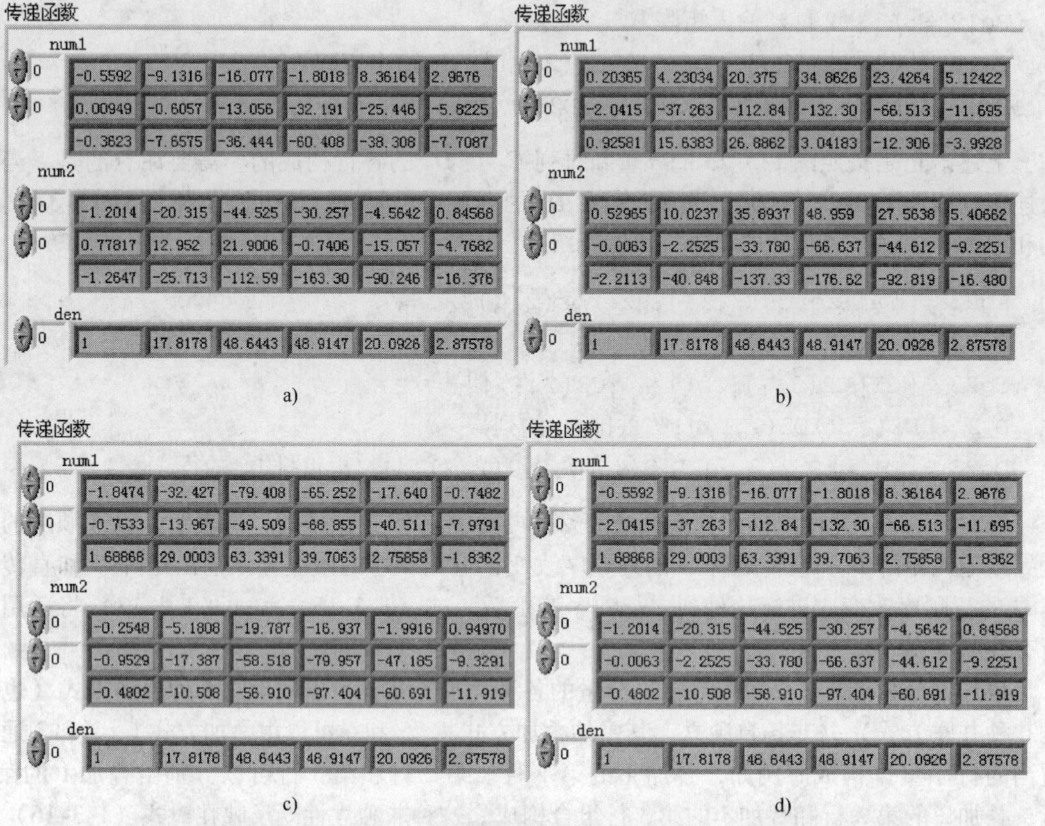

图 1-3-27　并联①4 与并联①1、①2、①3 传递函数矩阵的仿真数据

a）并联①1（sb11）　b）并联①2（sb12）　c）并联①3（sb13）　d）并联①4（sb14）

下面讨论处理这类并联问题的两种方法，即直接并联法和“零列零行补偿”并联法。首先讨论直接并联法。

为讨论方便，假定 $m_1 > m_2$，$p_1 < p_2$，并联示意如图 1-3-28 所示，输入并联有 A_{m1}^{m2} 种方式，输出叠加有 A_{p2}^{p1} 种方式，共有 $A_{m1}^{m2} \times A_{p2}^{p1}$ 种方式。例如，设 $m_1 = 3$，$m_2 = 2$；$p_1 = 2$，$p_2 = 3$，则输入连接时固定 S_2 的两个输入不变，每次从 S_1 的 3 个输入中取两个与之连接，如图1-3-29所示。

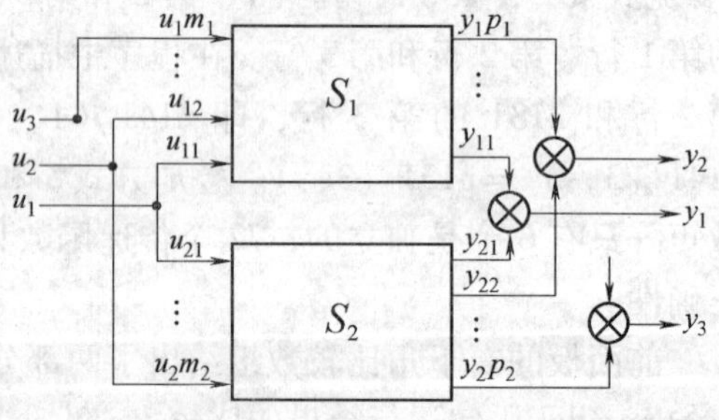

图 1-3-28　输入、输出数均不相等的并联连接示意图（$m_1 > m_2$，$p_1 < p_2$）

$$
\overset{S_1:u}{①\begin{bmatrix}1\\2\end{bmatrix}} \Rightarrow \overset{S_2:u}{\begin{bmatrix}1\\2\end{bmatrix}},\quad
\overset{S_1:u}{②\begin{bmatrix}2\\1\end{bmatrix}} \Rightarrow \overset{S_2:u}{\begin{bmatrix}1\\2\end{bmatrix}},\quad
\overset{S_1:u}{③\begin{bmatrix}2\\3\end{bmatrix}} \Rightarrow \overset{S_2:u}{\begin{bmatrix}1\\2\end{bmatrix}},
$$

$$
\overset{S_1:u}{④\begin{bmatrix}3\\2\end{bmatrix}} \Rightarrow \overset{S_2:u}{\begin{bmatrix}1\\2\end{bmatrix}},\quad
\overset{S_1:u}{⑤\begin{bmatrix}3\\1\end{bmatrix}} \Rightarrow \overset{S_2:u}{\begin{bmatrix}1\\2\end{bmatrix}},\quad
\overset{S_1:u}{⑥\begin{bmatrix}1\\3\end{bmatrix}} \Rightarrow \overset{S_2:u}{\begin{bmatrix}1\\2\end{bmatrix}}
$$

图 1-3-29　S_1 与 S_2 的输入连接方式（$m_1 = 3$，$m_2 = 2$）

对于输出叠加，由于 $p_1=2$，$p_2=3$，固定 S_1 的两个输出不变，每次从 S_2 的 3 个输出中取两个分别与之叠加，如图 1-3-30 所示。

$$\begin{array}{cccccc} & S_1:y \quad S_2:y & & S_1:y \quad S_2:y & & S_1:y \quad S_2:y \\ 1 & \begin{bmatrix}1\\2\end{bmatrix}+\begin{bmatrix}1\\2\end{bmatrix}, & 2 & \begin{bmatrix}1\\2\end{bmatrix}+\begin{bmatrix}2\\1\end{bmatrix}, & 3 & \begin{bmatrix}1\\2\end{bmatrix}+\begin{bmatrix}2\\3\end{bmatrix}, \end{array}$$

$$\begin{array}{cccccc} & S_1:y \quad S_2:y & & S_1:y \quad S_2:y & & S_1:y \quad S_2:y \\ 4 & \begin{bmatrix}1\\2\end{bmatrix}+\begin{bmatrix}3\\2\end{bmatrix}, & 5 & \begin{bmatrix}1\\2\end{bmatrix}+\begin{bmatrix}3\\1\end{bmatrix}, & 6 & \begin{bmatrix}1\\2\end{bmatrix}+\begin{bmatrix}1\\3\end{bmatrix} \end{array}$$

图 1-3-30　S_1 与 S_2 的输出叠加方式（$p_1=2$，$p_2=3$）

【例 1-13】 状态模型的直接并联仿真仪。

设子系统 S_1 为三阶三输入二输出，子系统 S_2 为二阶二输入三输出。仿真程序如 shili01_13 所示，其程序框图面板和前面板分别如图 1-3-31 和图 1-3-32 所示。

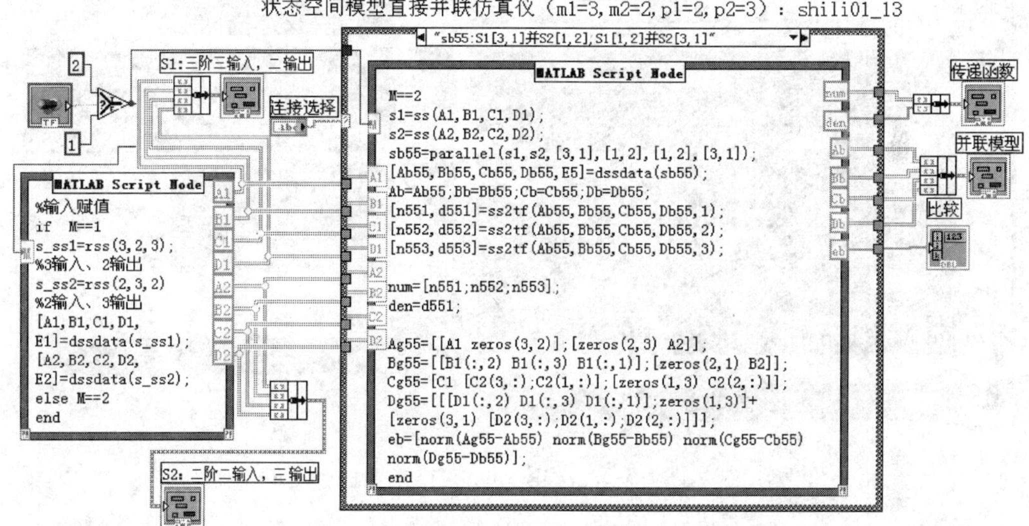

图 1-3-31　程序 shili01_13 框图面板

程序说明：

将图 1-3-29 与图 1-3-30 共同组合成直接并联，一共可以获得 36 种状态空间模型，也就有 36 个传递函数矩阵，每个传递函数矩阵由 3 个输入和 3 个输出构成，共有 324 个传递函数，这些模型的构成方式是相似的。为简化计算，选取图 1-3-29 的每种输入连接与图 1-3-30中的两种输出叠加相组合，构成①1，①3；②2，②4；…；⑤5，⑤1 和⑥6，⑥2 等 12 种并联结构。

12 种并联方式对应 12 个传递函数矩阵。由于并联后系统有 3 个输入和 3 个输出，所以各传递函数矩阵均为 3×3 维，见式（1-3-18）。各传递函数分子多项式语句如图 1-3-31 中的 n111，n112，…所示，仿真结果如图 1-3-32 中 num 数组的 9 行所示。这 9 行从上到下每 3 行为一组，顺次表示由输入 1、2、3 分别与 3 个输出所构成的传递函数，依次对应式（1-3-18）的第 1、第 2 和第 3 列。所有的传递函数阵具有共同的特征矩阵，其特征多项式

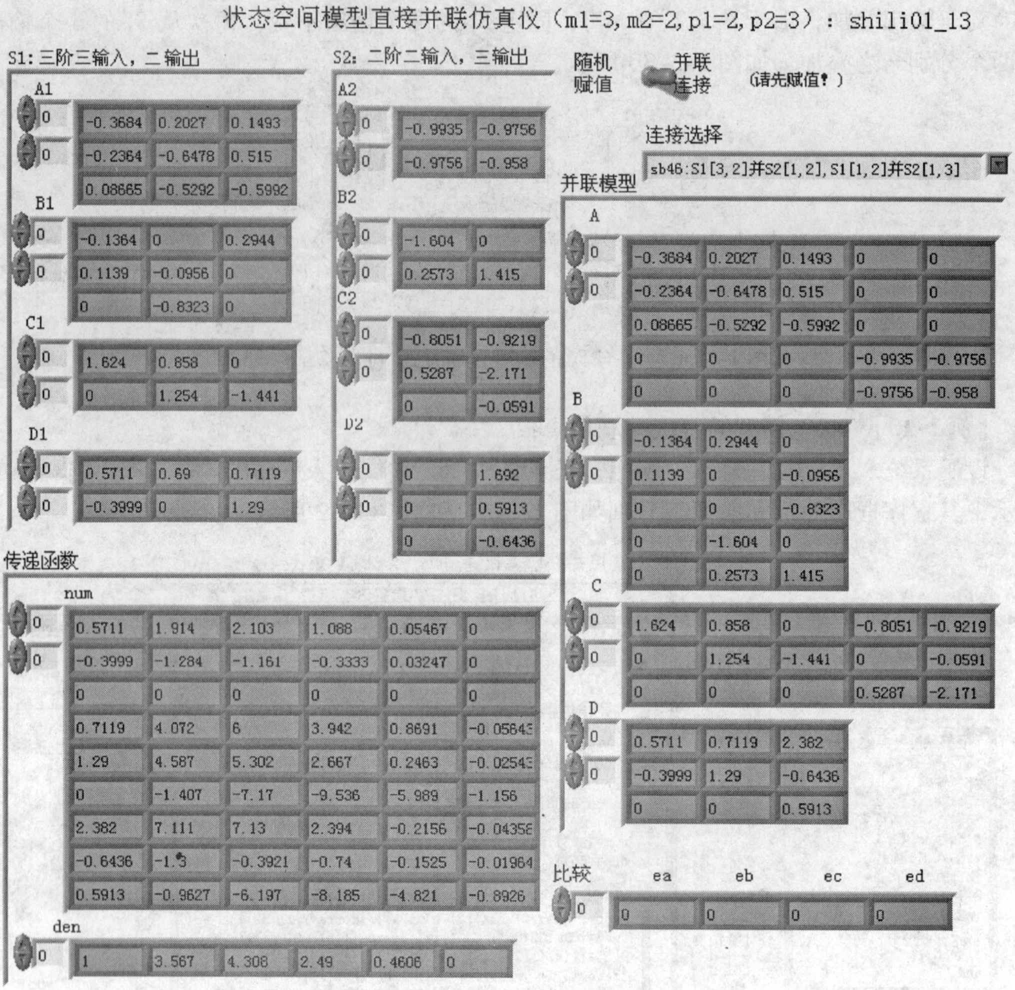

图 1-3-32 程序 shili01_13 前面板

系数用 den 表示。

$$G_{ij}(s)=\begin{pmatrix}\dfrac{y_1(s)}{u_1(s)} & \dfrac{y_1(s)}{u_2(s)} & \dfrac{y_1(s)}{u_3(s)}\\[2ex] \dfrac{y_2(s)}{u_1(s)} & \dfrac{y_2(s)}{u_2(s)} & \dfrac{y_2(s)}{u_3(s)}\\[2ex] \dfrac{y_3(s)}{u_1(s)} & \dfrac{y_3(s)}{u_2(s)} & \dfrac{y_3(s)}{u_3(s)}\end{pmatrix} \tag{1-3-18}$$

运行程序，先选择随机赋值，再选择并联方式。12 种并联方式由图 1-3-33 所示的连接选择菜单给出。

下面讨论如何修改式（1-3-16）和式（1-3-17），使之适用于直接并联的各种方式。以图 1-3-29 和图 1-3-30 的组合②4 为例，求出并联后的各系数矩阵的表达方法。

```
A =[[A1 zeros(3,2)];[zeros(2,3) A2]]; % 状态矩阵与式(1-3-16)相同,无须改变
```

输入矩阵 $\boldsymbol{B}$ 中原矩阵 $\boldsymbol{B}_1$ 的列顺序需要改变。由于 $m_1 > m_2$，$\boldsymbol{B}_2$ 需要添加适当的 0 元素列，使之与 $\boldsymbol{B}_1$ 的列数相同。

例如，图 1-3-29 中的②，表示从 S_1 的 3 个输入中选取第 2 和第 1 两个输入参与连接，剩余的第 3 输入“空闲”。MATLAB 将该“空闲”输入视为并联系统的第一输入，所以在构成并联输入矩阵时，将“空闲”输入所对应的列（第 3 列）置于首列，其余按所选取输入的顺序（第 2、第 1）放置所对应的列（第 2 列、第 1 列）。于是，对所有输入连接为②的输入矩阵均可表示为

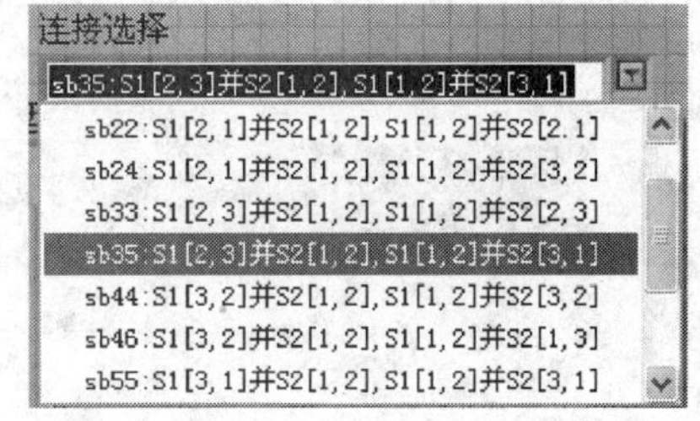

图 1-3-33　输入、输出分量数不同的直接并联方式连接选择菜单

```
B =[[B1(:,3) B1(:,2) B1(:,1)];[zeros(2,1) B2]];
```

并联方式②4 仿真运行后输入矩阵 $\boldsymbol{B}$ 的构成如图 1-3-34 所示。

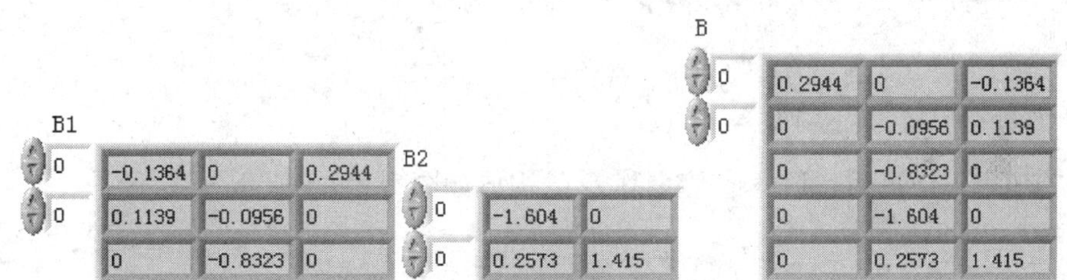

图 1-3-34　直接并联方式②4 的输入矩阵构成

显然，输入矩阵 $\boldsymbol{B}$ 的构成仅与图 1-3-29 中的输入连接方式有关，与图 1-3-30 的输出叠加方式无关。上述构成方法适用于图 1-3-29 中所有输入连接方式，构造方法思路具有普遍性。

输出矩阵 $\boldsymbol{C}$ 的构成仅与图 1-3-30 的输出叠加方式有关。由于 $p_1 < p_2$，C_1 需要添加适当的0 元素行，使之与 C_2 的行数相同。C_2 的行顺序需要改变。MATLAB 将 S_2 中未参与叠加的“空闲”输出视为并联系统的最末尾输出。因此，须将该“空闲”输出所对应的行置于末行，其余按所选取输出的顺序放置所对应的行。例如，对于图 1-3-30 的叠加方式 4，其参与叠加的输出依次为第 3 和第 2 输出，第 1 输出“空闲”，所以并联后的输出矩阵 $\boldsymbol{C}$ 中，$\boldsymbol{C}_2$ 依次由原来的第 3、第 2 和第 1 行构成，$\boldsymbol{C}_1$ 的第 3 行为添加的 0 元素行。于是对所有输出叠加为 4 的输出矩阵均可表示为

```
C =[C1[C2(3,:);C2(2,:)];[zeros(1,3);C2(1,:)]];
```

此语句也可写成

```
C =[[C1;zeros(1,3)][C2(3,:);C2(2,:);C2(1,:)]];
```

并联方式②4 仿真运行后输出矩阵 $\boldsymbol{C}$ 的构成如图 1-3-35 所示。

根据同样方法，不难得出图 1-3-30 的其他叠加方式中输出矩阵 $\boldsymbol{C}$ 的构成方法。

要使并联后的直传矩阵 $\boldsymbol{D} = \boldsymbol{D}_1 + \boldsymbol{D}_2$ 适用于两子系统输入数和输出数不等的情况，必须

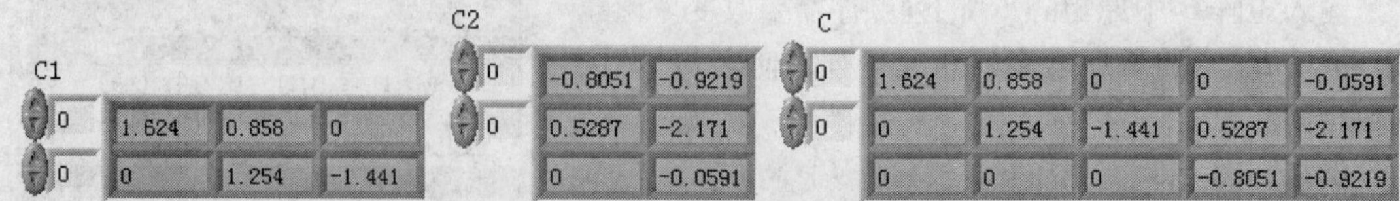

图 1-3-35　并联方式②4 的输出矩阵 $\boldsymbol{C}$ 的构成

解决两个问题。第一，必须使原系统的 $\boldsymbol{D}_1$ 和 $\boldsymbol{D}_2$ 维数相容。这可以通过对 $\boldsymbol{D}_1$ 添加 0 元素行，对 $\boldsymbol{D}_2$ 添加 0 元素列，使之均为 3 行 3 列来解决。具体操作时，添加到 $\boldsymbol{D}_1$ 的第 3 行为 0 元素行，表示对 S_1 添加的第 3 输出为 0，不影响 S_1 的实际输出；添加到 $\boldsymbol{D}_2$ 的第 1 列为 0 元素列，表示对 S_2 添加的第 1 输入为 0，也不影响 S_2 的实际输入。第二，必须使 $\boldsymbol{D}_1$ 的列顺序符合图 1-3-29 中 S_1 输入的排列。因为对于 S_2 的输入选取是不变的，所以 $\boldsymbol{D}_2$ 的列顺序是不变的。同理，应当使 $\boldsymbol{D}_2$ 的行顺序符合图 1-3-30 中 S_2 输出的排列，不需要改变 $\boldsymbol{D}_1$ 的行顺序。具体操作时，使 $\boldsymbol{D}_1$ 的列顺序排列与 $\boldsymbol{B}_1$ 的列顺序相同，使 $\boldsymbol{D}_2$ 的行顺序排列与 $\boldsymbol{C}_2$ 的行顺序相同。并联方式②4 的直传矩阵构成语句为

```
Dg24 =[[[D1(:,3) D1(:,2) D1(:,1)];zeros(1,3)] +[zeros(3,1) [D2(3,:);D2(2,:);D2(1,:)]]];
```

并联方式②4 仿真运行后，直传矩阵 $\boldsymbol{D}$ 的构成如图 1-3-36 所示。

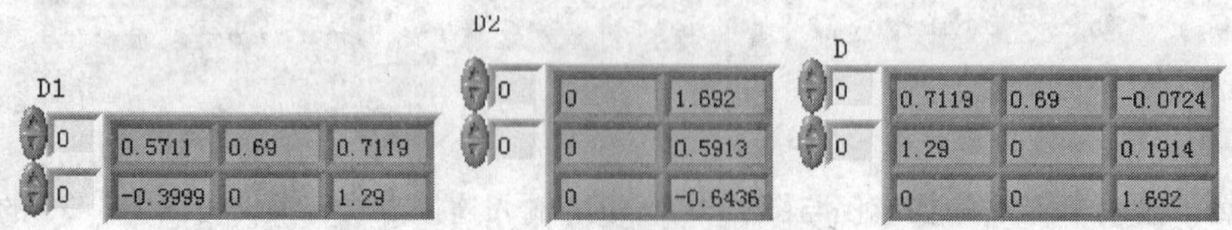

图 1-3-36　直接并联方式②4 的直传矩阵 $\boldsymbol{D}$ 的构成

用上述方法修改式（1-3-16）和式（1-3-17）后，计算出各种并联的系数矩阵与使用 parallel 函数所获得的对应结果相同。图 1-3-32 中右下角显示出了这两种方式的比较结果。

直接并联的传递函数矩阵具有下列特点：

1）对于所有并联方式，传递函数 $G_{31}(s)=y_3(s)/u_1(s)$，即式（1-3-18）第 3 行第 1 列元素总等于零。这是因为，在传递函数矩阵的计算式 $\boldsymbol{C}(s\boldsymbol{I}-\boldsymbol{A})^{-1}\boldsymbol{B}+\boldsymbol{D}$ 中，输出矩阵 $\boldsymbol{C}$ 第 3 行（末行）的前 3 列都是 0（见图 1-3-35）。特征矩阵逆的最后两行（第 4、第 5 行）的前 3 列都是 0（见图 1-3-32 中的矩阵 $\boldsymbol{A}$）。输入矩阵 $\boldsymbol{B}$ 的最后两行（第 4、第 5 行）的第 1 列也是 0（见图 1-3-34），它们乘积使得第 3 行第 1 列为 0。而直传矩阵的第 3 行第 1 列为 0（$\boldsymbol{D}_1$ 的 3 行全 0，$\boldsymbol{D}_2$ 的第 1 列全 0，二者第 1 列之和保证第 3 行第 1 列为 0），所以最后使得 $y_3(s)/u_1(s)=0$。

2）如果将传递函数分子多项式系数记为 n_{ijk}，其中 i、$j=1$，2，…，6，分别表示图 1-3-29和图 1-3-30 的输入、输出连接方式；$k=1$，2，3 表示并联后传递函数的输入序号，则 n_{ijk}将表示传递函数矩阵的某一列。如果将输入连接分成 $i=1$，2；$i=3$，4；$i=5$，6 这样 3 组，每组输入的差别仅是 S_1 的两个输入交换顺序。在同一组输入连接与所有输出叠加组

合中，输入 1($k=1$) 的三个传递函数均相等，即（n_{1j1}，n_{2j1})、(n_{3j1}，n_{4j1}) 和（n_{5j1}，n_{6j1}) 三组中各对应元素相等。也就是说，同一组输入连接与 6 种输出叠加所构成的 12 个传递函数矩阵中，第 1 列各元素对应相等，见式（1-3-18)。这是因为，对同一组输入连接，并联后输入矩阵 $\boldsymbol{B}$ 的第一列相同，特征矩阵及其逆阵相同，所以特征矩阵的逆阵与输入矩阵 $\boldsymbol{B}$ 相乘后的第一列相同，而对于同一组输入连接的输出矩阵 $\boldsymbol{C}$ 又是相同的，再加上对同一输入组，矩阵 $\boldsymbol{D}$ 的第一列构成相同，对传递函数矩阵的第一列贡献也相同，所以对于同一组输入，乘积 $\boldsymbol{C}(s\boldsymbol{I}-\boldsymbol{A})^{-1}\boldsymbol{B}+\boldsymbol{D}$ 的第一列相同。

在例 1-13 中，分别运行 [sb11，sb13，sb22，sb24]（输入 $i=1$，2)、[sb33，sb35，sb44，sb46]（输入 $i=3$，4）和 [sb55，sb51，sb66，sb62]（输入 $i=5$，6）三组四种连接。仿真结果表明，各组 4 个传递函数矩阵的首列（即图 1-3-32 传递函数数组的前 3 行）对应相等，如图 1-3-37 所示。第一组各相等首列所对应分子多项式系数为（n111，n131，n221，n241)，其余两组相等首列所对应分子多项式系数可以依此类推。

3）如果将输出叠加分成 $j=1$，2；$j=3$，4；$j=5$，6 这样 3 组，每组输出叠加的差别仅是 S_2 的两个输出交换了顺序。在同一组输出叠加与所有输入组合中，输出 3 对三个输入的传递函数均相等。也就是说，同一组输出叠加与 6 种输入方式所构成的 12 个传递函数矩阵中，第 3 行各元素对应相等，见式（1-3-18)，即（n_{i1k}（3,:)，n_{i2k}（3,:))、(n_{i3k}（3,:)，n_{i4k}（3,:))、(n_{i5k}（3,:)，n_{i6k}（3,:)）三组中各对应元素相等。这是因为，对同一组输出叠加，输出 3 是 S_2 的“空闲”输出，而对同一组而言，S_2 的“空闲”输出是相同的，它们对 3 个输入构成的传递函数位于式（1-3-18）的第 3 行，对每组都是相同的。

按输出叠加方式查看图 1-3-37 中 [sb11，sb22，sb51，sb62]（输出 $j=1$，2)、[sb13，sb24，sb33，sb44]（输出 $j=3$，4）和 [sb35，sb46，sb55，sb66]（输出 $j=5$，6）三组四种连接，它们对应的传递函数数组的第 3、6、9 行，构成各传递函数矩阵的第 3 行对应相等。例如，图 1-3-37 中 sb11 的第 3，6，9 行，对应传递函数分子多项式系数为（n111（3,:)，n112（3,:)，n113（3,:))。sb11 与 sb22 传递函数矩阵的第 3、6、9 行对应相等，实际上表示 n111（3,:）=n221（3,:)，n112（3,:）=n222（3,:）和 n113（3,:）=n223（3,:）三个传递函数分子多项式系数相等。其余相等情况可以依此类推。由于仿真仪是随机赋值，所示具体数据仅对某次运行有效。

程序 shili01_13a、shili01_13b 和 shili01_13c 所示的并联仿真仪，输入输出方式及程序编写不同，列出供参考。

下面讨论“零列零行补偿”并联法。

上面讨论的直接并联法，虽然可以解决 $m_1 \neq m_2$，$p_1 \neq p_2$ 的一般并联问题，但在修改式（1-3-16）和式（1-3-17）适于非标准并联情况时比较复杂，对于不同的输入输出组合所得到的仅是形式相同的公式。公式中各项需要随着输入/输出的不同组合而重新构造。下面介绍的“零列零行补偿”并联法实际上是一种“添加 0 输入（出）补偿法”，将非标准并联纳入标准并联方式解决的方法。

“零列零行补偿”并联法的基本做法是对输入数量较少的子系统，将其输入矩阵 $\boldsymbol{B}$ 添加若干元素全为 0 的列，以满足条件 $m_1=m_2$；类似地，将输出分量数较少的子系统的输出矩阵 $\boldsymbol{C}$ 添加若干元素全为 0 的行，以满足条件 $p_1=p_2$，同时对直传矩阵进行类似的 0 元素行、列添加，以满足标准并联条件。

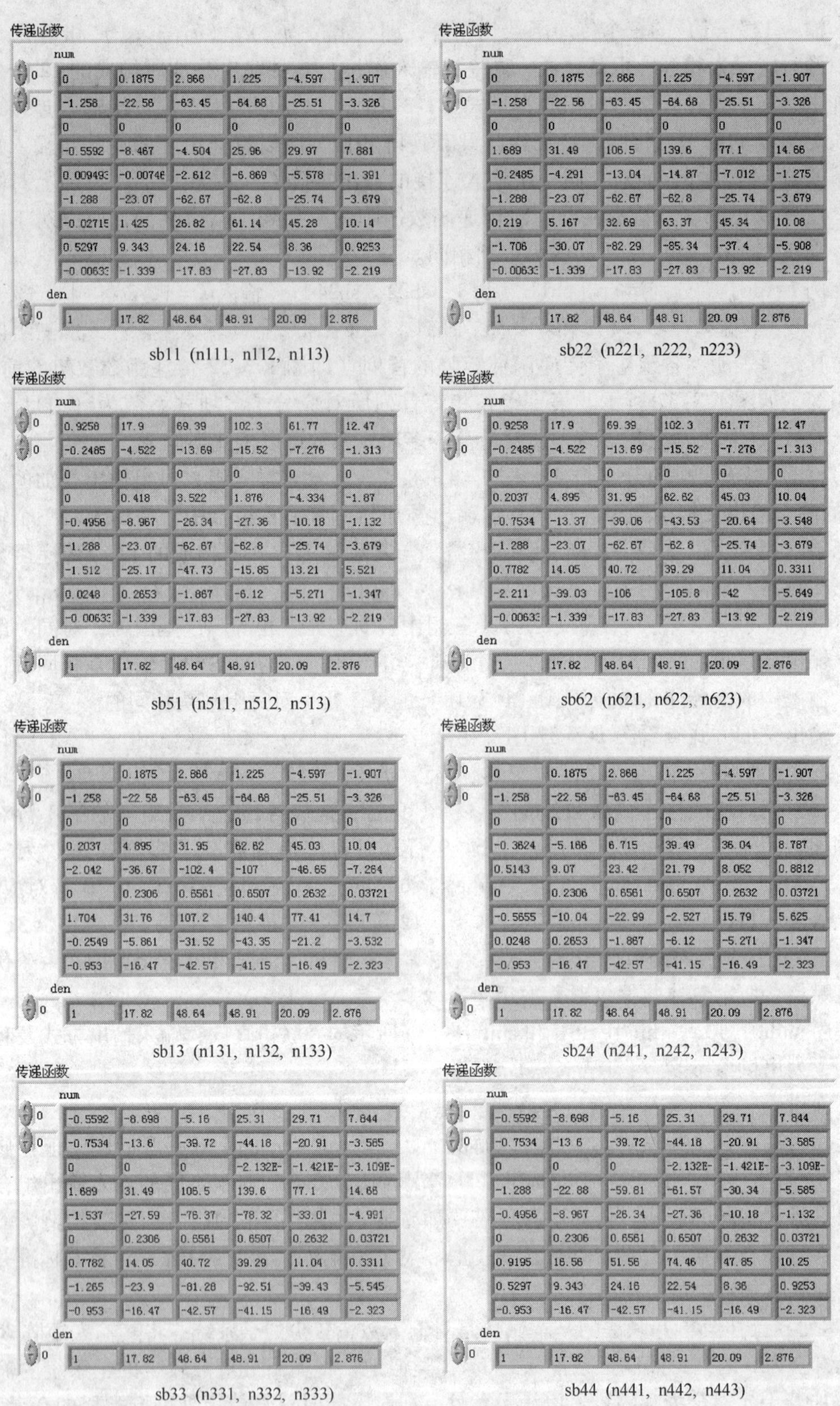

图 1-3-37　直接并联法输入、输出组合的仿真数据截图

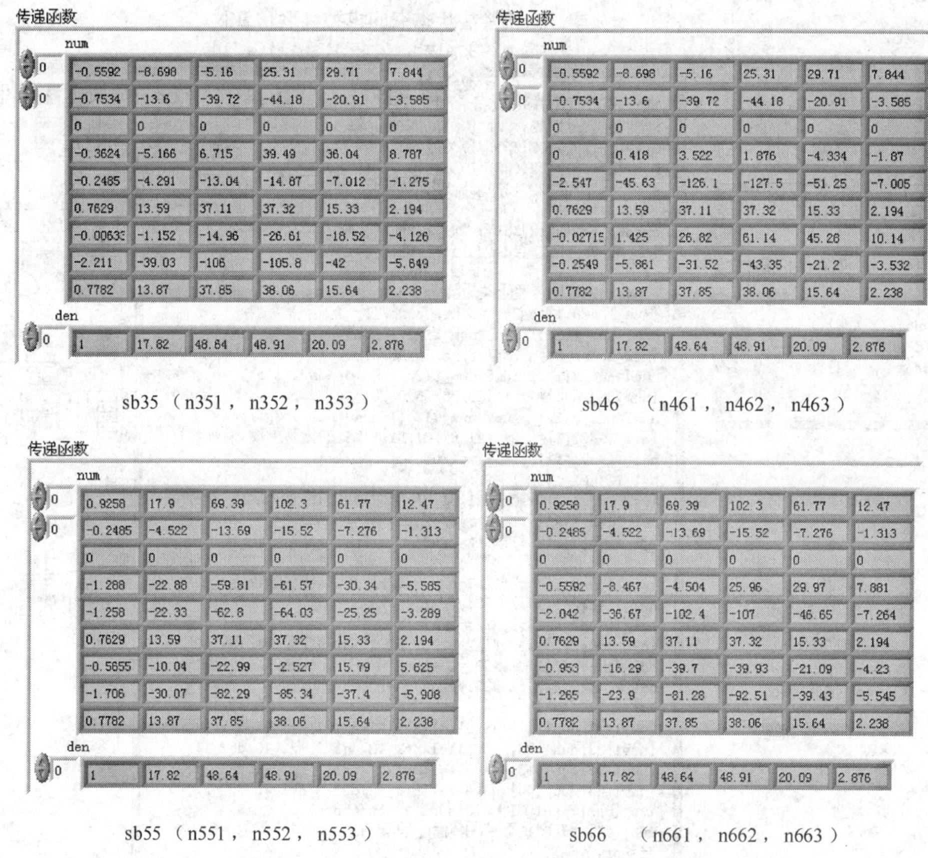

图 1-3-37 直接并联法输入、输出组合的仿真数据截图（续）

【例 1-14】 零列零行补偿法并联仿真仪。

设子系统 S_1 为三阶三输入三输出，设子系统 S_2 为二阶二输入二输出。研究 S_1 与 S_2 并联的状态空间模型及传递函数矩阵。

采用“零列零行补偿”并联法将 S_2 改造成“伪”二阶三输入三输出系统，以便和 S_1 构成标准并联连接，如图 1-3-38 所示。

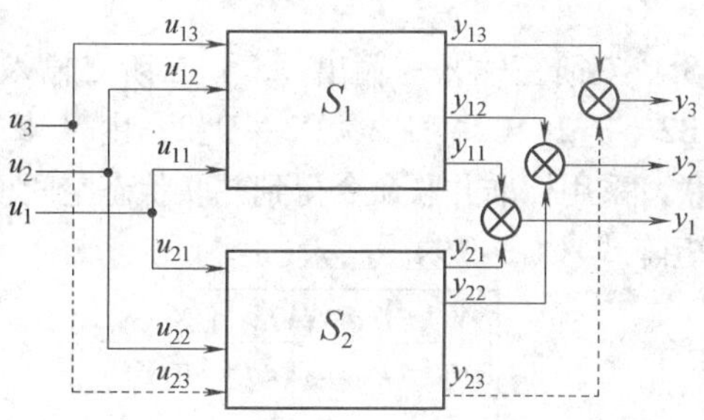

图 1-3-38 零列零行补偿并联法示意图

仿真程序如 shili01_14 所示，其程序框图面板和前面板分别如图 1-3-39 和图 1-3-40 所示。

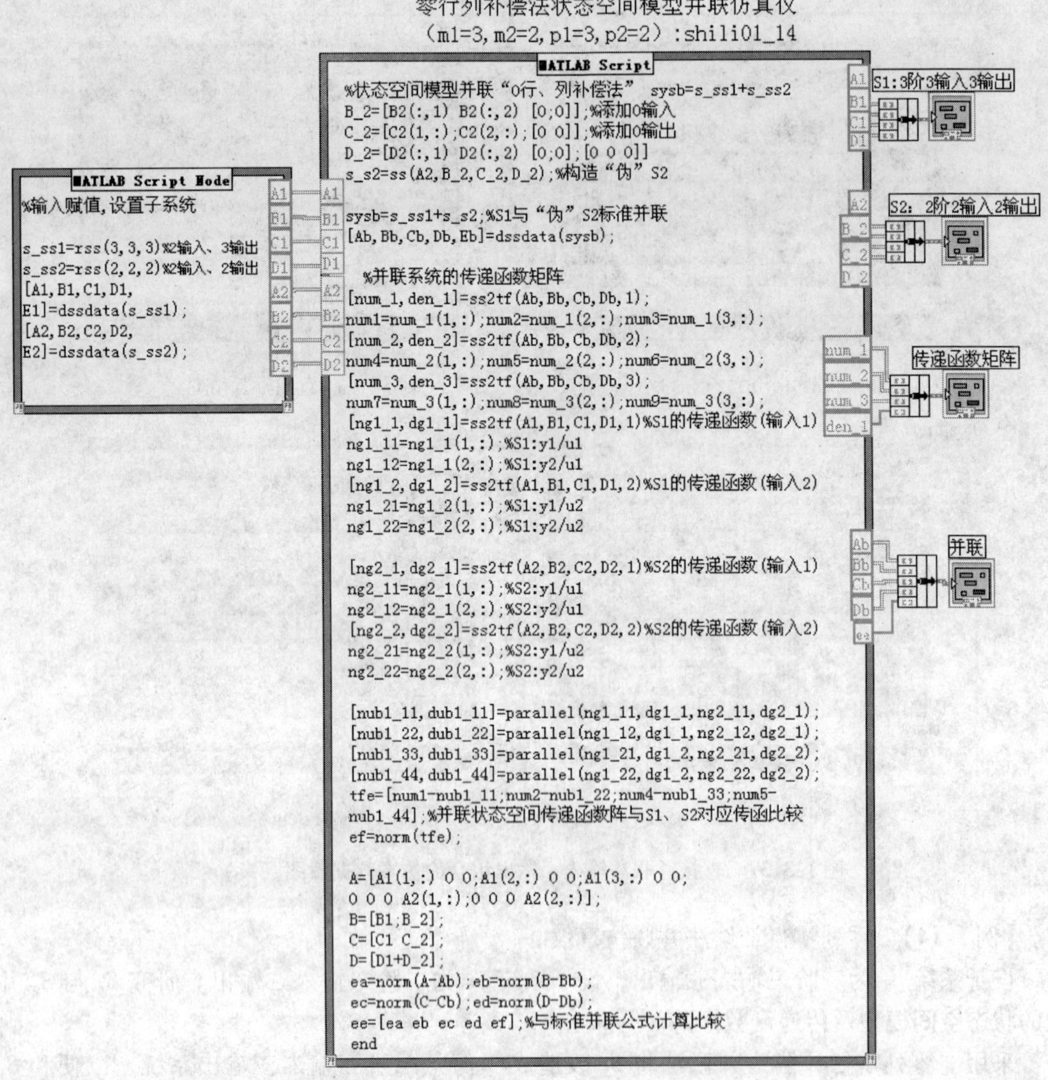

图 1-3-39 程序 shili01_14 框图面板

系统随机产生子系统 S_1：三阶三输入三输出，S_2：二阶二输入二输出。通过添加 0 元素行和 0 元素列，即程序中 B2→B_2，C2→C_2，D2→D_2，由（A2，B_2，C_2，D_2）构成"伪"S_2 与 S_1 进行标准并联，采用标准并联命令得到并联状态空间模型（Ab，Bb，Cb，Db）。如此并联后得到传递函数矩阵式（1-3-19）。

$$G_{ij}(s)=\begin{pmatrix}\dfrac{y_1(s)}{u_1(s)} & \dfrac{y_1(s)}{u_2(s)} & \dfrac{y_1(s)}{u_3(s)}\\ \dfrac{y_2(s)}{u_1(s)} & \dfrac{y_2(s)}{u_2(s)} & \dfrac{y_2(s)}{u_3(s)}\\ \dfrac{y_3(s)}{u_1(s)} & \dfrac{y_3(s)}{u_2(s)} & \dfrac{y_3(s)}{u_3(s)}\end{pmatrix} \tag{1-3-19}$$

式（1-3-19）左上角的二阶方阵，是原系统 S_1 和 S_2 按照标准并联方式连接所获得的传

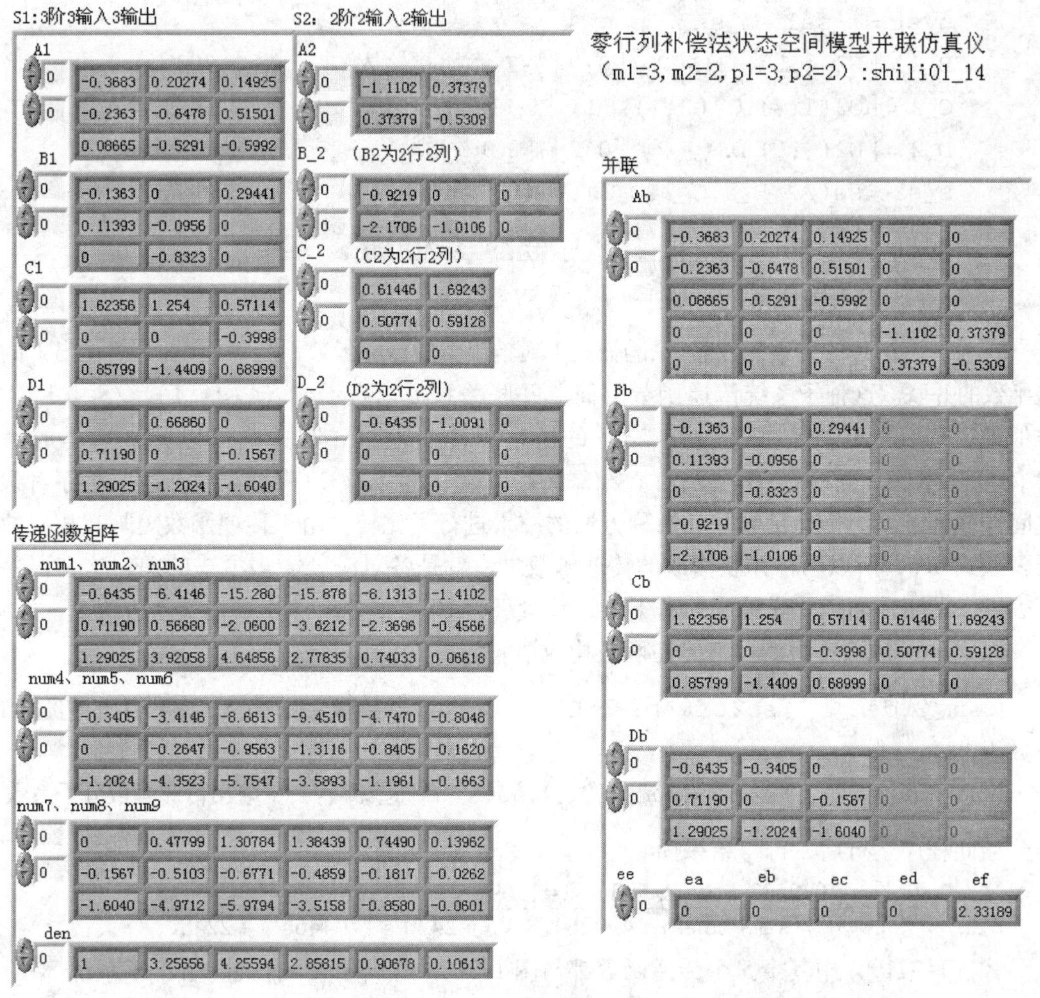

图 1-3-40　程序 shili01_14 前面板

递函数阵，如图 1-3-38 所示输入/输出连接的实线部分。它们的多项式系数对应表示为（见图 1-3-40）。

$$\frac{y_1(s)}{u_1(s)}=\frac{\text{num1}(s)}{\text{den}(s)}\Rightarrow\begin{cases}S_1:y_1(s)/u_1(s)\\S_2:y_1(s)/u_1(s)\end{cases}\text{并联}\tag{1-3-20}$$

$$\frac{y_2(s)}{u_1(s)}=\frac{\text{num2}(s)}{\text{den}(s)}\Rightarrow\begin{cases}S_1:y_2(s)/u_1(s)\\S_2:y_2(s)/u_1(s)\end{cases}\text{并联}\tag{1-3-21}$$

$$\frac{y_1(s)}{u_2(s)}=\frac{\text{num4}(s)}{\text{den}(s)}\Rightarrow\begin{cases}S_1:y_1(s)/u_2(s)\\S_2:y_1(s)/u_2(s)\end{cases}\text{并联}\tag{1-3-22}$$

$$\frac{y_2(s)}{u_2(s)}=\frac{\text{num5}(s)}{\text{den}(s)}\Rightarrow\begin{cases}S_1:y_2(s)/u_2(s)\\S_2:y_2(s)/u_2(s)\end{cases}\text{并联}\tag{1-3-23}$$

通过“伪” S_2 与 S_1 构成标准并联的程序段如下：

```
% 状态空间模型并联“零列零行补偿法”
```

```
sysb = s_ss1 + s_ss2
B_2 = [B2(:,1) B2(:,2) [0;0]];% 添加0输入
C_2 = [C2(1,:);C2(2,:);[0 0]];% 添加0输出
D_2 = [D2(:,1) D2(:,2) [0;0];[0 0 0]]
s_s2 = ss(A2,B_2,C_2,D_2);% 构造"伪"S2
sysb = s_ss1 + s_s2;  % S1 与"伪"S2 标准并联
[Ab,Bb,Cb,Db,Eb] = dssdata(sysb);
```

式（1-3-20）的传递函数是 S_1 的输入 1 对输出 1 的传递函数，与 S_2 输入 1 对输出 1 的传递函数的并联。这种子系统传递函数的简单并联关系可以表示成 S_1（1，1）//S_2（1，1）。类似地，式（1-3-21）~式（1-3-23）的子系统传递函数并联关系可以分别表示成（S_1（1，2）//S_2（1，2），（S_1（2，1）//S_2（2，1），（S_1（2，2）//S_2（2，2）。程序对状态空间并联和子系统传递函数并联两种方法的结果进行了比较。由于传递函数矩阵有相同的特征多项式 den，所以两种并联构成的传递函数之差就是各对应分子多项式的差，这个误差用 ef 表示，示于前面板并联板块的右下角，数量级为 10^{-15}，是由计算累积误差所致。

以式（1-3-22）为例，其传递函数构成语句为

```
[num_2,den_2] = ss2tf(Ab,Bb,Cb,Db,2);% 由并联后的输入 u2 产生的传递函数系数组
num4 = num_2(1,:);num5 = num_2(2,:);num6 = num_2(3,:);% 取出传递函数分子系数
```

当此程序运行后，可得结果为

$$g12 = \frac{-0.2532\ s\hat{}5 - 2.588\ s\hat{}4 - 1.695\ s\hat{}3 - 71.75\ s\hat{}2 - 124\ s - 48.24}{s\hat{}5 + 18.46\ s\hat{}4 + 264.8\ s\hat{}3 + 2470\ s\hat{}2 + 4466\ s + 2248}$$

式（1-3-19）中其余 5 个传递函数都与图 1-3-38 的 y_3 和 u_3 有关。由于子系统 S_2 的 y_3 和 u_3 均为 0，所以这几个传递函数完全由 S_1 的对应输出与输入决定，其分子多项式系数分别由 num3、num6、num7、num8 和 num9 表示。需要注意的是，它们在和 den 构成传递函数时，还可以进行零极点对消化简。

3. 反馈

设前向通道子系统 S_1，反馈通道子系统 S_2 构成闭环系统，参考输入为 $\boldsymbol{R}$，系统的输出为 $\boldsymbol{Y}$，如图 1-3-41 所示。

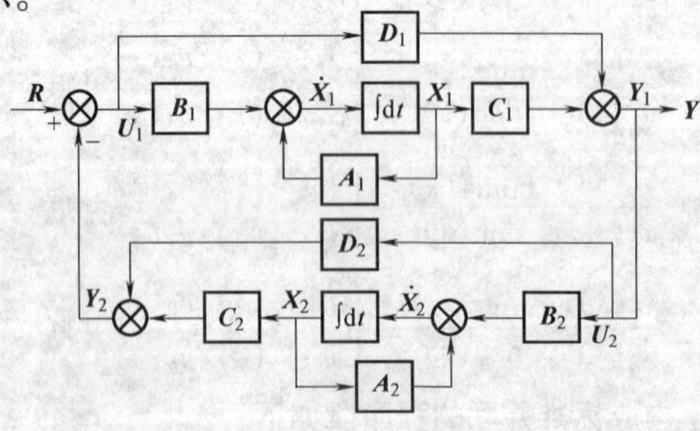

图 1-3-41　状态空间模型的反馈链接

图中，$\boldsymbol{Y}_1=\boldsymbol{U}_2$，$\boldsymbol{U}_1=\boldsymbol{R}-\boldsymbol{Y}_2$。由 S_1、S_2 的动态方程可以解出 $\boldsymbol{U}_1$，则

$$\boldsymbol{U}_1=\boldsymbol{R}-\boldsymbol{Y}_2=\boldsymbol{R}-\boldsymbol{C}_2\boldsymbol{X}_2-\boldsymbol{D}_2\boldsymbol{Y}_1=\boldsymbol{R}-\boldsymbol{C}_2\boldsymbol{X}_2-\boldsymbol{D}_2\boldsymbol{C}_1\boldsymbol{X}_1-\boldsymbol{D}_2\boldsymbol{D}_1\boldsymbol{U}_1$$

$$\boldsymbol{U}_1+\boldsymbol{D}_2\boldsymbol{D}_1\boldsymbol{U}_1=\boldsymbol{R}-(\boldsymbol{C}_2\boldsymbol{X}_2+\boldsymbol{D}_2\boldsymbol{C}_1\boldsymbol{X}_1)$$

$$\boldsymbol{U}_1=(\boldsymbol{I}+\boldsymbol{D}_2\boldsymbol{D}_1)^{-1}\boldsymbol{R}-(\boldsymbol{I}+\boldsymbol{D}_2\boldsymbol{D}_1)^{-1}(\boldsymbol{C}_2\boldsymbol{X}_2+\boldsymbol{D}_2\boldsymbol{C}_1\boldsymbol{X}_1) \tag{1-3-24}$$

将式（1-3-24）分别代入 S_1、S_2 的动态方程式（1-3-6）和式（1-3-7）中，并令 $\boldsymbol{Z}=(\boldsymbol{I}+\boldsymbol{D}_2\boldsymbol{D}_1)^{-1}$，则可得到

$$\begin{aligned}\dot{\boldsymbol{X}}_1&=\boldsymbol{A}_1\boldsymbol{X}_1+\boldsymbol{B}_1(\boldsymbol{ZR}-\boldsymbol{Z}(\boldsymbol{C}_2\boldsymbol{X}_2+\boldsymbol{D}_2\boldsymbol{C}_1\boldsymbol{X}_1))\\&=(\boldsymbol{A}_1-\boldsymbol{B}_1\boldsymbol{Z}\boldsymbol{D}_2\boldsymbol{C}_1)\boldsymbol{X}_1-\boldsymbol{B}_1\boldsymbol{Z}\boldsymbol{C}_2\boldsymbol{X}_2+\boldsymbol{B}_1\boldsymbol{ZR}\end{aligned} \tag{1-3-25}$$

$$\begin{aligned}\boldsymbol{Y}_1&=\boldsymbol{C}_1\boldsymbol{X}_1+\boldsymbol{D}_1(\boldsymbol{ZR}-\boldsymbol{Z}(\boldsymbol{C}_2\boldsymbol{X}_2+\boldsymbol{D}_2\boldsymbol{C}_1\boldsymbol{X}_1))\\&=(\boldsymbol{C}_1-\boldsymbol{D}_1\boldsymbol{Z}\boldsymbol{D}_2\boldsymbol{C}_1)\boldsymbol{X}_1-\boldsymbol{D}_1\boldsymbol{Z}\boldsymbol{C}_2\boldsymbol{X}_2+\boldsymbol{D}_1\boldsymbol{ZR}\\&=(\boldsymbol{I}-\boldsymbol{D}_1\boldsymbol{Z}\boldsymbol{D}_2)\boldsymbol{C}_1\boldsymbol{X}_1-\boldsymbol{D}_1\boldsymbol{Z}\boldsymbol{C}_2\boldsymbol{X}_2+\boldsymbol{D}_1\boldsymbol{ZR}\end{aligned} \tag{1-3-26}$$

$$\begin{aligned}\dot{\boldsymbol{X}}_2&=\boldsymbol{A}_2\boldsymbol{X}_2+\boldsymbol{B}_2\boldsymbol{Y}_1\\&=\boldsymbol{A}_2\boldsymbol{X}_2+\boldsymbol{B}_2[(\boldsymbol{I}-\boldsymbol{D}_1\boldsymbol{Z}\boldsymbol{D}_2)\boldsymbol{C}_1\boldsymbol{X}_1-\boldsymbol{D}_1\boldsymbol{Z}\boldsymbol{C}_2\boldsymbol{X}_2+\boldsymbol{D}_1\boldsymbol{ZR}]\\&=\boldsymbol{B}_2(\boldsymbol{I}-\boldsymbol{D}_1\boldsymbol{Z}\boldsymbol{D}_2)\boldsymbol{C}_1\boldsymbol{X}_1+(\boldsymbol{A}_2-\boldsymbol{B}_2\boldsymbol{D}_1\boldsymbol{Z}\boldsymbol{C}_2)\boldsymbol{X}_2+\boldsymbol{B}_2\boldsymbol{D}_1\boldsymbol{ZR}\end{aligned} \tag{1-3-27}$$

综合式（1-3-25）、式（1-3-26）和式（1-3-27），考虑到闭环系统的输出是 $\boldsymbol{Y}_1$，则该系统的动态方程为

$$\dot{\boldsymbol{X}}=\begin{pmatrix}\dot{\boldsymbol{X}}_1\\ \dot{\boldsymbol{X}}_2\end{pmatrix}=\begin{pmatrix}\boldsymbol{A}_1-\boldsymbol{B}_1\boldsymbol{Z}\boldsymbol{D}_2\boldsymbol{C}_1 & -\boldsymbol{B}_1\boldsymbol{Z}\boldsymbol{C}_2\\ \boldsymbol{B}_2(\boldsymbol{I}-\boldsymbol{D}_1\boldsymbol{Z}\boldsymbol{D}_2)\boldsymbol{C}_1 & \boldsymbol{A}_2-\boldsymbol{B}_2\boldsymbol{D}_1\boldsymbol{Z}\boldsymbol{C}_2\end{pmatrix}\begin{pmatrix}\boldsymbol{X}_1\\ \boldsymbol{X}_2\end{pmatrix}+\begin{pmatrix}\boldsymbol{B}_1\boldsymbol{Z}\\ \boldsymbol{B}_2\boldsymbol{D}_1\boldsymbol{Z}\end{pmatrix}\boldsymbol{R} \tag{1-3-28}$$

$$\boldsymbol{Y}=[(\boldsymbol{I}-\boldsymbol{D}_1\boldsymbol{Z}\boldsymbol{D}_2)\boldsymbol{C}_1 \quad -\boldsymbol{D}_1\boldsymbol{Z}\boldsymbol{C}_2]\begin{pmatrix}\boldsymbol{X}_1\\ \boldsymbol{X}_2\end{pmatrix}+(\boldsymbol{D}_1\boldsymbol{Z})\boldsymbol{R} \tag{1-3-29}$$

显然，如果子系统的直传矩阵 $D_1=D_2=0$，有 $Z=I$，则式（1-3-28）和式（1-3-29）将化简成

$$\dot{\boldsymbol{X}}=\begin{pmatrix}\dot{\boldsymbol{X}}_1\\ \dot{\boldsymbol{X}}_2\end{pmatrix}=\begin{pmatrix}\boldsymbol{A}_1 & -\boldsymbol{B}_1\boldsymbol{C}_2\\ \boldsymbol{B}_2\boldsymbol{C}_1 & \boldsymbol{A}_2\end{pmatrix}\begin{pmatrix}\boldsymbol{X}_1\\ \boldsymbol{X}_2\end{pmatrix}+\begin{pmatrix}\boldsymbol{B}_1\\ 0\end{pmatrix}\boldsymbol{R} \tag{1-3-30}$$

$$\boldsymbol{Y}=(\boldsymbol{C}_1 \quad 0)\begin{pmatrix}\boldsymbol{X}_1\\ \boldsymbol{X}_2\end{pmatrix} \tag{1-3-31}$$

这是许多文献常常讨论的情况。

下面分两种情况讨论状态空间模型的反馈连接方式。

（1）$p_1=m_2$，$p_2=m_1$

S_1 的输出、输入分量数分别等于 S_2 的输入、输出分量数。

这种情况下，子系统 S_1 和 S_2 满足式（1-3-28）和式（1-3-29），称这样的反馈连接为“标准反馈”。与标准并联类似，标准反馈只考虑“同序号”连接，即 S_1 的各输出分量接 S_2 相同序号的输入，S_2 的各输出分量通过参考输入 R 接 S_1 相同序号的输入。“标准反馈”的函数调用格式为

```
sysf = feedback(sys1,sys2);% 标准反馈
```

显然，如果考虑“交叉”连接情况，S_1 的输出接 S_2 的输入有 p_1！种连接方式，S_2 的输出接 S_1 的输入有 m_1！种方式，二者组合后共有 $m_1! \times p_1!$ 种反馈连接方式。

以 $m_1 = p_2 = 2$，$p_1 = m_2 = 3$ 为例，S_2 输出接 S_1 输入的连接方式如图 1-3-42 所示。

$$\overset{S_2:y}{①\begin{bmatrix}1\\2\end{bmatrix}} \Rightarrow \overset{S_1:u}{\begin{bmatrix}1\\2\end{bmatrix}}, \quad \overset{S_2:y}{②\begin{bmatrix}1\\2\end{bmatrix}} \Rightarrow \overset{S_1:u}{\begin{bmatrix}2\\1\end{bmatrix}}$$

图 1-3-42　反馈中 S_2 输出接 S_1 输入的连接方式（$m_1 = p_2 = 2$）

S_1 输出接 S_2 输入的连接方式如图 1-3-43 所示。

$$\overset{S_2:u}{1\begin{bmatrix}1\\2\\3\end{bmatrix}} \Rightarrow \overset{S_1:y}{\begin{bmatrix}1\\2\\3\end{bmatrix}}, \overset{S_2:u}{2\begin{bmatrix}1\\2\\3\end{bmatrix}} \Rightarrow \overset{S_1:y}{\begin{bmatrix}2\\3\\1\end{bmatrix}}, \overset{S_2:u}{3\begin{bmatrix}1\\2\\3\end{bmatrix}} \Rightarrow \overset{S_1:y}{\begin{bmatrix}3\\1\\2\end{bmatrix}},$$

$$\overset{S_2:u}{4\begin{bmatrix}1\\2\\3\end{bmatrix}} \Rightarrow \overset{S_1:y}{\begin{bmatrix}1\\3\\2\end{bmatrix}}, \overset{S_2:u}{5\begin{bmatrix}1\\2\\3\end{bmatrix}} \Rightarrow \overset{S_1:y}{\begin{bmatrix}3\\2\\1\end{bmatrix}}, \overset{S_2:u}{6\begin{bmatrix}1\\2\\3\end{bmatrix}} \Rightarrow \overset{S_1:y}{\begin{bmatrix}2\\1\\3\end{bmatrix}}$$

图 1-3-43　反馈中 S_1 输出接 S_2 输入的连接方式（$p_1 = m_2 = 3$）

考虑图 1-3-42 与图 1-3-43 组合后，反馈连接方式有 $2! \times 3! = 12$ 种。函数 feedback（s1，s2）仅描述图 1-3-42 和图 1-3-43 中的第①1 号组合。

所有反馈连接方式可使用更一般的函数：

```
sys = feedback(sys1,sys2,feedin,feedout,sign);
```

其中，向量 feedin 用于规定进入反馈环的 S_1 的输入序号数组，如图 1-3-42 中的 S_1：u 所示；向量 feedout 用于规定进入反馈环的 S_1 的输出序号数组，如图 1-3-43 中的 S_1：y 所示。例如，反馈方式①4 的语句格式为

```
sf = feedback(sys1,sys2,[1,2],[1,3,2],-1);
```

其余 11 种反馈方式的语句格式可以依此类推。

【例 1-15】 状态空间标准反馈连接仿真分析仪。

设子系统 S_1 为三阶二输入三输出，子系统 S_2 为二阶三输入二输出，仿真分析仪程序如 shili01_15 所示，程序框图面板和前面板分别如图 1-3-44 与图 1-3-45 所示。

程序说明：

程序使用了前述的两种反馈命令，并对式（1-3-28）和式（1-3-29）进行了推广。

式（1-3-28）和式（1-3-29）只适用于标准反馈①1 组合，但经过更改可以推广到适用于本例的其余反馈方式。调整的基本依据是输入顺序的改变导致输入矩阵 $\boldsymbol{B}$ 和直传矩阵 $\boldsymbol{D}$ 的列顺序改变；输出顺序的改变导致输出矩阵 $\boldsymbol{C}$ 和直传矩阵 $\boldsymbol{D}$ 的行顺序改变。以反馈方式①4 为例，它与组合①1 的区别仅在于 S_1 的输出序号不同，也就是 S_1 的输出矩阵 $\boldsymbol{C}_1$ 和直传矩阵 $\boldsymbol{D}_1$ 的行改变了顺序。式（1-3-28）和式（1-3-29）所给出的各系数矩阵可以写成

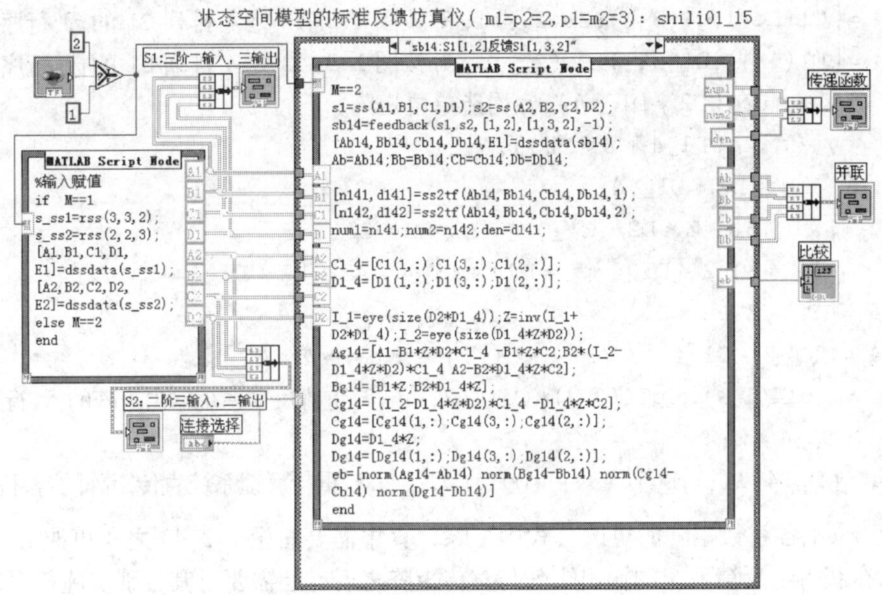

图 1-3-44　程序 shili01_15 框图面板（$m_1=p_2=2$，$p_1=m_2=3$）

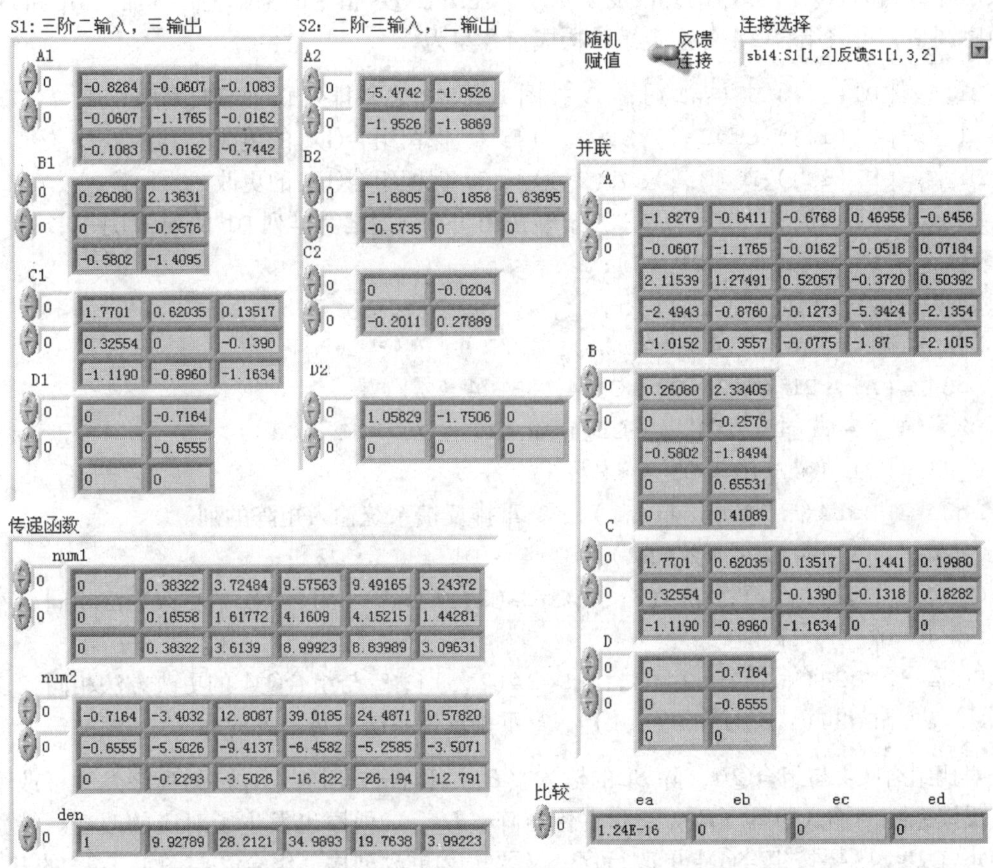

图 1-3-45　程序 shili01_15 前面板（$m_1=p_2=2$，$p_1=m_2=3$）

```
C1_4 =[C1(1,:);C1(3,:);C1(2,:)]; % 按图1-3-43 之4 排列 C1 的行,行序1,3,2
D1_4 =[D1(1,:);D1(3,:);D1(2,:)]; % 按图1-3-43 之4 排列 D1 的行,行序1,3,2
I_1 =eye(size(D2 * D1_4));% 构造单位矩阵
I_2 =eye(size(D1_4 * Z * D2));
Z =inv(I_1 +D2 * D1_4);
Ag14 =[A1 -B1 * Z * D2 * C1_4   -B1 * Z * C2;
        B2 * (I_2 -D1_4 * Z * D2) * C1_4  A2 -B2 * D1_4 * Z * C2];
Bg14 =[B1 * Z;B2 * D1_4 * Z];
Cg14 =[(I_2 -D1_4 * Z * D2) * C1_4   -D1_4 * Z * C2];
Cg14 =[Cg14(1,:); Cg14(3,:); Cg14(2,:)];% 重排反馈系统输出矩阵的行,行序1,3,2
Dg14 =D1_4 * Z;
Dg14 =[Dg14(1,:);Dg14(3,:);Dg14(2,:)]; % 重排反馈系统直传矩阵的行,行序1,3,2
```

在组合①4 各系数矩阵的更改公式中，除计算中需要按图 1-3-43 之 4 更改 $\boldsymbol{C}_1$ 和 $\boldsymbol{D}_1$ 的行之外，在获得了反馈系统的输出矩阵与直传矩阵之后，还需要对其分别实施行序调整。组合①与图 1-3-43 的其余 5 种组合的情况类似。

当反馈方式变成组合②4 时，与组合①4 的区别在于 S_1 的输入序号不同，也就是 S_1 的输入矩阵 $\boldsymbol{B}_1$ 和直传矩阵 $\boldsymbol{D}_1$ 的列改变了顺序。在组合①4 指令的基础上，再加入 $\boldsymbol{B}_1$ 和 $\boldsymbol{D}_1$ 的列顺序调整，可将组合②4 各系数矩阵构成指令写为

```
B1_4 =[B1(:,2) B1(:,1)];  % 按图1-3-42 之②排列 B1 的列,列序2,1
C1_4 =[C1(1,:);C1(3,:);C1(2,:)]; % 保留组合①4 的更改
D1_4 =[D1(1,:);D1(3,:);D1(2,:)]; % 保留组合①4 的更改
D1_4 =[D1_4(:,2) D1_4(:,1)]; % 按图1-3-42 之②排列 D1 的列,列序2,1
I_1 =eye(size(D2 * D1_4));
Z =inv(I_1 +D2 * D1_4);
I_2 =eye(size(D1_4 * Z * D2));
Ag24 =[A1 -B1_4 * Z * D2 * C1_4  -B1_4 * Z * C2;
B2 * (I_2 -D1_4 * Z * D2) * C1_4 A2 -B2 * D1_4 * Z * C2];
Bg24 =[B1_4 * Z;B2 * D1_4 * Z];
Bg24 =[Bg24(:,2) Bg24(:,1)]; % 重排反馈系统输入矩阵的列
Cg24 =[(I_2 -D1_4 * Z * D2) * C1_4  -D1_4 * Z * C2];
Cg24 =[Cg24(1,:);Cg24(3,:);Cg24(2,:)]; % 与组合①4 的更改方法相同
Dg24 =D1_4 * Z;
Dg24 =[Dg24(1,:);Dg24(3,:);Dg24(2,:)]; % 与组合①4 的更改方法相同
Dg24 =[Dg24(:,2) Dg24(:,1)]; % 重排反馈系统直传矩阵的列
```

对比组合①4 与组合②4，除 S_1 的输入（$\boldsymbol{B}_1$）和直传矩阵（$\boldsymbol{D}_1$）的列序发生了改变之外，反馈系统的输入矩阵（$\boldsymbol{Bg}_{24}$）和直传矩阵（$\boldsymbol{Dg}_{24}$）列序也发生了对应的改变。特别是直传矩阵 $\boldsymbol{Dg}_{24}$ 既要按组合①4 更改行序，又要按②更改列序。组合②与图 1-3-43 的其余 5 种组合的情况类似。

仿真仪将由公式计算的各种反馈连接的系数矩阵与由 feedback 函数所获得的对应矩阵进行了对比，各矩阵差的范数在10^{-15}量级，示于图 1-3-45 右下角的“比较”数组之中，再一次示于图 1-3-46，表明两种方法的结果是一致的。

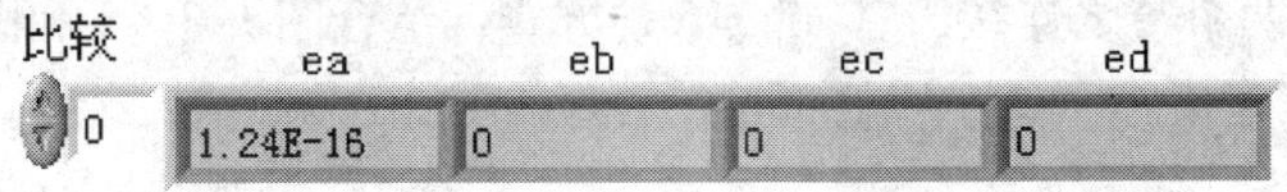

图 1-3-46　公式计算与 feedback 函数结果比较

图中，ea、eb、ec 和 ed 分别表示两种方法所得的状态矩阵、输入矩阵、输出矩阵和直传矩阵的比较结果。值得注意的是，在反馈连接①2 和①3 组合中，输出矩阵 $\boldsymbol{Cg}_{12}$、$\boldsymbol{Cg}_{13}$和直传矩阵 $\boldsymbol{Dg}_{12}$、$\boldsymbol{Dg}_{13}$的最后行序和图 1-3-43 相比正好是互换的。

标准反馈连接只要求 $m_2=p_1$，$p_2=m_1$，对 S_1 与 S_2 的阶数没有要求。在任何情况下，反馈连接后系统 sys 的输入数和输出数都与子系统 S_1 相同，阶数为 S_1 与 S_2 阶数之和（见图 1-3-45的右部），所以传递函数矩阵有 $p_1\times m_1$ 维（本例为 3×2 维）。由子系统 S_1 与 S_2 通过上述各种反馈方式所构成的闭环系统各自独立，其对应的传递函数矩阵也是独立的。传递函数矩阵示于图 1-3-45 左下部的“传递函数”簇中，den 数组表示该传递函数矩阵各元分母多项式系数，num1、num2 各行数组分别表示输入 1 和输入 2 对 3 个输出所构成的传递函数分子多项式系数。

程序 shili01_15a 给出手动赋值的标准状态反馈连接，可供参考。

（2）$p_1\neq m_2$，$p_2\neq m_1$

S_1 的输出、输入数不等于 S_2 的输入、输出数。

实际上，由于反馈连接要求 S_2 的所有输入和输出都应参与反馈，且分别等于所取的 S_1 的输出和输入，所以只有 $p_1>m_2$，$m_1>p_2$，而没有相反的情况。也就是说，对于一般反馈连接，S_1 的输出、输入数分别大于 S_2 的输入、输出数。S_1 的部分输出反馈连接到 S_2 的输入，S_2 的所有输出与 S_1 的部分输入连接，示意图如图 1-3-47 所示。

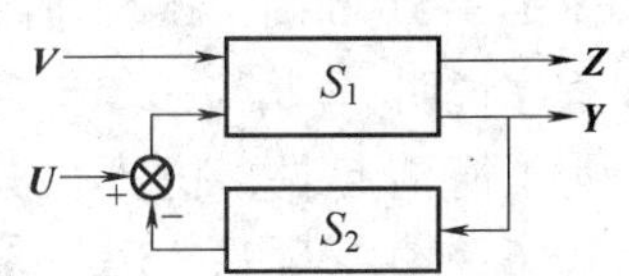

图 1-3-47　一般反馈连接示意图

相应的反馈函数只能使用命令

```
sys = feedback(sys1,sys2,feedin,feedout,sign)
```

其中，向量 feedin 用于规定进入反馈环的 S_1 的输入序号，如图 1-3-47 中的 $\boldsymbol{U}$ 所示；向量 feedout 用于规定进入反馈环的 S_1 的输出序号，如图 1-3-47 中的 $\boldsymbol{Y}$ 所示。反馈连接后系统 sys 的输入数和输出数都与子系统 S_1 相同，阶数为 S_1 与 S_2 阶数之和。由于 S_2 的所有输入和输出都参与反馈，且分别等于所选取的 S_1 的输出数和输入数，于是 feedin 中数组的维数由 S_2 的输出数决定，feedout 中数组的维数由 S_2 的输入数决定。

【例 1-16】 状态空间一般反馈连接仿真分析仪。

设子系统 S_1 为三阶三输入三输出（$p_1=m_1=3$），子系统 S_2 为二阶二输入二输出（$p_2=m_2=2$），研究 S_2 作为反馈系统的状态空间反馈连接。

由于 S_1 的输出数不等于 S_2 的输入数，S_1 的输入数也不等于 S_2 的输出数，所以这种反馈连接必须指定参与反馈的输入/输出序号所构成的数组。向量 feedin 可以这样构成：固定 S_2 的两个输出不变，每次从 S_1 的 3 个输入中取两个与之连接，构成 $A_{m1}^{p2}=6$ 种方式，如图 1-3-48所示。向量 feedout 的构成方式如图 1-3-49 所示，固定 S_2 的两个输入不动，每次从 S_1 的 3 个输出中取两个与之连接，有 $A_{p1}^{m2}=6$ 种方式，组合图 1-3-48 和图 1-3-49 的各种情况共构成 36 种反馈连接。

$$
\begin{matrix} S_2:y & & S_1:u \\ ①\begin{bmatrix}1\\2\end{bmatrix} & \Rightarrow & \begin{bmatrix}1\\2\end{bmatrix} \end{matrix},\quad
\begin{matrix} S_2:y & & S_1:u \\ ②\begin{bmatrix}1\\2\end{bmatrix} & \Rightarrow & \begin{bmatrix}2\\1\end{bmatrix} \end{matrix},\quad
\begin{matrix} S_2:y & & S_1:u \\ ③\begin{bmatrix}1\\2\end{bmatrix} & \Rightarrow & \begin{bmatrix}2\\3\end{bmatrix} \end{matrix},
$$

$$
\begin{matrix} S_2:y & & S_1:u \\ ④\begin{bmatrix}1\\2\end{bmatrix} & \Rightarrow & \begin{bmatrix}3\\2\end{bmatrix} \end{matrix},\quad
\begin{matrix} S_2:y & & S_1:u \\ ⑤\begin{bmatrix}1\\2\end{bmatrix} & \Rightarrow & \begin{bmatrix}3\\1\end{bmatrix} \end{matrix},\quad
\begin{matrix} S_2:y & & S_1:u \\ ⑥\begin{bmatrix}1\\2\end{bmatrix} & \Rightarrow & \begin{bmatrix}1\\3\end{bmatrix} \end{matrix}
$$

图 1-3-48　反馈连接中向量 feedin 的构成方式（$m_1=3$，$p_2=2$）

$$
\begin{matrix} S_1:y & & S_2:u \\ 1\begin{bmatrix}1\\2\end{bmatrix} & \Rightarrow & \begin{bmatrix}1\\2\end{bmatrix} \end{matrix},\quad
\begin{matrix} S_1:y & & S_2:u \\ 2\begin{bmatrix}2\\1\end{bmatrix} & \Rightarrow & \begin{bmatrix}1\\2\end{bmatrix} \end{matrix},\quad
\begin{matrix} S_1:y & & S_2:u \\ 3\begin{bmatrix}2\\3\end{bmatrix} & \Rightarrow & \begin{bmatrix}1\\2\end{bmatrix} \end{matrix},
$$

$$
\begin{matrix} S_1:y & & S_2:u \\ 4\begin{bmatrix}3\\2\end{bmatrix} & \Rightarrow & \begin{bmatrix}1\\2\end{bmatrix} \end{matrix},\quad
\begin{matrix} S_1:y & & S_2:u \\ 5\begin{bmatrix}3\\1\end{bmatrix} & \Rightarrow & \begin{bmatrix}1\\2\end{bmatrix} \end{matrix},\quad
\begin{matrix} S_1:y & & S_2:u \\ 6\begin{bmatrix}1\\3\end{bmatrix} & \Rightarrow & \begin{bmatrix}1\\2\end{bmatrix} \end{matrix}
$$

图 1-3-49　反馈连接中向量 feedout 的构成方式（$p_1=3$，$m_2=2$）

仿真仪程序如 shili01_16 所示，程序框图面板和前面板分别如图 1-3-51 和图 1-3-52 所示。

程序说明：

为了简洁起见，仿真仪只给出了①1，①4；②2，②5；③3，③6；④4，④1；⑤5，⑤2；⑥6，⑥3 等 12 种反馈连接。框图采用选择结构，连接选择菜单如图 1-3-50 所示。

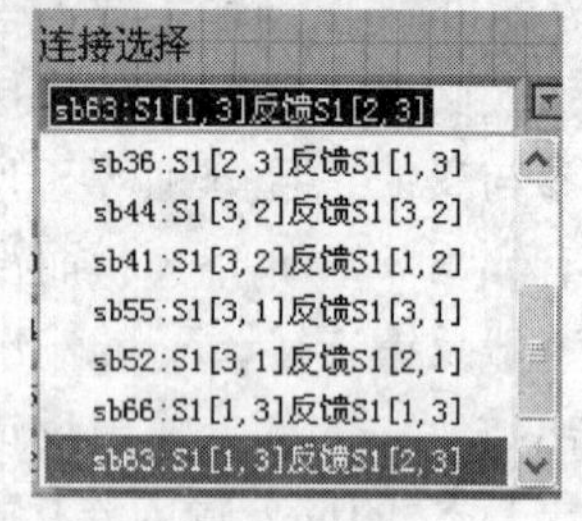

图 1-3-50　反馈连接的连接选择菜单

运行程序，先随机赋值，构建系统 S_1 和 S_2，再由选择连接菜单选择反馈连接方式。反馈后闭环系统的各系数矩阵示于图1-3-52中反馈系统板块，反馈系统为五阶三输入三输出系统。系统阶数为 S_1 与 S_2 阶数之和，输入、输出数均等于 S_1 的输入输出数。相应的传递函数矩阵为 3×3 维，示于该图的传递函数板块。num1、num2 和 num3 分别为一种反馈系统的 3 个输入与 3 个输出所构成的传递函数分子多项式系数，分别对应式（1-3-18）的 3 列。同一种反馈连接所构成的系统，传递函数矩阵具有相同的特征多项式，其系数由 den 表示。

下面结合反馈连接⑥3（见图 1-3-48、图 1-3-49 和图 1-3-51），介绍对于一般反馈系统，式（1-3-28）和式（1-3-29）的推广步骤。

第 1 步：通过添加适当的零元素列与行，将反馈通道子系统 S_2 的输入矩阵 $\boldsymbol{B}_2$、输出矩阵 $\boldsymbol{C}_2$、直传矩阵 $\boldsymbol{D}_2$ 分别对应扩充成与 $\boldsymbol{B}_1$、$\boldsymbol{C}_1$、$\boldsymbol{D}_1$ 同维的矩阵。

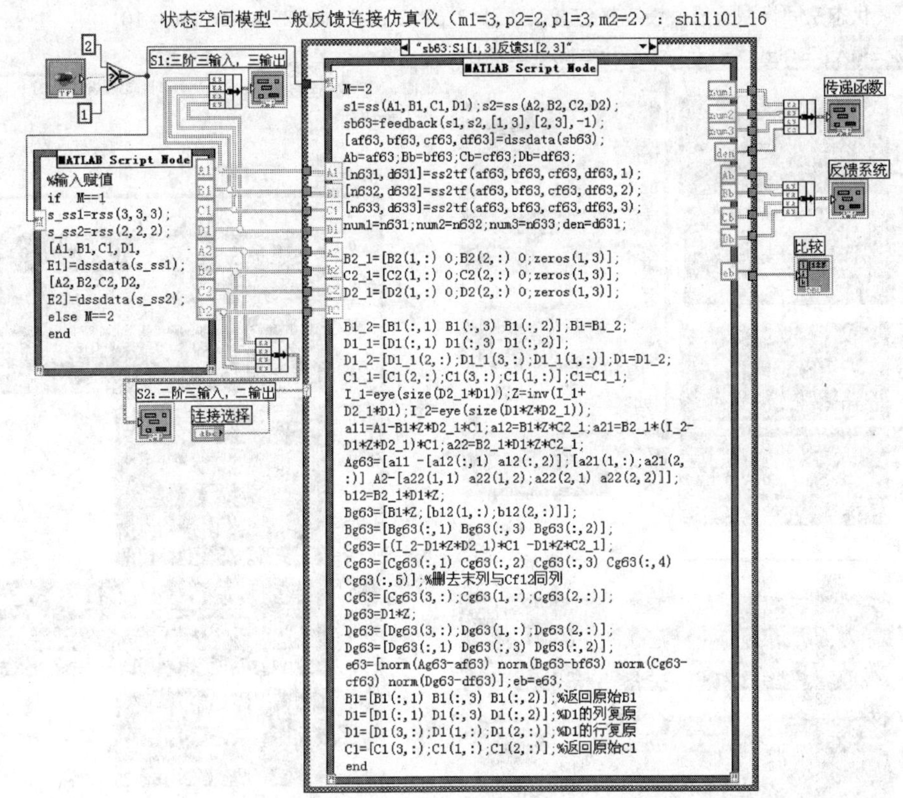

图 1-3-51　程序 shili01_16 框图（$p_1=m_1=3$，$p_2=m_2=2$）

```
B2_1 =[B2(1,:) 0;B2(2,:) 0;zeros(1,3)]; % 将 B2 扩充成与 B1 同维;
C2_1 =[C2(1,:) 0;C2(2,:) 0;zeros(1,3)]; % 将 C2 扩充成与 C1 同维;
D2_1 =[D2(1,:) 0;D2(2,:) 0;zeros(1,3)]; % 将 D2 扩充成与 D1 同维;
```

第 2 步：重新排列 $\boldsymbol{B}_1$、$\boldsymbol{D}_1$ 和 $\boldsymbol{C}_1$ 的列与行。根据图 1-3-48 所示的⑥重新排列 $\boldsymbol{B}_1$ 和 $\boldsymbol{D}_1$ 的列，未被选取的空闲列置于其后。重排后 $\boldsymbol{B}_1$ 和 $\boldsymbol{D}_1$ 的列序均由原始的［1　2　3］变成［1　3　2］。如果空闲列不止一个，可以依次置于后列。例如，若 S_1 有 4 个输入，则 $\boldsymbol{B}_1$ 和 $\boldsymbol{D}_1$ 的列序由［1　2　3　4］变成［1　3　2　4］。根据图 1-3-49 所示的 3 重新排列 $\boldsymbol{D}_1$ 和 $\boldsymbol{C}_1$ 的行，空闲行置于后行。重排后，$\boldsymbol{D}_1$ 和 $\boldsymbol{C}_1$ 的行序均由原始的［1　2　3］变成［2　3　1］。类似地，可以重排更多的空闲行。

```
B1_2 =[B1(:,1) B1(:,3) B1(:,2)];B1 = B1_2;
                                    % 按图 1-3-48 的⑥重排 B1 的列,空闲列置后。
D1_1 =[D1(:,1) D1(:,3) D1(:,2)]; % 按图 1-3-48 的⑥重排 D1 的列,空闲列置后。
D1_2 =[D1_1(2,:);D1_1(3,:);D1_1(1,:)];D1 = D1_2;
                                    % 按图 1-3-49 的 3 重排 D1 的行,空闲行置后。
C1_1 =[C1(2,:);C1(3,:);C1(1,:)];C1 = C1_1;
                                    % 按图 1-3-49 的 3 重排 C1 的行,空闲行置后。
```

状态空间模型一般反馈连接仿真仪（m1=3, p2=2, p1=3, m2=2）：shili01_16

S1:三阶三输入，三输出

A1

-0.3683	0.20274	0.14925
-0.2363	-0.6478	0.51501
0.08665	-0.5291	-0.5992

B1

-0.1363	0	0.29441
0.11393	-0.0956	0
0	-0.8323	0

C1

1.62356	1.254	0.57114
0	0	-0.3998
0.85799	-1.4409	0.68999

D1

0	0.66860	0
0.71190	0	-0.1567
1.29025	-1.2024	-1.6040

S2：二阶 二输入，二输出

A2

-1.1102	0.37379
0.37379	-0.5309

B2

-0.9219	0
-2.1706	-1.0106

C2

0.61446	1.69243
0.50774	0.59128

D2

-0.6435	-1.0091
0	0

随机赋值　反馈连接

（请先赋值！）

连接选择　sb63:S1[1,3]反馈S1[2,3]

反馈系统

A

-0.2130	-0.0581	0.22800	-0.1030	-0.2953
-0.3661	-0.4299	0.44923	-0.0387	0.10126
0.08665	-0.5291	-0.5992	0	0
0.74750	-1.2553	0.74759	-0.9602	-0.2949
2.37807	-3.9938	1.81582	0.34733	-4.2231

B

0.17942	-0.2177	-0.0141
-0.1498	0.08620	0.25771
0	-0.8323	0
0.86334	-1.0476	-1.3401
3.74812	-3.3327	-4.4838

C

1.62356	1.254	0.57114	0	0
-0.8108	1.36174	-0.8109	-0.1626	0.72542
-0.6115	1.02703	-0.0549	0.37549	2.09527

D

0	0.66860	0
-0.9364	1.13635	1.45363
-1.6972	0.85703	1.31449

传递函数

num1

0	0.10336	-0.8386	-2.255	-1.8047	-0.7220
-0.9364	-3.7884	-6.1674	-5.0017	-1.9382	-0.1876
-1.6973	-2.992	-0.0999	2.5129	1.8054	0.12073

num2

0.6686	3.5754	4.6554	1.1535	-1.5789	-1.2465
1.1363	6.0233	11.955	10.839	4.6863	0.96732
0.85704	-1.6021	-12.128	-16.364	-8.29	-1.9778

num3

0	0.30025	3.5686	6.9294	5.1372	1.8782
1.4536	6.6681	11.363	9.2848	3.5034	0.26913
1.3145	-1.1784	-9.611	-11.953	-5.9345	-0.4428

den

1	6.4256	12.405	11.693	5.8834	1.24

比较

ea	eb	ec	ed
1.48E-15	2.86E-15	1.8E-15	2.23E-15

图 1-3-52　程序 shili01_16 的前面板（$p_1 = m_1 = 3$，$p_2 = m_2 = 2$）

第 3 步：构成式（1-3-28）和式（1-3-29）的推广形式。由于形成公式的过程中已对 $\boldsymbol{B}_1$、$\boldsymbol{D}_1$ 和 $\boldsymbol{C}_1$ 进行过列与行的重排，所以在获得反馈系统的输入矩阵（$\boldsymbol{Bg}_{63}$）、输出矩阵（$\boldsymbol{Cg}_{63}$）和直传矩阵（$\boldsymbol{Dg}_{63}$）时需要进行还原的行列重排。还原的行列重排是指将已经更改后的行列序还原成［1　2　3］行或列。例如，对于当前的［1　3　2］列序再经过［1　3　2］的重排可以还原成［1　2　3］的列序；而对于当前［2　3　1］的行序则需经过［3　1　2］的重排才可以还原成原始的［1　2　3］行序。因此，程序中 $\boldsymbol{Bg}_{63}$、$\boldsymbol{Dg}_{63}$ 的列应再次进行［1　3　2］重排；而 $\boldsymbol{Cg}_{63}$ 和 $\boldsymbol{Dg}_{63}$ 的行需再次进行［3　1　2］的重排。原因在于输入矩阵与直传矩阵的列序 ***feedin*** 矢量（数组）由图 1-3-48 的⑥决定；而输出矩阵与直传矩阵的行序 ***feedout*** 矢量（数组）由图 1-3-49 的 3 决定。

```
I_1 = eye(size(D2_1 * D1));
Z = inv(I_1 + D2_1 * D1);
```

```
I_2 = eye(size(D1 * Z * D2_1));
a11 = A1 - B1 * Z * D2_1 * C1;
a12 = B1 * Z * C2_1;
a21 = B2_1 * (I_2 - D1 * Z * D2_1) * C1;
a22 = B2_1 * D1 * Z * C2_1;
Ag63 = [a11 -[a12(:,1) a12(:,2)];
       [a21(1,:);a21(2,:)] A2 -[a22(1,1) a22(1,2);a22(2,1) a22(2,2)]];
b12 = B2_1 * D1 * Z;
Bg63 = [B1 * Z;[b12(1,:);b12(2,:)]];
Bg63 = [Bg63(:,1) Bg63(:,3) Bg63(:,2)];% 将 B1 重排后的列序还原
Cg63 = [(I_2 - D1 * Z * D2_1) * C1  - D1 * Z * C2_1];
Cg63 = [Cg63(:,1) Cg63(:,2) Cg63(:,3) Cg63(:,4) Cg63(:,5)];
       % 删去末列与 Ag63 同列
Cg63 = [Cg63(3,:);Cg63(1,:);Cg63(2,:)]; % 将 C1 重排后的行序还原
Dg63 = D1 * Z;
Dg63 = [Dg63(3,:);Dg63(1,:);Dg63(2,:)]; % 将 D1 重排后的行序还原
Dg63 = [Dg63(:,1) Dg63(:,3) Dg63(:,2)]; % 将 D1 重排后的列序还原
e63 = [norm(Ag63 - af63) norm(Bg63 - bf63) norm(Cg63 - cf63) norm(Dg63 -
df63)];
eb = e63;
```

第 4 步：与第 3 步类似，将第 1 步重排后的 $\boldsymbol{B}_1$、$\boldsymbol{D}_1$、$\boldsymbol{C}_1$ 还原。

```
B1 = [B1(:,1) B1(:,3) B1(:,2)];% 返回原始 B1
D1 = [D1(:,1) D1(:,3) D1(:,2)];% D1 的列复原
D1 = [D1(3,:);D1(1,:);D1(2,:)];% D1 的行复原
C1 = [C1(3,:);C1(1,:);C1(2,:)];% 返回原始 C1
```

按上述 4 步将式（1-3-28）和式（1-3-29）推广后，将计算得到的反馈系统各系数矩阵与用 feedback 函数所得的对应矩阵进行比较，结果示于图 1-3-52 右下角的比较数组之中。二者结果一致。

需要注意的是，在上述推广方法中，式中计算出的系数矩阵（例如 $\boldsymbol{Bg}_{63}$ 等）行列还原（第 3 步）的排序方法与第 2 步的重排方法不总是相同的。它们之间构成一种特殊的“次序互补”变换。为进一步说明这种排序方法，再举例如下：设某矩阵 $\boldsymbol{A}=[a_1\ a_2\ a_3\ a_4\ a_5]$（$a_n$ 为其行或列），经过两次不同的行或列序重排还原，如图 1-3-53 所示。

$$[a_1\ a_2\ a_3\ a_4\ a_5]\xrightarrow{\text{按[23514]重排}}[a_2\ a_3\ a_5\ a_1\ a_4]\xrightarrow{\text{再按[41253]重排}}[a_1\ a_2\ a_3\ a_4\ a_5]$$

图 1-3-53　矩阵行列重排说明

第一次排序方法是［2 3 5 1 4］，而第二次排序的方法是［4 1 2 3 5］，两者是不同的。当然，也有两次排序的方法相同的情况。

1.4 离散系统状态空间模型

1.4.1 离散系统状态方程及其框图

线性定常离散系统状态空间描述包括状态方程和输出方程。状态方程是一阶差分方程组，输出方程是一组代数方程。

$$\begin{aligned}\boldsymbol{X}(kT+T)&=\boldsymbol{F}\boldsymbol{X}(kT)+\boldsymbol{G}\boldsymbol{U}(kT)\\ \boldsymbol{Y}(kT)&=\boldsymbol{C}\boldsymbol{X}(kT)+\boldsymbol{D}\boldsymbol{U}(kT)\end{aligned} \tag{1-4-1}$$

式中，T 为采样周期；$\boldsymbol{X}$ 为 $n\times1$ 维状态向量；$\boldsymbol{U}$ 为 $m\times1$ 维输入向量；$\boldsymbol{Y}$ 为 $p\times1$ 维输出向量。

系数矩阵 $\boldsymbol{A}$ 为 $n\times n$ 维方阵，输入矩阵 $\boldsymbol{G}$ 为 $n\times m$ 维，输出矩阵 $\boldsymbol{C}$ 为 $p\times n$ 维，直传矩阵 D 为 $p\times m$ 维。

当 $p=m=1$ 时，式（1-4-1）描述单输入单输出（SISO）系统；当 p，m 均不为 1 时，式（1-4-1）描述多输入多输出（MIMO）系统。

离散系统状态空间模型的框图如图 1-4-1 所示。

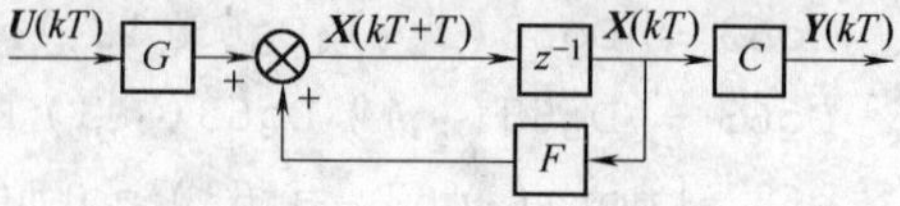

图 1-4-1 离散状态空间模型的框图

由图 1-4-1 求取输出 $\boldsymbol{Y}$（kT）与输入 $\boldsymbol{U}$（kT）之间的脉冲传递函数。对式（1-4-1）两边进行 Z 变换，在零初始条件下容易得到

$$\boldsymbol{G}(z)=\frac{\boldsymbol{Y}(z)}{\boldsymbol{U}(z)}=\boldsymbol{C}(z\boldsymbol{I}-\boldsymbol{F})^{-1}\boldsymbol{G}+\boldsymbol{D} \tag{1-4-2}$$

与连续状态空间模型类似，称式（1-4-2）为离散状态空间的 Z 传递函数矩阵（或称脉冲传递函数矩阵），该矩阵有 p 行 m 列。如果将式（1-3-3）中各矩阵元的 s 换成 z，则式（1-4-2）的 Z 传递函数矩阵形式及含义均可用式（1-3-3）表达，此处不再赘述。

对比连续与离散状态空间模型可知，就各系数矩阵而言，输出矩阵 $\boldsymbol{C}$ 和直传矩阵 $\boldsymbol{D}$ 是相同的，二者的状态矩阵和输入矩阵是不同的，它们具有确定的关系，将在下面介绍。

1.4.2 离散状态空间描述的 MATLAB 主要指令

1. 离散状态空间对象和系数矩阵

离散系统中的主要命令如下：

```
sys_d = drss(n,p,m)
```

该命令用于返回 n 阶 m 输入 p 输出随机离散状态空间对象。

```
[A,B,C,D,E,T] = dssdata(sys_d); % 此处 A,B 分别对应式(1-4-1)的 F 和 G
```

该命令用于返回各系数矩阵及采样周期等数值“描述符”。

```
sys_d = ss(A,B,C,D,T)
```

该命令用于在已知系数矩阵 $\boldsymbol{A}$、$\boldsymbol{B}$、$\boldsymbol{C}$、$\boldsymbol{D}$ 和采样周期 T 的条件下，构造离散状态空间对象。

注意：drss 命令不规定采样周期，返回值为随机离散对象，每次运行后对象均可以改变。对于由 drss 生成的对象，当使用 dssdata 命令求数值描述符时，返回的采样周期 $T=-1$。ss 命令规定采样周期 T 的具体数值，返回由（$\boldsymbol{A}$，$\boldsymbol{B}$，$\boldsymbol{C}$，$\boldsymbol{D}$）所生成的确定对象，该对象不因所指定的采样周期而改变。如果 sys_d 是一个连续模型，则 dssdata 命令返回采样周期 $T=0$。

```
[A,B,C,D] = drmodel(n,p,m)
```

该命令用于返回稳定的离散状态空间系数矩阵，无采样周期信息。

2. 转换成传递函数的多项式模型

状态空间模型转换成传递函数的多项式及零极点增益模型，可以先转换成对应的多项式及零极点增益对象，再获取多项式系数和零极点增益的具体数值。也可以反过来，先求多项式系数和零极点增益的具体数值，再求其对应的对象表达式。二者的语法有些差别，需要留意。下面的讨论假定已执行本节第 1 小节中获取离散状态空间模型 sys_d 的各条命令，即已对离散状态空间模型 sys_d 赋值。

转换成多项式对象的相关命令如下：

```
sys_tf = tf(sys_d)
```

该命令用于返回 $p\times m$ 个传递函数多项式对象，分别列出从输入 1 到输入 m 对所有输出的传递函数表达式，每个输入的传递函数对应传递函数矩阵的一列，见式（1-3-3）。

获取多项式系数的具体数值分成两步，先获取多项式系数的单元数组，命令如下：

```
[num,den] = tfdata(sys_tf,'v')
```

该命令返回传递函数分子、分母多项式的单元数组，只给出各个多项式系数的个数，不给出具体数值。例如，对于三阶二输入三输出对象，返回

```
num =
    [1x4 double]    [1x4 double]
    [1x4 double]    [1x4 double]
    [1x4 double]    [1x4 double]
den =
    [1x4 double]    [1x4 double]
    [1x4 double]    [1x4 double]
    [1x4 double]    [1x4 double]
```

注意：在返回的分子单元数组 num 中，多项式系数个数虽然相同，但并不表明各分子多项式的阶数相同，因为返回值包括分子多项式高次项的 0 系数在内。

由多项式单元数组获取系数值的命令如下：

```
num j = [num{1,j};num{2,j};…;num{p,j}]
```

其中，$j=1，2，\cdots，m$。对应每个 j 值，返回值有 p 行。分别表示输入 1 到输入 m 对所有输出的传递函数分子多项式系数值。

```
den1 = den{1,1}
```

该命令用于返回所有传递函数分母多项式的系数。

注意：在从单元数组获取实际数值时使用大括号“{i, j}”格式，不使用“zij = Z (i, j)”的矩阵元素提取格式，因为单元数组各单元元素个数不一定相同，不构成矩阵。也可以使用 ss2tf 命令先求多项式系数值，再使用 tf 命令求取对应的多项式对象表达式，使用命令

```
[numj,denj] = ss2tf(A,B,C,D,j);
```

返回输入 1 到输入 m 对所有输出的传递函数分子、分母多项式数值（行矢量）。分子多项式系数 numj 有 p 行。分母多项式系数有 1 行，且所有传递函数的分母多项式均相同。

```
tfj = tf({numj(1,:);numj(2,:);…;numj(p,:)},{den1;den1;…;den1},0.5)
```

其中，j 的含义同上。对应每个 j 值，右端第 1 对“{}”内包含 p 个分子多项式系数行矢量 numj，p 个分母多项式系数行矢量 den1 以及采样周期数值。tfj 返回系统输入 j 对所有 p 个输出的传递函数的多项式表达式，对应传递函数矩阵的第 j 列。当然也可以按类似格式将全部 $p \times m$ 个分子多项式系数、分母多项式系数 den1 输入右边的两对“{}”内，返回传递函数矩阵的所有 $p \times m$ 个传递函数，不过所返回的这些传递函数是从 1 到乘积 $p \times m$ 依次编号的，不明显提供由哪个输入对哪个输出所构成的传递函数信息，也就是说这种返回值不表示某传递函数在传递函数矩阵中的位置。

3. 转换成零极点增益模型

转换成零极点增益对象的相关命令如下：

```
sys_zp = zpk(sys_d)
```

该命令用于返回传递函数的零极点增益对象，显示形式与 tf 命令相同。

获取零极点增益数值命令也分成两步，先获取零极点增益的单元数组，命令如下：

```
[Z,P,K] = zpkdata(sys_zp)
```

该命令用于返回传递函数零极点增益的单元数组，只给出各个传递函数零极点的个数，不给出具体数值。例如，对于三阶二输入三输出对象，某次运行返回为

```
Z =
    [3x1 double]    [2x1 double]
    [3x1 double]    [2x1 double]
    [3x1 double]    [3x1 double]

P =
    [3x1 double]    [3x1 double]
    [3x1 double]    [3x1 double]
    [3x1 double]    [3x1 double]

K =
    0.0359   -0.6487
   -0.6275    0.1276
    0.5354   -2.0543
```

注意：在所返回的零点单元数组中，输入 2 对输出 1 和输出 2 所构成的传递函数只有两个零点，其余的有 3 个零点。这说明各传递函数的零点个数不一定相同，而且对于随机赋值的状态空间模型，每次运行的情况都可能不同。原因是每次随机赋值的输入矩阵和直传矩阵对零点数的影响不同。对于极点则没有这个问题，返回的各极点单元数组中均有个数相同的极点。下面会看到，各极点的数值都相同，因为一个系统具有唯一确定的特征值。增益 K 则返回其具体数值，构成 $p \times m$ 维数值矩阵。

由单元数组获取零极点增益数值的命令如下：

```
zij = Z{i,j}
pij = P{i,j}
```

其中，$i=1$，2，…，p；j 的含义同上。分别返回各传递函数零点值 zij 和极点值 pij。返回值 zij 中不包括无穷远零点，所以各 zij 返回值的行数（个数）不一定相同，也就是各传递函数零点数不一定相同。各 pij 返回值的行数（个数）相同。实际上 pij = P {i, j} 可以用 p11 = P {1, 1} 代替，表明同一系统，所有传递函数都具有相同的极点。

也可以使用 ss2zp 命令先求零极点数值，再使用 zpk 命令求取传递函数的零极点增益对象表达式，所用命令如下：

```
[Zj,Pj,Kj] = ss2zp(A,B,C,D,j)
```

其中，j 的含义同上。对应每个 j 值，Zj 返回 $n \times p$ 维数值数组，对应第 j 输入与所有 p 个输出所生成的传递函数的零点，每个传递函数均有 n 个零点（显示为 n 行），包括无穷远零点“inf”在内，构成 1 列；Pj 返回系统的 n 个极点；Kj 返回对应第 j 输入的 p 个传递函数的增益值。

由于 Zj 中可能含有无穷远零点，而使用命令 zpk 获取传递函数的零极点增益对象时，不支持无穷远或 0 值的零极点，所以在使用由 ss2zp 所获取的零极点增益再转换成对象模型时，需要先排除 Zj 中的无穷远零点，然后使用生成零极点增益对象的命令（以 $n=3$，$p=3$ 为例），所用命令如下：

```
zpj = zpk({[Zj(:,1)];[Zj(1:2,2)];[Zj(1:2,3)]},{[P1];[P1];[P1]},[Kj
(1);Kj(2);Kj(3)],0.5)
```

其中，j 的含义同上。对应每个 j 值，右端第 1 对“{}”内依次放置输入 j 的各传递函数所有零点构成的一个单元数组，每个传递函数的零点构成一个列矢，不得含有无穷远零点；右端第 2 对“{}”内放置对应的 p 组极点，也构成一个单元数组；对应的 p 个增益构成列矢置于“[]”之内。最后指定采样周期的数值。语句返回系统输入 j 对所有 p 个输出的传递函数的零极点增益表达式，对应传递函数矩阵的第 j 列。要特别注意剔除了无穷远零点之后的表达方式，如 [Zj (1: 2, 2)] 表示输入 j 与第 2 输出之间的传递函数有两个有限零点，1 个无穷远零点。

此外，对于将传递函数多项式系数和零极点增益转换成状态空间模型的逆向命令 tf2ss 和 zp2ss，传递函数多项式与零极点增益模型的相互转换命令 tf2zp 与 zp2tf，语句格式前面已讨论（参见第 1 章）。对于 MIMO 系统，以输入 j 为依据，每次转换一个输入比较方便。需要注意的是，由 tf2ss 和 zp2ss 所获得的状态空间模型与原始模型是等价的，具有相同的特征值。但由于状态变量选择的多样性，各系数矩阵与原始矩阵一般是不同的。

【例 1-17】 离散状态空间模型转换仿真仪。

将离散状态空间模型转换成传递函数和零极点增益形式。程序如 shili01_17 所示。程序框图和前面板图分别如图 1-4-2 和图 1-4-3 所示。

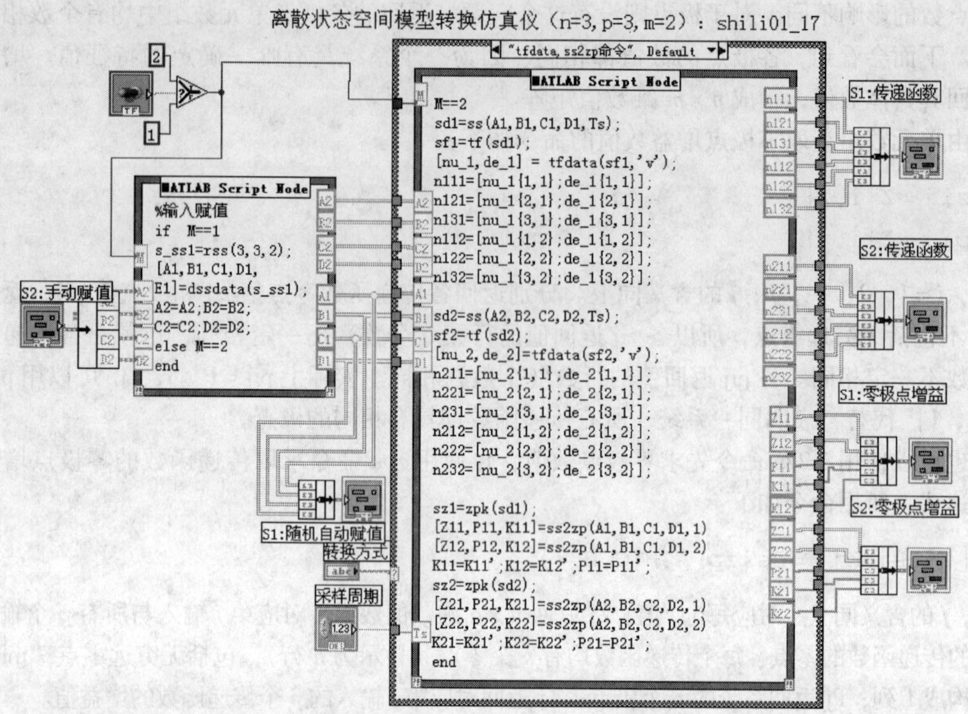

图 1-4-2 程序 shili01_17 框图面板

程序说明：

运行程序首先赋值。为便于对比，程序设置了随机自动赋值生成的离散系统 S_1，用户手动赋值生成的离散系统 S_2。设置了两个选择结构，第 1 个选择结构程序先使用 tfdata 命令，获取传递函数的单元数组，再由单元数组获取传递函数的多项式模型，仿真数据如图 1-4-3a 所示。第 2 个选择结构使用 ss2tf 和 ss2zp 命令，直接由状态空间获取多项式系数和零极点增益数值，如图 1-4-3b 所示。

由 tfdata 命令获得的传递函数多项式模型，已经进行了零极点对消，得到的是传递函数的约简形式，如图 1-4-3a 所示；而由 ss2tf 命令所获得的传递函数不进行零极点对消。两种选择结构在进行零极点转换时直接使用 ss2zp 命令，保留全部零极点，如图 1-4-3b 所示。

在显示传递函数分子、分母多项式系数时，每两行构成一个二维数组，表示一个传递函数。第 1 行表示分子系数，第 2 行表示分母系数。前 3 个传递函数是输入 1 对 3 个输出的传递函数，后 3 个传递函数是输入 2 与输出构成的传递函数。当实施零极点对消后，同一系统的传递函数分母是不同的，因为已经消去了部分乃至于全部极点。

在零极点增益板块中，一个传递函数的零点排成 3 行，形成一个列矢。同一个输入与全部输出生成的传递函数零极点依次排成 3 列，如 Z11 等。系统的极点排成一个行矢，如 P11 等。增益也排成行矢，如 K11、K12 等，分别表示两个输入所生成的传递函数的增益。

注意：增益为 0 和含有无穷远零点时对应传递函数的特点。

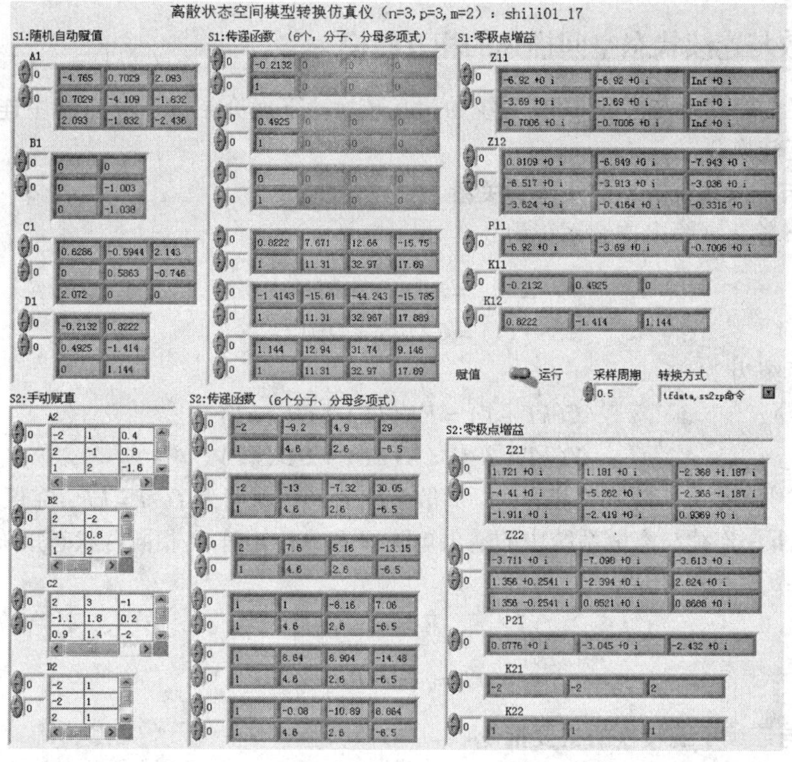

a)

离散状态空间模型转换仿真仪（n=3,p=3,m=2）：shili01_17

S1:随机自动赋值　S1:传递函数（6个：分子、分母多项式）　S1:零极点增益

赋值　运行　采样周期　转换方式　ss2tf,ss2zp命令

S2:手动赋直　S2:传递函数（6个分子、分母多项式）　S2:零极点增益

b)

图 1-4-3　程序 shili01_17 前面板

1.4.3 离散与连续状态空间描述的相互转换

前面已经介绍连续与离散 SISO 系统的相互转换，下面介绍 MIMO 系统中连续与离散描述方法的相互转换。

1. 离散与连续系统各系数矩阵的关系

设 n 阶 m 输入 p 输出连续系统为

$$\begin{aligned}\dot{X}(t) &= \boldsymbol{A}X(t)+\boldsymbol{B}\boldsymbol{U}(t)\\ \boldsymbol{Y}(t) &= \boldsymbol{C}X(t)+\boldsymbol{D}\boldsymbol{U}(t)\end{aligned}\tag{1-4-3}$$

对应的离散系统为

$$\begin{aligned}\boldsymbol{X}(kT+T) &= \boldsymbol{F}\boldsymbol{X}(kT)+\boldsymbol{G}\boldsymbol{U}(kT)\\ \boldsymbol{Y}(kT+T) &= \boldsymbol{C}\boldsymbol{X}(kT)+\boldsymbol{D}\boldsymbol{U}(kT)\end{aligned}\tag{1-4-4}$$

上面两式中各系数矩阵都是相容的，离散系统的采样周期为 T，$t=kT$。在保证 $Y(t)=Y(kT)$ 的前提下，连续与离散系统中的输出矩阵 $\boldsymbol{C}$ 和直传矩阵 $\boldsymbol{D}$ 相同。状态矩阵与输入矩阵可按式（1-4-5）和式（1-4-6）计算：

$$\boldsymbol{F}=\mathrm{e}^{AT}\tag{1-4-5}$$

$$\boldsymbol{G}=\int_0^T \mathrm{e}^{At}\boldsymbol{B}\mathrm{d}t\tag{1-4-6}$$

2. 离散与连续系统转换的主要指令

```
[F,G]=c2d(A,B,T)
[F,G,Cd,Dd]=c2dm(A,B,C,D,T,'离散方法')
```

上述指令用于返回离散系统的各系数矩阵。命令 C2d 与 c2dm 的区别在于，后者可以由用户自己指定离散方法，MIMO 系统的离散方法有'zoh'、'foh'、'tustin'和'prewarp'四种。c2d 使用默认的零阶保持器法'zoh'。使用命令 c2d 离散，输出矩阵与直传矩阵对应等于连续系统的 $\boldsymbol{C}$、$\boldsymbol{D}$。

```
[A,B]=d2c(F,G,T)
[A,B,C,D]=d2cm(F,G,Cd,Dd,T,'转换方法')
```

上述指令用于将离散系统连续化，返回连续系统的系数矩阵，基本上是 c2d 与 c2dm 的逆操作，只是对于 MIMO 系统连续化的方法只有'zoh'、'tustin'和'prewarp'三种。

```
F=expm(A*T)
```

上述指令用于返回矩阵指数函数式（1-4-5）的结果，与使用'zoh'方法用 c2d 与 c2dm 命令计算出的状态矩阵 $\boldsymbol{F}$ 相同。

【例 1-18】 状态空间连续化、离散化转换。

程序如 shili01_18 所示。程序框图面板和前面板分别如图 1-4-4 和图 1-4-5 所示。

程序说明：

程序使用上述 4 种允许的离散方法，对随机连续系统 S_1 和手动赋值系统 S_2 进行离散化。运行程序时，首先将“赋值运行”开关置于左边的“赋值”，手动输入 S_2 系数矩阵和采样周期数值（否则不能正常运行）。离散化结果分别显示于“S_1：离散化”和“S_2：离散化”板块之中。“矩阵指数函数”板块示出式（1-4-5）和式（1-4-6）的计算值，其中 Fm1

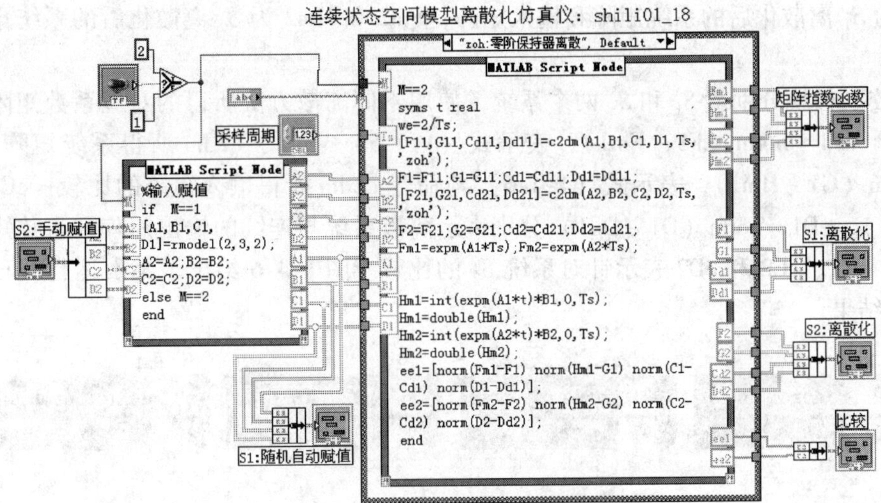

图 1-4-4 程序 shili01_18 框图面板

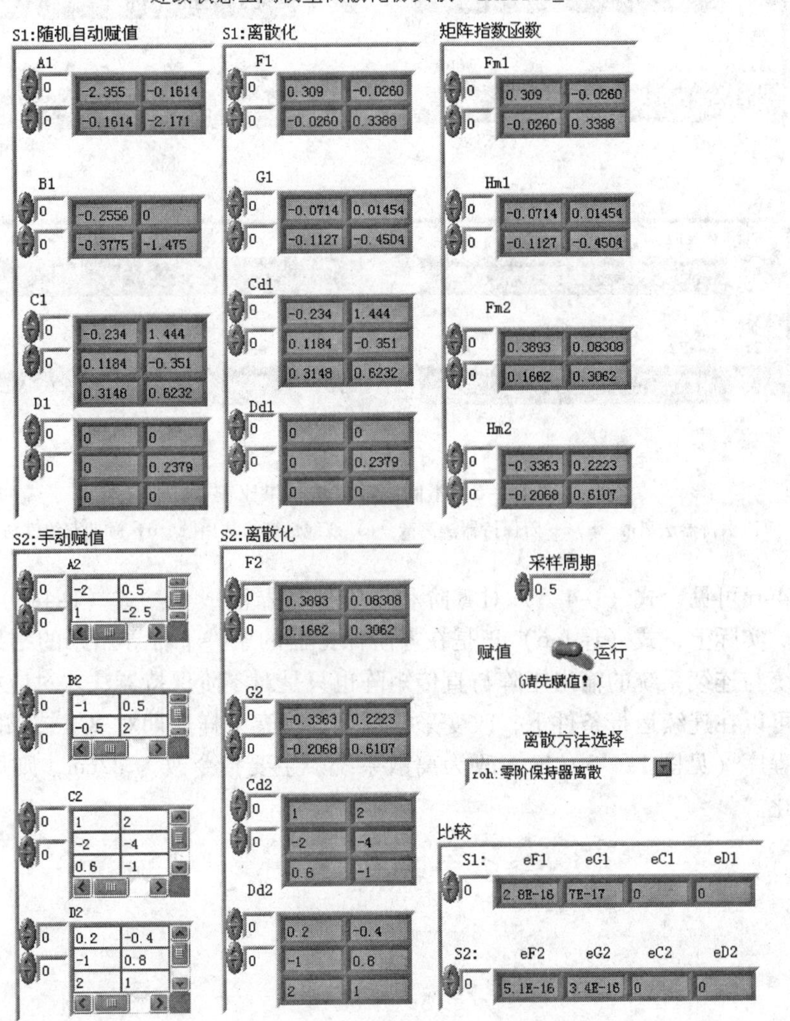

图 1-4-5 程序 shili01_18 前面板

和 Hm1 为 S_1 离散化后的系统矩阵和输入矩阵，Fm2 和 Hm2 为 S_2 离散化后的系统矩阵和输入矩阵。

“比较”板块分别就 S_1 和 S_2 两个系统，使用不同离散方法所得的对应系数矩阵进行比较。其中，eF1 = norm（F1 - Fm1），表示式（1-4-5）与命令 c2dm 所得系统矩阵的比较；eG1 = norm（G1 - Hm1），表示式（1-4-6）与命令 c2dm 所得输入矩阵的比较；eC1 = norm（C1 - Cd1），eD1 = norm（D1 - Dd1）分别表示离散系统与连续的输出矩阵和直传矩阵的比较。eF2、eG2、eC2 和 eD2 表示针对系统 S_2 的比较。图 1-4-6 给出了某次运行几种离散方法的比较结果。

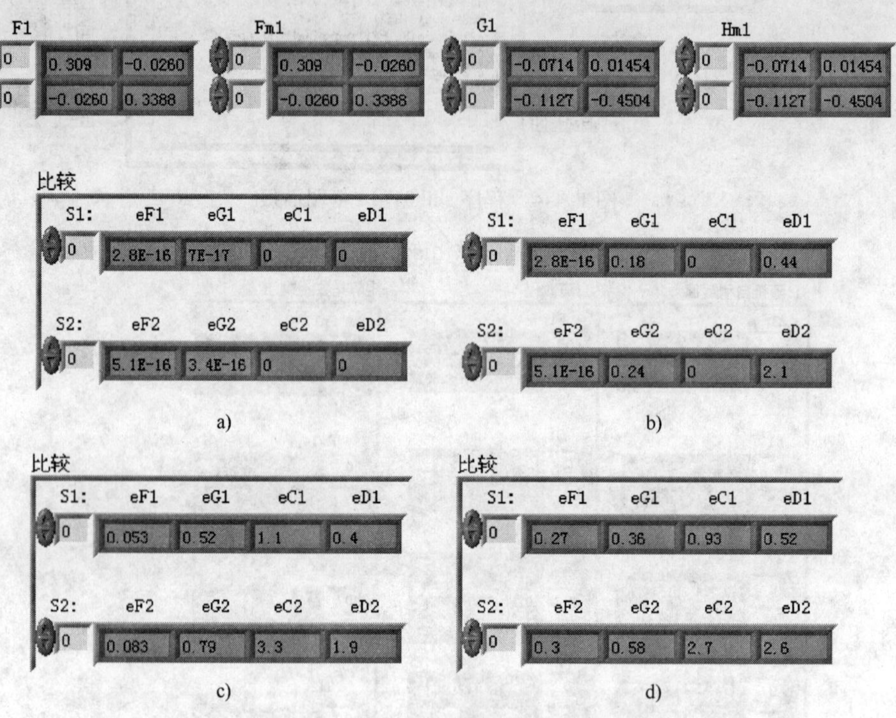

图 1-4-6　不同离散方法结果比较

a）零阶保持器法离散　b）一阶保持器法离散　c）双线性变换法离散　d）预曲双线性法离散

由图 1-4-6 可见，式（1-4-5）对零阶和一阶保持器法成立。式（1-4-6）仅对零阶保持器法成立。实际上，式（1-4-6）正是在零阶保持器的条件下推导出来的结果。同时还看到，离散系统与连续系统的输出矩阵与直传矩阵也只是对零阶保持器法才对应相等。

读者还可以在连续运行条件下，改变采样周期，观察采样周期对离散结果的影响。

如果将程序（见图 1-4-5）输入改为离散系统，主要指令改为 d2cm，则可以研究离散系统的连续化。

第 2 章　控制系统时域特性的分析与仿真

本章介绍控制系统时域特性的仿真分析。首先介绍在 MATLAB 语言中典型输入信号时域响应仿真的主要命令，再介绍在这些典型信号之下，SISO 一阶系统、二阶系统和高阶系统的响应特性，最后介绍状态空间模型的时域响应分析与仿真。在仿真演示时，将 MATLAB 脚本节点嵌入 LabVIEW 中构成虚拟仪器，使用 LabVIEW 的示波器或 XY 图示仪，通过连续设置或调节置于虚拟仪器前面板上的控制系统参数，使仿真特性曲线随这些参数的变化而呈现“捆绑”式的变化，实现真正意义上的动态仿真，以研究控制系统参数变化对其动态特性的影响。

2.1　典型输入信号时域响应仿真的主要命令

2.1.1　典型输入信号的定义

控制系统中常用的典型信号有单位阶跃信号、单位脉冲信号、单位恒速信号、单位恒加速信号和正弦信号等。

1. 单位阶跃信号

单位阶跃信号定义为

$$1(t)=\begin{cases}1 & t\geqslant 0\\ 0 & t<0\end{cases} \tag{2-1-1}$$

其拉普拉斯变换为 $1/s$。幅值为 k 的阶跃信号为 $u(t)=k*1(t)$。在进行仿真时，单位阶跃信号可用如下语句生成：

```
t =0:Ts:t1;
n =length(t);
u =ones(1,n);
```

其中，T_s 是步长，也是离散系统的采样周期；t_1 表示终止时间，它们都必须先赋值（下同）。单位阶跃信号如图 2-1-1 所示。

2. 单位脉冲信号

理想的单位脉冲信号定义为

$$\delta(t)=\begin{cases}0 & (t\neq 0)\\ \infty & (t=0)\end{cases}\quad ,且\int_0^{\infty}\delta(t)\,\mathrm{d}t=1 \tag{2-1-2}$$

单位脉冲信号的拉普拉斯变换为 1。工程上常用单位冲击信号近似理想单位脉冲信号。设单位冲击信号的持续时间为 T_s，幅值为 $h=1/T_s$，$h*T_s=1$。仿真时，单位冲击信号可用如下语句生成：

```
u=1/Ts*[1,zeros(1,(n-1))];
```

单位冲击信号如图 2-1-2a 所示。

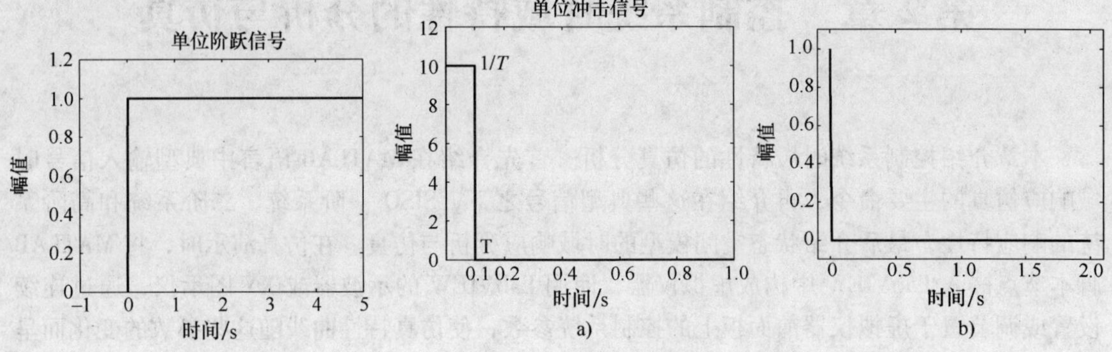

图 2-1-1　单位阶跃信号

图 2-1-2　单位冲击信号与单位脉冲信号
a) 单位冲击信号　b) 单位脉冲信号

单位冲击信号的拉普拉斯变换可以通过对两个具有相互延迟的阶跃信号之差进行拉普拉斯变换得到。

$$U(s)=L\left[\frac{1}{\tau}(1(t)-1(t-\tau))\right]=\frac{1}{\tau}\left(\frac{1-e^{-\tau s}}{s}\right) \tag{2-1-3}$$

式（2-1-3）与零阶保持器传递函数的区别仅在于幅值系数不同。显然，持续时间 T_s 越小，单位冲击信号越接近理想单位脉冲信号，所以必须保证幅值远大于宽度（$h \gg T_s$）。

函数 gensig 可以生成周期性脉冲序列，适当改变其参数设置可以产生与式（2-1-2）近似的单位脉冲，其功能与单位冲击信号相同，用于仿真，特别是绘制单位脉冲的图形比较方便。gensig 的一般调用格式为

```
u=gensig(type,tau,t1,Ts);
```

输入 type 是生成信号的种类，可以指定为脉冲信号'pulse'、正弦信号'sin'和方波信号'square'等。*tau* 表示信号的重复周期，t_1 表示产生信号的时间长度，T_s 为采样周期或计算步长。gensig 生成的信号幅值均为 1。

用于生成单位脉冲信号的实际语句为

```
u=gensig('pulse',2*t1,t1,Ts);
```

取信号重复周期大于产生信号的时间长度（例如取为 2 倍），实际上是只保留 0 时刻产生的一个脉冲作为信号。不过需要注意，求取这种信号的响应时，存在幅度变换因子'd*t*'。后面仿真实例会解决这个问题。下列程序所生成的单位脉冲信号如图 2-1-2b 所示。

```
t0=0;Ts=0.01;t1=2;
t=[t0:Ts:t1]';
u=gensig('pulse',2*t1,t1,Ts);
plot(t,u);
```

3. 单位恒速信号

单位恒速信号也称为单位斜坡信号。其定义为

$$u(t) = t \tag{2-1-4}$$

单位斜坡信号的拉普拉斯变换为 $1/s^2$。仿真时，单位斜坡信号可直接写成

```
u=t;
```

单位斜坡信号的斜率（即速率）为 1，当斜率为 k 时，成为一般斜坡信号 $u(t)=kt$。单位斜坡信号如图 2-1-3 所示。

4. 单位恒加速信号

单位恒加速信号也称单位抛物线信号。其定义为

$$u(t) = \frac{1}{2}t^2 \tag{2-1-5}$$

单位恒加速信号的拉普拉斯变换为 $1/s^3$。仿真时，单位恒加速信号可写成

```
u=1/2*t*t;
```

若恒定的加速度不为 1，而为 a，成为一般恒加速信号 $u(t)=(1/2)at^2$。单位恒加速信号如图 2-1-4 所示。

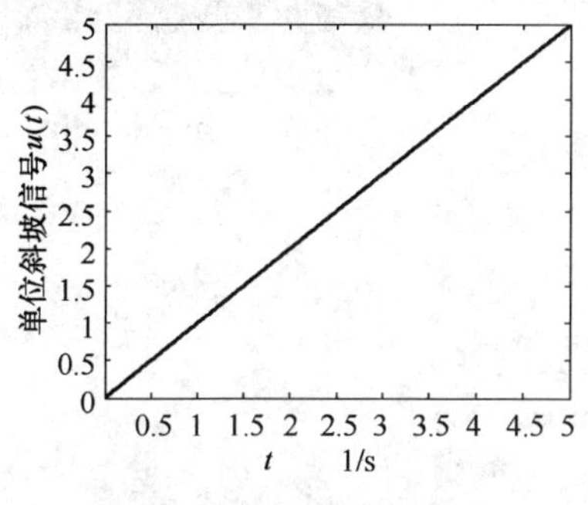

图 2-1-3 单位斜坡信号

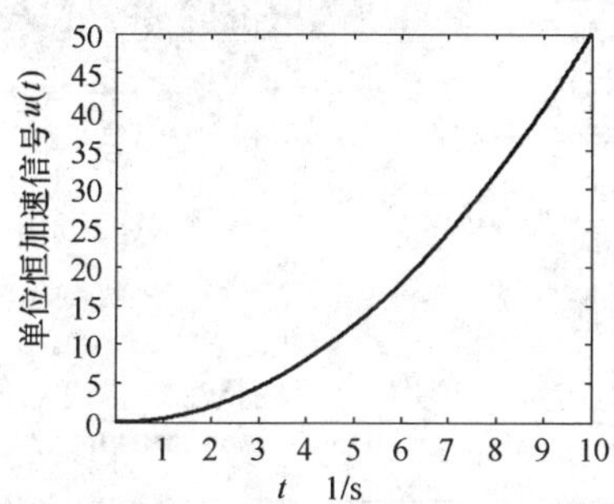

图 2-1-4 单位恒加速信号

5. 正弦信号

典型正弦信号定义为

$$u(t) = A\sin(\omega t) \tag{2-1-6}$$

正弦信号的拉普拉斯变换为 $A\omega/(s^2+\omega^2)$。正弦信号是研究系统频率特性的输入信号。作为时域响应的输入，仿真时可以写成

```
u=A*sin(w*t);或 u=A*sin(2*pi*f*t);
```

作为时间响应的输入，自变量为时间 t，幅值 A，频率 w（单位为 rad/s）或 f（单位为 Hz）都必须预先赋值。

在控制系统中经常用到纯滞后（或超前）的单位阶跃、单位脉冲和单位脉冲序列信号。程序实例 shixz02_01、shixz02_02 和 shixz02_03 分别给出了这 3 种信号的发生程序，设定不同延迟（或超前）时间，可以方便地显示信号滞后（或超前）的演变。程序框图面板和前面板分别如图 2-1-5 ~ 图 2-1-10 所示。

在程序 shixz02_01 中调用了 MATLAB 中单位阶跃函数 heaviside，该函数仅存在于 MATLAB的 Symbolic Math Toolbox 之中。为了使用 plot 命令作图，必须在自己的工作目录 Work 下创建 heaviside 的 M 文件，即

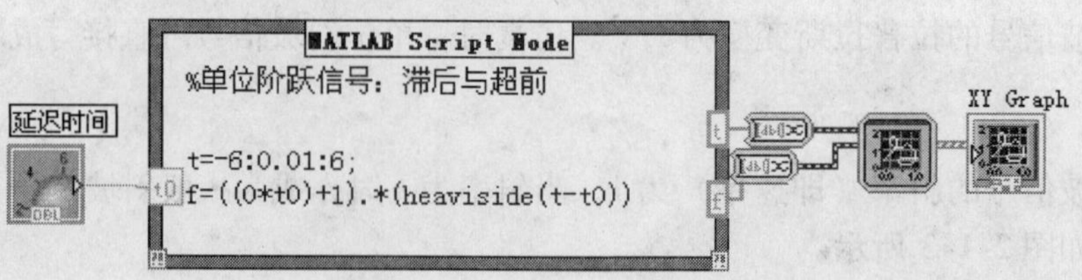

图 2-1-5　程序 shixz02_01 的框图面板

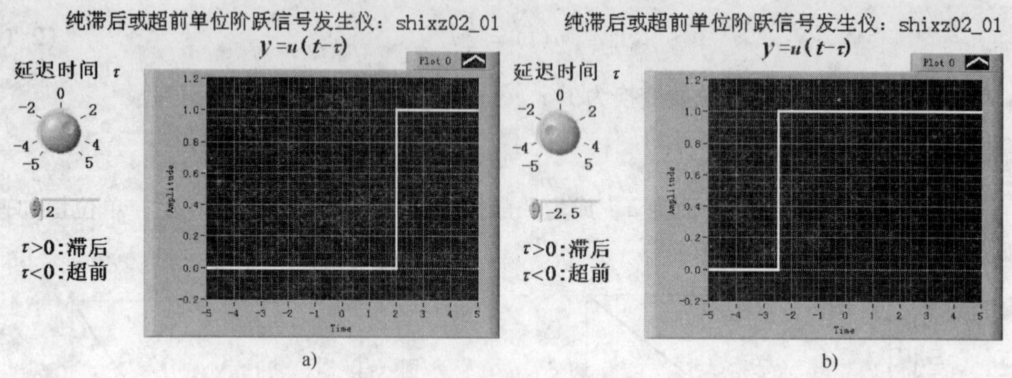

a)　　　　b)

图 2-1-6　程序 shixz02_01 前面板

a）滞后 2s　b）超前 2.5s

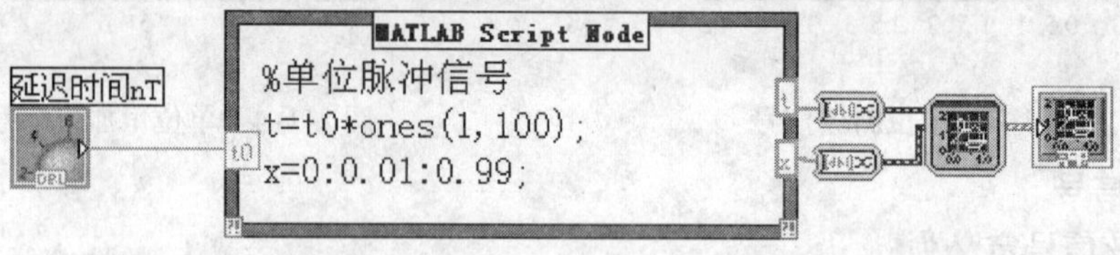

图 2-1-7　程序 shixz02_02 框图面板

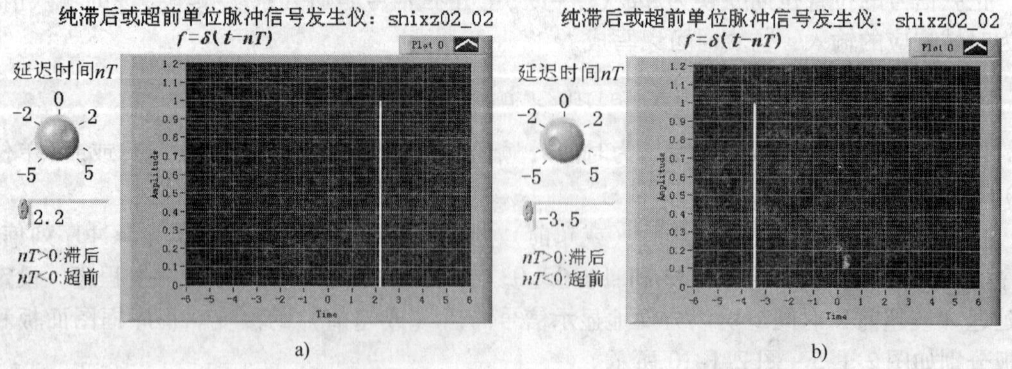

a)　　　　b)

图 2-1-8　程序 shixz02_02 前面板

a）滞后 2.2s　b）超前 3.5s

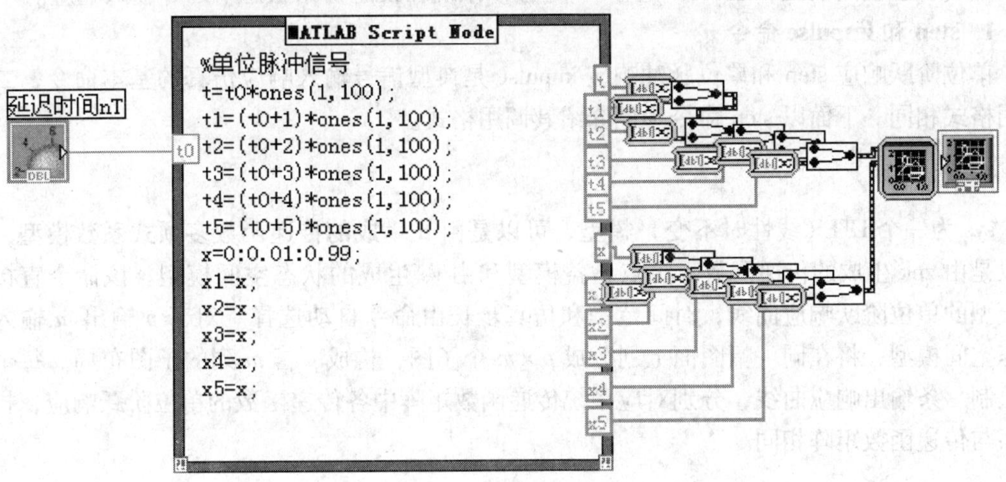

图 2-1-9　程序 shixz02_03 框图面板

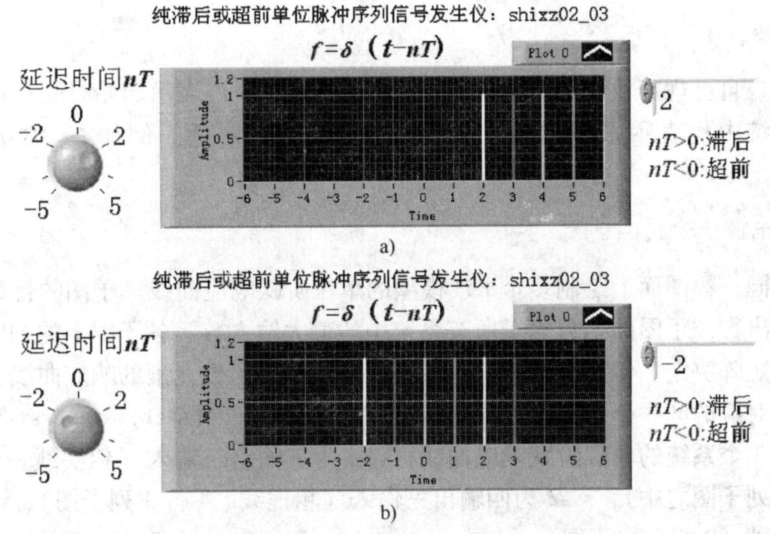

a）

b）

图 2-1-10　程序 shixz02_03 前面板

a）滞后 2s　b）超前 2s

```
function f =heaviside(t)
f =(t >0);%  t >0 时 f 为 1,否则为 0
```

该文件已存于“配套程序”中，读者使用时复制到自己 MATLAB 的 Work 目录下即可。

2.1.2　时域响应的 MATLAB 主要命令

在 MATLAB 中，求取系统的时域响应有多种途径。可以直接利用专用命令 step 和

impulse获取系统的单位阶跃响应和单位脉冲响应；可以使用 lsim 获取系统对任意输入的响应；对于状态空间模型，还可以使用 initial 获取系统在设定初始状态下的零输入响应。

1. step 和 impulse 命令

单位阶跃响应 step 和单位脉冲响应 impulse 是典型信号输入响应仿真的基本命令，二者调用格式相同。下面以 step 命令为例介绍其调用格式。

```
step(sys)
```

sys 为一个 LTI（线性时不变）模型，可以是由 tf 生成的传递函数多项式系数模型，也可以是由 zpk 生成的传递函数零极点增益模型和由 ss 生成的状态空间模型。该命令直接绘制模型的单位阶跃响应曲线，时间范围和仿真步长由命令自动选择。对于 p 输出 m 输入的状态空间模型，将在同一幅图面上划分成 $p\times m$ 个子图，构成 p 行 m 列的子图布局。每个子图绘制一条输出响应曲线，分别对应系统传递函数矩阵中各传递函数的单位阶跃响应，排列顺序与传递函数矩阵相同。

```
step(sys,t1)
```

该命令用于用户自己规定仿真的终止时间 t_1 秒，自动选择仿真步长，其余与 step（sys）命令相同。

```
step(sys,t)
```

该命令用于用户自己规定仿真的时间向量 $\boldsymbol{t}=t_0:T_s:t_1$，其中 t_0 表示起始时间；T_s 表示仿真步长，在离散系统中也表示采样周期；t_1 表示仿真的终止时间。例如 $\boldsymbol{t}=0:0.01:10$，$\boldsymbol{t}=1:0.1:10$等。

```
step(sys1,sys2,…;t)
```

该命令用于在同一幅图面上绘制多个 LTI 模型的单位阶跃响应曲线。子图的行数等于所有系统中的最大输出数，子图的列数等于所有系统中的最大输入数。各子图上的响应曲线由各系统的传递函数矩阵决定，传递函数矩阵中某一位置的传递函数元素的响应曲线，绘制在与该传递函数位置对应的同一个子图上。如图 2-1-11 所示是 step（sys1，sys2，sys3，t）的运行截图，包含了 3 个系统的单位阶跃响应曲线，sys1 为三输出二输入（粗实线，处于靠上的 3 行和靠左的 2 列子图之中），sys2 为四输出三输入（粗虚线，4 行 3 列子图），sys3 为二输出三输入（细实线，2 行 3 列子图）。

上面几条命令的共同特点是直接在屏幕上绘制模型的单位阶跃输出响应曲线，而不返回任何数值数据。下面的几条命令则是返回数值数据而不作图，如果要作图，需要使用另外的作图命令。

```
[Y,t]=step(sys,t)
```

用于返回输出 $\boldsymbol{Y}$。$\boldsymbol{Y}$ 的数组格式为［LT　NY　NU］，其中 LT = length（t），决定仿真的点数，也是数组的行数。NY 表示输出数 p，NU 表示输入数 m。$\boldsymbol{Y}$ 的数据格式为 Y（:,:，j），其中 j 表示输入序号。例如，运行如下简单程序：

```
sys=rss(4,3,2);% 生成 4 阶 3 输出 2 输入(n=4,p=3,m=2)随机状态空间模型。
```

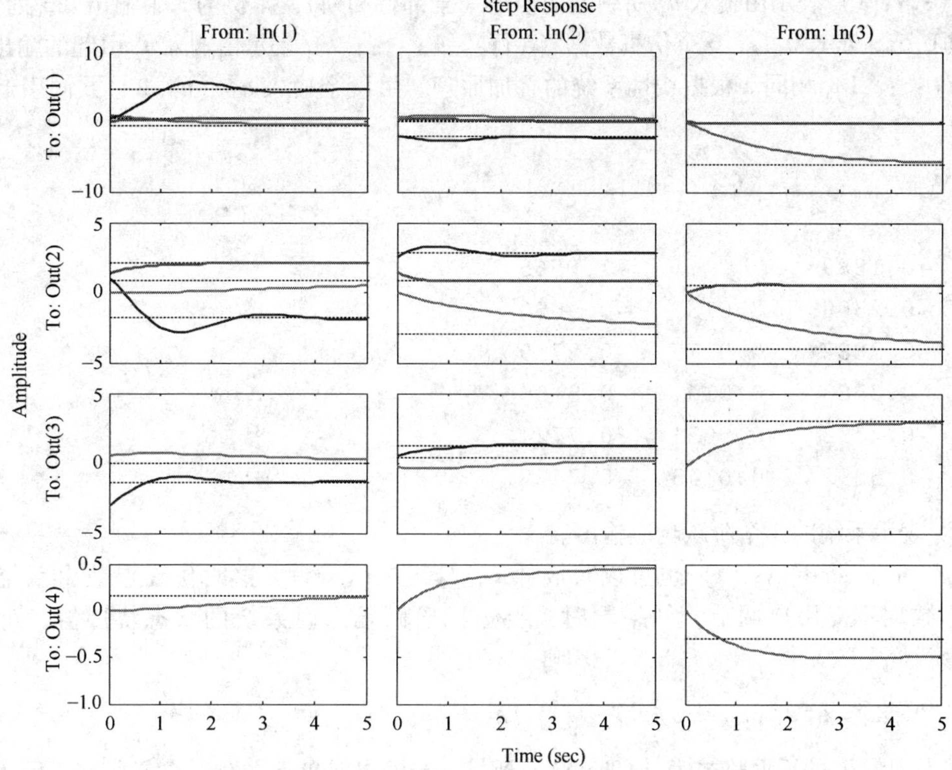

图 2-1-11　step（sys1，sys2，sys3，t）的运行截图

```
t =0:0.1:0.5;
[Y,t] =step(sys,t)
```

某次运行结果如下：

```
Y(:,:,1) =
   -1.6041         0   -1.0565
   -1.7984   -0.0649   -1.0952
   -1.9904   -0.1304   -1.1396
   -2.1797   -0.1958   -1.1883
   -2.3661   -0.2606   -1.2404
   -2.5492   -0.3243   -1.2950
Y(:,:,2) =
    1.4151         0         0
    1.5674    0.0787    0.1402
    1.7022    0.1480    0.2636
    1.8214    0.2089    0.3723
    1.9268    0.2627    0.4680
    2.0200    0.3100    0.5522
```

Y(:, :, 1) 表示由输入 u_1 所引起的输出（全部行和列）。本例为3个输出（3列）。仿真时间0.5s，步长0.1s，6个仿真数据（6行）。Y(:, :, 2) 表示由输入 u_2 引起的输出，格式与 Y(:, :, 1) 相同。根据线性系统的叠加原理，由两个输入 $u=[u_1\ u2]$ 共同引起的输出为

```
YY = Y(:,:,1) + Y(:,:,2)
YY =
  -0.1889         0   -1.0565
  -0.2309    0.0137   -0.9550
  -0.2882    0.0175   -0.8759
  -0.3583    0.0131   -0.8160
  -0.4393    0.0021   -0.7724
  -0.5292   -0.0143   -0.7428
```

YY 表示系统的3个阶跃响应输出。

[Y, t] = step(sys, t) 也可以写成 [Y, t] = step(sys)，这时仿真点数由系统自动决定，数据不受用户调节。如果同时需要返回阶跃输入时系统的状态轨迹值，可以使用命令

```
[Y,t,X] = step(sys,t)
```

状态向量 $\boldsymbol{X}$ 的返回格式为 [LT　NX　NU]，与输出向量 $\boldsymbol{Y}$ 类似，含义相同。因为本例模型为4阶（$n=4$），对应状态变量数 NX 为4。语句返回的 $\boldsymbol{X}$ 有4列，依次表示4个状态分量（x1，x2，x3，x4）的轨迹值。对于同一系统，运行该语句有

```
X(:,:,1) =
          0          0          0          0
     0.0014    -0.1314     0.0665     0.1558
     0.0056    -0.2582     0.1240     0.2994
     0.0123    -0.3806     0.1737     0.4319
     0.0214    -0.4986     0.2166     0.5543
     0.0327    -0.6122     0.2535     0.6675
X(:,:,2) =
          0          0          0          0
     0.0002    -0.0002     0.1178    -0.0006
     0.0006    -0.0006     0.2214    -0.0022
     0.0013    -0.0012     0.3128    -0.0045
     0.0022    -0.0020     0.3932    -0.0074
     0.0033    -0.0029     0.4641    -0.0107
```

同样，也可以根据叠加原理求出在 $u=[u_1\ u_2]$ 共同作用下的状态轨迹数值。可以验证，使用叠加原理后，系统输出、状态及输入满足输出方程 $\boldsymbol{Y}=\boldsymbol{CX}+\boldsymbol{DU}$，不过编程时要注意矩阵乘法的相容性。

对于 SISO 系统，上述命令，除涉及状态变量的语句［Y，t，X］= step(sys，t）之外，全部有效。语句中的模型 sys 由 tf 和 zpk 命令生成。

在命令 step(sys1，sys2，...，t）中，多个模型 sys1，sys2...，可以混用 tf、zpk 和 ss 命令构成的模型。当然，子图数由输入输出数最多的 ss 模型决定，所有用 tf、zpk 模型的响应曲线都绘制在第 1 个子图上。

impulse 的调用格式和使用方法都与 step 命令相同，只需将上述命令中的 step 换成 impulse，即可求出模型的单位脉冲响应。前已述及，在使用单位冲击信号近似单位脉冲信号时，必须保证矩形冲击的持续时间（横坐标）足够小和幅值（纵坐标）足够大。

2. 单位恒速响应和单位恒加速响应的求法

单位恒速和单位恒加速响应有两种求法。第一种方法使用 step 或 impulse 命令，第二种方法使用 lsim 命令。先介绍第一种方法。

由于单位阶跃、单位恒速和单位恒加速信号的拉普拉斯变换顺次为 $1/s$、$1/s^2$ 和 $1/s^3$，在 SISO 系统中，利用拉普拉斯逆变换求这些典型信号的响应时，需要使原传递函数分别增加 1 个、2 个和 3 个零极点。如果预先对传递函数添加 1 个零极点（即乘以 $1/s$），再求其单位阶跃响应，实际上是在原传递函数增加 2 个零极点（即乘以 $1/s^2$）的情况下进行拉普拉斯逆变换，得到系统的单位恒速响应。同理，如果预先对传递函数添加 2 个零极点再求其单位阶跃响应，可得该系统的单位恒加速响应。所以，使用命令 step 求系统的单位恒速和单位恒加速响应，只需预先对原系统分别添加 1 个和 2 个零极点即可。其主要程序段如下：

```
g =tf(num,den);% 设定初始传递函数
den1 =[den,0]; % 使初始传递函数增加 1 个零极点
g1 =tf(num,den1); % 构造求单位恒速响应的传递函数
den2 =[den,0,0]; % 使初始传递函数增加 2 个零极点
g2 =tf(num,den2); % 构造求单位恒加速响应的传递函数
y1 =step(g1,t);% 单位恒速响应
y2 =step(g2.t); % 单位恒加速响应
```

当然，也可以使用单位脉冲响应命令 impulse 求系统的单位阶跃、单位恒速和单位恒加速响应，只需在原传递函数分别添加 1 个、2 个和 3 个零极点即可，此处不再赘述。

【例 2-1】 求下列传递函数的单位恒速和单位恒加速响应

$$G(s)=\frac{4}{s^2+0.8s+4} \tag{2-1-7}$$

编制并运行上段程序，再使用 plot 命令作图，可得单位恒速和单位恒加速响应曲线分别如图 2-1-12 和图 2-1-13 所示。图中虚线分别表示单位恒速和单位恒加速信号。

下面介绍使用 lsim 命令求任意输入响应，包括求单位恒速和单位恒加速响应的方法。和 step 命令相比，lsim 命令也有直接作图和返回参数两种方式，但其调用格式的最大特点在于必须规定输入的函数形式。调用命令

```
lsim(sys,U, t)
```

可以直接绘制模型 sys 在输入 $\boldsymbol{U}$ 作用下的响应曲线。对于 SISO 系统，输入 $\boldsymbol{U}$ 是时间的标量函数；对于 MIMO 系统，$\boldsymbol{U}$ 构成输入向量，其列数等于输入数。例如，对于 3 输入状态

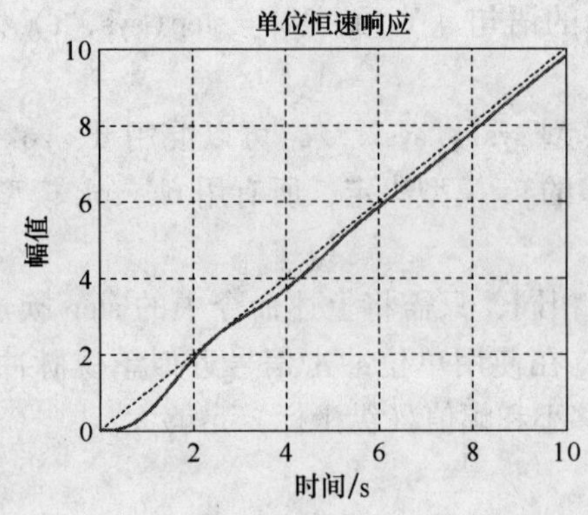

图 2-1-12　单位恒速响应曲线图

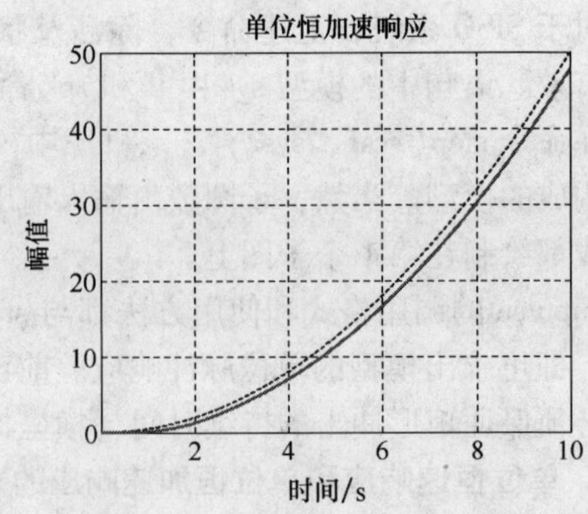

图 2-1-13　单位恒加速响应曲线

空间模型，输入 ***U*** 包含 3 个分量，记为 $U(t)=[u_1(t) \quad u_2(t) \quad u_3(t)]$。当求该系统单位恒速响应时，输入 $U(t)$ 是含有 3 个分量的恒速信号，在程序中写成

```
U=[t t  t];
```

时间 t 的格式与 step 命令相同。使用语句

```
lsim(sys,  U,  t,  X0)
```

可以指定初始状态值 X_0。当默认 X_0 时，命令默认初态为 0。此命令仅适用于状态空间模型，对于传递函数模型，指定的非 0 初始状态无效，因为传递函数是在 0 初始条件下定义的。

【例 2-2】　绘制一个三阶三输出三输入状态空间模型的单位恒速响应。程序如下：

```
S1=rss(3,3,3);
t=[0:0.01:5]';
u1=t;  u2=t;  u3=t;  U=[u1 u2 u3];  % 构造三输入单位恒速信号。
X0=[-3;  -2.5;  3.5];% 设定初始状态。
lsim(S1,  U,  t,  X0)% 绘制单位恒速响应。
```

某次运行结果如图 2-1-14a 所示。在同一幅面上出现 3 幅子图，分别表示输入向量 ***U*** 所产生的 3 个输出响应。注意，这与 step 命令输出不同，step 命令绘制每个输入分量所产生的输出阶跃响应曲线，每条响应曲线与传递函数矩阵中的各个传递函数一一对应。而 lsim 命令所绘制的各条响应曲线已经考虑了各输入分量的叠加效应，每条响应曲线对应传递函数矩阵中的一行。图 2-1-14a 中的细实线是机器自己添加的恒速输入曲线。

```
lsim(sys1,  sys2,...,  U,  t,  X0)
```

用于在同一幅图上作出多个系统 sys1，sys2...，在输入 ***U*** 作用下的响应曲线。图 2-1-14b示出了两个三阶三输入三输出的单位恒速响应曲线。命令中的 sys1，sys2，...系统必须具有相同的状态数、相同的输入数和相同的初始状态，但各系统的输出数可以不同。读者可以思考两个输出数不同系统响应曲线的分布情况。

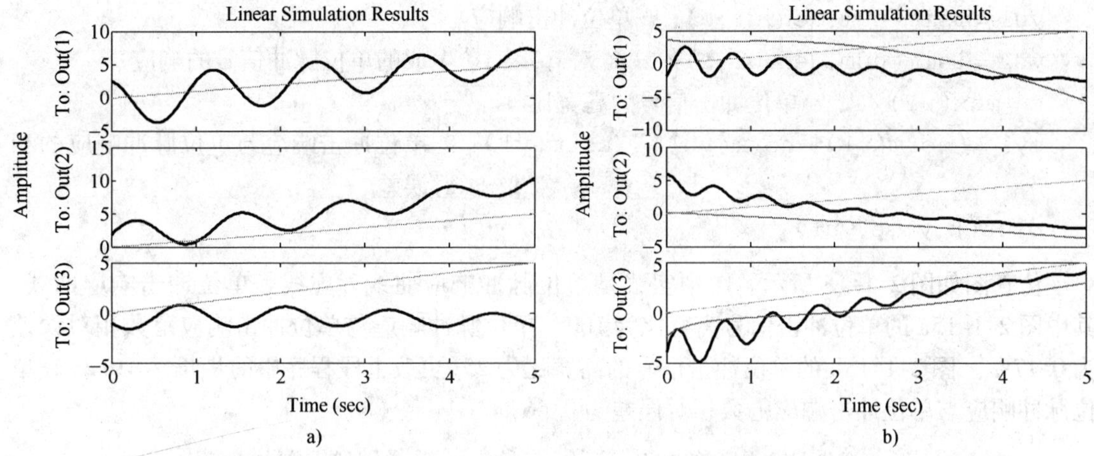

图 2-1-14 某三阶三输入三输出的单位恒速响应曲线

```
Y=lsim(sys, U, t)
```

用于返回模型对输入 ***U*** 响应的数值数据。向量 ***Y*** 的行数由 length(t) 决定，其列数等于模型的输出数，不直接作图。当使用 plot(t, y) 作图时，所有输出响应曲线绘制在同一个直角坐标系内，不分成子图。

```
[Y, T, X]=lsim(sys, U, t, X0)
```

用于返回模型对输入 ***U*** 的输出响应 ***Y*** 和状态轨迹 ***X*** 的数值数据，不作图。可以验证，返回的输出 ***Y*** 和状态 ***X*** 满足输出方程 YY=C*X'+D*U'。

如果要求系统的单位恒加速响应，只需输入单位恒加速信号

```
u1=1/2*t.*t;  % 生成单位恒加速信号
```

即可。对于 MIMO 系统，输入 ***U*** 的列数同样应当等于系统输入数。上面为了说明单位恒速响应的求法，所举实例中输入 ***U*** 的各分量为相同信号，实际上，各输入分量可以是不同的函数。

最后讨论一下在求单位脉冲响应时，使用 lsim 与 impulse 命令所产生的误差。前已述及，lsim 命令中必须给出输入 ***U*** 的函数形式，而理想单位脉冲信号的持续时间趋于 0，幅值趋于无穷，不能表示成通常的时间函数。lsim 命令中的单位脉冲信号只能使用幅值足够大，持续时间足够小且冲击强度为 1 的信号来近似。下面通过一个实例仿真看看两种响应之间的误差。

【例 2-3】 仿真式 (2-1-7)，讨论单位脉冲响应与单位冲击响应的差别。

```
t0=0;T=0.1;t1=10;
t=t0:T:t1;n=length(t);
u1=1/T*[1,zeros(1,(n-1))];% 单位冲击信号
u2=gensig('pulse',2*t1,t1,T); % 由 gensig 生成的单位脉冲信号
num=4;den=[1 0.8 4];
y1=impulse(num,den,t); % 单位脉冲响应
```

```
yu1 =lsim(num,den,u1,t); % 单位冲击响应
yu2 =lsim(num,den,u2,t)/T; % 对 gensig 生成的单位脉冲信号的响应
c =max(u1)/T; % 单位冲击信号的高宽比
ey1 =(norm(y1) -norm(yu1))/norm(y1); % 单位冲击响应与单位脉冲响应的相
                                      对误差
plot(t,y1,t,yu1)
```

仿真图如图 2-1-15 所示。图中实线是单位脉冲响应曲线，虚线是单位冲击响应曲线。其中图 2-1-15a 的单位冲击信号高宽比为 100，单位脉冲响应与单位冲击响应范数相对误差为 0.17%。图 2-1-15b 的单位冲击信号的高宽比为 25(更改上段程序中的步长 $T=0.2$)，单位脉冲响应与单位冲击响应范数相对误差为 0.66%。

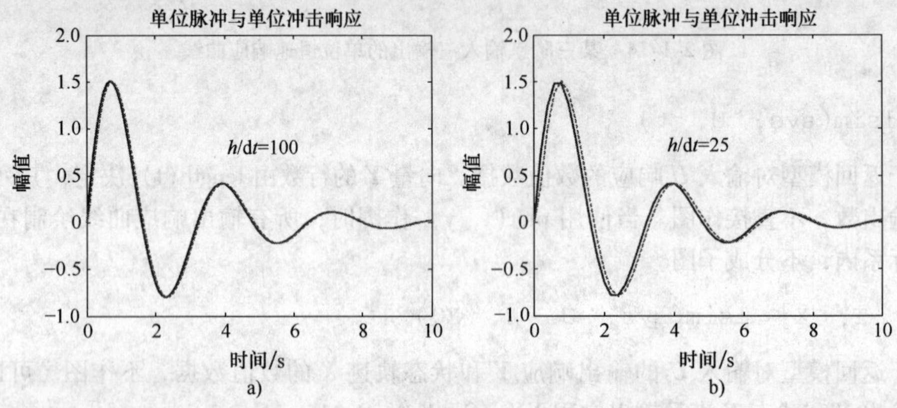

图 2-1-15　单位脉冲响应与单位冲击响应的比较

注意：在求取由 gensig 生成的单位脉冲信号的响应 yu2 时，幅值变换因子（T_s）的处理方式。考虑幅值变换因子后，yu_1 与 yu_2 的效果相同，表明单位冲击信号 u_1 和由 gensig 生成的单位脉冲信号的功能相同，将 u_2，yu_1，yu_2 绘制在同一幅图上，如图 2-1-16 所示。

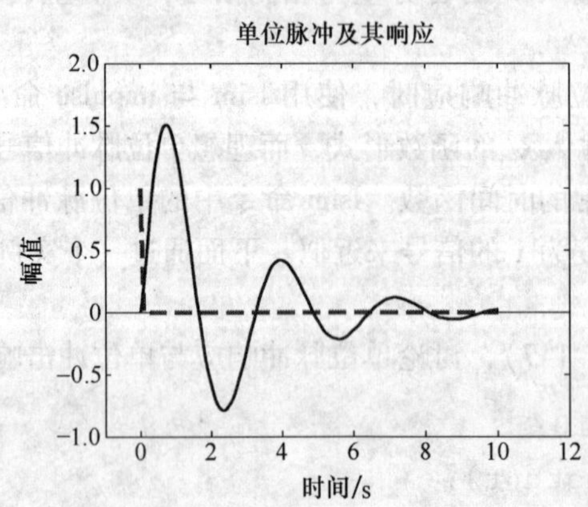

图 2-1-16　单位脉冲与单位脉冲响应

3. 状态空间模型的零输入响应仿真命令 initial

状态方程式（1.3.1）的完全响应可以写成零输入响应和零状态响应之和

$$X(t)=L^{-1}[(sI-A)^{-1}]X(0)+L^{-1}[(sI-A)^{-1}BU(s)] \tag{2-1-8}$$

前已述及，可以使用命令 lsim 仿真系统的完全响应和零状态响应，但不能仿真系统的零输入响应。系统零输入响应的仿真命令为 initial，调用格式如下：

```
initial(sys,  X0)
```

该命令可以直接绘制系统在初始条件 X_0，输入为 0 时的输出响应曲线。其中，初值 X_0 为 $n\times1$ 列向量。命令将在同一幅面上绘制 p(输出数) 幅子图，每幅子图上呈现一条曲线，对应一个输出分量的零输入响应曲线。例如对于三输入三输出系统，各子图的分布类似于图 2-1-14a。显然，此命令绘制的是齐次状态方程输出 Y 的仿真曲线。

```
initial(sys,  X0,  t1)
```

该命令用于按照用户设定的仿真终止时间 t_1，绘制系统零输入响应曲线。对于离散系统，未规定采样周期，t_1 表示采样数。注意格式中 X_0 与 t_1 的位置与 lsim 命令不同（下同）。

```
initial(sys,  X0,  t)
```

该命令用于按照用户设定的时间格式 $t=t_0:T_s:t_1$，绘制系统零输入响应曲线。

```
initial(sys1,  sys2,...,X0,  t)
```

该命令用于同时绘制多个系统的零输入响应仿真曲线，子图数等于各子系统的最大输出数。

```
[Y,  t,  X]=initial(sys,  X0)
```

不直接绘图，返回输出向量 Y，状态向量 X 和时间向量 t。其中 Y 和 X 的行数等于 length(t)，Y 的列数等于输出数 p，X 的列数等于状态数 n。

nitial 的仿真实例见下面相关章节。

2.2 一阶控制系统的时域响应

2.2.1 一阶控制系统的传递函数

一阶控制系统又称惯性系统，其传递函数的标准型如图 2-2-1a 所示。其开环传递函数为积分环节 $1/(T_s)$，闭环传递函数见式（2-2-1）。

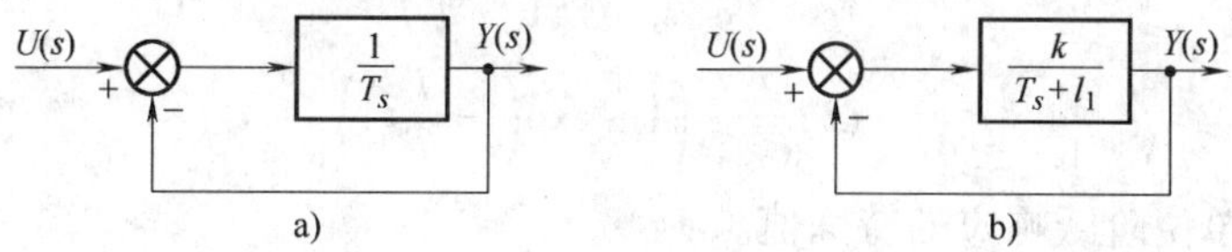

图 2-2-1 一阶控制系统的传递函数

$$G(s)=\frac{Y(s)}{U(s)}=\frac{1}{T_s+1} \tag{2-2-1}$$

一阶系统的特征量为时间常数 T。其零极点增益模型为，$Z=[\ ]$（无有限零点），$P=$

$-1/T$，增益 $K=1/T$。有时，为了仿真需要，例如使用 initial 命令仿真其零输入响应，也可以将式（2-2-1）转换成如下状态方程模型

```
A = -1/T;B=1;C=1/T;D=0。
```

如果开环传递函数不是积分环节，而是如图 2-2-1b 所示的一阶环节，则其闭环传递函数为一般的一阶系统

$$G(s)=\frac{k}{Ts+l} \tag{2-2-2}$$

式中，$l=k+l_1$。

一般一阶系统的闭环零极点增益模型为 $Z=[\ ]$，$P=-l/T$，$K=k/T$。状态空间模型为 $A=-l/T$；$B=1$；$C=k/T$；$D=0$。

由于式（2-2-1）和式（2-2-2）的开环传递函数型次不同，二者在性能上，特别是稳态误差上有较大的区别。下面分别进行讨论。

2.2.2 一阶控制系统的时域响应

1. 单位脉冲响应

对式（2-2-1）进行拉普拉斯逆变换有

$$y(t)=\frac{1}{T}\exp\left(-\frac{t}{T}\right) \tag{2-2-3}$$

对（2-2-2）式进行拉普拉斯逆变换有

$$y(t)=\frac{k}{T}\exp\left(-\frac{l}{T}t\right) \tag{2-2-4}$$

对比式（2-2-3）和式（2-2-4）可得单位脉冲响应的几个特殊值。

初值：$y(0)=k/T$，与 T 成反比，与 k 成正比。当 T 一定，k 增大，系统增益变大，$y(0)$上升，反之亦反。

时间常数：T/l，与 l 成反比，将随着 l 的增大而减小。当 $l=1$ 时，时间常数为 T。

终值：$y(\infty)=0$。实际上，可由终值定理 $y(\infty)=\lim\limits_{s\to 0}s\cdot G(s)$判定，一切平衡态为 0 的实际物理系统的脉冲响应终值均为 0。

2. 单位阶跃响应

将式（2-2-1）和式（2-2-2）乘以 $1/s$ 后再进行拉普拉斯逆变换

$$y(t)=1-\exp\left(-\frac{t}{T}\right) \tag{2-2-5}$$

$$y(t)=\frac{k}{l}\left(1-\exp\left(-\frac{l}{T}t\right)\right) \tag{2-2-6}$$

可求出一阶系统单位阶跃响应的特殊值。

初值：$y(0)=0$。

终值：$y(\infty)=k/l$。当 $k=l$ 时，$y(\infty)=1$。

稳态误差：$e_s(\infty)=1-k/l$。当 $k=l$ 时，稳态误差为 0。实际上 $k=l$ 表示图 2-2-1b 中的 $l_1=0$，其开环传递函数是积分环节，对于单位阶跃输入而言构成无差系统。而 $k\neq l$（$l_1\neq 0$），对应其开环传递函数是惯性（零型）系统，对于单位阶跃输入而言构成有差系统。

时间常数 T/l 由系统结构和参数决定，与输入信号无关。

3. 单位恒速响应

将式（2-2-2）乘以 $1/s^2$ 后再进行拉普拉斯逆变换

$$y(t)=\frac{k}{l}t+\frac{kT}{l^2}\left[\exp\left(-\frac{l}{T}t\right)-1\right] \tag{2-2-7}$$

可求得一阶系统单位恒速响应的特殊值。

初值：$y(0)=0$。

误差函数：$e_v(t)=t-y(t)=\left(1-\dfrac{k}{l}\right)t+\dfrac{kT}{l^2}\left[1-\exp\left(-\dfrac{l}{T}t\right)\right]$，随 t 的增加而变化。当 t 足够大，使得指数函数 $\exp(-lt/T)\to 0$ 时有

$$e_v(t)=\left(1-\frac{k}{l}\right)t+\frac{kT}{l^2}(t\text{ 足够大时成立}) \tag{2-2-8}$$

式（2-2-8）是时间的线性函数，误差的符号由足够大项$\left(1-\dfrac{k}{l}\right)t$ 的系数符号决定。当 $k>l$ 时，$e_v(t)<0$；当 $k<l$ 时，$e_v(t)>0$。

如果系统参数 $k=l$，稳态误差 $e_v(\infty)=T/l$。显然，对于通常所讨论的标准一阶系统式（2-2-1），$k=l=1$，$e_v(\infty)=T$。

如果对一阶系统式（2-2-2）输入具有一定初值的恒速信号 $u(t)=u_0+k_1t$，则输出

$$\begin{aligned}y(t)&=L^{-1}\left[\left(\frac{u_0}{s}+\frac{k_1}{s^2}\right)\cdot\frac{k}{Ts+l}\right]\\&=\frac{k_1k}{l}t+\left(\frac{k_1kT}{l^2}-\frac{u_0k}{l}\right)\exp\left(-\frac{l}{T}t\right)-\frac{k_1kT}{l^2}+\frac{u_0k}{l}\end{aligned} \tag{2-2-9}$$

同理，当 t 足够大时，这种情况下的误差函数 $e_v(t)=u(t)-y(t)$ 为

$$e_v(t)=k_1\left(1-\frac{k}{l}\right)t+u_0\left(1-\frac{k}{l}\right)+\frac{k_1kT}{l^2}(t\text{ 足够大时成立}) \tag{2-2-10}$$

误差符号由 $k_1\left(1-\dfrac{k}{l}\right)t$ 的系数符号决定，不仅与系统的结构参数有关，还与输入信号的斜率 k_1 有关。当 $k=l$，系统的稳态误差为(k_1T/l)。

4. 单位恒加速响应

将式（2-2-2）乘以 $1/s^3$ 后再进行拉普拉斯逆变换有

$$y(t)=L^{-1}\left(\frac{k}{s^3(Ts+l)}\right)=\frac{kT^2}{l^3}\left[1-\exp\left(-\frac{l}{T}t\right)\right]+\frac{1}{2}\frac{k}{l}t^2-\frac{kT}{l^2}t \tag{2-2-11}$$

可求出一阶系统单位恒加速响应的特殊值。

初值：$y(0)=0$。

误差函数：$e_a(t)=\dfrac{1}{2}t^2-y(t)=\dfrac{1}{2}\left(1-\dfrac{k}{l}\right)t^2+\dfrac{kT}{l^2}t-\dfrac{kT^2}{l^3}\left[1-\exp\left(-\dfrac{l}{T}t\right)\right]$，随 t 的增加而变化。当 t 足够大，使得指数函数 $\exp(-lt/T)\to 0$ 时

$$e_a(t)=\frac{1}{2}\left(1-\frac{k}{l}\right)t^2+\frac{kT}{l^2}t-\frac{kT^2}{l^3}(t\text{ 足够大时成立}) \tag{2-2-12}$$

是时间的二次函数。当 $k>l$ 时，$e_a(t)$ 是开口向下的抛物线，输入最终将小于输出；当 $k<l$

时，$e_a(t)$ 是开口向上的抛物线，输入将大于输出；当 $k=l$ 时，式（2-2-12）退化成时间的线性函数。在 $k\neq l$ 且 t 足够大时，误差符号由二次项的系数决定。

令式（2-2-12）等于零，可以解出误差改变符号的时间为

$$t=\frac{T}{l(k-l)}\left[k\pm\sqrt{(2l-k)k}\right] \tag{2-2-13}$$

式（2-2-12）在 $k\neq l$ 且 $k<2l$ 时有实数解。注意，上述讨论均在 t 足够大的条件下进行。对于 t 足够大的条件，如果要求 $\exp\left(-\frac{l}{T}t\right)\leqslant 10^{-3}$，可选取 $l\geqslant 7\,\frac{T}{l}$。

2.2.3 一阶控制系统时域响应的仿真实例

【例 2-4】 一阶控制系统典型输入响应仿真分析仪。

一阶控制系统典型输入响应仿真程序如 shixz02_04 所示，程序框图面板和前面板分别如图 2-2-2 和图 2-2-3 所示。

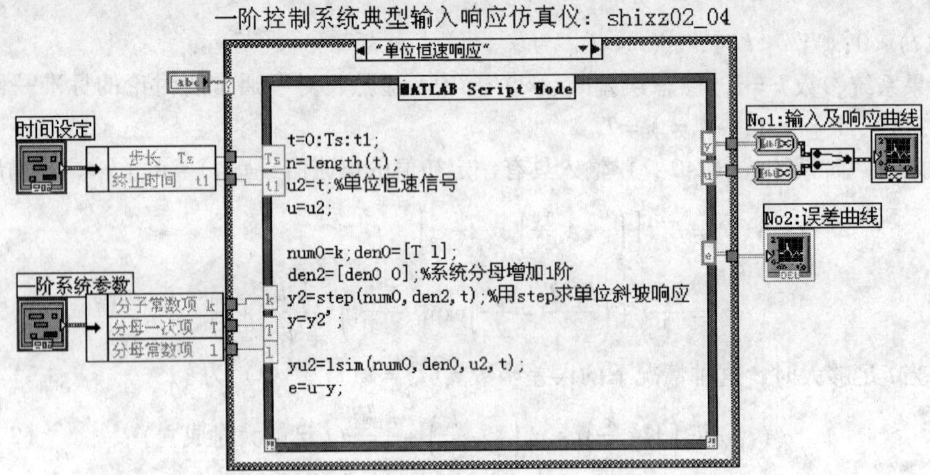

图 2-2-2 程序 shixz02_04 框图面板

1. 赋值

在前面板的左边设有“时间设定”和“一阶系统参数”两个赋值框。时间设定框包括“步长 T_s”及“终止时间 t_1”两项。步长 T_s 既是仿真的采样周期，也是仿真曲线横坐标的最小分度。终止时间 t_1 设置仿真运行的最后时间。通过不同的时间设定值可以调节曲线的精细显示程度。

“一阶系统参数”包括式（2-2-2）所示的一般一阶系统的 3 个参数，即分子常数项 k、分母一次项系数 T 和分母常数项 l。前已述及，系统的时间常数为 T/l，系统增益为 k/T。

“输入响应选择”菜单式选择开关控制程序框图中的选择结构，可以任意选择一阶系统对单位脉冲、单位阶跃、单位恒速和单位恒加速激励的响应进行仿真。响应曲线和输入曲线由“输入及响应曲线”示波器面板显示。其中，曲线 plot0 为响应曲线，曲线 plot1 为输入曲线。误差曲线表示输入与响应之差，由误差曲线示波器面板显示。示波器面板上建立了随曲线移动的测量坐标系，测量值显示在示波器右侧的测量框内。示波器面板横坐标所指示的数值实际上是仿真（或采样）的点数，对应的时间值等于横坐标示数乘以步长 T_s。

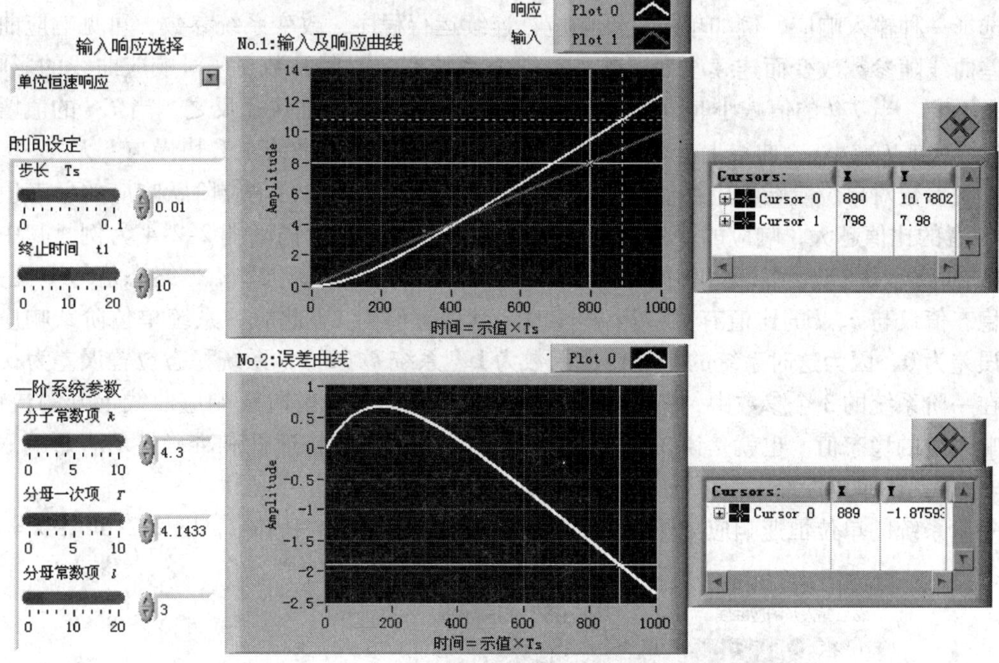

图 2-2-3　程序 shixz02_04 前面板

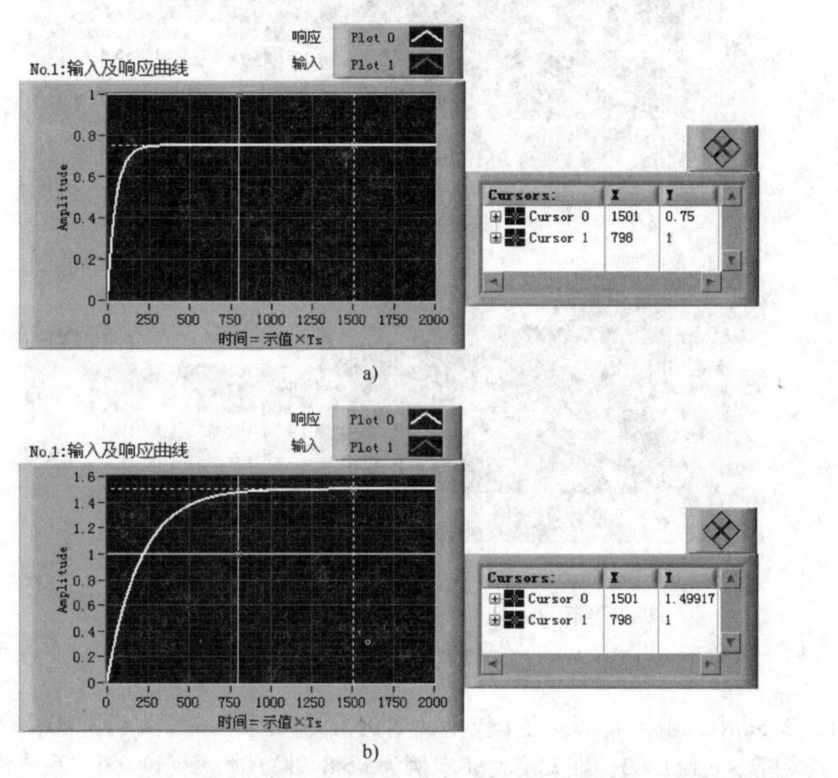

图 2-2-4　系统参数对单位阶跃响应的影响

a）$T/l = 0.5$，$k/l = 0.75$　b）$T/l = 2$，$k/l = 1.5$

2. 运行程序

选择一种输入响应，例如单位阶跃响应，连续运行程序，改变系统参数，可见响应曲线和误差曲线随参数改变而连续改变。例如，研究系统有效时间常数 T/l 对响应曲线的影响。固定 k 不变，当 T/l 的值减小时（T 减小或 l 增大），曲线上升加快；反之，当 T/l 的值增大时（T 增大或 l 减小），曲线上升变缓，如图 2-2-4 所示。响应曲线上升快慢与 k 无关。

系统参数对单位阶跃响应终值的影响。由式（2-2-6）可知，单位阶跃响应的稳态值为 k/l，二者的比值越大，响应的稳态值越大，反之稳态值越小。仍以图 2-2-4 为例，其中图 2-2-4a 的 $k/l=0.75$；图 2-2-4b 的 $k/l=1.5$，二者终态值相比变化 2 倍，终态值与 T 无关。由于稳态值仅与 k，l 的比值有关，当 $k=l$ 时，其稳态值为 1，此时，系统单位阶跃响应的稳态误差为 0，因为这时系统的开环传递函数为 I 型系统 $k/(T_s)$，系统稳态位置误差为 0。

在一阶系统的 3 个参数中，分母常数项 l 的数值既影响单位阶跃响应曲线上升的快慢，也影响系统的稳态值。也就是说，分母常数项 l 对一阶系统的快速性和准确性均有影响。当 $k=l=1$ 时，还原成标准一阶系统式（2-2-1）。

一阶系统的单位恒速响应如图 2-2-5 所示，其中图 2-2-5a 中 $k\neq l$，图 2-2-5b 中 $k=l$。

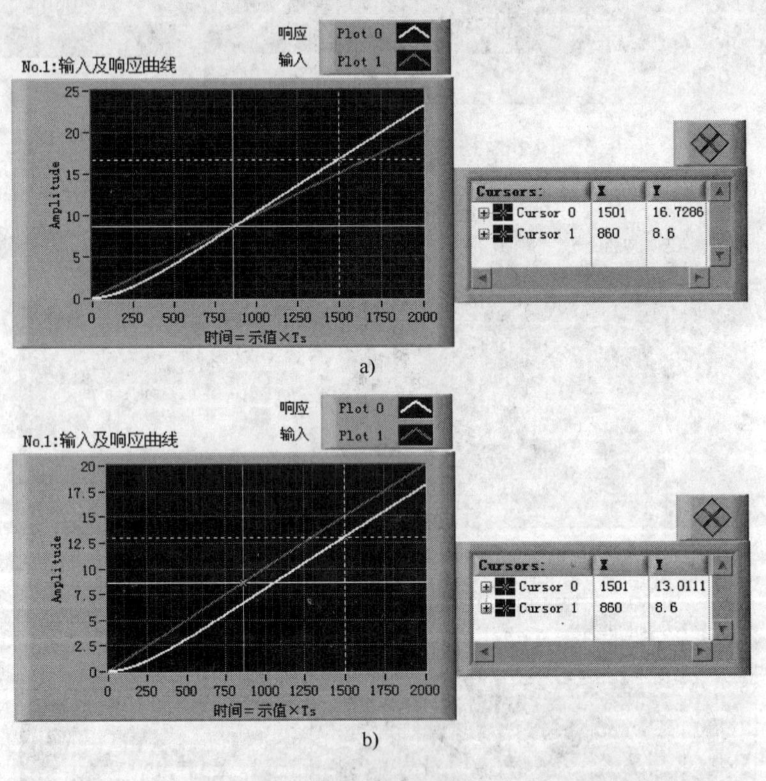

图 2-2-5　一阶系统的单位恒速响应

a) $k=4.5$，$l=3.5$，$T=7$　b) $k=l=3.5$，$T=7$

在图 2-2-5a 中，由于 $k>l$，在 t 较小（本例为 $t<8.9\text{s}$）时，$e_v(t)>0$；当 $t=8.9\text{s}$ 时，输入与响应相等，$e_v(t)=0$；在 t 较大（本例为 $t>8.9\text{s}$）时，$e_v(t)<0$，系统没有确定的稳态误差，因为系统的开环传递函数是零型系统，稳态速度误差趋于无穷。当 $k=l$ 时，响应与输入曲线如图 2-2-5b 所示，稳态误差为 $T/l=2$。

通过仿真可以研究，当 t 足够大时，恒速与恒加速响应的误差可以用式（2-2-10）和式（2-2-12）描述。如果选择 $k=l=1$，可以仿真标准一阶系统式（2-2-1）的各种典型响应。这时，系统的单位阶跃响应是无差系统，单位恒速响应的稳态误差等于时间常数 T。单位恒加速响应的误差随时间增大而不断增大。

程序 shixz02_04a 给出了使用 lsim 等命令构成的一阶系统典型输入响应仿真仪，以供参考。

【例 2-5】 一阶控制系统的零输入、零状态响应仿真分析仪。

上例实际上都是系统初始状态为 0 的零状态响应。本例将以“组合”典型信号为例，讨论一阶系统的零输入、零状态响应以及系统的完全响应。

“组合”典型信号为一匀加速运动规律的输入信号，见式（2-2-14）。通过系数的设置可以获得上例的各种典型信号。

$$u=u_0+k_1t+\frac{1}{2}k_2t^2 \tag{2-2-14}$$

阶跃信号：速度 $k_1=0$，加速度 $k_2=0$。阶跃幅值 $u=u_0$，若 $u_0=1$，表单位阶跃信号。

恒速信号：加速度 $k_2=0$，$u=u_0+k_1t$，初始位移为 u_0 的匀速信号。若 $u_0=0$，$k_1=1$，表示单位恒速信号。

恒加速信号：$k_2\neq0$。选择 u_0，k_1 取否零值，式（2-2-14）可以构成初始位移为 u_0，初速为 k_1；或初始位移为 u_0，初速为 0；或初始位移为 0，初速为 k_1，以及初始位移和初速均为 0 的均加速信号。这些信号在工程中均有实际运用。

在“组合”典型信号作用下一阶系统的零输入、零状态响应的仿真分析仪程序如 shixz02_05 所示，程序框图面板和前面板分别如图 2-2-6 和图 2-2-7 所示。

图 2-2-6　程序 shixz02_05 框图面板

1. 赋值

“输入”赋值。如前所述，通过输入信号的赋值可以选择输入信号的形式。图 2-2-7 中输入信号为 $u=40-0.3t$，是一个具有一定初值的恒速信号。这种信号可以表示某一待测量，例如某容器内介质的温度变化规律。介质初始温度为 40℃，降温速度为 0.3℃/s，也可以用来描述热处理炉温的升温和降温规律。

初态 X_0 赋值。这里的初态是指一阶系统在 $t=0$ 的初始值，实际上是它的输出值，而非状态值。例如，对于一个一阶温度计而言，表示的是该温度计在进行测量时已有的指示值，其余各项赋值前例已有说明。

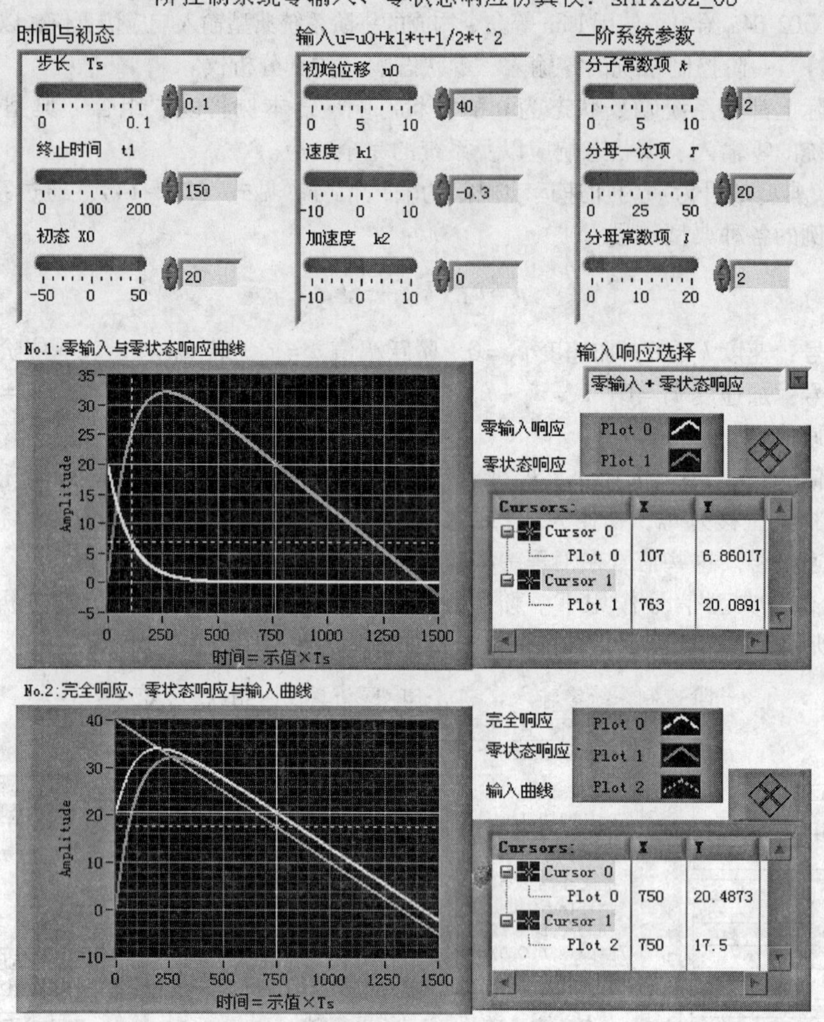

图 2-2-7　程序 shixz02_05 前面板

2. 程序特点

由于零输入响应命令

```
[Y1, t, X1]=initial(S, X0, t);
```

只适于状态空间模型，所以即使对于简单的一阶系统，也必须首先使用 tf2ss 命令将传递函数变换成状态空间模型。这里需要的是系统在某一非零初态下，不加输入时的输出响应，即需要的是返回值中的输出 Y_1。输出 Y_1 和状态 X_1 满足输出方程 Y1 = C * X1。初态 X_0 所产生的初始输出也满足输出方程。在程序中实际参与运行的初态 X0 = X0/C，这样初始输出等于对 X_0 所赋的初值。

系统的零状态响应使用命令

```
[Y2, t, X2] = lsim(S, u, t);
```

得到。有了系统的零状态响应 Y_2 和零输入响应，可以方便地获得系统的完全响应。在选择结构“零输入 + 零状态响应”中，使用零输入响应与零状态响应叠加 $Y_1 + Y_2$ 获得；在选择结构“lsim 求完全响应”中，使用命令

```
[Ym, t, X] = lsim(S, u, t, X0);
```

获得。仿真表明，二者结果是一致的（$Y_m = Y_1 + Y_2$）。

3. 程序运行

赋值后，选择输入响应（默认零输入 + 零状态响应），单击单次运行或连续运行按钮，前面板呈现两个示波器图面。No. 1 面板上显示 2 条曲线。plot0 显示初态为设定值 20 的零输入响应曲线，plot1 显示初态为零，设定输入 $u = 40 - 0.3t$ 的响应。二者之和（叠加）可得系统设定输入，在设定初态下的完全响应曲线。

示波器面板 No. 2 上显示 3 条曲线。plot0 为系统对设定输入，在设定初态下的完全响应曲线。plot1 显示初态为零，设定输入 $u = 40 - 0.3t$ 的响应。plot2 显示输入曲线。

由图可见，系统零输入响应是暂态响应，其终值为 0，具有单位脉冲响应的规律（见图 2-2-7 上部示波器的 plot0）。系统对输入的响应由输入规律决定，无论其初始状态如何，最终都跟踪输入变化，是强迫响应。在所选参数（$k = l = 2$，$T = 20$，$k_1 = -0.3$）之下，系统输出响应的稳态误差为常数 $k_1 T/l = -3$（见图 2-2-6 下部示波器的曲线及测量值）。

如果例中的一阶系统表示某温度计的传递特性，输入是某容器内介质的温度变化规律，则零状态响应表示将示数为 0℃ 的温度计插入容器内时，温度计示数的变化规律；完全响应则表示将示数为任意值（本例为 20℃）的同一温度计插入介质时其示数的变化规律。零状态响应与完全响应这两条曲线最终重合，表明测量稳定值与刚插入介质时温度计的初始示值无关，仅由介质温度的变化规律决定。对所述的温度计而言，被测量介质的温度变化是加在温度计上的激励，温度计的测量值（示数）是对这一激励的响应。因为无论零状态响应还是完全响应接受的都是同一激励，所以两种响应的稳态值相同。

一阶系统的有效时间常数对被测量变化跟踪快慢与稳态误差的影响如图 2-2-8 所示，其中图 2-2-8a 的有效时间常数为图 2-2-8b 有效时间常数的 10 倍，图 2-2-8b 的测量点已测得稳态误差为 -1.5，而对于图 2-2-8a 的同一时间测量点，输出响应还未稳定跟踪输入，还不能测量其稳态误差，虽然可以计算出稳态误差相差 10 倍，为 -15。

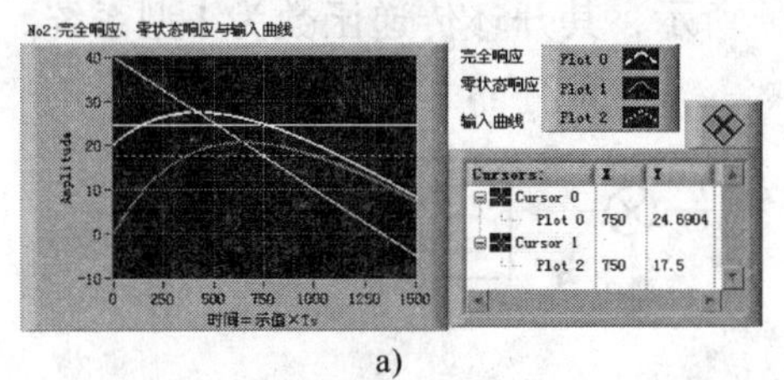

a)

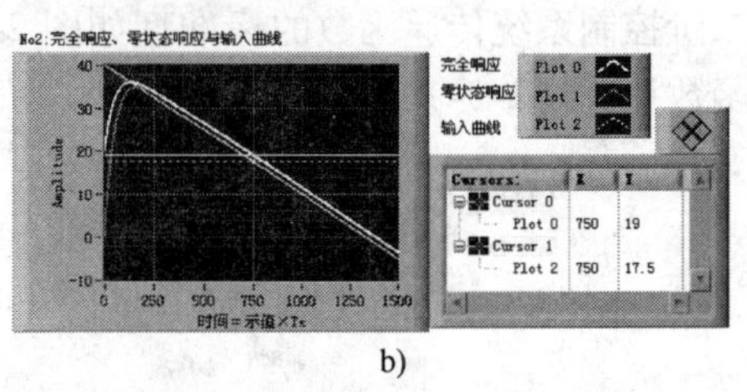

b)

图 2-2-8　有效时间常数对跟踪快慢与稳态误差的影响

a) $k = 0.2$，$T = 10$，$l = 0.2$　b) $k = 2$，$T = 10$，$l = 2$

如何表示单位脉冲响应的仿真曲线呢？前已述及，系统的零输入响应具有单位脉冲响应的规律，或者说，单位脉冲响应实质上是对输入为零的响应，只是初态需要重新设置。由式(2-2-4)，单位脉冲响应的初值 $y(0)=k/T$，所以要仿真系统的单位脉冲响应只需将初态 X_0 设置为 k/T 即可。用零输入响应代替单位脉冲响应如图 2-2-9 所示。

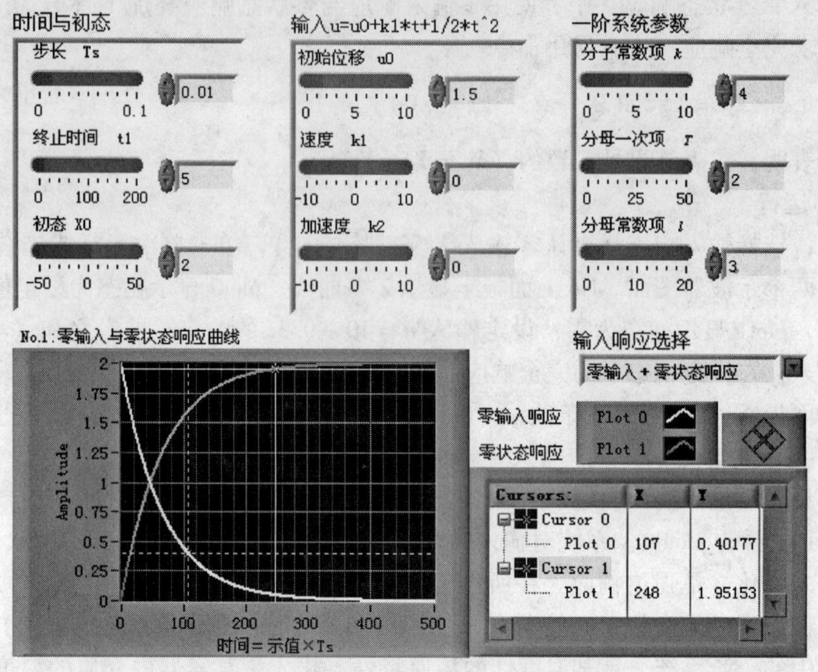

图 2-2-9　用零输入响应代替单位脉冲响应

图 2-2-9 中一阶系统参数为 $k=4$，$T=2$，$l=3$，初态 $X_0=2$。plot0 是初态 $X_0=k/T=2$ 的零输入响应，也就是该一阶系统的单位脉冲响应。plot1 是该系统对幅值为 $u_0=1.5$ 的阶跃响应，其终值为 $u_0k/l=2$。

2.3　二阶控制系统的时域响应

2.3.1　二阶控制系统的传递函数

二阶控制系统传递函数的标准型如图 2-3-1a 所示，其开环传递函数为 I 型系统。闭环传递函数见式（2-3-1）。

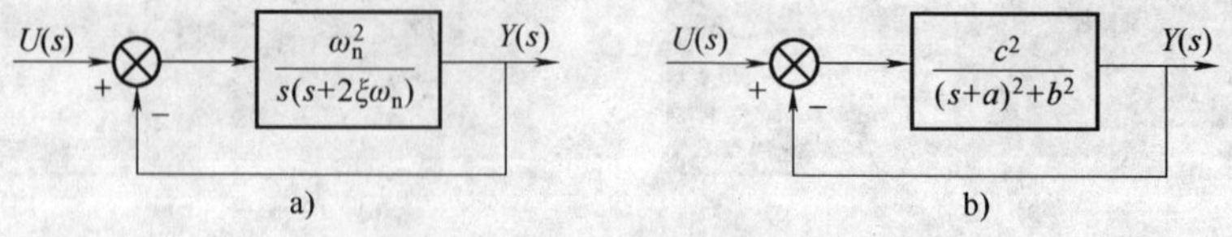

图 2-3-1　二阶系统的传递函数框图

$$G_{\mathrm{B}}(s)=\frac{Y(s)}{U(s)}=\frac{\omega_{\mathrm{n}}^{2}}{s^{2}+2\xi\omega_{\mathrm{n}}s+\omega_{\mathrm{n}}^{2}} \tag{2-3-1}$$

二阶系统的特征量为阻尼比 ξ 和固有频率 ω_{n}。阻尼比 ξ 的大小决定闭环特征根的性质。当 $0<\xi<1$ 时，闭环特征根为一对共轭复根，构成欠阻尼系统；$\xi=1$ 时为两相等的负实根，构成临界阻尼系统；当 $\xi>1$ 时为两不等负实根，构成过阻尼系统；$\xi=0$ 时为一对共轭纯虚根，构成无阻尼系统。

式（2-3-1）零极点增益模型为 $Z=[\ ]$（无有限零点），增益 $K={\omega_{\mathrm{n}}}^{2}$。极点与阻尼比 ξ 密切相关。欠阻尼时 $P=[-\xi\omega_{\mathrm{n}}\pm \mathrm{j}\omega_{\mathrm{n}}\sqrt{1-\xi^{2}}]$；临界阻尼时 $P=[-\omega_{\mathrm{n}};\ -\omega_{\mathrm{n}}]$；过阻尼时 $P=[-\xi\omega_{\mathrm{n}}\pm\omega_{\mathrm{n}}\sqrt{\xi^{2}-1}]$；无阻尼时 $P=[\pm \mathrm{j}\omega_{\mathrm{n}}]$。式（2-3-1）的状态方程模型如下

$$\boldsymbol{A}=\begin{pmatrix}0 & 1\\ -\omega_{\mathrm{n}}^{2} & -2\xi\omega_{\mathrm{n}}\end{pmatrix},\ \boldsymbol{B}=\begin{pmatrix}0\\1\end{pmatrix},\ \boldsymbol{C}=[\omega_{\mathrm{n}}^{2}\quad 0],\ \boldsymbol{D}=0 \tag{2-3-2}$$

在 MATLAB 中，使用 tf2ss 命令变换得到的状态方程模型的格式为

$$\boldsymbol{A}=\begin{pmatrix}-2\xi\omega_{\mathrm{n}} & -\omega_{\mathrm{n}}^{2}\\ 1 & 0\end{pmatrix},\ \boldsymbol{B}=\begin{pmatrix}1\\0\end{pmatrix},\ \boldsymbol{C}=[0\quad \omega_{\mathrm{n}}^{2}],\ \boldsymbol{D}=0 \tag{2-3-3}$$

式（2-3-2）和式（2-3-3）的区别仅在于两个状态变量互换了顺序。

式（2-3-1）的优点是特征量阻尼比 ξ 和固有频率 ω_{n} 的物理意义明确，性能指标可由特征量进行调节。缺点是时域响应的原函数形式较为复杂。

图 2-3-1b 的开环传递函数为 0 型系统，其闭环传递函数为

$$G_{\mathrm{B}}(s)=\frac{Y(s)}{U(s)}=\frac{c^{2}}{(s+a)^{2}+(b^{2}+c^{2})} \tag{2-3-4}$$

式（2-3-4）的零极点增益模型为 $Z=[\ ]$，$p=[-a\pm j\ \sqrt{b^{2}+c^{2}}]$，$K=c^{2}$。状态空间模型为

$$\boldsymbol{A}=\begin{pmatrix}0 & 1\\ -(a^{2}+b^{2}+c^{2}) & -2a\end{pmatrix},\ \boldsymbol{B}=\begin{pmatrix}0\\1\end{pmatrix},\ \boldsymbol{C}=[c^{2}\quad 0],\ \boldsymbol{D}=0 \tag{2-3-5}$$

式（2-3-1）和式（2-3-4）相比，除开环传递函数型次不同，导致稳态误差性能有较大的区别之外，前者可以表示各类阻尼系统，后者通常只用来表示具有复共轭极点的欠阻尼系统。

2.3.2 二阶控制系统的时域响应

1. 单位脉冲响应

对式（2-3-1）进行拉普拉斯逆变换有

$$y(t)=\frac{\omega_{\mathrm{n}}}{\sqrt{1-\xi^{2}}}\mathrm{e}^{-\xi\omega_{\mathrm{n}}t}\sin\omega_{\mathrm{n}}\sqrt{1-\xi^{2}}t(0\leqslant\xi<1) \tag{2-3-6}$$

$$y(t)=\omega_{\mathrm{n}}^{2}t\mathrm{e}^{-\omega_{\mathrm{n}}t}(\xi=1) \tag{2-3-7}$$

$$y(t)=\frac{\omega_{\mathrm{n}}}{2\sqrt{\xi^{2}-1}}\{\exp[-(\xi-\omega_{\mathrm{n}}\sqrt{\xi^{2}-1}t)]-\exp[-(\xi+\omega_{\mathrm{n}}\sqrt{\xi^{2}-1}t)]\}(\xi>1) \tag{2-3-8}$$

对式（2-3-4）进行拉普拉斯逆变换有

$$y(t)=\frac{c^2}{\sqrt{b^2+c^2}}e^{-at}\sin\sqrt{b^2+c^2}t \tag{2-3-9}$$

可求出二阶系统单位脉冲响应的几个特殊值。

初值：$y(0)=0$，可由初值定理得到。由于二阶系统含有储能器件，虽然初值为零，在冲击作用下，仍然会有持续一定时间的暂态响应。而对于无阻尼系统，由于没有能量耗散，响应呈等幅振荡。

峰值时间：对于式（2-3-6），$t_{p1}=\frac{1}{\omega_n\sqrt{1-\xi^2}}\arctan\frac{\sqrt{1-\xi^2}}{\xi}$。

响应峰值：$y_{m1}=\omega_n\exp(-\xi\omega_n t_{p1})$。

对于式（2-3-8），峰值时间 $t_{p2}=\frac{1}{\sqrt{b^2+c^2}}\arctan\frac{\sqrt{b^2+c^2}}{a}$。

响应峰值：$y_{m2}=\frac{c^2}{\sqrt{a^2+b^2+c^2}}\exp(-at_{p2})$。

终值：$y(\infty)=0$。除无阻尼系统外的脉冲响应终值均为0。

2. 单位阶跃响应

将式（2-3-1）乘以 $1/s$ 后再进行拉普拉斯逆变换有

$$y(t)=1-\frac{1}{\sqrt{1-\xi^2}}e^{-\xi\omega_n t}\sin\left(\omega_n\sqrt{1-\xi^2}t+\arctan\frac{\sqrt{1-\xi^2}}{\xi}\right)(0\leqslant\xi<1) \tag{2-3-10}$$

$$y(t)=1-(1+\omega_n t)e^{-\omega_n t}(\xi=1) \tag{2-3-11}$$

$$y(t)=1+\frac{\omega_n}{2\sqrt{\xi^2-1}}\left\{\frac{\exp[-(\xi+\sqrt{\xi^2-1})\omega_n t]}{(\xi+\sqrt{\xi^2-1})\omega_n}-\frac{\exp[-(\xi-\sqrt{\xi^2-1})\omega_n t]}{(\xi-\sqrt{\xi^2-1})\omega_n}\right\}(\xi>1) \tag{2-3-12}$$

将式（2-3-4）乘以 $1/s$ 后再进行拉普拉斯逆变换有

$$y(t)=\frac{c^2}{(a^2+b^2+c^2)}\left[1-e^{-at}\left(\cos\beta t+\frac{a}{\beta}\sin\beta t\right)\right] \tag{2-3-13}$$

式中，$\beta=\sqrt{b^2+c^2}$。

初值：$y(0)=0$。

终值：对于系统式（2-3-1）的单位阶跃响应，除无阻尼系统外，$y(\infty)=1$。对于系统式（2-3-4）的单位阶跃响应，即式（2-3-13），$y(\infty)=c^2/(a^2+b^2+c^2)$。

稳态误差：对于式（2-3-1），除无阻尼系统外，稳态误差为0。实际上图2-3-1a中的开环传递函数是Ⅰ型系统，对于单位阶跃输入而言构成无差系统。对于图2-3-1b，其开环传递函数是零型系统，对于单位阶跃输入而言构成有差系统。$e_s=1-c^2/(a^2+b^2+c^2)$。

峰值时间：对于欠阻尼系统式（2-3-10），$t_{p1}=\frac{\pi}{\omega_n\sqrt{1-\xi^2}}$。对于式（2-3-13），$t_{p2}=\frac{\pi}{\sqrt{b^2+c^2}}$。

最大超调量 M_p：由最大超调量定义 $M_p=\frac{y(t_p)-y(\infty)}{y(\infty)}\times100\%$，对于欠阻尼系统式

(2-3-10) 有 $M_p = \exp\left(-\frac{\xi\pi}{\sqrt{1-\xi^2}}\right)\times 100\%$，最大超调量仅与阻尼比 ξ 有关。对于式 (2-3-13)，$M_p = \exp\left(-\frac{a\pi}{\sqrt{b^2+c^2}}\right)\times 100\%$。

调整时间 t_{ss}：$y(t_{ss}) \leqslant (1\pm\Delta)\cdot y(\infty)$，当 $t \geqslant t_{ss}$ 之后，输出值不越出稳态值附近的误差带 Δ 之外。对于欠阻尼系统式 (2-3-10)，$t_{ss} \geqslant \frac{-\ln(\Delta\sqrt{1-\xi^2})}{\xi\omega_n}$。对于式 (2-3-13)，$t_{ss} \geqslant \frac{-\ln\Delta}{a}$。通常，取 $\Delta = 0.02 \sim 0.05$。

3. 单位恒速响应

将式 (2-3-1) 乘以 $1/s^2$ 后再进行拉普拉斯逆变换有

$$y(t) = t - \frac{2\xi}{\omega_n} - \frac{\exp(-\xi\omega_n t)}{\omega_n\sqrt{1-\xi^2}} \times \left[2\xi\sin\left(\omega_n\sqrt{1-\xi^2}t - \tan^{-1}\frac{\sqrt{1-\xi^2}}{\xi}\right) - (4\xi^2-1)\sin(\omega_n\sqrt{1-\xi^2}t)\right] \tag{2-3-14}$$

仿真表明，除 $\xi = 1$ 之外，式 (2-3-14) 均适用。当 $\xi = 1$ 时，式 (2-3-1) 的单位恒速响应为

$$y(t) = t[1+\exp(-\omega_n t)] - \frac{2}{\omega_n}[1-\exp(-\omega_n t)] \tag{2-3-15}$$

初值：$y(0) = 0$。

稳态误差：$e_v(\infty) = 2\xi/\omega_n$。

将式 (2-3-4) 乘以 $1/s^2$ 后再进行拉普拉斯逆变换有

$$\begin{aligned} y(t) &= L^{-1}\left[\frac{1}{s^2}\cdot\frac{c^2}{(s+a)^2+(b^2+c^2)}\right] \\ &= \frac{c^2 t}{A} - \frac{2c^2 a}{A^2} + \frac{c^2\cdot e^{-at}}{A^2}\left[\frac{(a^2-b^2-c^2)}{B}\sin(Bt) + 2a\cos(Bt)\right] \end{aligned} \tag{2-3-16}$$

式中，$A = a^2+b^2+c^2$，$B = \sqrt{b^2+c^2}$。

当 t 足够大时，误差为

$$e_v = \left(1 - \frac{c^2}{a^2+b^2+c^2}\right)t + \frac{2ac^2}{(a^2+b^2+c^2)^2} \tag{2-3-17}$$

当 $c \gg a+b$ 时，$e_v \approx \frac{2a}{c^2}$。

4. 单位恒加速响应

对式 (2-3-14) 积分，根据 0 初始条件确定积分常数后有

$$\begin{aligned} y(t) &= \frac{4\xi^2-1}{\omega_n^2} + \frac{1}{2}t^2 - \frac{2\xi}{\omega_n}t \\ &+ \frac{e^{-\xi\omega_n t}}{\omega_n^2\sqrt{1-\xi^2}}\left[\xi(3-4\xi^2)\sin(\omega_d t) - (4\xi^2-1)\sqrt{1-\xi^2}\cos(\omega_d t)\right] \end{aligned} \tag{2-3-18}$$

式中，$\omega_d = \omega_n\sqrt{1-\xi^2}$。式(2-3-18)要求 $\xi \neq 1$。对于 $\xi = 1$ 的二阶系统，其单位恒加速响应可以通过对式(2-3-15)积分得到

$$y(t)=\frac{1}{2}t^2-\frac{t}{\omega_n}(2+e^{-\omega_n t})+\frac{3}{\omega_n^2}(1-e^{-\omega_n t}) \tag{2-3-19}$$

同理，对式（2-3-16）积分，可以得到式（2-3-4）的恒加速响应

$$y(t)=\frac{c^2(3a^2-b^2-c^2)}{A^3}+\frac{c^2}{2A}t^2-\frac{2c^2a}{A^2}t$$
$$+\frac{c^2e^{-at}}{A^3}\left[\frac{a(3b^2+3c^2-a^2)}{B}\sin(Bt)+(b^2+c^2-3a^2)\cos(Bt)\right] \tag{2-3-20}$$

式中，$A=a^2+b^2+c^2$，$B=\sqrt{b^2+c^2}$。

2.3.3 二阶控制系统时域响应的仿真实例

【例 2-6】 二阶控制系统典型输入响应仿真仪。

对式（2-3-1）的二阶控制系统典型输入响应进行仿真。仿真程序如 shixz02_06 所示，其程序框图面板及前面板分别如图 2-3-2 和图 2-3-3 所示。

二阶控制系统典型输入响应仿真仪：shixz02_06

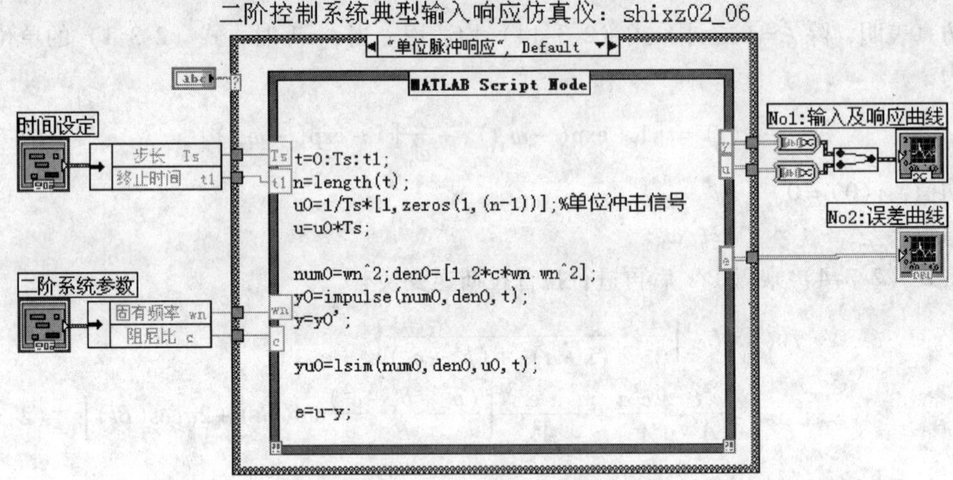

图 2-3-2 程序 shixz02_06 框图面板

1. 赋值

“时间设定”赋值框设定“步长 T_s”及“终止时间 t_1”两项。

“二阶系统参数”赋值框设定式（2-3-1）所示的“固有频率 ω_n”及“阻尼比 ξ”两项。

前面板中的输入响应选择，各示波器面板及其测量坐标等项参见一阶系统的说明（见图 2-2-3），不再赘述。

2. 运行程序

选择一种输入响应（默认单位脉冲响应），连续运行程序。改变系统参数，可见响应曲线和误差曲线随参数改变而同步连续改变。例如，对于单位阶跃响应，选择阻尼比 ξ 的值，可以实现无阻尼、欠阻尼、临界阻尼和过阻尼的仿真，可以动态显示不同阻尼比响应曲线的演变，动态显示阻尼比对系统振荡性及超调的影响。改变固有频率 ω_n，响应振荡快慢发生变化，但不影响超调。测量坐标系可以测量二阶系统时域性能的各项指标数

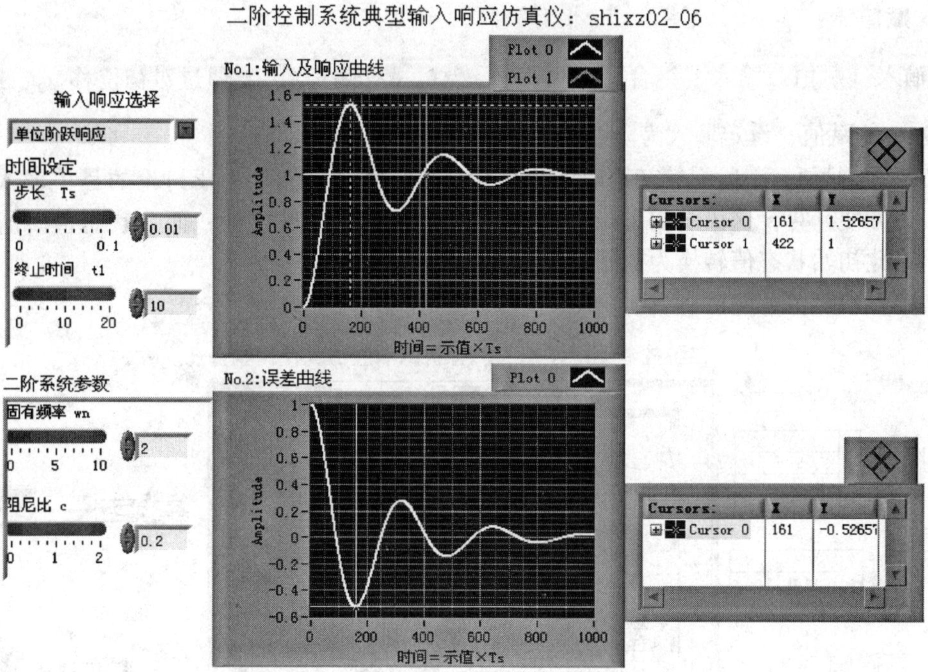

图 2-3-3　程序 shixz02_06 前面板

据。如在图 2-3-3 参数的情况下，坐标系测得单位阶跃响应的峰值时间为 1.6s，峰值为 1.5266，误差为 -0.5266。由仿真曲线可见，二阶系统式（2-3-1）单位阶跃响应的稳态位置误差为零，单位恒速响应的稳态误差为定值 $2\xi/\omega_n$。

二阶系统式（2-3-4）典型输入响应的仿真程序如 shixz02_06 所示。运行该程序，可以对比研究系统式（2-3-4）各参数对其时域性能的影响。当 $c=4$，$a=0.8$，$b=1$ 时该系统单位阶跃响应如图 2-3-4 所示。

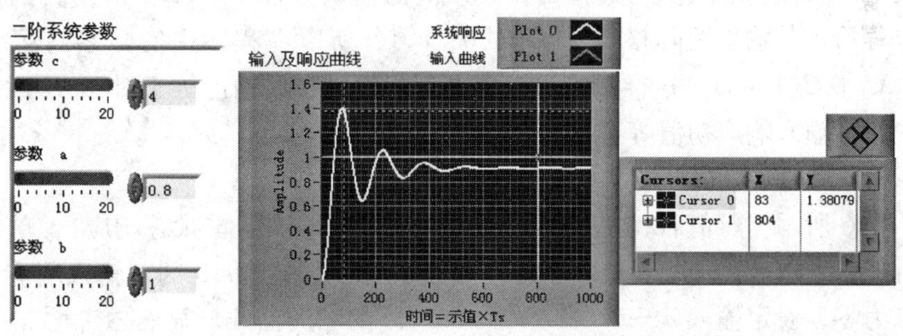

图 2-3-4　二阶系统式（2-3-4）的单位阶跃响应

【例 2-7】　二阶控制系统的零输入、零状态响应的仿真分析仪。

如前所述，例 2-6 获得的是系统初始状态为 0 的零状态响应。下面仍以“组合”典型信号为例，讨论二阶系统的零输入、零状态响应以及系统的完全响应。仿真程序如 shixz02_07 所示，程序框图面板及前面板分别如图 2-3-5 和图 2-3-6 所示。

程序说明：

1. 赋值

“输入”赋值。输入“组合”典型信号 $u=u_0+k_1t+\frac{1}{2}k_2t^2$，通过对初位移 u_0、速度 k_1、加速度 k_2 的赋值，设定输入为阶跃、恒速和恒加速信号

初态 $\boldsymbol{X}_0$ 赋值。二阶系统初态有两个分量 $\boldsymbol{X}_0=[X_{10};\ X_{20}]$。由于讨论的是单输入单输出系统，为方便计算，这里的初态指的是二阶系统在 $t=0$ 的输出值，而非状态值。所以在程序中已将此初始状态值转换为初始输出值。

其余各项赋值前例已有说明。

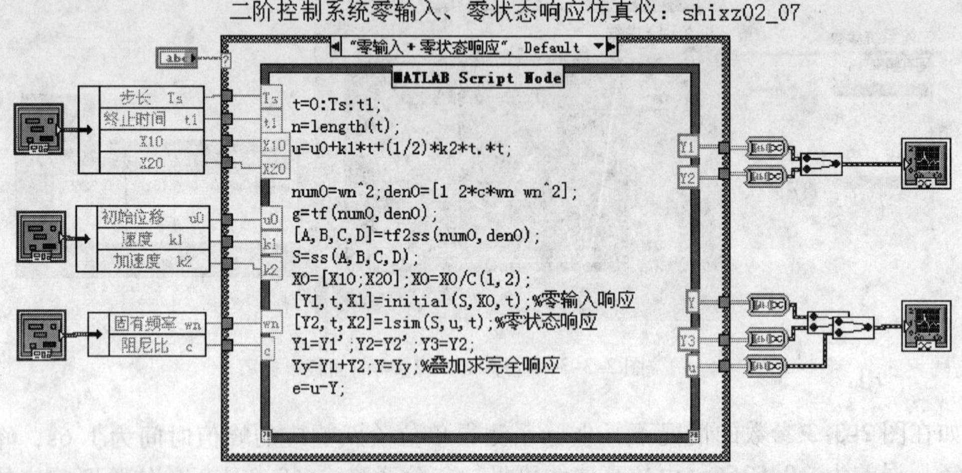

图 2-3-5　程序 shixz02_07 框图面板

2. 程序特点

仿真零输入响应、零状态响应和完全响应所用主要命令 initial 和 lsim 的调用格式和使用方法前已说明。为使初态表示初始输出，必须满足输出方程 $\boldsymbol{Y}=\boldsymbol{CX}$。所仿真的二阶系统转换成状态方程后，其输出矩阵格式为 $\boldsymbol{C}=[0,\ c_2]$，所以在程序中实际参与运行的初态为 $\boldsymbol{X}_0=[X_{10};\ X_{20}]/\boldsymbol{C}(1,\ 2)$。这样，经过输出方程运算，初始输出等于对 X_0 所赋的初值。如图 2-3-6 中，零输入响应初值等于初态 $X_{20}=10$。

3. 程序运行

如图 2-3-6 所示，赋值后，选择输入响应（默认零输入 + 零状态响应），单击单次运行或连续运行按钮，示波器面板 No. 1 上 plot0 显示初态为设定值 10 的零输入响应曲线。plot1 显示对初态为零，设定输入 $u=20-1.5t+(1/2)t^2$ 的响应曲线。显然二者之和（叠加）可得系统对设定输入，在设定初态下的完全响应曲线。

示波器面板 No. 2 上 plot0 为系统对设定输入，在设定初态下的完全响应曲线。plot1 显示对初态为零，设定输入 $u=20-1.5t+(1/2)t^2$ 的响应（与“零输入与零状态响应曲线”面板上 plot1 相同）。plot2 显示输入曲线。

如前分析，系统零输入响应是暂态响应，体现单位脉冲响应的规律。系统对输入的响应由输入规律决定，无论其初始状态如何，最终都跟踪输入变化，是强迫响应。

二阶系统对恒速输入的稳态误差为 $k_1(2\xi/\omega_n)$。图 2-3-7 给出了稳态误差随固有频率与

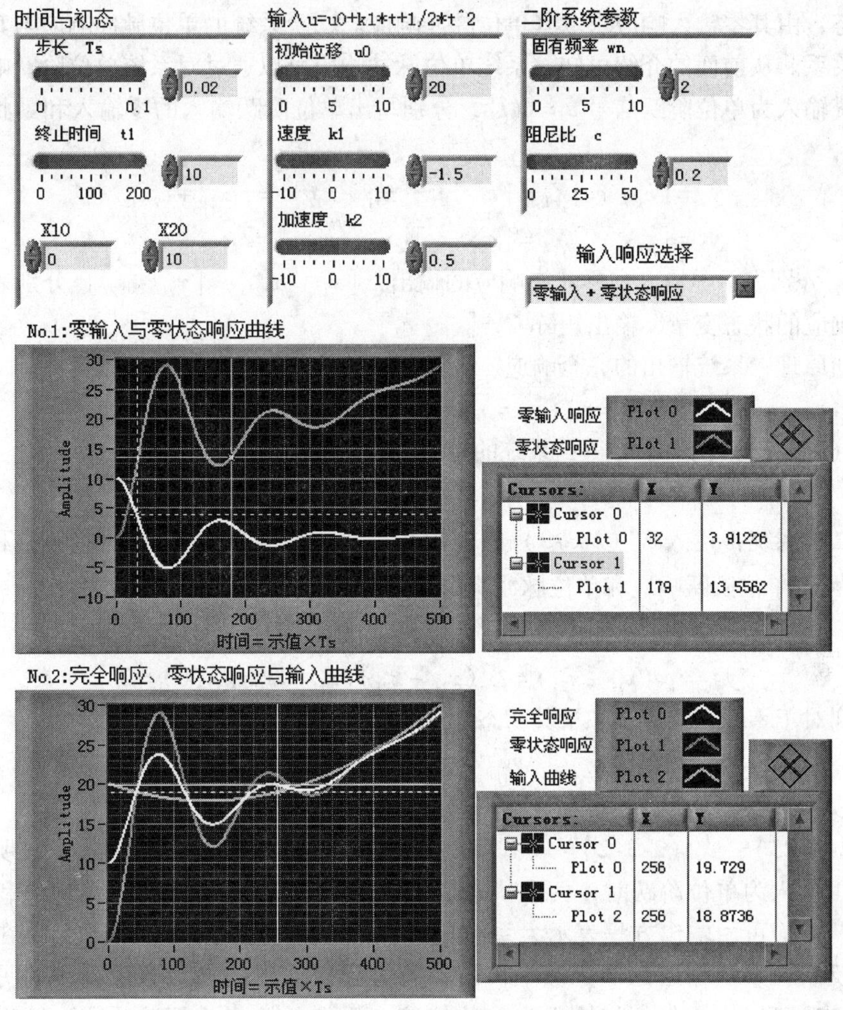

图 2-3-6　程序 shixz02_07 前面板

阻尼比的变化情况。当输入为 $u=20-1.5t$ 时，对于同一时间测量点，图 2-3-7a 的误差为 -1.5，图 2-3-7b 的误差为 -0.75。

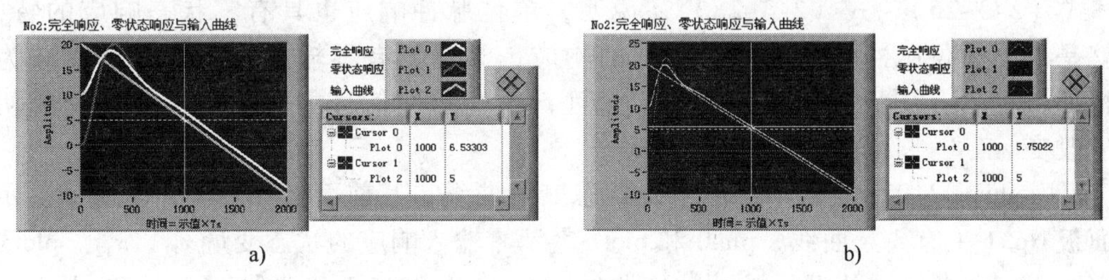

图 2-3-7　二阶系统固有频率和阻尼比对恒速响应稳态误差的影响

a）$\omega_n=1$，$\xi=0.5$　b）$\omega_n=2$，$\xi=0.5$

前已述及，系统的零输入响应体现单位脉冲响应的规律。对于一阶系统，可以通过选择适当的初态，由其零输入响应求取其单位脉冲响应。二阶系统的单位脉冲响应与其状态之间有确定的关系。从前面的介绍可知，系统单位脉冲响应可以通过对系统单位阶跃响应求导得到。设系统输入为单位阶跃信号 $u=1(t)$，分别写出单位阶跃输入的零输入和零状态响应的输出方程

$$\boldsymbol{y}_1=[c_1\quad c_2]\boldsymbol{X}_1=[c_1\quad c_2][x_{11}\quad x_{12}]^{\mathrm{T}}=c_1x_{11}+c_2x_{12} \tag{2-3-21}$$

$$\boldsymbol{y}_2=[c_1\quad c_2]\boldsymbol{X}_2=[c_1\quad c_2][x_{21}\quad x_{22}]^{\mathrm{T}}=c_1x_{21}+c_2x_{22} \tag{2-3-22}$$

式中 $\boldsymbol{y}_1$，$\boldsymbol{y}_2$ 分别表示零输入和零状态响应的输出，$[x_{11}\quad x_{12}]$，$[x_{21}\quad x_{22}]$ 分别表示零输入和零状态响应的状态变量，输出矩阵 $\boldsymbol{C}=[c_1\quad c_2]$。

由叠加原理，系统输出的完全响应，也就是系统的单位阶跃响应输出为

$$\boldsymbol{y}_{\mathrm{step}}=\boldsymbol{y}_1+\boldsymbol{y}_2=c_1(x_{11}+x_{21})+c_2(x_{12}+x_{22}) \tag{2-3-23}$$

对式（2-3-23）两边求导得到系统的单位脉冲响应

$$\boldsymbol{y}_{\mathrm{pul}}=\dot{\boldsymbol{y}}_{\mathrm{step}}=c_1(\dot{x}_{11}+\dot{x}_{21})+c_2(\dot{x}_{12}+\dot{x}_{22}) \tag{2-3-24}$$

对于二阶系统，代入式（2-3-3）的输出矩阵可得 $c_1=0$，$c_2=\omega_{\mathrm{n}}^2$，状态方程 $\dot{x}_{12}=x_{11}$，$\dot{x}_{22}=x_{21}$，可得单位阶跃响应和单位脉冲响应分别为

$$\boldsymbol{y}_{\mathrm{step}}=c_2(x_{12}+x_{22})=\omega_{\mathrm{n}}^2(x_{12}+x_{22})(x_{11}(0)=x_{12}(0)=0) \tag{2-3-25}$$

$$\boldsymbol{y}_{\mathrm{pul}}=c_2(x_{11}+x_{21})=\omega_{\mathrm{n}}^2(x_{11}+x_{21})(x_{11}(0)=x_{12}(0)=0) \tag{2-3-26}$$

考虑到对于零输入响应，如果其初态为0，其状态轨迹也应为0，有

$$\boldsymbol{y}_{\mathrm{step}}=c_2x_{22}=\omega_{\mathrm{n}}^2x_{22} \tag{2-3-27}$$

$$\boldsymbol{y}_{\mathrm{pul}}=c_2x_{21}=\omega_{\mathrm{n}}^2x_{21} \tag{2-3-28}$$

式（2-3-25）、式（2-3-26）与式（2-3-27）、式（2-3-28）两组式子表明，对于二阶系统，当输入为单位阶跃时，两个状态变量分别决定系统的单位阶跃响应和单位脉冲响应。阶跃响应可由输出方程表示为系统的输出，但单位脉冲响应却不反映在系统的输出上，只反映在系统输出的导函数上。由状态方程，输出的导函数由系统的另一状态决定。这个结论可以推广，例如输入为单位恒速，系统的输出为恒速响应，输出的导函数为系统的单位阶跃响应，它们分别由系统的两个状态变量决定。这表明，系统状态变量既决定其输出，也决定其输出的导函数，反映了系统的全部信息，而输出只反映系统的部分信息。

式（2-3-25）~式（2-3-28）还说明，单位脉冲响应也具有零状态响应的特征。也就是说，单位脉冲响应是一种特殊的响应，它既具有零输入响应最终会衰减为零的特征，也具有零状态响应的特征，而且，通过脉冲信号的作用，将使系统的初态发生改变。

程序 shixz02_07a 给出了二阶系统状态变量曲线，其前面板如图 2-3-8 所示。示波器面板 No. 1 上有 3 条曲线，plot0 和 plot1 表示零输入响应的状态变量 x_{11}，x_{12}。plot3 表示用impulse命令绘制的系统脉冲响应曲线。No. 2 上也有 3 条曲线，plot0 和 plot1 分别表示阶跃输入的零状态响应状态变量 x_{21}，x_{22}，它们分别决定系统的单位脉冲响应和单位阶跃响应。plot2 是按式（2-3-28）求出的单位脉冲响应，它是将 plot0 的纵坐标乘以 $C(1,\ 2)=\omega_{\mathrm{n}}{}^2$ 得到的。对比表明两示波器面板上的曲线 plot2 是完全相同的。编程时

请注意，如果阶跃响应幅值不等于1，如图2-3-8所示，在使用式（2-3-28）求单位脉冲响应时要除以阶跃幅值。该条指令应写成 x21c = C(1, 2) * x21/u0。如果使用式（2-3-26）仿真单位脉冲响应(x21c = C(1, 2) * (x11 + x21)/u0)，应注意图2-3-8中的初态应当选择为0。

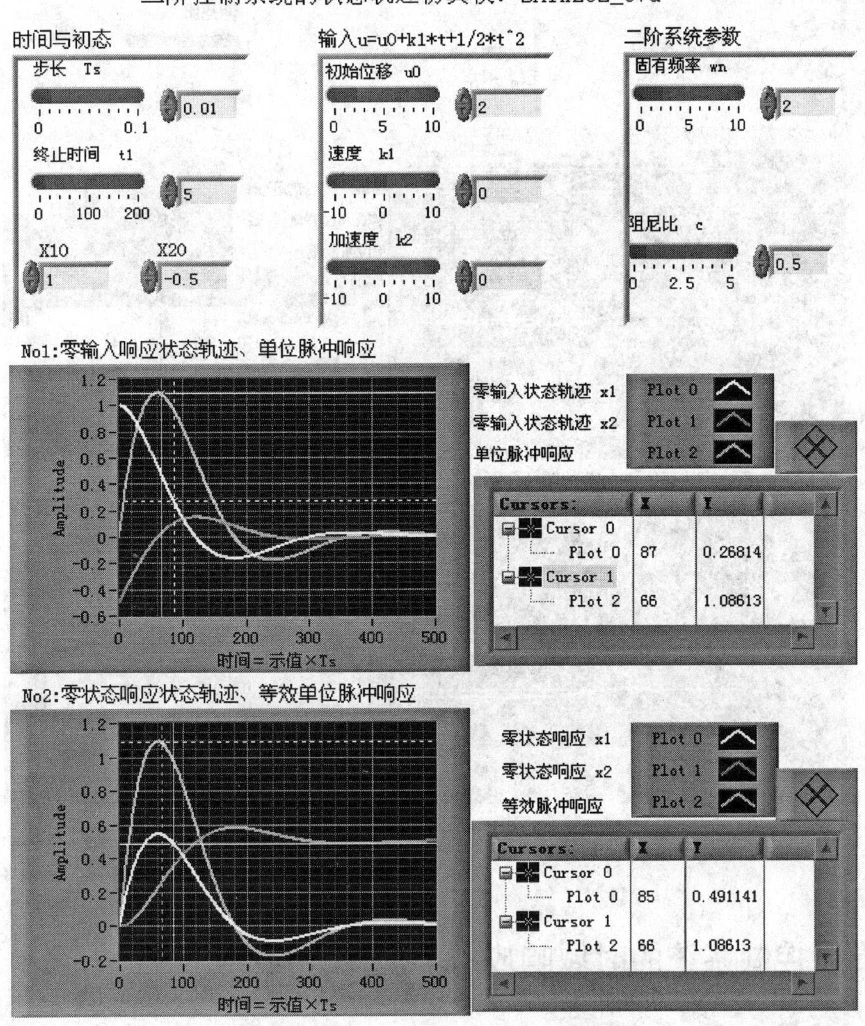

图2-3-8　程序 shixz02_07a 前面板

类似地，图2-3-9是程序 shixz02_07b 的前面板，给出了恒速输入时状态变量轨迹、恒速响应及其导函数（单位）阶跃响应的仿真曲线。注意对比两个示波器屏幕上“单位阶跃响应”和“等效单位阶跃响应”曲线。求等效单位阶跃响应时，注意除以恒速系数 k_1。通过这两个仿真实例，可以比较深刻地体会状态与输出的关系，理解“输出通常只反映系统的部分信息，状态反映了系统的全部信息”这句话的含义。

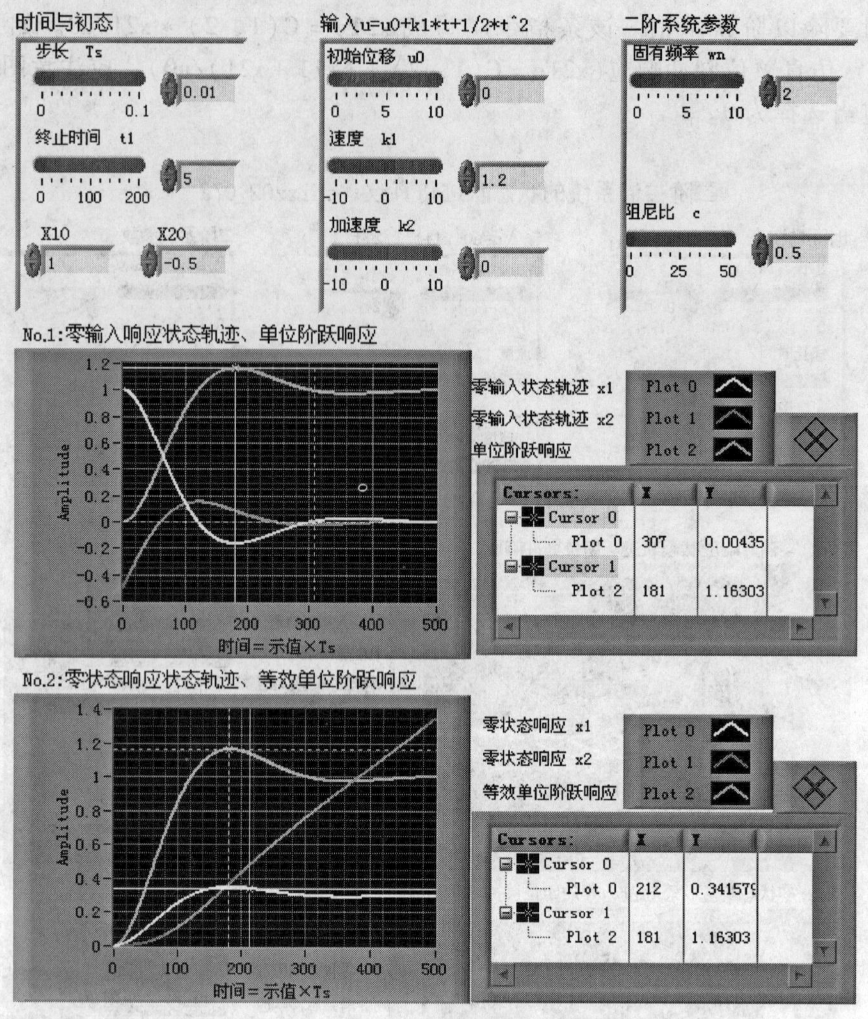

图 2-3-9　程序 shixz02_07b 前面板

2.4　高阶控制系统的时域响应

2.4.1　高阶控制系统的传递函数及其分解

一般的单输入单输出高阶控制系统传递函数见式（2-4-1）

$$G(s)=\frac{Y(s)}{U(s)}=\frac{b_m s^m+b_{m-1}s^{m-1}+\cdots+b_1 s+b_0}{a_n s^n+a_{n-1}s^{n-1}+\cdots+a_1 s+a_0} \tag{2-4-1}$$

将式（2-4-1）视为由若干个一阶和二阶子系统的组合，则高阶系统的动态特性是这些组合子系统动态特性的叠加。在将高阶系统分解成一阶和二阶子系统时，需要区别有重极点和无重极点两种情况。

1. 无重极点

将式（2-4-1）展开成如下部分分式形式：

$$G(s)=\frac{\mathrm{num}(s)}{\mathrm{den}(s)}=\frac{r_1}{s-p_1}+\frac{r_2}{s-p_2}+\cdots+\frac{r_n}{s-p_n}+k \tag{2-4-2}$$

式中 r_i，$p_i(i=1, 2, \cdots, n)$ 分别是部分分式的系数和极点。当 $m<n$ 时，$k=[\,]$。若 r_i，p_i 是实数，则所展开的部分分式构成一阶系统，又如果极点 p_i 为零，则构成积分环节。如果 r_i，p_i 是复数（包括纯虚数），必然以共轭方式成对出现，一对共轭复数极点所对应的两个部分分式构成如下二阶系统：

$$\frac{c+\mathrm{j}d}{s-(a+\mathrm{j}b)}+\frac{c-\mathrm{j}d}{s-(a-\mathrm{j}b)}=\frac{2c(s-a)-2db}{(s-a)^2+b^2} \tag{2-4-3}$$

2. 有重极点

设式（2-4-1）有 q 个重复的实极点 $p_1=p_2=\cdots=p_q$，则重极点的部分分式展开为如下 q 项：

$$\frac{r_1}{s-p_1}+\frac{r_2}{(s-p_1)^2}+\cdots+\frac{r_q}{(s-p_1)^q} \tag{2-4-4}$$

若式（2-4-1）有 q 个重复的复数极点 $p_1=p_2=\cdots=p_q$，其重复的共轭复数极点表示为 $p_{1c}=p_{2c}=\cdots=p_{qc}$。部分分式按复数及其共轭极点分别展开为如下 $2q$ 项：

$$\frac{r_1}{s-p_1}+\frac{r_2}{s-p_{1c}}+\frac{r_3}{(s-p_1)^2}+\frac{r_4}{(s-p_{1c})^2}+\cdots+\frac{r_{2q-1}}{(s-p_1)^q}+\frac{r_{2q}}{(s-p_{1c})^q} \tag{2-4-5}$$

显然，将式（2-4-5）合并后得到一个 $2q$ 阶子系统。下面以二重（$q=2$）复数极点为例，写出其部分分式如下：

$$\frac{c_1+\mathrm{j}d_1}{s-(a+\mathrm{j}b)}+\frac{c_1-\mathrm{j}d_1}{s-(a-\mathrm{j}b)}+\frac{c_2+\mathrm{j}d_2}{[s-(a+\mathrm{j}b)]^2}+\frac{c_2-\mathrm{j}d_2}{[s-(a-\mathrm{j}b)]^2} \tag{2-4-6}$$

将具有共轭复极点的项对应组合成子系统。式（2-4-6）前两项组成的二阶系统见式(2-4-3)，后两项合并为

$$\frac{c_2+\mathrm{j}d_2}{[s-(a+\mathrm{j}b)]^2}+\frac{c_2-\mathrm{j}d_2}{[s-(a-\mathrm{j}b)]^2}=\frac{2c_2s^2-4(c_2a+d_2b)s+2c_2(a^2-b^2)+4d_2ab}{[(s-a)^2+b^2]^2} \tag{2-4-7}$$

构成一个 4 阶子系统。式（2-4-7）显得复杂，但后面会看到，其拉普拉斯逆变换却比较简单。

2.4.2 高阶控制系统的时域特性

对高阶系统部分分式展开式的各项分别使用拉普拉斯逆变换，叠加后即可得出高阶系统的时域特性。

1. 单实极点项的时域特性

$$f(t)=L^{-1}\left(\frac{r_i}{s-p_i}\right)=r_i\mathrm{e}^{p_it} \tag{2-4-8}$$

2. 第 q 重实极点项的时域特性

$$f(t)=L^{-1}\left[\frac{r_i}{(s-p_i)^q}\right]=\frac{r_it^{q-1}}{(q-1)!}\mathrm{e}^{p_it} \tag{2-4-9}$$

3. 共轭复数极点项的时域特性

对式(2-4-3)进行拉普拉斯逆变换有

$$f(t)=L^{-1}\left[\frac{2c(s-a)-2db}{(s-a)^2+b^2}\right]=2\mathrm{e}^{at}[c\cdot\cos(bt)-d\cdot\sin(bt)] \tag{2-4-10}$$

4. 共轭复数重复极点项的时域特性

对式(2-4-7)进行拉普拉斯逆变换有

$$f(t)=L^{-1}[\text{式}(2\text{-}4\text{-}7)]=2t\mathrm{e}^{at}[c_2\cdot\cos(bt)-d_2\cdot\sin(bt)] \tag{2-4-11}$$

对比上面各式可知，重极点部分的时域特性增加了时间因子 t 的不同因次与系数。由式(2-4-11)不难推出具有二重以上共轭复数极点项的时域特性。

2.4.3 高阶控制系统时域特性仿真的 MATLAB 主要命令

由上面分析可知，求取高阶系统时域特性的基本方法是进行部分分式展开，需要求出系统的极点。虽然理论上知道系统的 n 个极点总是存在的，但要用手工求出 3 阶以上系统的极点却是很难的。MATLAB 提供了留数计算命令 residue 用于部分分式展开，调用格式为

```
[r, p, k] = residue(num, den)
```

返回 3 个列向量。r 表示 $G(s)$ 部分分式的各个系数，p 表示 $G(s)$ 的所有极点。r 和 p 的数量相同并等于 $G(s)$ 的阶数。重复极点分别列出，共轭极点分开列出。$r(i)$ 与 $p(i)$ 互相对应。当 $m<n$ 时，$\boldsymbol{k}=[\,]$（空矩阵）。

命令

```
[num, den] = residue(r, p, k)
```

将部分分式展开式转换成传递函数多项式分式系数。

【例 2-8】 设高阶控制系统为

$$G(s)=\frac{2s^2+s+1}{s^5+9s^4+50s^3+146s^2+273s+169} \tag{2-4-12}$$

求出各子系统的表达式及其单位脉冲响应，求出系统单位脉冲响应。

程序如下：

```
syms s t real
num = [2 1 1];den = [1 9 50 146 273 169];
g = tf(num,den)
n = length(den);
[r,p,k] = residue(num,den)
r1 = -0.0100 +0.0515 * i;% 重写系数 r1
r2 = 0.1444 -0.1500 * i;% 重写系数 r2
r3 = conj(r1);
r4 = conj(r2);
r5 = 0.02;
p1 = -2.0000 +3.0000 * i;% 重写极点 p1
```

```
p2 = p1;
p3 = conj(p1);
p4 = p3;
p5 = -1;
F1 = r1/(s - p1);% 部分分式 F1
F2 = r2/((s - p2)^2);
F3 = r3/(s - p3);
F4 = r4/((s - p4)^2);
F5 = r5/(s - p5);
F13 = simple(F1 + F3)% 共轭复根构成 2 阶子系统
F24m = simple(expand((s - p2)^2 * (s - p4)^2))% 重共轭复根分母构成 4 阶多项式
F24n = simple(r2 * (s - p4)^2 + r4 * (s - p2)^2)
F24 = F24n/F24m% 重共轭复根组合构成 4 阶子系统
f13 = simple(expand(ilaplace(F13)))% 共轭复根部分单位脉冲响应解析式
f24 = simple(ilaplace(F24))% 重共轭复根部分单位脉冲响应解析式
f5 = simple(ilaplace(F5))% 单实根部分单位脉冲响应解析式
f = f13 + f24 + f5;% 系统总单位脉冲响应解析式
tof = 0:0.01:10;
ft = subs(f,t,tof);% 系统总单位脉冲响应数据
y0 = impulse(g,tof);
plot(tof,y0,tof,ft);grid
e = norm(ft' - y0)
```

程序运行 ***r***,***p***,***k*** 矢量结果为

```
r =
  -0.0100 + 0.0515i
  0.1444 - 0.1500i
  -0.0100 - 0.0515i
  0.1444 + 0.1500i
  0.0200
p =
  -2.0000 + 3.0000i
  -2.0000 + 3.0000i
  -2.0000 - 3.0000i
  -2.0000 - 3.0000i
  -1.0000
k =
     []
```

由于有重共轭复根，在组成部分分式时系数 r 和极点 p 有确定对应关系，为此，程序对系数和极点进行了重新书写确认。仿真实践表明，重新书写 r 和 p 对表达式的化简是有益的。

程序返回的共轭复数极点项的函数表达式

$$F13 = (-20 * s - 349)/(1000 * s\hat{}2 + 4000 * s + 13000)$$

与式（2-4-3）等价。其对应的单位脉冲响应

$$f13 = 1/1000 * (-20 * \cos(3 * t) - 103 * \sin(3 * t))/\exp(t)\hat{}2$$

与式（2-4-10）等价。程序返回的重共轭复数极点项的函数表达式

$$F24 = (361/1250 * s\hat{}2 + 1847/625 * s + 539/250)/(s\hat{}2 + 4 * s + 13)\hat{}2$$

与式（2-4-7）等价。其对应的单位脉冲响应

$$f24 = 1/1250 * \exp(-2 * t) * t * (361 * \cos(3 * t) + 375 * \sin(3 * t))$$

与式（2-4-11）等价。高阶系统单位脉冲响应如图 2-4-1所示。图中曲线 $f = f_{13} + f_{24} + f_5$ 与直接使用命令 impulse 的曲线完全重合。

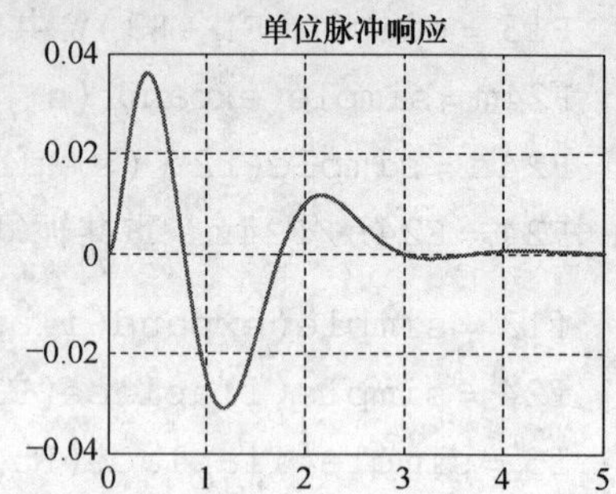

图 2-4-1　高阶系统的单位脉冲响应

需要注意，命令 residue 在展开多重极点时，有时会出现“病态问题”，计算留数出现很大误差，甚至失败。这时使用状态空间或零极点增益模型更好。

当然，如果不需要求出组成高阶系统的各子系统，只需要求取对输入的响应，仿真时可使用前面所述的命令和方法。也就是说，仅从数字仿真而言，高阶系统与一阶、二阶系统没有区别。

2.4.4　高阶控制系统时域特性的仿真实例

【例 2-9】　高阶控制系统典型输入响应的仿真仪。

对式（2-4-1）的高阶控制系统典型输入响应进行仿真。仿真程序如 shixz02_09 所示，其框图面板及前面板分别如图 2-4-2 和图 2-4-3 所示。

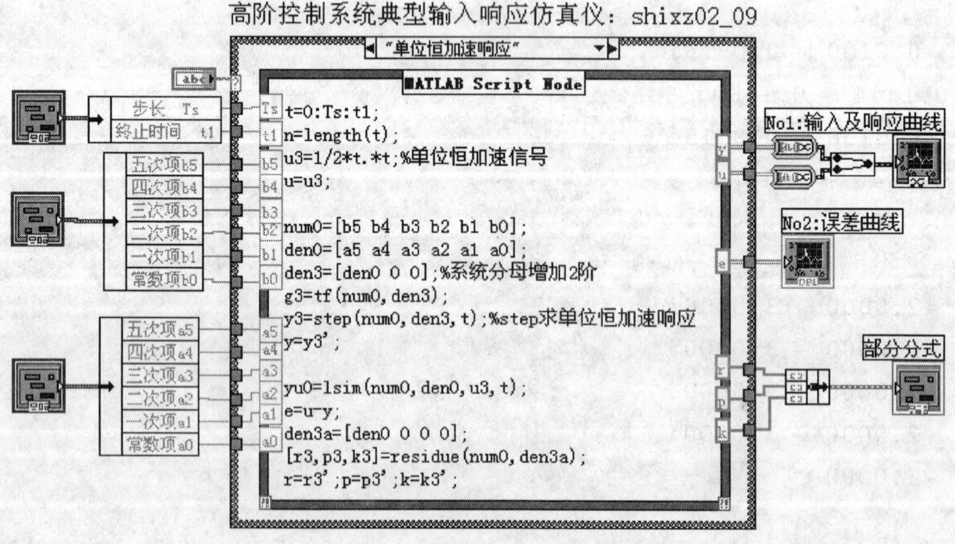

图 2-4-2　程序 shixz02_09 框图面板

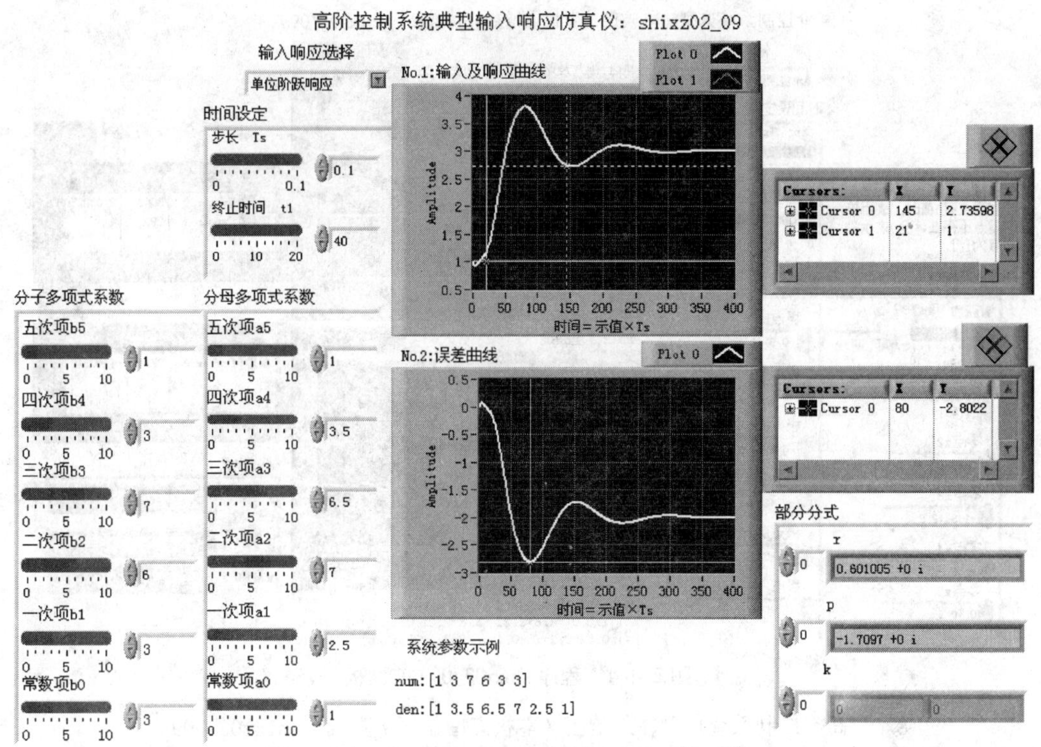

图 2-4-3　程序 shixz02_09 前面板

程序说明：

程序给出一个最高为 5 阶（$a_5 \neq 0$）的系统，当选择分母高阶次系数为零时，系统也可以构成低于 5 阶的系统，赋值方法与前面程序相同。作为示例，程序给出了一组系统参数供仿真参考。仿真仪通过选择结构可以实现系统的单位脉冲、单位阶跃、单位恒速和单位恒加速响应的仿真。程序还给出了系统部分分式参数的计算结果。展开式系数 r，极点 p 和直传系数 k 示于前面板的右下角的数组内。通过选择数组索引值可以查看部分分式展开的全部参数，注意留数与极点的对应关系，同时也请注意直传系数 k 什么情况下为“空”，什么情况下不为“空”。

当选择单位脉冲响应时，针对面板所赋值的系统进行部分分式展开。当输入信号阶次逐渐升高而变成阶跃、恒速和恒加速时，系统传递函数逐次增加一个零极点，部分分式展开对应逐次增加零重极点的项，但展开式系数 r 却是随输入变化而变化的。根据各个部分分式展开项，按文中所述，不难写出各种响应的解析表达式。除太多重极点（例如 4 重以上）之外，解析式的准确性可以满足工程需要。

如果系统使用零极点增益模型，程序如 shixz02_09a 所示。由于零点表示微分环节，实际物理系统中并不存在。程序将赋值为 0 的零点视为不存在（或无穷远），如果零点全部赋值为 0，则零点为 [ ]（空）。程序中使用 if 语句消除赋值为 0 的零点，保证零极点增益模型的准确。仿真仪程序前面板和框图面板如图 2-4-4 和图 2-4-5 所示。

高阶控制系统零输入响应，零状态响应及状态轨迹等将在状态空间模型的时域特性中讨论。

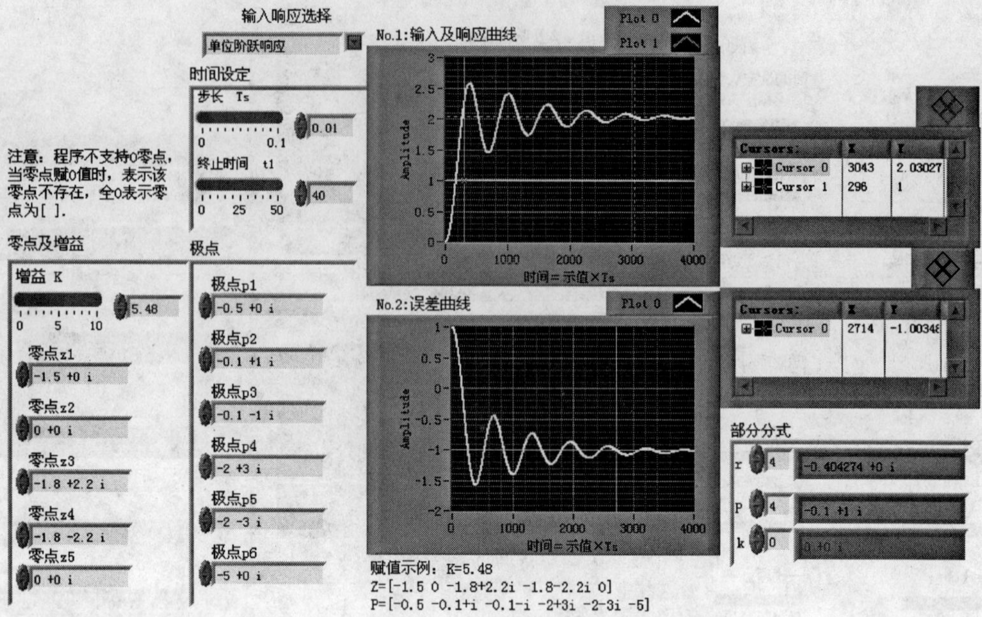

图 2-4-4 程序 shixz02_09a 前面板

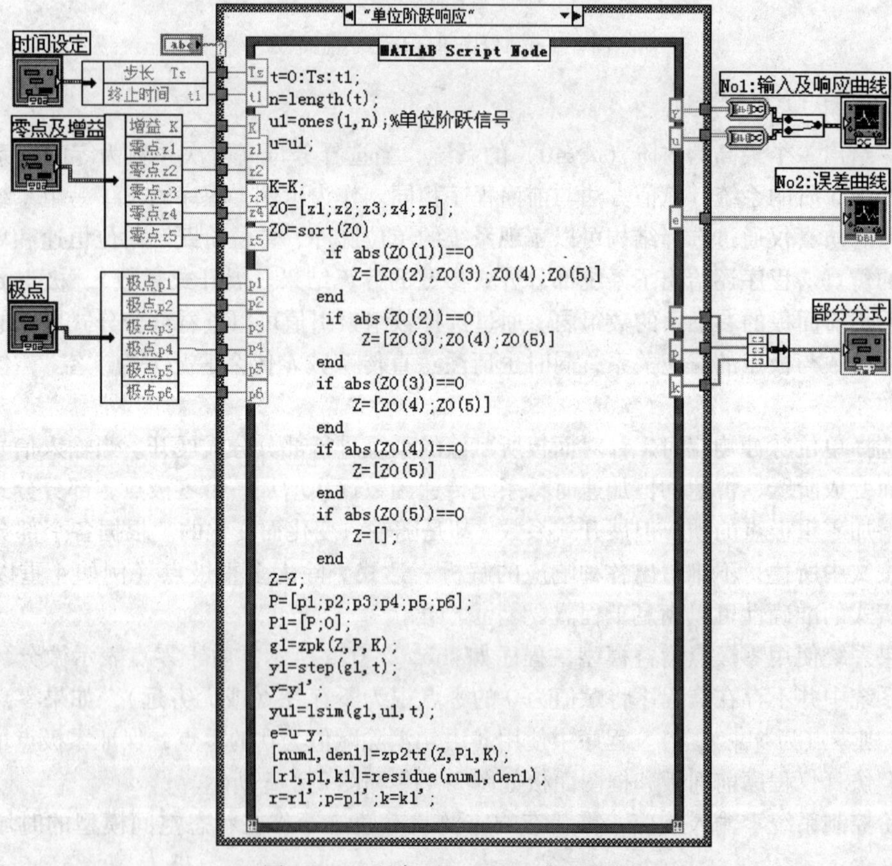

图 2-4-5 程序 shixz02_09a 框图面板

2.5 状态空间模型的时域响应

2.5.1 状态方程的解

由控制理论得到齐次状态方程

$$\dot{X}(t)=\boldsymbol{A}X(t) \tag{2-5-1}$$

在初始条件 $X(0)=X_0$时的解为

$$X(t)=\mathrm{e}^{\boldsymbol{A}t}X_0=\boldsymbol{L}^{-1}[(s\boldsymbol{I}-\boldsymbol{A})^{-1}]X_0 \tag{2-5-2}$$

式中，$\mathrm{e}^{\boldsymbol{A}t}$称为状态矩阵 $\boldsymbol{A}$ 的指数函数，是齐次状态方程的状态转移矩阵，可以通过特征矩阵（$s\boldsymbol{I}-\boldsymbol{A}$）$^{-1}$的拉普拉斯逆变换计算得到。解式（2-5-2）表达了系统的自由运动，描述了系统无输入时状态变量在相空间的轨迹，通常称为零输入状态响应。状态响应与输出响应是不同的，对应零输入状态响应的输出响应为

$$y(t)=\boldsymbol{C}X(t)=\boldsymbol{C}\mathrm{e}^{\boldsymbol{A}t}X_0 \tag{2-5-3}$$

非齐次状态方程

$$\dot{X}(t)=\boldsymbol{A}X(t)+\boldsymbol{B}u(t) \tag{2-5-4}$$

的完全解

$$\begin{aligned} X(t) &= \mathrm{e}^{\boldsymbol{A}t}X_0+\int_0^t \mathrm{e}^{\boldsymbol{A}(t-\tau)}\boldsymbol{B}u(t)\mathrm{d}\tau \\ &= \boldsymbol{L}^{-1}[(s\boldsymbol{I}-\boldsymbol{A})^{-1}]X_0+\boldsymbol{L}^{-1}[(s\boldsymbol{I}-\boldsymbol{A})^{-1}\boldsymbol{B}U(s)] \end{aligned} \tag{2-5-5}$$

由两部分组成，前一部分与式（2-5-2）相同，为系统的零输入状态响应。后一部分是在初始状态 $X(0)=0$ 的条件下，系统在输入 $u(t)$ 作用下的受迫运动，是系统状态的强迫响应，也称为零状态响应。此时系统输出响应则由三部分组成

$$\begin{aligned} y(t) &= \boldsymbol{C}X(t)+\boldsymbol{D}u(t) \\ &= \boldsymbol{C}\{\boldsymbol{L}^{-1}[(s\boldsymbol{I}-\boldsymbol{A})^{-1}]X_0+\boldsymbol{L}^{-1}[(s\boldsymbol{I}-\boldsymbol{A})^{-1}\boldsymbol{B}U(s)]\}+\boldsymbol{D}u(t) \end{aligned} \tag{2-5-6}$$

式中，$\boldsymbol{C}\{.\}$内的项构成系统输出的零输入响应和零状态响应，是由系统初态和输入通过系统状态的演变而反映给系统输出的。最后一项 $\boldsymbol{D}u(t)$ 是输入对输出的直接贡献，在不至于引起误解的情况下，为了简洁，系统响应通常指的是系统的输出响应。

2.5.2 求解状态方程的 MATLAB 命令

使用 MATLAB 符号工具箱，可以求出比较简单（例如三阶及其以下）的状态方程解的解析式。如果只需进行数值仿真，则不受限制。由式（2-5-5）可知，获取状态方程解析解的关键在于矩阵指数的计算。

```
Fe=expm(A*t)
```

用于返回系统的状态转移矩阵。状态转移矩阵也可以使用拉普拉斯逆变换命令得到

```
I=eye(size(A));% 生成与 A 同维的单位矩阵
A_eig=s*I-A;% 生成 A 的特征矩阵(sI-A)
```

```
iA_eig = inv(A_eig);% 计算 A 的特征矩阵的逆(sI-A)^-1
fla = ilaplace(iA_eig)
```

返回与命令 expm(A * t) 相同的结果。使用语句 Xa = Fe * X0 或 Xa = fla * X0 均可得到状态的零输入响应解析式 X_a。

求系统状态的零状态响应 X_b 也有两种方法，一种是拉普拉斯逆变换法，主要命令有

```
U = laplace(u);% 输入 u(t)的象函数
Fei = iA_eig * B * U;
Xb = ilaplace(Fei);% 零状态响应的解析式
```

求状态的零状态响应 X_b 还可以使用积分方法计算 $\int_0^t e^{A(t-\tau)}\boldsymbol{B}u(\tau)d\tau$，程序如下

```
u_1 = 1 + 1 * q + 0.5 * q. * q;% 组合控制 u,将 t 换元为 q
u_2 = [u_1;2 * u_1]; % 构造 2 分量控制输入
Fe1 = int(expm(A * (t-q)) * B * u_2,q,0,t);% 零状态响应的积分表达式
```

通过零输入和零状态响应叠加可以求出完全状态响应的解析式，再通过输出方程可以求出输出响应的解析式。

由解析式可以方便地进行数值仿真。如果只需要进行数值仿真与动态曲线绘制，直接使用命令 initial 和 lsim 命令即可。详见下例。

【例 2-9】 状态方程解析解及其数字仿真。

```
syms X t s q x1 x2 x3 real
X = [x1;x2;x3];X0 = [ -1;2; -2];
A = [ -1.5 1 0;0 -1 1;0 -3 -0.5];
B = [0 1; -1 0;1 1];
C = [ -1 0.5 1;0.5 2 0];
D = [0.5 -1;1 -2];
S = ss(A,B,C,D);
u0 = 1 - 0 * t - 0 * t * t;
u = [u0;2 * u0];
u_1 = 1 - 0 * q - 0 * q * q;
u_2 = [u_1;2 * u_1];
Fe = expm(A * t);
Xa = simple(Fe * X0); % 用矩阵指数求零输入响应的状态解析式
I = eye(size(A));
A_eig = s * I-A% 特征矩阵(sI-A)
iA_eig = inv(A_eig)% 特征矩阵的逆(sI-A)^( -1)
Xa2 = simple(ilaplace(iA_eig) * X0); % 用拉普拉斯逆变换求零输入响应的状
                                       态解析式
U = laplace(u);
```

```
Fei = simple(iA_eig * B * U);
Xb = simple(ilaplace(Fei)); % 用拉普拉斯逆变换求零状态响应的状态解析式
Fe1 = int(expm(A * (t-q)) * B * u_2,q,0,t);% 积分项,输入也是积分变量
Xb2 = simple(Fe1); % 用积分法求零状态响应的状态解析式
ea = simple(Xa-Xa2);
eb = simple(Xb-Xb2);
eab = [ea eb] % 比较两种方法所求状态解析式
Xab = Xa + Xb
Xab2 = Xa2 + Xb2;
Yab = C * Xab + D * u;
Yab2 = C * Xab2 + D * u;
t = 0:0.01:10;
xa1 = subs(Xa(1),t);% 由解析解转换成数字序列
xa2 = subs(Xa(2),t);
xa3 = subs(Xa(3),t);
xb1 = subs(Xb(1),t);
xb2 = subs(Xb(2),t);
xb3 = subs(Xb(3),t);
xb12 = subs(Xb2(1),t);
xb22 = subs(Xb2(2),t);
xb32 = subs(Xb2(3),t);
xab1 = subs(Xab(1),t);
xab2 = subs(Xab(2),t);
xab3 = subs(Xab(3),t);
xab21 = subs(Xab2(1),t);
xab22 = subs(Xab2(2),t);
xab23 = subs(Xab2(3),t);
xab = [xab1;xab2;xab3];
xab2 = [xab21;xab22;xab23];
yab1 = subs(Yab(1),t);
yab2 = subs(Yab(2),t);
yab21 = subs(Yab2(1),t);
yab22 = subs(Yab2(2),t);
yab = [yab1;yab2];
yab2 = [yab21;yab22];
u10 = 1 - 0 * t - 0 * t. * t;
u1 = [u10;2 * u10];
```

```
[Y1,t,X1] = initial(S,X0,t);% 零输入响应的数值序列
[Y2,t,X2] = lsim(S,u1,t); % 零状态响应的数值序列
Ys = Y1 + Y2;
ex = norm(xab' - (X1 + X2));ex1 = norm(xab - xab2)
ey = norm(yab' - Ys);ey1 = norm(yab - yab2)
ee = [ex ey ex1 ey1]
plot(t,xab1,t,xab2,t,xab3,t,X1 + X2);grid % 状态轨迹曲线
figure
plot(t,yab,t,Ys,t,yab2);grid % 输出响应曲线
```

上列程序包含了如下 4 个部分：

① 获取状态方程和输出方程解析解。

② 由解析解转换成数字序列。

③ 直接获取状态及输出响应的数字序列。

④ 比较与作图。

无论是解析解还是数字解都分别包含零输入、零状态响应的状态轨迹及对应的输出响应。这些响应中包含各个分量信息。状态响应轨迹及输出响应分别如图 2-5-1a，2-5-1b 所示。程序中积分项语句 Fe1 = int(expm(A * (t - q)) * B * u_ 2，q，0，t）是对式（2-5-5）的实现，特别注意当输入 $u(t)$ 是时间的函数时，被积函数是矩阵指数、输入矩阵 $\boldsymbol{B}$ 和输入 $u(t)$ 的乘积。

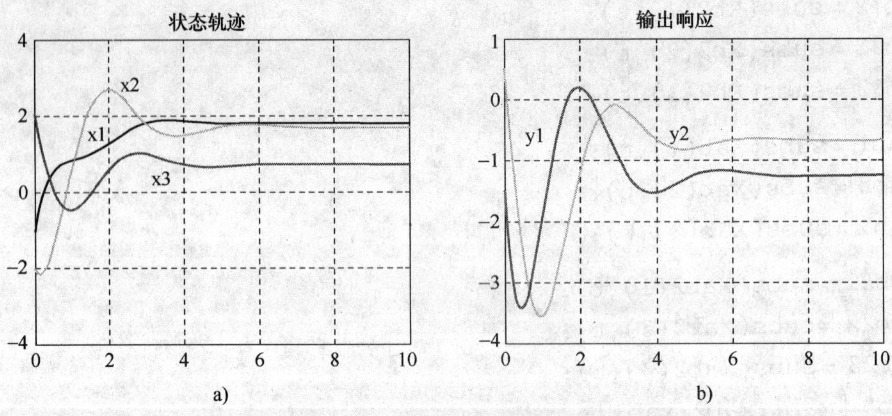

图 2-5-1　三阶二输出系统状态轨迹及输出响应曲线

a）状态轨迹　b）输出响应

2.5.3　状态方程时域响应的仿真实例

【例 2-10】　状态空间模型典型输入响应仿真分析仪。

研究一个三阶二输入二输出系统对于单位脉冲、单位阶跃、单位恒速和单位恒加速信号输入时状态响应（轨迹）与输出响应。仿真仪程序如 shixz02_10 所示。程序框图面板及前面板图分别如图 2-5-2 和图 2-5-3 所示。

程序说明：

单位脉冲和单位阶跃响应分别使用命令 impulse 和 step。单位恒速和单位恒加速响应使

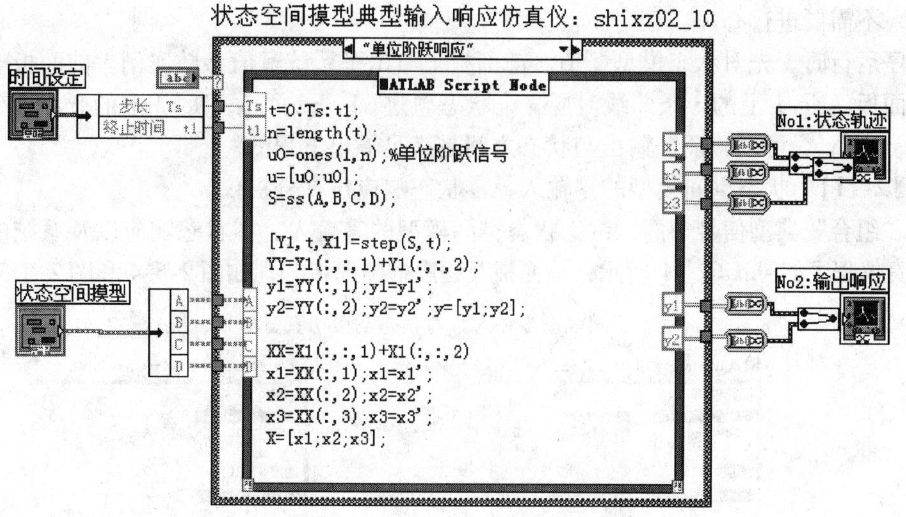

图 2-5-2　程序 shixz02_10 框图面板

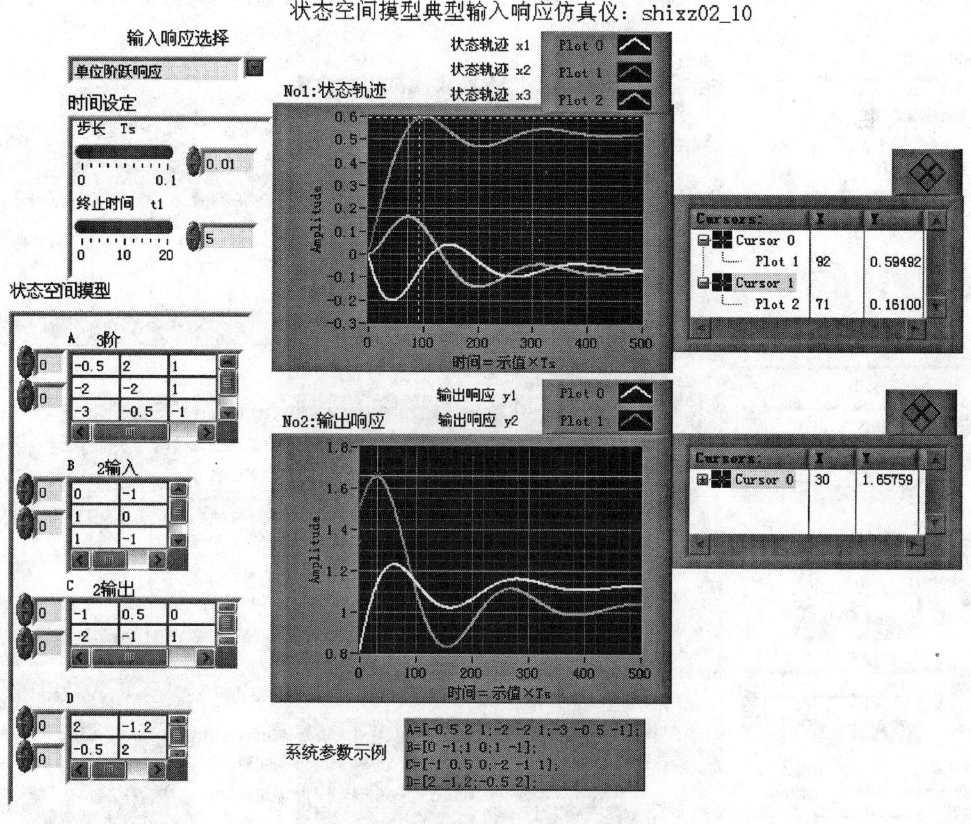

图 2-5-3　程序 shixz02_10 前面板

用 lsim 命令，直接定义恒速与恒加速输入信号。注意，所使用的 impulse 和 step 的命令中，返回了 6 组状态响应数据，分别对应 3 个状态分量对 2 个输入分量的响应；返回了 4 组输出响应数据，分别对应 2 个输出分量对 2 个输入分量的响应。使用叠加原理求出各状态和各输出对 2 个输入的响应（参见 2.1.2 节）。在 lsim 命令中直接返回各状态和各输出对 2 个输入的响应，不需要进行叠加。

程序运行时，先对状态模型赋值。前面板上给出了系统赋值参数实例。前面板上有两个示波器面板。No. 1 上的 3 条曲线对应 3 个状态轨迹 x1，x2，x3；No. 2 上的 2 条曲线对应 2 个输出 y_1 和 y_2。可以验证，输出与状态之间是满足输出方程的。

【例 2-11】 状态空间模型的零输入、零状态响应仿真分析仪。

以“组合”典型信号为例，讨论状态空间模型的零输入、零状态响应以及系统的完全响应。仿真仪程序如 shixz02_11 所示，前面板及程序框图面板分别如图 2-5-4 和图 2-5-5 所示。

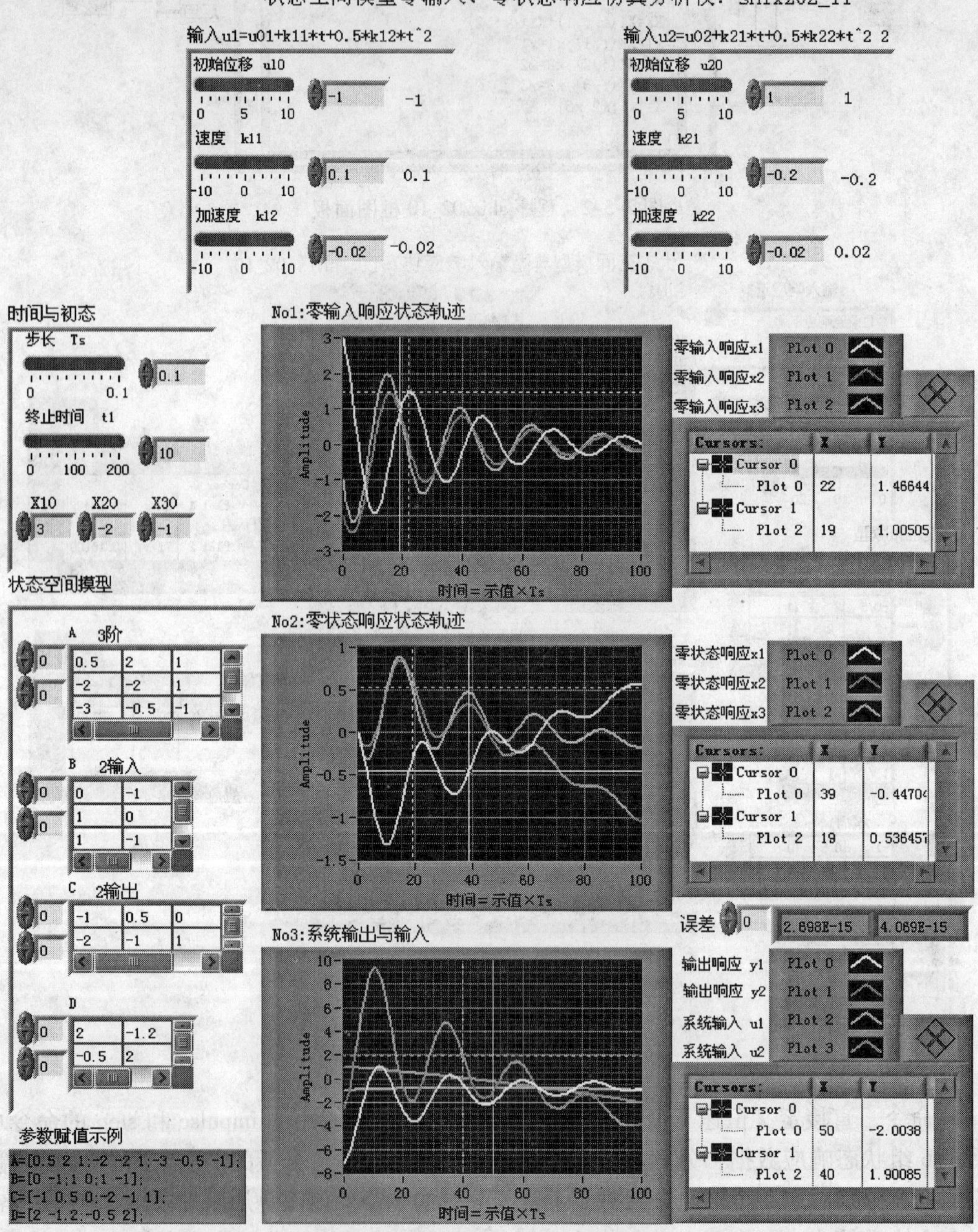

图 2-5-4　程序 shixz02_11 前面板

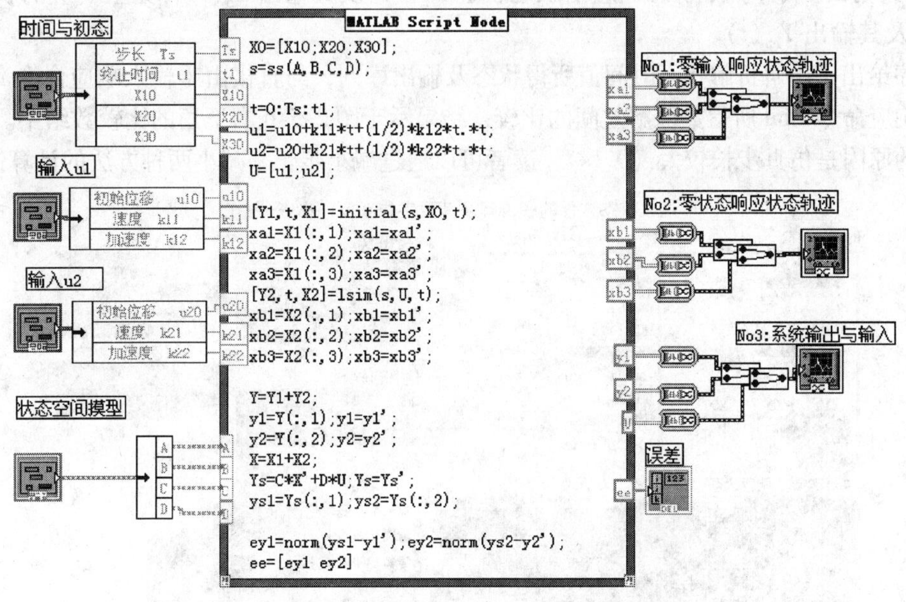

图 2-5-5　程序 shixz02_11 框图面板

程序说明：

仿真对象是一个三阶二输入二输出系统，各系数矩阵由用户赋值。为了方便，前面板下方给出了参数赋值实例。2 个输入均采用“组合”典型信号结构，但可以独立设计。作为示例，$u_1=-1+0.1t+(1/2)\ (-0.02)t^2$，$u_2=1-0.2t+(1/2)\ (-0.02)t^2$。

前面板上有 3 个示波器面板。No. 1 示出 3 条零输入响应的状态轨迹，仅当改变初态 X_{10}、X_{20}、X_{30}时曲线变化。No. 2 示出 3 条零状态响应的状态轨迹，仅当改变输入时曲线变化。No. 3 示出输出响应曲线和输入曲线，当改变初态和输入时输出响应均发生变化，初态变化只改变输出响应的过渡过程，输入变化将改变输出响应的走势和终态值。“误差”数组分别表示输出响应与由输出方程计算的比较，结果显示它们是一致的。

【例 2-12】　状态方程解析解及其数字仿真分析仪。

前已述及，对于比较简单的状态方程，通过符号运算可以获得其解析解的表达式。一个三阶二输入二输出状态方程解析解求取实例程序如 shixz02_12 所示，前面板及程序框图面板分别如图 2-5-6 和图 2-5-7 所示。

运行程序，选择图示参数，系统实际输入为

$$u_1(t)=1+t-(1/2)\times 0.5t^2 \tag{2-5-7}$$

$$\boldsymbol{U}=\begin{pmatrix} u_1 \\ 2u_1 \end{pmatrix} \tag{2-5-8}$$

仿真曲线如图 2-5-6 所示。No. 1、No. 2 和 No. 3 三个示波器分别示出零输入响应状态轨迹（X_a）、零状态响应状态轨迹（X_b）和完全响应的输出（Y_{ab}）。在 No. 3 示波器中除绘制出 2 条输出响应曲线外，还绘制了系统输入的两个分量 $u_1(t)$ 和 2 $u_1(t)$。

解析解由位于图 2-5-6 底部的字符串显示框显示。使用 MATLAB 命令 char 将解析解转换成 LabVIEW 可以接受的字符串格式，再通过选择结构分别显示出零输入响应状态轨迹

$X_a(t)$及其输出 $Y_a(t)$，零状态响应的状态轨迹 $X_b(t)$ 及其输出 $Y_b(t)$，完全响应的状态轨迹 $X_{ab}(t)$ 及其输出 $Y_{ab}(t)$。

程序给出了由解析解代入时间值所得状态及输出序列，与直接由零输入响应命令 initial 和零状态响应命令 lsim 所得数值解之间的比较，结果示于图 2-5-6 右下角的比较数组中。比较误差较大的原因是仿真步长较大（0.1s），读者可以通过减小步长来减小两种方法的计算误差。

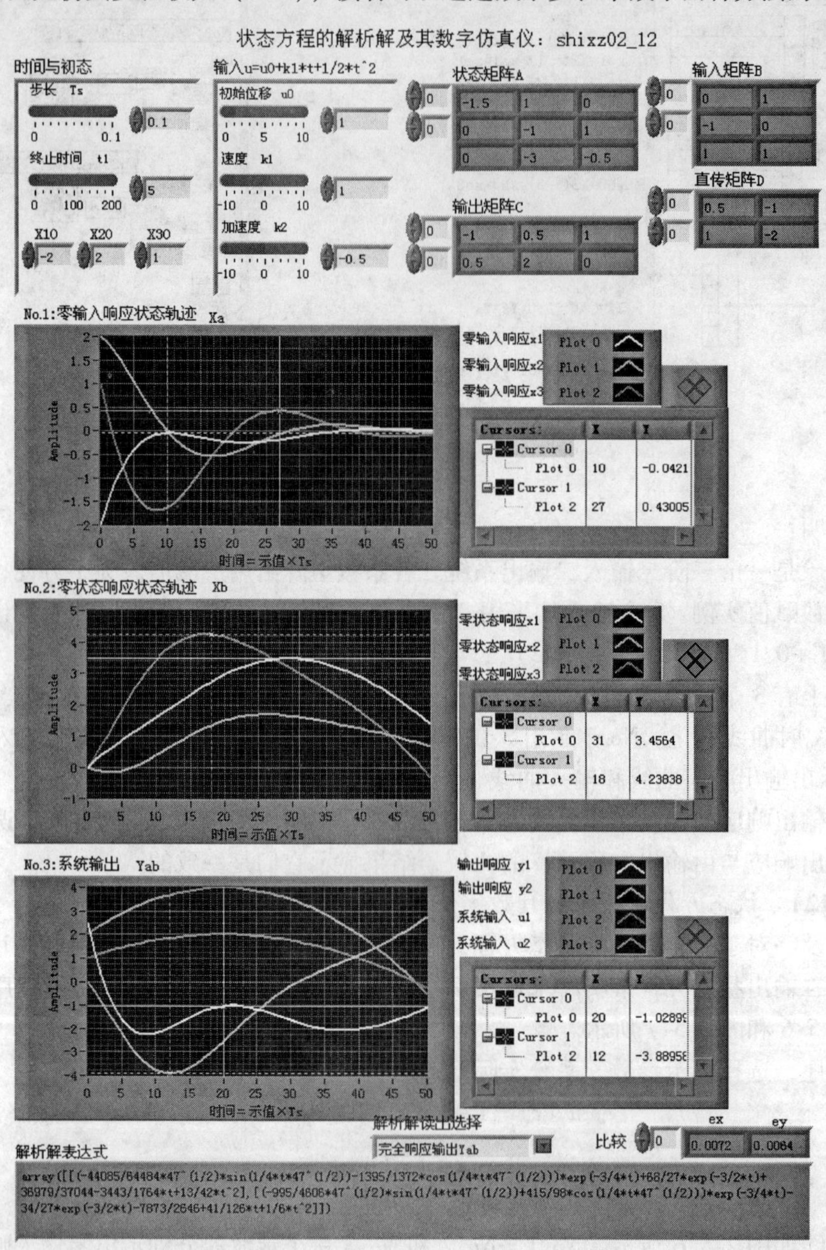

图 2-5-6　程序 shixz02_12 前面板

图 2-5-6 中解析解表达式写成字符串数组格式，与一般的文本格式不同，读者可以根据需要取出进行编辑。

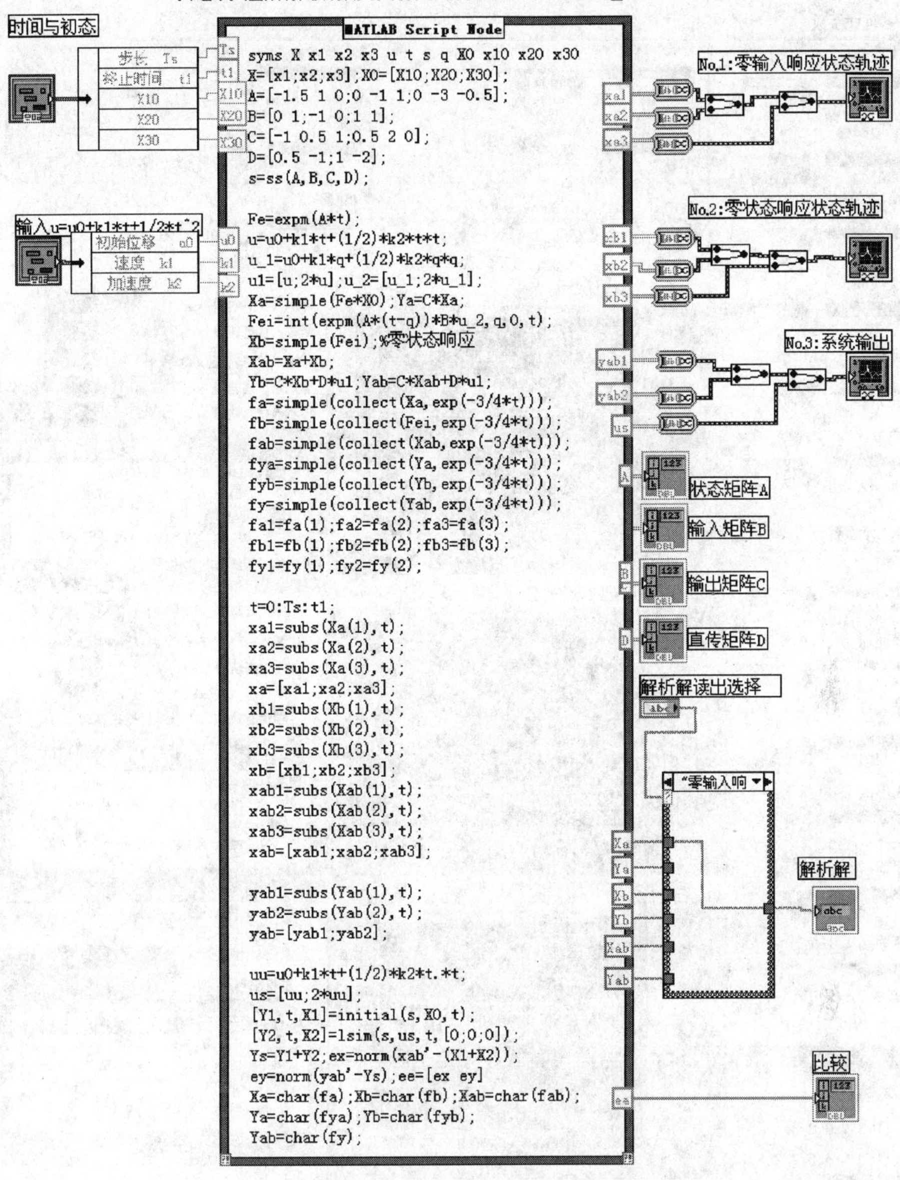

图 2-5-7　程序 shixz02_12 框图面板

【例 2-13】　高阶系统的零输入、零状态响应仿真仪。

前面已经讨论过高阶系统输入输出的时域响应。当使用传递函数描述高阶系统时，将传递函数转换成状态空间模型，可以更细致地研究其响应特性，因为这样不仅可以研究输入输出的外部特性，还可以研究状态轨迹的演变过程。程序 shixz02_13 示出了一个 5 阶系统的动态特性。前面板和程序框图面板分别如图 2-5-8 和图 2-5-9 所示。

程序说明：

为了方便赋值，前面板上给出了仿真时所使用的传递函数分子、分母，初态，“组合”输入信号结构参数的示例数据。仿真时使用的输入信号为 $u(t)=1-0.1t+(1/2)\times 0.01t^2$。

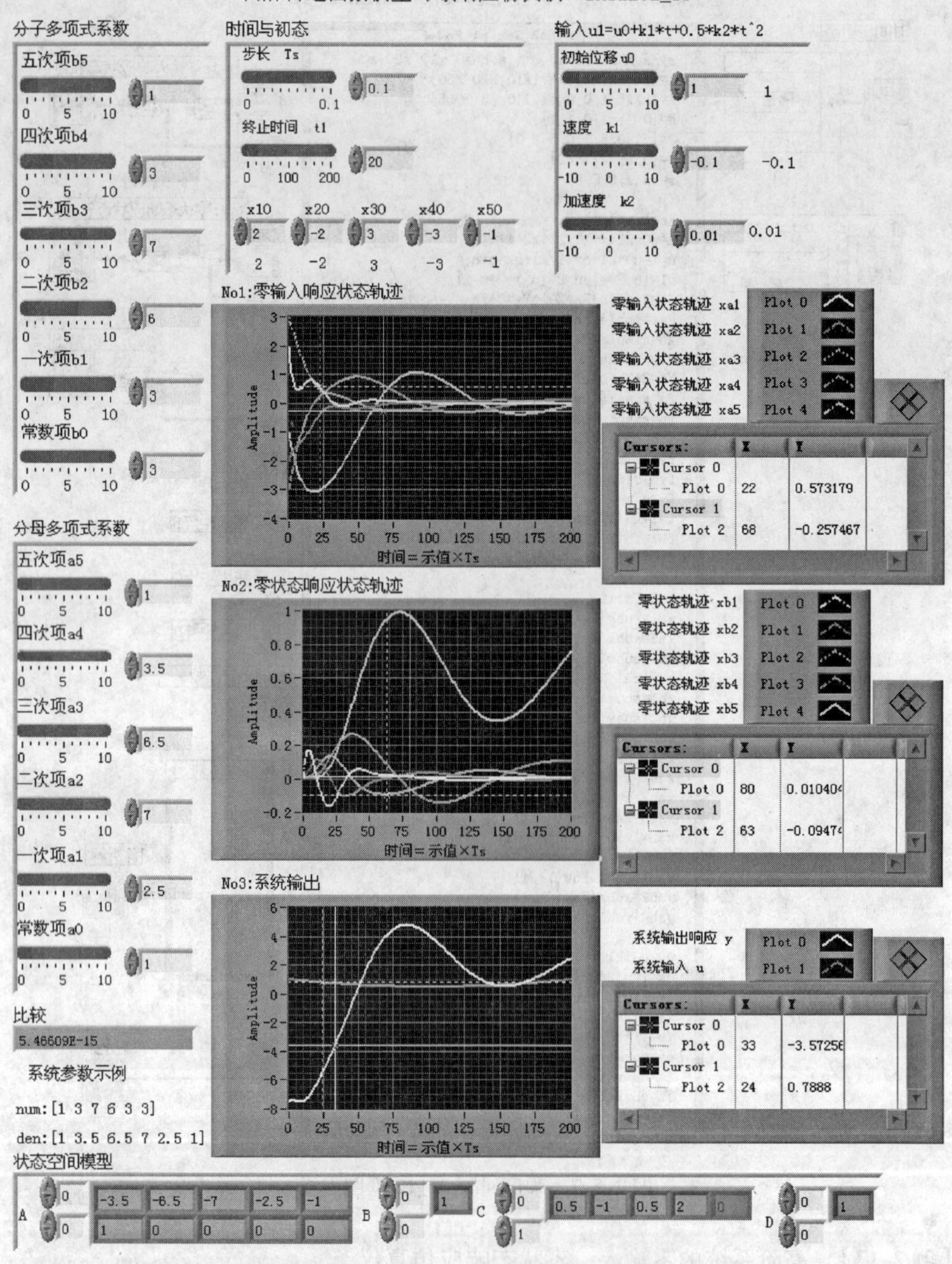

图 2-5-8　程序 shixz02_13 前面板

3 个示波器面板分别示出系统零输入响应的状态轨迹、零状态响应的状态轨迹和输出响应。No. 1 和 No. 2 上各有 5 条曲线，分别对应各个状态分量的零输入响应和零状态响应轨迹；No. 3 上有 2 条曲线，分别对应系统的输出响应和系统输入。前面板底部的状态空间模型示出了仿真时系统所转换成的系数矩阵。为了节省篇幅，5 阶系统矩阵 $\boldsymbol{A}$ 仅仅示出了 2 行，读者可以使用数组索引按钮查看其余各元素。注意，数组索引号从 0 开始到 $n-1$(n 为系统阶数)。“比较”框表示用 initial 和 lsim 命令所计算的零输入、零状态输出响应叠加与由输出方程计算的输出数据的比较，显然二者是一致的。读者可以另赋它值进行仿真。

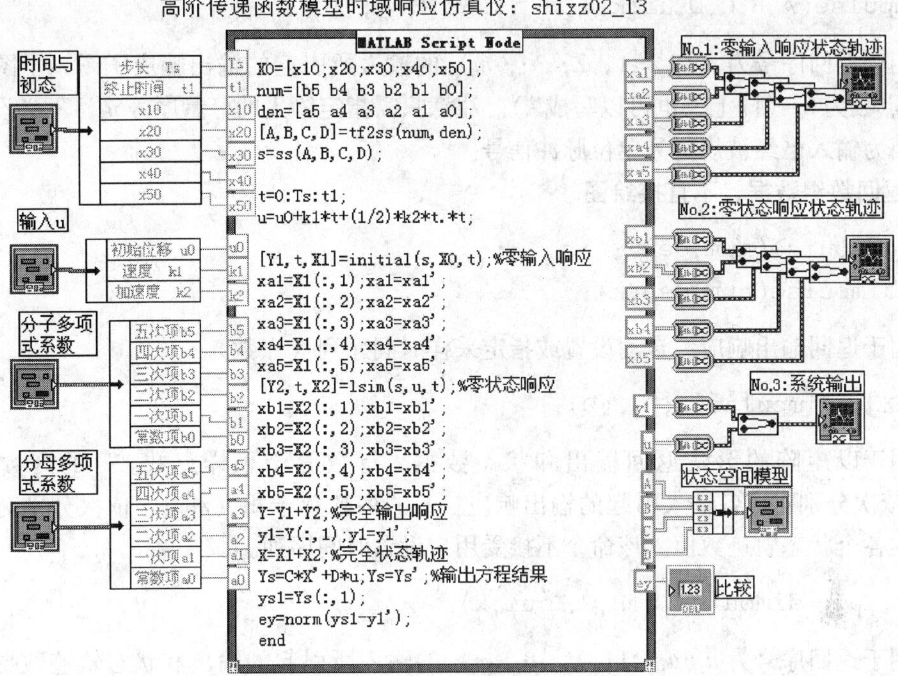

图 2-5-9 程序 shixz02_13 框图面板

2.6 离散系统的时域响应

2.6.1 离散系统时域响应的 MATLAB 主要命令

离散系统有一套与连续系统完全对应的时域响应命令，如单位脉冲响应、单位阶跃响应、零输入响应和零状态响应等。这些命令的调用格式与连续系统中对应命令的调用格式大体相同，命令书写只需要在对应的连续系统命令前添加字母“d”即可。下面用单位脉冲响应序列命令进行说明。在下面的说明中设系统状态数为 n，输入数为 m，输出数为 p。$k=0:T_s:k_1$ 表示采样时间序列，其中 T_s 为采样周期，k_1 为时间序列终值。在命令中，如果置入 k，实际采样点数为 $(k_1/T_s)+1$；如果置入 k_1，则实际采样点数为 (k_1/T_s)。

1. 离散单位脉冲响应的直接绘图命令

```
dimpulse(num,den)
dimpulse(num,den,k)
```

输入变量 num 和 den 是已经离散化后传递函数的分子和分母降幂排列系数。时间序列 k 也可以由时间序列终值 k_1 替代。

```
dimpulse(A,B,C,D)
```

该命令用于返回每个输入所引起的输出响应的全部子图，子图数量为 $p \times m$，自动设定采样时间序列和采样点数（不接受用户规定的采样序列）。

```
dimpulse(A,B,C,D,ui,k1)
```

该命令用于返回序号为 u_i($u_i = 1, 2, \cdots, m$) 的输入所引起的输出响应子图，子图数量为 p，采样点数为 k_1（同上，也可以写成 k)。注意只需指定输入的分量序号 u_i，不必设定输入规律，因为输入已经被规定为单位脉冲信号。

2. 返回数组数据，不直接绘图

```
y =dimpulse(num,den);
y =dimpulse(num,den,k);
```

该命令用于返回输出响应，自动设置或指定采样时间序列（点数)。

```
[Y,X] =dimpulse(A,B,C,D);
```

该命令用于以矩阵的形式返回输出和状态数据。行数等于采样点数。$\boldsymbol{Y}$ 的列数等于积（mp)，依次分别对应各输入引起的输出响应。$\boldsymbol{X}$ 的列数等于积（mn)，依次分别对应各输入引起的各个状态轨迹数值。该命令不接受用户设置时间序列。

```
[Yu,Xu] =dimpulse(A,B,C,D,ui,k)
```

该命令用于返回序号为 u_i($u_i = 1, 2, \cdots, m$) 的输入所引起的输出和状态轨迹数据。行数为 k_1+1，$\boldsymbol{Yu}$ 有 p 列，$\boldsymbol{Yu}$ 的这 p 列是含于前句 $\boldsymbol{Y}$ 内 mp 列中的一个由 u_i 取值所决定的子列组。$\boldsymbol{Xu}$ 有 n 列，其与前句 $\boldsymbol{X}$ 的关系同于 $\boldsymbol{Yu}$ 与 $\boldsymbol{Y}$ 的关系。

3. 绘图命令

绘制离散系统响应曲线常常使用 stairs 和 stem 命令。

```
stairs(k,Yu(:,j))
```

该命令用于绘制由 u_i 引起的第 j($j = 1, 2, \cdots, p$) 个输出响应曲线。

```
stairs(Y(:, i))
```

该命令用于绘制输出数据第 i($i = 1, 2, \cdots, mp$) 列所对应的输出响应曲线。

```
stairs(k,Xu(:,j)) (j =1,2,…,n)
stairs(X(:, i)) (i =1,2,…,mn)
```

用于绘制对应某一输入的状态轨迹曲线。

命令 stairs 绘制阶梯状曲线，stem 绘制采样脉冲序列。也可以使用 plot 命令绘制曲线，所获得的是各采样点相连接的折线。

离散单位阶跃响应命令 dstep 调用格式与 dimpulse 相同。

4. 离散系统中的零输入响应和零状态响应命令

```
dinitial(A,B,C,D,X0)
```

该命令用于直接绘制 p 个子图，对应 p 个输出的零输入响应。

```
[Y,X,N] = dinitial(A,B,C,D,X0);
```

该命令以矩阵形式返回零输入条件下的输出响应数据 ***Y*** 与状态轨迹数据 ***X***。矩阵数据含有自动选择的 N 行，***Y*** 有 p 列，***X*** 有 n 列。

```
[Y,X,N] = dinitial(A,B,C,D,X0,k)
```

设时间序列 $k=0$：T_s：k_1，返回 $N=k=k_1/T_s+1$（取整）行矩阵数据 ***Y*** 和 ***X***。如果将 k 更换成其终值 k_1，则返回数组数据为 k_1 行，和 k 相比不同的是数组最后的 $|k-k_1|$ 行。

离散零状态响应和任意输入的响应使用 dlsim 命令。

```
dlsim(num,den,U)
dlsim(A,B,C,D,U)
```

该命令用于绘制由输入 ***U*** 引起的零状态输出响应曲线，含有 p 个图。输出响应的初始值由 D * U的第 1 拍决定，不一定为 0。注意区别零初始状态与输出响应初值的区别。

```
dlsim (A,B,C,D,U,X0)
```

该命令用于在状态初值 X_0 的条件下，绘制由输入 ***U*** 引起的输出响应曲线。输出的初值由 C * X0与 D * U 的第 1 拍的代数和决定。

```
[Y,X] = dlsim(A,B,C,D,U)
[Y,X] = dlsim(A,B,C,D,U,X0);
```

该命令用于以矩阵形式返回由输入 ***U*** 产生的输出响应 ***Y*** 和状态轨迹 ***X*** 的数据。行数为 length (U)，***Y*** 有 p 列，***X*** 有 n 列。两句的区别在于后一句规定了初始状态值。

```
y = dlsim (num,den,u1)
```

该命令用于返回 SISO 系统的输出响应数据。

同样地，对于返回的数据可以使用 stairs 和 stem 命令作图。

2.6.2 离散系统时域响应的仿真实例

【例 2-14】 离散系统的典型输入响应仿真分析仪。

离散系统单位脉冲、单位阶跃、单位恒速和单位恒加速响应仿真程序如 shixz02_14 所示。前面板和程序框图面板分别如图 2-6-2 和图 2-6-3 所示。

赋值：给前面板的 5 阶连续系统赋值，参数示例置于赋值框下面供参考。通过适当选择分子分母系数的 0 值项，可以构成 5 阶以下的多个系统供仿真用。如图 2-6-2 所示，面板赋值的原始系统为

$$G(s)=\frac{10s^2+6s+1}{s^5+6s^4+13s^3+14s^2+7s+1} \tag{2-6-1}$$

设置采样周期为 0.5s，仿真点数为 10。

选择菜单：前面板设有 2 个选择菜单，如图 2-6-1 所示。其中离散方法选择列出了SISO 系统适用的 5 种离散方法，响应种类选择菜单列出了通常的 4 种典型输入响应。

曲线显示：使用 XY 图示仪显示两条曲线。其中，阶梯状曲线是离散系统的响应曲线，

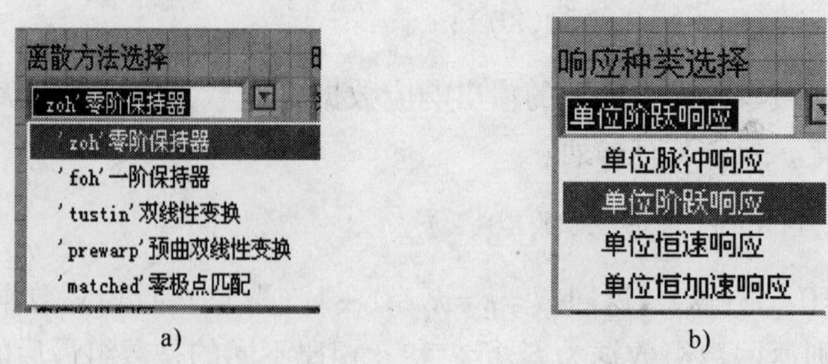

图 2-6-1　离散系统典型输入响应的选择菜单

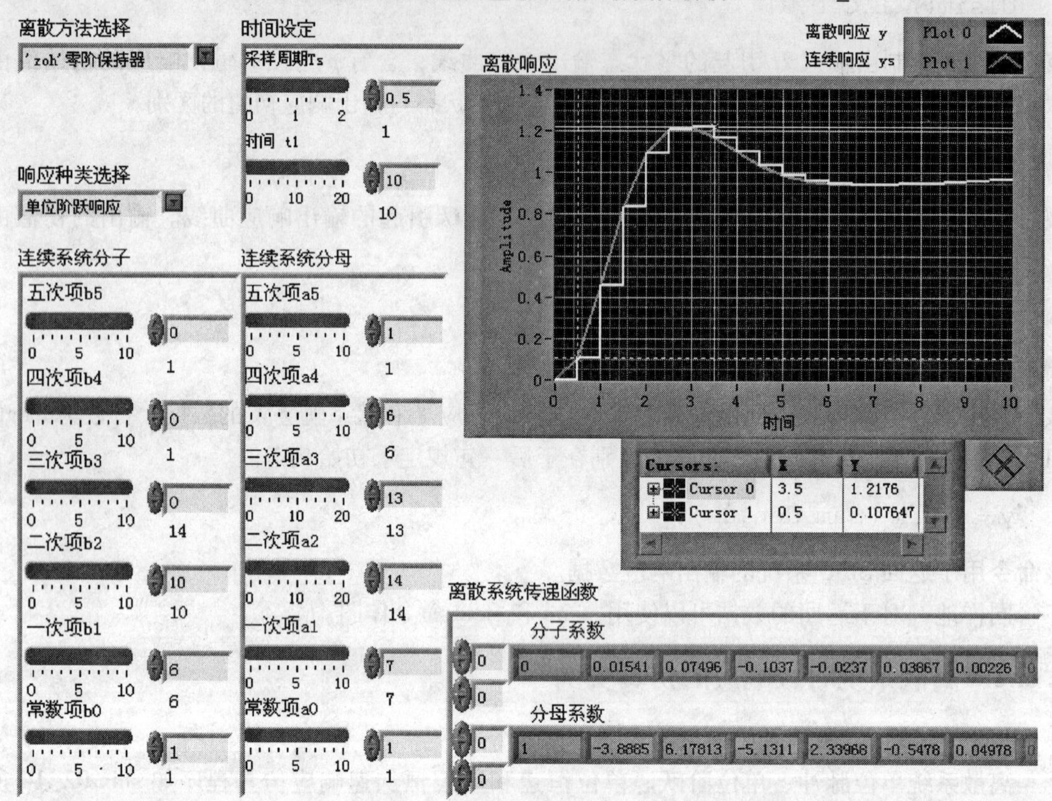

图 2-6-2　程序 shixz02_14 前面板

折线状曲线是对应连续系统同一响应的曲线。以图示为例，使用零阶保持器法进行离散，从两条单位阶跃响应的曲线可知，二者在采样时刻的单位阶跃响应值是相等的。这正是零阶保持器法的物理意义所在，也是它又被称为阶跃响应不变法的道理。作为对比，图 2-6-4 示出了在其他参数不变的情况下，采用其他离散方法时，单位阶跃响应曲线的对比。其中图 2-6-4a为双线性变换法，图 2-6-4b 为零极点匹配法。

离散系统的传递函数示于前面板右下方的数组之中。从单位脉冲响应到单位恒加速响应所对应的脉冲传递函数依次增加一个极点 1。

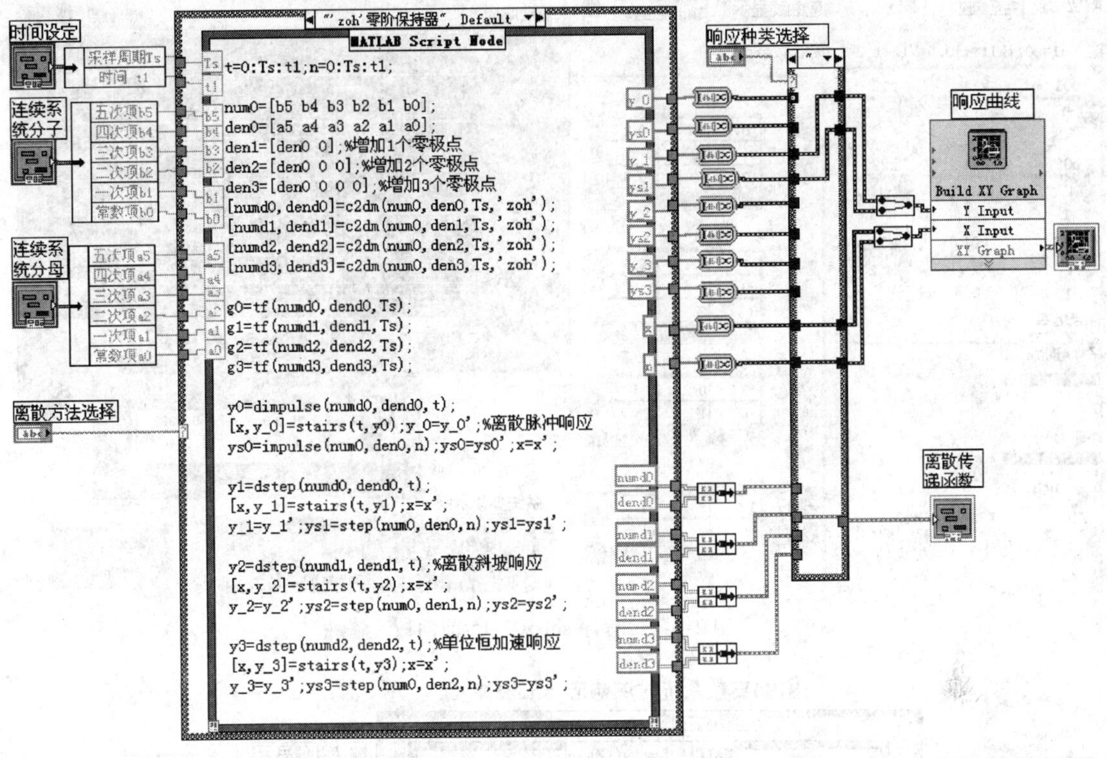

图 2-6-3　程序 shixz02_14 框图面板

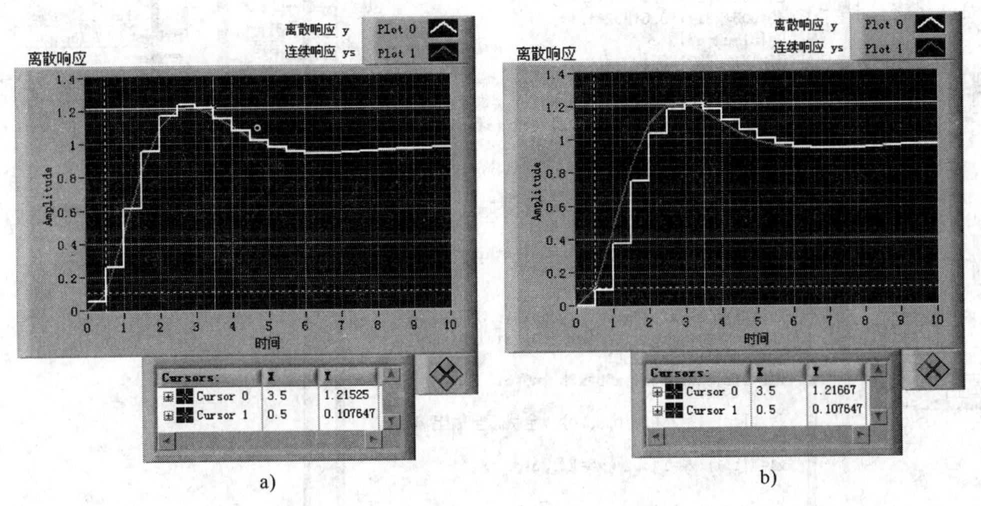

图 2-6-4　不同离散方法单位阶跃响应对比

a）双向性变换法　b）零极点匹配法

【例 2-15】　离散状态空间模型的零输入、零状态响应的仿真分析仪。

离散 MIMO 系统的时域特性仿真分析仪程序如 shixz02_15 所示。前面板和框图面板分别如图 2-6-5 和图 2-6-6 所示。

MIMO离散系统时域响应仿真仪：shixz02_15

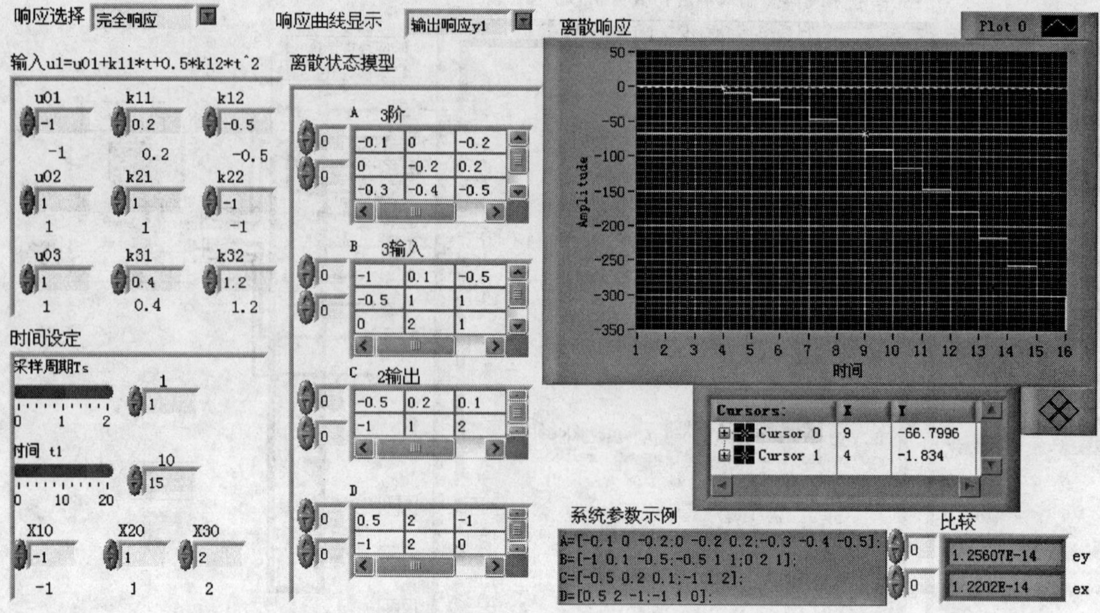

图 2-6-5　程序 shixz02_15 前面板

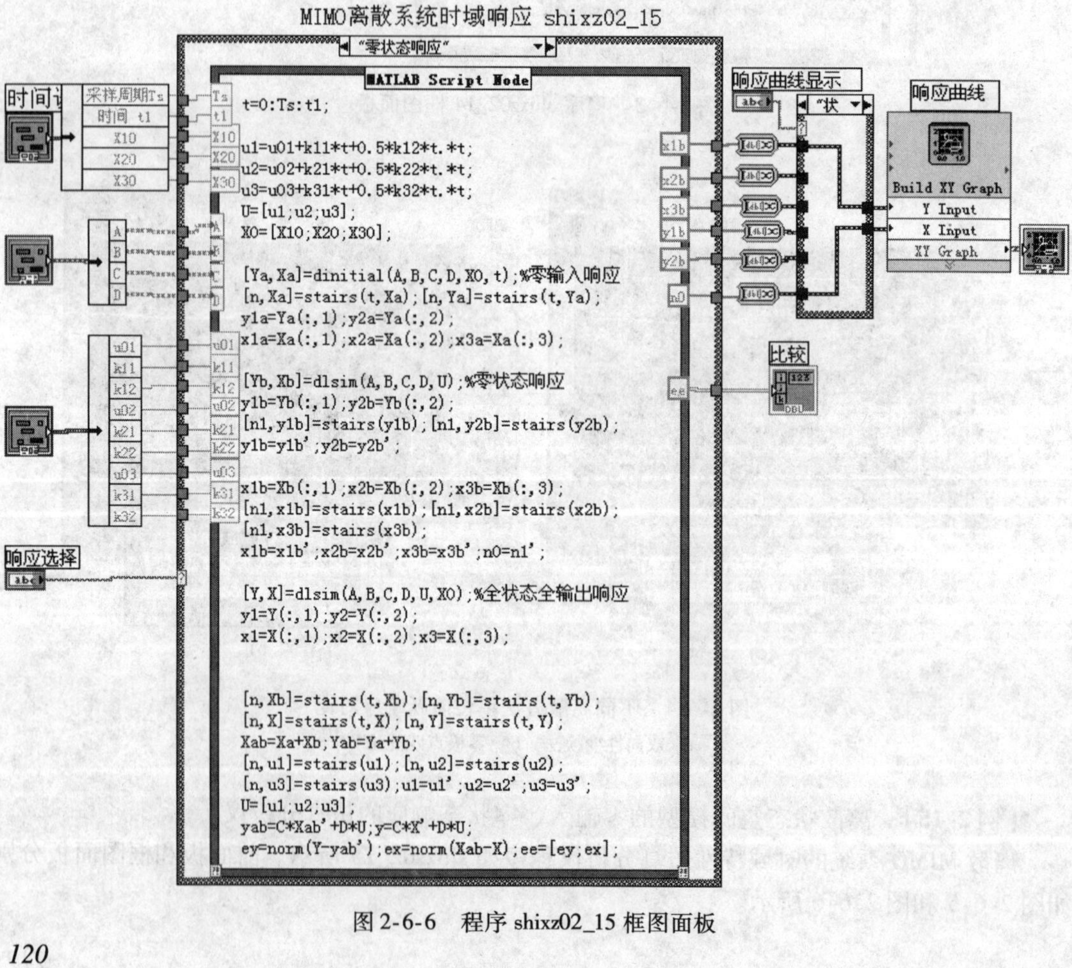

MIMO离散系统时域响应 shixz02_15

"零状态响应"

MATLAB Script Node

时间设定：采样周期Ts　时间 t1　X10　X20　X30

A　B　C　D

u01　k11　k12　u02　k21　k22　u03　k31　k32

响应选择

```
t=0:Ts:t1;

u1=u01+k11*t+0.5*k12*t.*t;
u2=u02+k21*t+0.5*k22*t.*t;
u3=u03+k31*t+0.5*k32*t.*t;
U=[u1;u2;u3];
X0=[X10;X20;X30];

[Ya,Xa]=dinitial(A,B,C,D,X0,t);%零输入响应
[n,Xa]=stairs(t,Xa);[n,Ya]=stairs(t,Ya);
y1a=Ya(:,1);y2a=Ya(:,2);
x1a=Xa(:,1);x2a=Xa(:,2);x3a=Xa(:,3);

[Yb,Xb]=dlsim(A,B,C,D,U);%零状态响应
y1b=Yb(:,1);y2b=Yb(:,2);
[n1,y1b]=stairs(y1b);[n1,y2b]=stairs(y2b);
y1b=y1b';y2b=y2b';

x1b=Xb(:,1);x2b=Xb(:,2);x3b=Xb(:,3);
[n1,x1b]=stairs(x1b);[n1,x2b]=stairs(x2b);
[n1,x3b]=stairs(x3b);
x1b=x1b';x2b=x2b';x3b=x3b';n0=n1';

[Y,X]=dlsim(A,B,C,D,U,X0);%全状态全输出响应
y1=Y(:,1);y2=Y(:,2);
x1=X(:,1);x2=X(:,2);x3=X(:,3);


[n,Xb]=stairs(t,Xb);[n,Yb]=stairs(t,Yb);
[n,X]=stairs(t,X);[n,Y]=stairs(t,Y);
Xab=Xa+Xb;Yab=Ya+Yb;
[n,u1]=stairs(u1);[n,u2]=stairs(u2);
[n,u3]=stairs(u3);u1=u1';u2=u2';u3=u3';
U=[u1;u2;u3];
yab=C*Xab'+D*U;y=C*X'+D*U;
ey=norm(Y-yab');ex=norm(Xab-X);ee=[ey;ex];
```

x1b　x2b　x3b　y1b　y2b　n0　ee

响应曲线显示　"状"

响应曲线

Build XY Graph　Y Input　X Input　XY Graph

比较

图 2-6-6　程序 shixz02_15 框图面板

程序说明：

本例的仿真对象为一个三阶三输入二输出离散状态空间模型。模型各系数矩阵示例见前面板图中之 $\boldsymbol{A}$，$\boldsymbol{B}$，$\boldsymbol{C}$，$\boldsymbol{D}$ 及参数示例。3 个输入分量均采用组合控制规律，可以分别独立设置参数。示例的控制规律为

$$\begin{cases} u_1(k) = u_{01} + k_{11}k + (1/2)k_{12}k^2 \\ u_2(k) = u_{02} + k_{21}k + (1/2)k_{22}k^2 \\ u_3(k) = u_{03} + k_{31}k + (1/2)k_{32}k^2 \end{cases} \quad \boldsymbol{U} = \begin{pmatrix} u_1 \\ u_2 \\ u_3 \end{pmatrix} \tag{2-6-2}$$

式中，$k=0, 1, 2, \cdots, (t_1/T_s+1)$，表示离散时间序列。$u_{01}$、$k_{11}$、$k_{12}$ 等分别表示各输入的阶跃、恒速和恒加速参数。前面板上给出了参数示例。

程序设置了两个选择菜单如图 2-6-7 所示。其中图 2-6-7a 为响应选择，可选择零输入响应、零状态响应和完全响应 3 种方式。图 2-6-7b 是响应曲线种类选择，可选择 3 个状态历程分量和 2 个输出分量。例如，如图 2-6-7b 所示的仿真曲线是完全响应之下的第 2 输出响应。根据叠加原理，完全响应等于零输入和零状态响应的叠加。因此，该输出响应是对应的零输入和零状态响应之和，程序中表示为 $y_2 = y_{2a} + y_{2b}$。读者可以通过曲线图下的测量坐标系，测量同一条显示曲线的零输入、零状态和完全响应的数值进行研究。

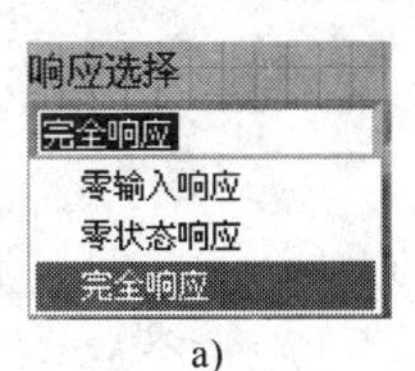

a)

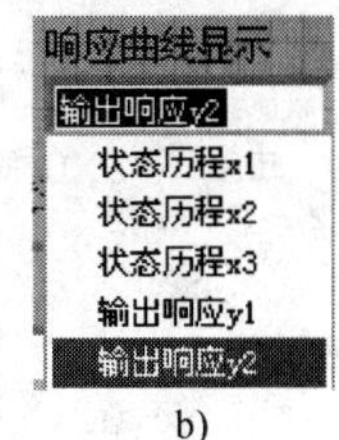

b)

图 2-6-7　响应选择菜单

程序右下角给出了一个“比较”数组。表示由输出方程计算与由 lsim 命令所获结果的比较，结果显示二者是一致的。

2.6.3　离散状态方程的解

求解离散状态方程式（1-4-1）

$$\begin{aligned} X(kT+T) &= \boldsymbol{F}X(kT) + \boldsymbol{G}U(kT) \\ Y(kT) &= \boldsymbol{C}X(kT) + \boldsymbol{D}U(kT) \end{aligned}$$

通常采用递推法和 Z 反变换法。

1. 递推法

$$X(kT) = F^k X(0) + \sum_{j=0}^{k-1} F^{k-j-1} Gu(\mathrm{j}T) \left(X(k)\big|_{k=0} = X(0) \right) \tag{2-6-3}$$

2. Z 反变换法

$$\begin{cases} X(z) = (z\boldsymbol{I} - \boldsymbol{F})^{-1} zX(0) + (z\boldsymbol{I} - \boldsymbol{F})^{-1} GU(z) \\ X(kT) = \boldsymbol{Z}^{-1}[X(z)] \end{cases} \tag{2-6-4}$$

求出 $X(kT)$ 后，代入输出方程可以求输出。

递推法只能得到数字序列解，不能得到封闭的解析式，但它可以适用于线性时变离散系统。Z 反变换法可以获得封闭的解析式，但只适用于定常线性离散系统。下面首先讨论递推解法。

【例 2-16a】 离散状态空间模型的递推算法。

程序如下：

```
F=[-0.1 0 -0.2;0 -0.2 0.2;-0.3 -0.4 -0.5];
G=[-1 0.1 -0.5;-0.5 1 1;0 2 1];
C=[-0.5 0.2 0.1;-1 1 2];
D=[0.5 2 -1;-1 1 0];
s=ss(F,G,C,D,1);

n=10;% 步数
u01=-1;k11=0.2;k12=-0.5;% 组合输入系数
u02=1;k21=1;k22=-1;
u03=1;k31=0.4;k32=1.2;

Ts=1;X0=[-1;1;2];X_i=X0
for  k=0:Ts:n;
    u1=u01+k11*k+0.5*k12*k^2;
    u2=u02+k21*k+0.5*k22*k^2;
    u3=u03+k31*k+0.5*k32*k^2;
    U=[u1;u2;u3];

    X_j=F*X_i+G*U;
    yk=C*X_i+D*U;
    xk=X_i;
    X_i=X_j;
end
X=xk
Y=yk
```

如例所示，设定组合输入分量为

$$\begin{cases}u_1=-1+0.2k-0.5*0.5k^2\\u_2=1+k-0.5*k^2\\u_3=1+0.4k+0.5*1.2k^2\end{cases}\qquad U=[u_1;\ u_2;\ u_3]\tag{2-6-5}$$

输入计算拍数，运行程序，可立即获得该拍的状态值和输出值。当取 $k=10$ 时，示例运行后状态值与输出值分别为

$$\boldsymbol{X}(10)=[-8.0538\quad 26.4300\quad -11.1546]^{\mathrm{T}}$$

$$\boldsymbol{Y}(10)=[-146.8026\quad -2.8254]^{\mathrm{T}}$$

仔细对比一下图 2-6-5 所示的几种完全响应各拍的值，与由逐步递推法所获得结果是相同的。例如，图中示出的 y_2 第 10 拍的值与由递推法计算的结果均为 -2.8254。

当采样周期 $T_s=0.5\text{s}$，其余参数不变时，完全响应之下的输出 y_2 曲线如图 2-6-8 所示。各采样点的值当然仍与递推算法的结果相同。不过要注意采样点与采样时间的关系 (t_1/T_s+1)。

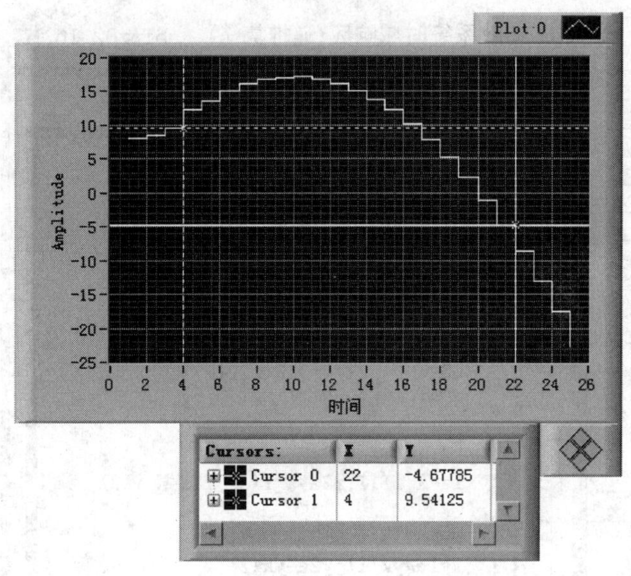

图 2-6-8　输出 y_2 的完全响应（采样周期 $T_s=0.5\text{s}$）

为了方便选择初值、输入和仿真拍数，将该例设计成如例 2-16 所示的虚拟仪器。

【例 2-16b】　离散状态方程递推法求解仿真仪。

离散状态方程递推法求解仿真仪的程序如 shixz02_16 所示。其前面板和框图面板分别如图 2-6-9 和图 2-6-10 所示。

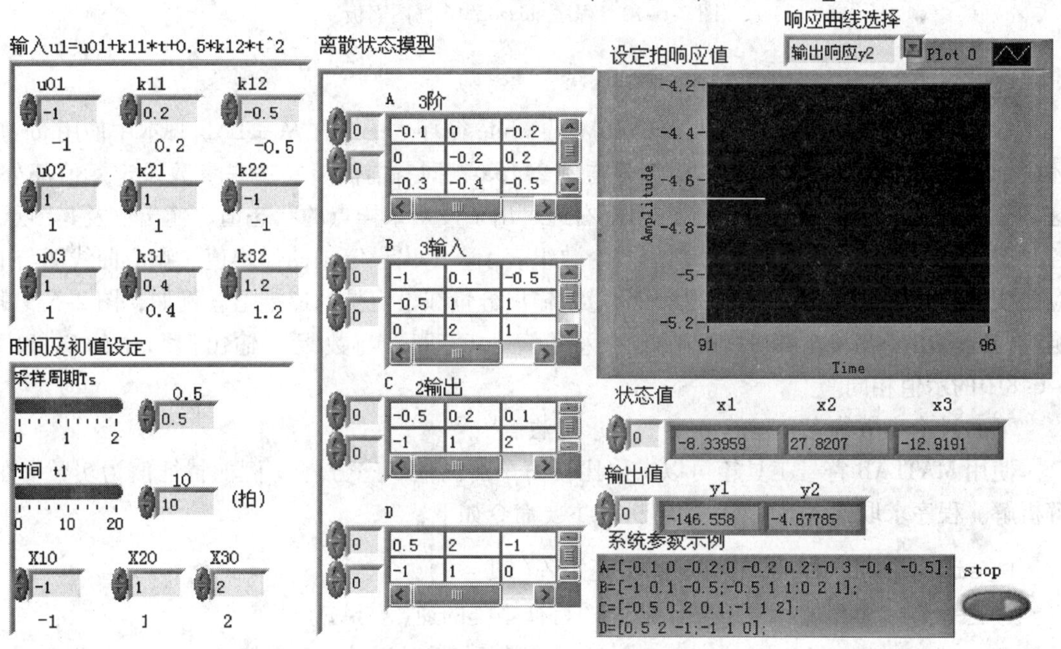

图 2-6-9　程序 shixz02_16 前面板

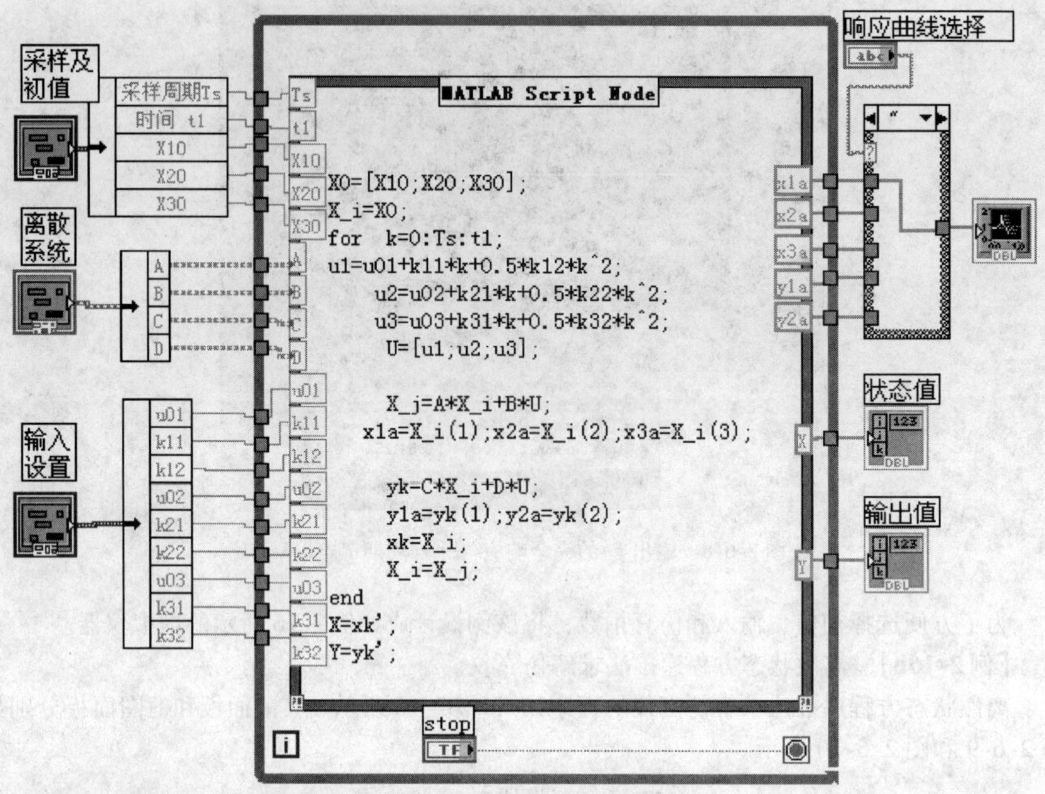

图 2-6-10　程序 shixz02_16 框图面板

程序说明：

本程序的 MATLAB 脚本嵌入 LabVIEW 的 while 循环之中。在 MATLAB 脚本中使用 for 循环命令实现递推算法，程序的主要部分与例 2-16a 相同。前面板左边是参数设定赋值部分，这部分赋值方法与例 2-15 相同。前面板右边示出了设定采样点的状态值、输出值及其图示。各状态分量与输出分量的数值分别由两个数组表示，示出设定拍的递推值。响应曲线图与响应曲线选择开关配合，示出任一状态分量或输出分量在设定拍的递推值。例如，图 2-6-9 的响应曲线示出了当 $k=10$ 时输出 y_2 的采样值-4.67785，与数组“输出值”中的 y_2 和图 2-6-8中的示值相同。

下面讨论离散状态方程的 Z 反变换求解法。

使用 MATLAB 符号工具箱可以求出比较简单的离散状态方程（例如特征值为实数）的解析解。程序求取式（2-6-4）的解析解主要命令如下：

```
F_eig = z * I - F ;% 生成 F 的特征矩阵(zI - F)
iF_eig = inv(F_eig);% 计算 F 的特征矩阵的逆(zI - F)^-1
fza = iztrans (iF_eig * z);% 计算 F 的特征矩阵的逆的 Z 反变换 Z^-1[(zI - F)^-1 z]
Xa = fza  * X0;% 零输入响应的状态解析式
```

求零状态响应 X_b 的主要命令如下：

```
U = ztrans (u);% 对输入 u(t)进行 Z 变换
Fei = iF_eig * G * U;
Xb = iztrans (Fei);% 零状态响应状态的解析式
```

通过零输入和零状态响应叠加可以求出完全状态响应的解析式，再通过输出方程可以求出输出响应的解析式。

由解析式可以方便地进行数值仿真。如果只需要进行数值仿真与动态曲线绘制，直接使用命令 initial 和 lsim 命令即可。

【例 2-17】 离散状态方程解析解及其数字仿真仪。

仿真仪程序如 shixz02_17 所示。其前面板和程序框图面板分别如图 2-6-11 和图 2-6-12 所示。

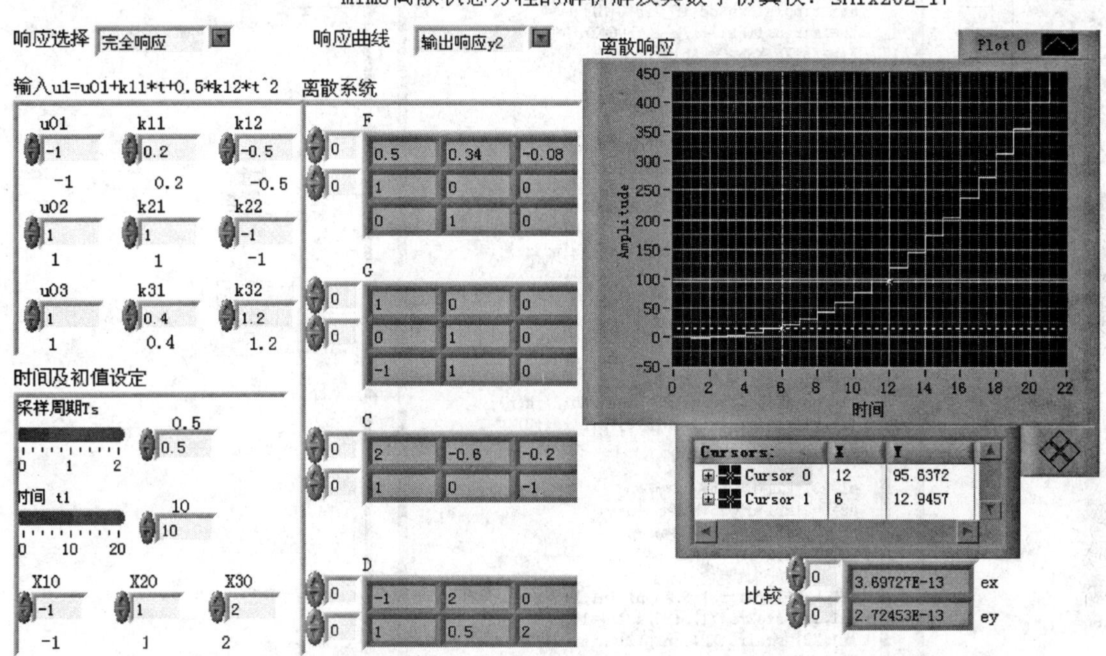

图 2-6-11　程序 shixz02_17 前面板

程序说明：

上列程序由如下 4 个部分构成：

① 获取状态方程和输出方程的解析解。

② 由解析解转换成数字序列。

③ 直接获取状态及输出响应的数字序列。

④ 比较与作图。

无论是解析解还是数字解都分别包含零输入、零状态响应及对应的输出响应这些响应中包含各个分量信息。

解析解的变量名如下：

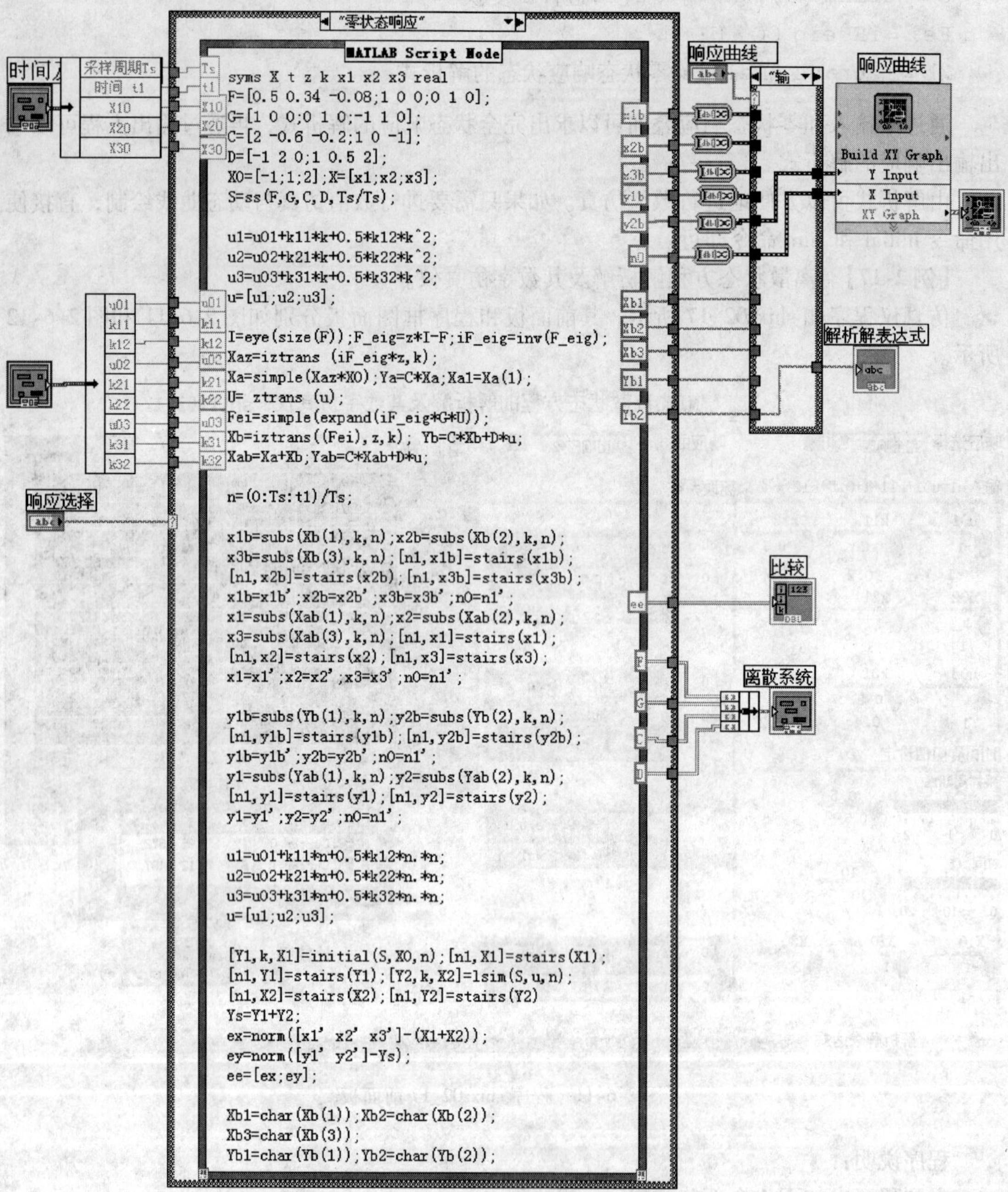

图 2-6-12　程序 shixz02_17 框图面板

X_a——零输入响应的状态轨迹解析式。

X_b——零状态响应的状态轨迹解析式。

X_{ab}——完全响应的状态轨迹解析式。

Y_a——零输入响应的输出解析式。

Y_b——零状态响应的输出解析式。

Y_{ab}——完全响应的输出解析式。

通过 MATLAB 命令 char，将求得的解析式转换成可用 LabVIEW 显示的字符串（string），将各个分量的解析解显示在前面板的最下端。所显示的表达式与所显示的曲线一致并且同步。例如，图 2-6-11 示出完全响应的第 2 输出的曲线 y_2 及其解析式 $Y_{ab}(2)$

```
-909/20*(4/5)^k-3/10*(1/5)^k+11/15*(-1/2)^k+2611/60-44/5*k
+29/20*k^2
```

令表达式中的 $k=10$，即在 MATLAB 命令窗中执行命令 subs(Yab(2),10)，将获得如图 2-6-11中坐标系 0（Cursor 0）所示的纵坐标值 95.6372。图中该点的横坐标值不是 10 而是 12，即所示的采样点为 12。原因是图 2-6-11 中横坐标值从 1 开始，而且所示纵坐标为采样周期末端的值，它等于该采样周期起点（11）的值。

为了保证在从解析式变换成数字序列时采样值为实数，必须使采样次数 k 为整数，程序中采样点设置成（0：T_s：t_1）/T_s，其中 t_1 为采样终点时间。

由于采用阶梯波表示各种响应曲线，每次显示一条曲线更清晰，所以程序设置了如图 2-6-7 所示的响应选择菜单，其使用方法参照该例。

编写程序时注意各种响应中响应曲线阶梯波生成语句。例如，第 1 状态轨迹的零输入响应、零状态响应和完全响应阶梯波曲线分别如下列 3 行语句生成，然后将横坐标变量再转换为统一的横坐标 n_0，进入 XY 图示仪。

```
[n_0,x1a]=stairs(x1a);
[n1,x1b]=stairs(x1b);
[n2,x1]=stairs(x1);
```

第 3 章　线性控制系统频域特性的分析与仿真

本章介绍线性控制系统的频域特性及其仿真分析。当线性系统输入的典型信号为频率可变的正弦信号 $u(t)=u_0\sin(\omega t)$ 时，系统输出幅值和相位随输入信号频率变化的特性称为频率特性。频率特性分析方法的变量是具有明确物理意义的频率 ω。这种方法将传递函数从复域转移到频域，建立起了时间响应与其频谱之间的直接联系，也建立起了单位脉冲响应与频率特性之间的直接联系。通过对系统频率特性的研究，可以将系统对任何输入信号的响应转换成对不同频率谐波信号响应的叠加，这不但从频率响应的角度提供了另外一种解析分析方法，更重要的是对于那些不便进行解析分析的复杂系统提供了实验研究方法，这在工程上具有很强的实用价值。频率特性分析通常采用几何图示方法。本章主要介绍频率特性分析中的伯德图、奈奎斯特图和尼科尔斯图，同时也将根轨迹图放在本章一并讨论。最后介绍系统时域和频域性能指标的相互关系。

3.1　频率特性概述

3.1.1　频率特性的定义

设将初始相位为 0 的正弦信号

$$u(t)=u_0\sin(\omega t) \tag{3-1-1}$$

输入到由传递函数

$$G(s)=\frac{Y(s)}{U(s)}\Rightarrow\frac{\mathrm{num}(s)}{\mathrm{den}(s)} \tag{3-1-2}$$

所描述的线性系统，则其稳态输出为

$$y(t)=y_0(\omega)\sin[\omega t+\varphi(\omega)] \tag{3-1-3}$$

输出频率 ω 不变。输出幅值和相位均随输入频率 ω 的变化而变化，它们都是频率 ω 的函数。

1. 幅频特性

幅频特性是指系统输出幅值与输入幅值之比随频率 ω 变化的特性，见式（3-1-4）。

$$A(\omega)=\frac{y_0(\omega)}{u_0} \tag{3-1-4}$$

2. 相频特性 $\varphi(\omega)$

相频特性是指系统输出与输入之间的相位差随频率 ω 变化的特性。

幅频特性与相频特性总称为系统频率特性。记为 $A(\omega)\angle\varphi(\omega)$，或 $A(\omega)\mathrm{e}^{\mathrm{j}\varphi(\omega)}$。

3.1.2　频率特性与传递函数的关系

令传递函数中的变量 $s=\mathrm{j}\omega$，即可获得频率特性

$$\text{传递函数}:G(s)\xleftrightarrow{s=\mathrm{j}\omega}G(\mathrm{j}\omega):\text{频率特性} \tag{3-1-5}$$

$G(\mathrm{j}\omega)$ 又称为谐波传递函数，共有三种表示方法。

1. 复指数表示法

$$G(\mathrm{j}\omega)=A(\omega)\mathrm{e}^{\mathrm{j}\varphi(\omega)} \tag{3-1-6}$$

2. 代数表示法

$$G(\mathrm{j}\omega)=u(\omega)+\mathrm{j}v(\omega) \tag{3-1-7}$$

3. 三角函数表示法

$$G(\mathrm{j}\omega)=A(\omega)\cos[\varphi(\omega)]+\mathrm{j}A(\omega)\sin[\varphi(\omega)] \tag{3-1-8}$$

式中，实频特性为

$$u(\omega)=\mathrm{Re}[G(\mathrm{j}\omega)]=A(\omega)\cos[\varphi(\omega)] \tag{3-1-9}$$

虚频特性为

$$v(\omega)=\mathrm{Im}[G(\mathrm{j}\omega)]=A(\omega)\sin[\varphi(\omega)] \tag{3-1-10}$$

幅频特性为

$$A(\omega)=\sqrt{u^2(\omega)+v^2(\omega)} \tag{3-1-11}$$

相频特性为

$$\varphi(\omega)=\angle G(\mathrm{j}\omega)=\arctan\frac{v(\omega)}{u(\omega)} \tag{3-1-12}$$

由于式（3-1-12）受反正切函数主值的限制，常常采用另外的方法求取相频特性。

3.1.3 幅频特性和相频特性的常用求法

将传递函数写成简单典型环节串联的标准形式为

$$G(s)=\frac{K\prod_{i=1}^{m}(\tau_i s+1)}{s^{\gamma}\prod_{j=1}^{n-\gamma}(T_j s+1)}\quad(n\geqslant m) \tag{3-1-13}$$

频率特性表示为

$$G(\mathrm{j}\omega)=\frac{K\prod_{i=1}^{m}(1+\mathrm{j}\tau_i\omega)}{(\mathrm{j}\omega)^{\gamma}\prod_{j=1}^{n-\gamma}(1+\mathrm{j}T_j\omega)}\quad(n\geqslant m) \tag{3-1-14}$$

于是，幅频特性为

$$|G(\mathrm{j}\omega)|=\frac{K\prod_{i=1}^{m}\sqrt{1+(\tau_i\omega)^2}}{\omega^{\gamma}\prod_{j=1}^{n-\gamma}\sqrt{1+(T_j\omega)^2}} \tag{3-1-15}$$

相频特性为

$$\varphi(\omega)=(-90^\circ)\gamma+\sum_{i=1}^{m}\tan^{-1}(\tau_i\omega)-\sum_{j=1}^{n-\gamma}\tan^{-1}(T_j\omega) \tag{3-1-16}$$

即使系统包含2阶微分和2阶振荡环节，式（3-1-13）~式（3-1-16）的形式会发生变化，但式（3-1-15）和式（3-1-16）所表示的计算关系仍然适用。这就是复数的模等于其分子模与分母模相除，复数的相角等于分子相角与分母相角之差，这对于计算幅相频率特性是很有用的。根据式（3-1-15）和式（3-1-16），考查几个特殊频率点的幅频值和相频值是有意义的。

（1）$\omega=0$

$$A(0)=|G(\mathrm{j}0)|=\begin{cases}K & \gamma=0\\ \infty & \gamma>0\end{cases} \tag{3-1-17}$$

$$\varphi(0)=\angle G(\mathrm{j}0)=(-90^\circ)\gamma \tag{3-1-18}$$

（2）$\omega\to\infty$

$$A(\infty)=|G(\mathrm{j}\infty)|=\begin{cases}0 & n>m\\ K\dfrac{\prod\limits_{i=0}^{m}\tau_i}{\prod\limits_{j=0}^{n-\gamma}T_j} & n=m\end{cases} \tag{3-1-19}$$

$$\varphi(\infty)=\angle G(\mathrm{j}\infty)=(-90^\circ)(n-m) \tag{3-1-20}$$

3.2 频率特性的图形描述

3.2.1 频率特性中的奈奎斯特图

当自变量 ω 从 $0\to\infty$ 变化时，$G(\mathrm{j}\omega)$ 的端点在复平面 $[G(\mathrm{j}\omega)]$ 上所描绘出的极坐标图称为频率特性的奈奎斯特图。极径的长度图示出幅频特性式（3-1-11）或式（3-1-15）；极角图示出相频特性式（3-1-12）或式（3-1-16）。图 3-2-1 示出了系统式（3-2-1）当 $\omega\in(-\infty,\infty)$ 时的奈奎斯特图。

$$G(s)=\frac{5(0.4s+1)(0.5s+1)}{(s^2+0.2s+1)(1.2s-1)(1.4s+1)} \tag{3-2-1}$$

当频率 ω 从 $0\to\infty$ 变化时，系统式（3-2-1）的奈奎斯特图如图 3-2-1 中实线所示，$G(\mathrm{j}\omega)$ 的端点从 Q 点出发沿者箭头方向到达 O 点；当频率 ω 从 $-\infty\to0$ 变化时其奈奎斯特图如图 3-2-1 中虚线所示，与由正频率所描述的实线部分相对于实轴对称。极径 $\overrightarrow{\mathrm{Oa}}$ 表示某一频率 ω_1 时该系统的频率响应 $G(\mathrm{j}\omega_1)$，$\overrightarrow{\mathrm{Oa}}$ 的长度表示该频率点的幅频值 $|G(\mathrm{j}\omega_1)|$，$\overrightarrow{\mathrm{Oa}}$ 与正实轴的夹角表示该频率点的相频值 $\angle G(\mathrm{j}\omega_1)$，$\overrightarrow{\mathrm{Oa}}$ 的水平投影 ob 表示该频率点的实频值 $\mathrm{Re}[G(\mathrm{j}\omega_1)]$，竖直投影 ba 表示该频率点的虚频值 $\mathrm{Im}[G(\mathrm{j}\omega_1)]$。对于类似式（3-2-1）的 0 型系统，当 ω 从 $-\infty\to\infty$ 时，其奈奎斯特图描绘出一个封闭曲线 oabQPco。

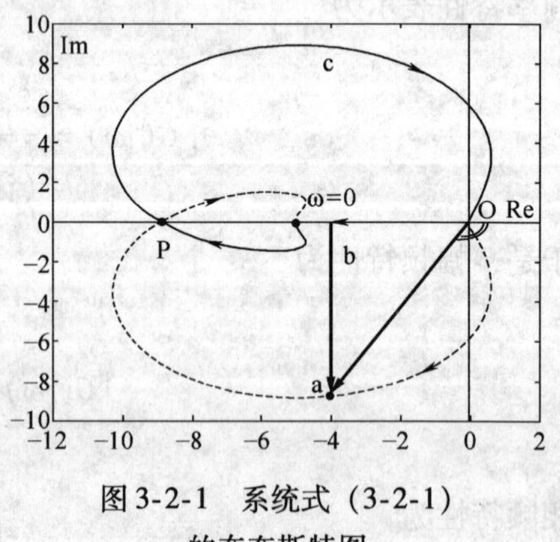

图 3-2-1 系统式（3-2-1）的奈奎斯特图

由图可得几个典型频率值的特性。当 $\omega=0$ 时，$|G(\mathrm{j}0)|=5$，$\angle G(\mathrm{j}0)=-180^\circ$，因为系统式（3-2-1）是一个非最小相位系统，所以虽然是 0 型（$\gamma=0$），$\angle G(\mathrm{j}0)$ 却不为 0。

当 ω 趋于无穷时，$|G(j\infty)|=0$，因为该系统 $n>m$；$\angle G(j\infty)=-180°$，这是因为式(3-2-1)中环节（$1.2s-1$）$=-(1-2s)$，对于相移的贡献是超前。也就是说对于相频特性而言式（3-2-1）中正负相移的因次相同，当频率趋于无穷大时，相移为0，此时 $-180°$ 的相移由传递函数的负号引起。

对于图中点a，可以计算出对应频率 $\omega_a=-1.039977\text{rad/s}$，实频值 $\text{Re}(\omega_a)=-4$，虚频值 $\text{Im}(\omega_a)=-8.80625$，相频值 $\angle G(j\omega_a)=-114.4285°$。

3.2.2 频率特性中的伯德图

伯德图是频率特性的对数坐标图，由对数幅频特性图和对数相频特性图共同组成，这两幅图共用横坐标。

对数幅频特性图的纵坐标表示 $G(j\omega)$ 的幅值，线性分度，单位为分贝（/dB = 20lg $|G(j\omega)|$）。相频特性图的纵坐标表示 $G(j\omega)$ 的相位，单位是度（deg），也是线性分度。伯德图的横坐标表示频率 ω 值，单位是 rad/s 或 1/s，采用对数分度，习惯上仍然标真数值，所以其横坐标是按10倍频程线性分度的。

图3-2-2给出了系统式（3-2-1）的伯德图。由于横坐标按对数分度，频率最小值（起点）必须大于0。

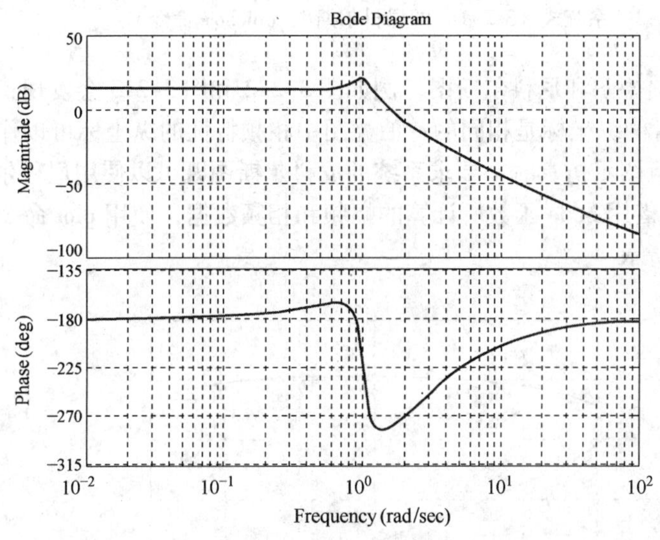

图3-2-2　系统式（3-2-1）的伯德图

由图可见，当频率很低或很高时，系统相移都是 $-180°$。使用鼠标测量，当频率 $\omega\approx0.98\text{rad/s}$时，系统幅频达到峰值约为21.1dB。当频率足够高时，幅频按 -40dB/dec 衰减。

3.2.3 频率特性中的尼科尔斯图

尼科尔斯图是直角坐标系内系统的幅频、相频特性图。纵坐标为系统的幅频特性，用分贝表示，横坐标是系统的相频特性，用度表示。图3-2-3给出了系统式（3-2-1）的尼科尔斯图。

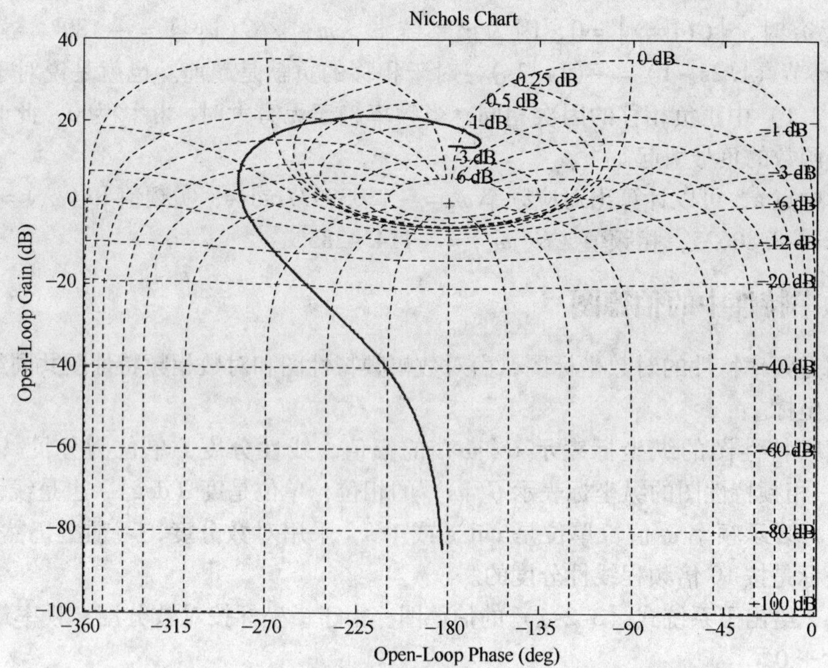

图 3-2-3　系统式（3-2-1）的尼科尔斯图（nichols 命令）

对比一下同一系统的伯德图和尼科尔斯图，例如图 3-2-2 和图 3-2-3 会发现，当频率参量（ω）标度相同时，二者的纵坐标是相同的；伯德图中相频特性的纵坐标可以作为尼科尔斯图的横坐标。所以在进行图示仿真时，要求系统的尼科尔斯图既可以使用尼科尔斯图的专用命令（nichols），也可以借用 bode 函数所计算的幅频和相频数据，使用 plot 命令来图示尼科尔斯曲线，如图 3-2-4 所示。

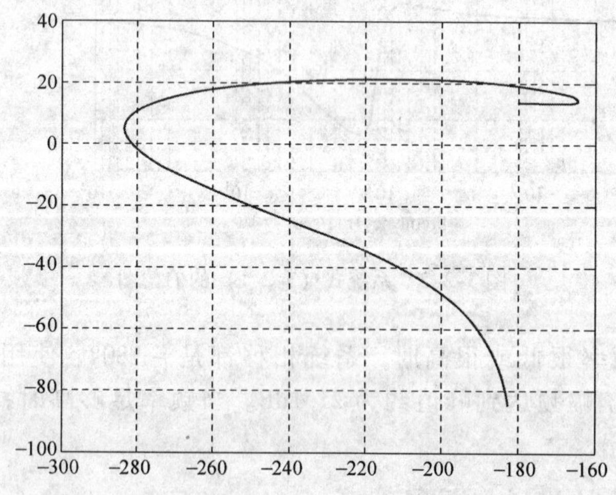

图 3-2-4　系统式（3-2-1）的尼科尔斯图（plot 命令）

3.3 频率特性仿真的 MATLAB 函数

3.3.1 频率特性的符号运算

在频率特性仿真图示中需要幅频、相频、实频、虚频等数据，有时也需要它们的表达式，以系统式（3-2-1）为例，获取这些表达式的主要命令如下。

```
syms w s real % 调用 MATLAB 符号工具箱
n10s=5*(0.4*s+1);
n11s=(0.5*s+1);% 传递函数分子因式
m10s=s^2+0.2*s+1;
m11s=(1.2*s-1);
m12s=(1.4*s+1); % 传递函数分母因式
f1=n10s*n11s/m10s/m11s/m12s ;% 传递函数表达式
f1w=simple(subs(f1,s,j*w));% 频率特性表达式,令 s=jω
fr1=simple(real(f1w));% 实频特性表达式
fi1=simple(imag(f1w));% 虚频特性表达式
F1=simple(sqrt(fr1*fr1+fi1*fi1));% 幅频特性表达式
```

使用 subs 函数，代入频率的具体数列，则可以求得频率特性的对应数列。

```
w3=logspace(-2,2,1000);
fr1w=subs(fr1,w,w3);
fi1w=subs(fi1,w,w3);
F1w=subs(F1,w,w3);
```

但是，在求取相频特性时由于反正切函数主值的限制，不能简单地使用式（3-1-12），而应当分别求取各个环节的相角序列，再求这些相角序列的代数和，同一系统的相频特性程序如下：

```
n10w=subs(n10s,s,j*w3);% 分子环节的复序列
n11w=subs(n11s,s,j*w3);
phn10=angle(n10w)*180/pi; % 分子各环节的相角(度)
phn11=angle(n11w)*180/pi;
m10w=subs(m10s,s,j*w3); % 分母环节的复序列
m11w=subs(m11s,s,j*w3);
m12w=subs(m12s,s,j*w3);
phm10=angle(m10w)*180/pi; % 分母各环节的相角(度)
phm11=angle(m11w)*180/pi;
phm12=angle(m12w)*180/pi;
phw=(phn10+phn11-phm10-phm11-phm12);% 由表达式求出相频特性
```

由于系统式（3-2-1）是非最小相位系统，直接使用式（3-1-12）的相角突变非常明显，为了加深这一印象，请参见图3-3-1和图3-3-2。前者示出由式（3-1-12）求得的相频特性，后者示出由各个环节相频叠加所求得的相频特性。程序命令分别为

```
semilogx(w3,atan(fi1w./fr1w)*180/pi),grid% 由式(3-1-12)求相频特性
figure
semilogx(w3,phw);grid% 由各环节相频叠加求相频特性
```

由图3-3-1可知，当相角从第Ⅱ象限跨过正虚轴进入第Ⅰ象限，和从第Ⅰ象限再进入第Ⅱ象限时，由于实部两次过0改变符号，反切、正切相角两次发生突变，不能正确反映系统的相频特性，所以在控制系统中很少直接使用式（3-1-12）求多环节系统的相频特性。

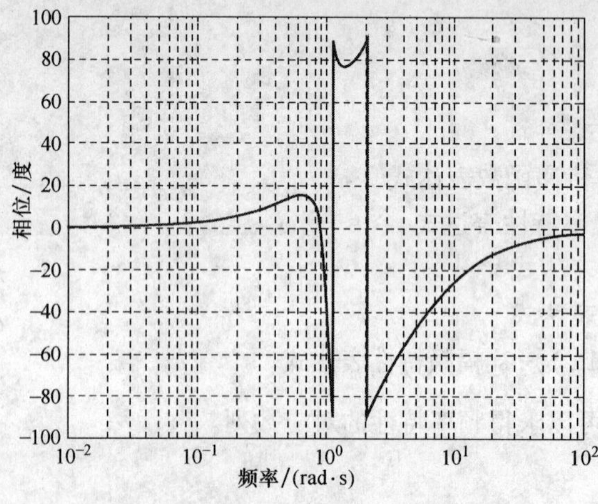

图3-3-1　由式（3-1-12）求系统的相频

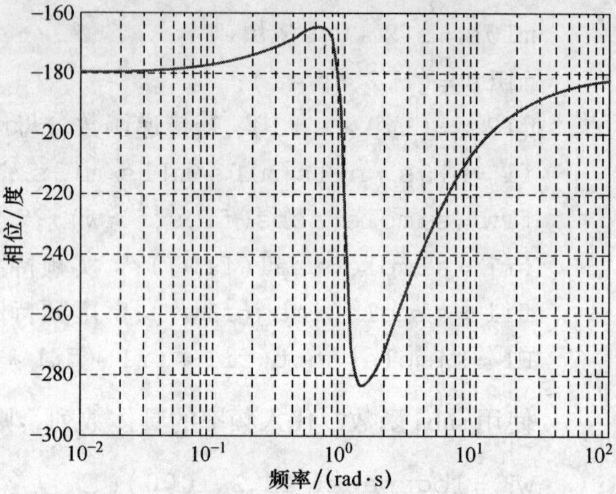

图3-3-2　由环节叠加求系统的相频

3.3.2　频率特性的数字仿真命令

1. 直接绘图命令（以伯德图为例）

```
bode(num,den,w),grid
```

仅绘制传递函数为有理分式的SISO系统伯德图，添加半对数虚格线。

```
bode(sys,w);grid
```

绘制任意系统伯德图。其中，sys可以是传递函数的有理分式形式tf，可以是零极点形式zpk，也可以是状态空间模型ss。对于状态空间模型，将绘制 $p\times m$ 个子图，子图排成 p 行（p 为输出数），m 列（m 为输入数）。每个子图对应表示传递函数矩阵中相应传递函数的伯德图。

```
bode(A,B,C,D,iu,w3), grid
```

该命令用于绘制第 iu 输入的伯德图。显示图形为 p 行1列，对应命令bode(sys, w）中的某一列图形。如果要单独绘制某个输入对所有输出的伯德图，只能使用以上命令格式，不能使用无效的命令bode(sys, iu, w)。

若将上列语句中的函数名更换成 nyquist 和 nichols，可以得到系统的奈奎斯特图和尼科尔斯图。语句如下：

```
nyquist(num,den,w),grid
nyquist (sys,w),grid
nyquist (A,B,C,D,iu,w3),grid

nichols (num,den,w),grid
nichols (sys,w),grid
nichols (A,B,C,D,iu,w3),grid
```

上述语句中频率书写格式如下：

```
w=logspace(-2,2,200);
w3 ={0.01,100};% 起始频率必须为正
w3 =0.01:0.1:100; % 起始频率必须为正
```

2. 返回数据，不直接作图（以伯德图为例）

bode 命令返回幅值和相位。调用格式为

```
[mag,phase]=bode(num,den,w);
```

针对 SISO 系统的传递函数多项式分式形式，返回输出、输入幅值之比 mag 和以度为单位的相位 phase。幅值比（幅频特性）的分贝数为 mad=20*log10(mag)。

```
[mag,phase]=bode(sys,w);
```

sys 可以是 tf，zpk 和 ss 形式。对于状态空间模型 ss，返回的 mag 和 phase 分别表示各输入引起的各输出幅频和相频响应序列。这两个序列按［Ny，Nu，length(w)］格式显示，其中 $Ny=1, 2, \cdots, p$，表示输出序号。$Nu=1, 2, \cdots, m$，表示输入序号。length(w) 表示计算的频率点数。返回值 mag 与 mag[:, :, :] 显示格式相同，按频率点列出各输入引起的各输出幅频值。例如，对于一个三输出二输入系统，计算频率 100 点，将显示 100 个 3 行 2 列数组。如果选定计算频率点，例如 mag[:,:, 51] 将返回一个 3 行 2 列数组，表示第 51 频率点 2 个输入分别产生的 3 个幅频响应值。如果为了作图方便，需要获得任意输入对任意输出频率响应序列的 1 维数组，需要使用下列 2 条语句：

```
magNyNu=mag(Ny,Nu,:);% 输入 Nu 对输出 Ny 的幅频响应序列,按频率点显示
mag_NyNu=magNyNu(1,:); % 输入 Nu 对输出 Ny 的幅频响应序列,1 维数组
```

同理可以求出任意输入对任意输出相频响应序列的 1 维数组。不过使用这种方法求出的相频响应序列在实频值过 0 改变符号时会出现相位突变的问题，如图 3-3-1 所示的情况，仿真时要特别注意。

```
[mag,phase]=bode(A,B,C,D,iu,w);
```

该命令用于返回第 iu 输入引起的各输出频率响应。显示格式为 length(w) 行 p 列。同理，所得相频序列 phase 也有相位突变问题。

如何才能避免相位突变呢？可以先使用 ss2tf 语句转换成传递函数矩阵，再对每个传递

函数使用 bode 语句，程序如下：

```
[num1,den1]=ss2tf(A,B,C,D,1);
```

该命令用于返回输入 1 对全部输出的 p 个传递函数分子分母多项式系数。num1 有 p 行，den1 有 l 行。类似语句可以获得其余输入对全部输出的传递函数分子分母多项式系数。

```
num11=num1(1,:);% 返回传递函数 g11(s)=y1(s)/u1(s)的分子多项式系数
num12=num1(2,:); % 返回传递函数 g21(s)=y2(s)/u1(s)的分子多项式系数
num13=num1(p,:); % 返回传递函数 gp1(s)=yp(s)/u1(s)的分子多项式系数
[mb11,pb11]=bode(num11,den1,w);
```

返回 $g_{11}(s)$ 的幅频和相频响应序列 mb11 和 pb11。mb11 表示输出、输入幅值之比，其分贝值为 20 * log(mb11)。pb11 的单位为度。类似语句可以获得其余传递函数的幅频和相频响应序列。

将上列各句的函数 bode 换成 nyquist 和 nichols，可以分别得到格式完全相同的奈奎斯特曲线和尼科尔斯曲线的相应参数。nyquist 命令返回的是实频和虚频响应序列，nichols 命令返回的是幅频和相频响应序列。实际上，nichols 命令的返回值与对应情况下 bode 命令的返回值是相同的，都是幅频和相频响应序列。

使用上述命令获得各种响应序列后，再使用命令 plot 可以获得系统的伯德图、奈奎斯特图和尼科尔斯图，并且可以根据需要进行编辑。此外，还可以移植到 LabVIEW 构成虚拟仿真仪。

3.4 频率特性仿真实例

3.4.1 单输入单输出系统频率特性仿真实例

【例 3-1】 单输入单输出系统频率特性仿真分析仪。

以 5 阶单输入单输出系统为例，其频率特性仿真程序如 shixz03_01 所示。仿真程序的前面板和程序框图面板分别如图 3-4-1 和图 3-4-2 所示。

赋值：传递函数分子分母多项式系数赋值簇最多可以为一个 5 阶系统赋值。图 3-4-1 中的系统使用了式（3-2-1）的参数，参数示例置于赋值框下面供参考。通过适当选择分子和分母系数的 0 值项，可以构成 5 阶以下的各型系统供仿真用。

频率特性给出了奈奎斯特图、伯德图和尼科尔斯图。伯德图采用了两种显示方式：一种是将幅频和相频特性显示在同一幅图上；另一种方式是通过选择开关分别显示幅频和相频特性曲线。注意 1 在使用同一幅图显示幅频和相频特性曲线时，它们纵坐标的单位分别为分贝和度。图 3-4-3 给出了分别显示的幅频和相频特性曲线图。

仿真图频率范围设定为 $10^{x1} \sim 10^{x2}$ rad/s。图 3-4-1 中伯德图的横坐标与通常伯德图标度不同，不是真数标度，而是对数标度，所以横坐标是均匀分布的。实际频率值 ω 与横坐标示数 x 之间的关系为

$$\omega=\omega_1 10^{\frac{x_2-x_1}{N}x} \tag{3-4-1}$$

式中，ω_1 为起始频率值 10^{x1}，单位为 rad/s，程序实例取 0.01rad/s；x_1，x_2 为起始、终止频率的常用对数值，程序中分别取 -2 和 2；N 为横坐标分度点数，例中取 1000；x 为伯德图横坐标示数。

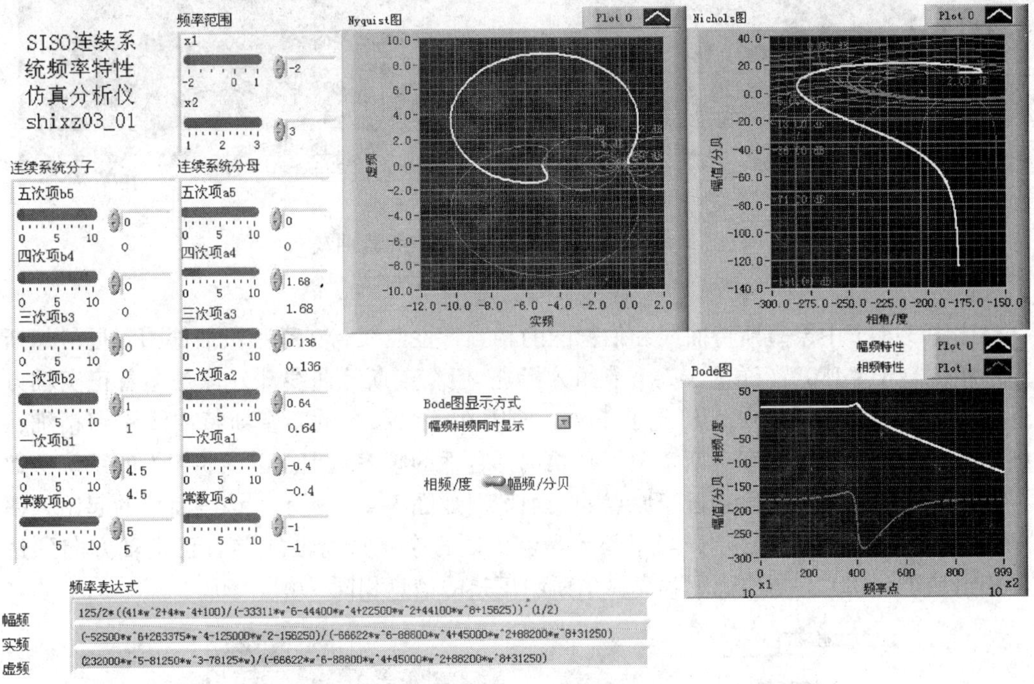

图 3-4-1　程序 shixz03_01 前面板

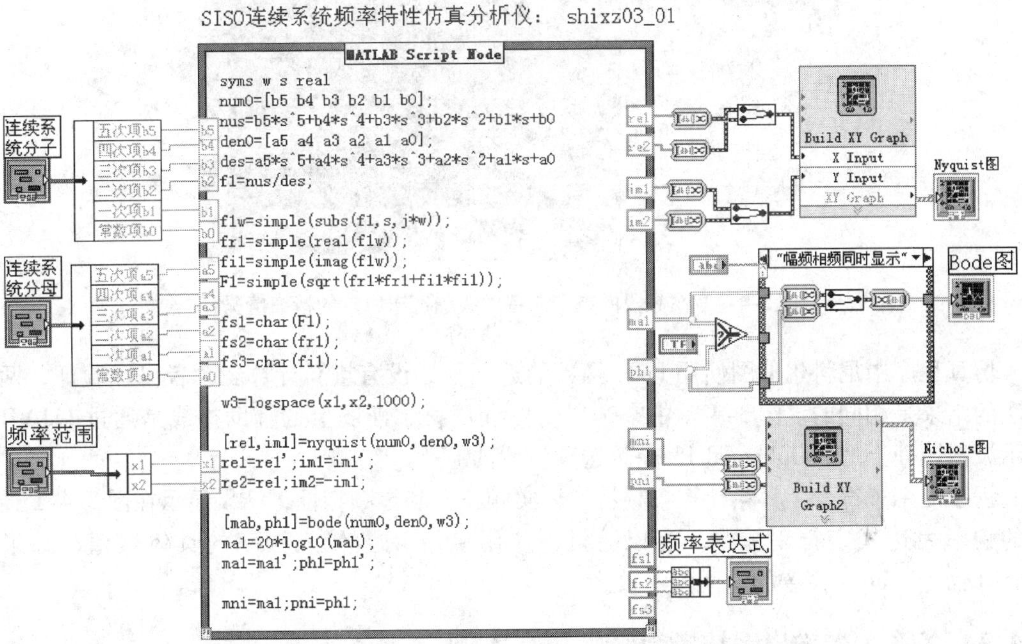

SISO连续系统频率特性仿真分析仪：　shixz03_01

MATLAB Script Node

```
syms w s real
num0=[b5 b4 b3 b2 b1 b0];
nus=b5*s^5+b4*s^4+b3*s^3+b2*s^2+b1*s+b0
den0=[a5 a4 a3 a2 a1 a0];
des=a5*s^5+a4*s^4+a3*s^3+a2*s^2+a1*s+a0
f1=nus/des;

f1w=simple(subs(f1,s,j*w));
fr1=simple(real(f1w));
fi1=simple(imag(f1w));
F1=simple(sqrt(fr1*fr1+fi1*fi1));

fs1=char(F1);
fs2=char(fr1);
fs3=char(fi1);

w3=logspace(x1,x2,1000);

[re1,im1]=nyquist(num0,den0,w3);
re1=re1';im1=im1';
re2=re1;im2=-im1;

[mab,ph1]=bode(num0,den0,w3);
ma1=20*log10(mab);
ma1=ma1';ph1=ph1';

mni=ma1;pni=ph1;
```

连续系统分子　连续系统分母　频率范围　Build XY Graph　X Input　Y Input　XY Graph　Nyquist图　"幅频相频同时显示"　Bode图　Build XY Graph2　Nichols图　频率表达式

图 3-4-2　程序 shixz03_01 框图面板

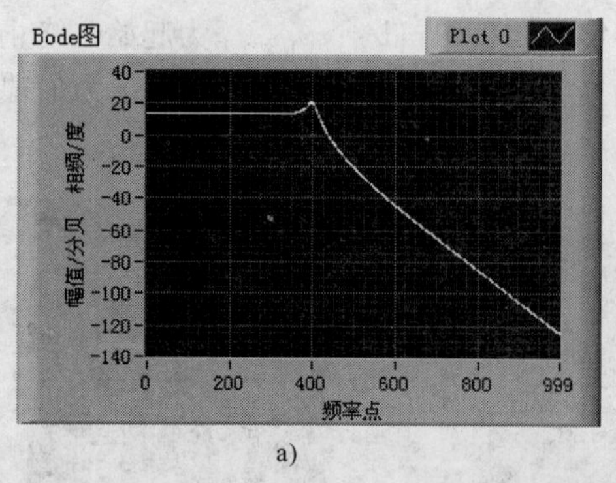

a)

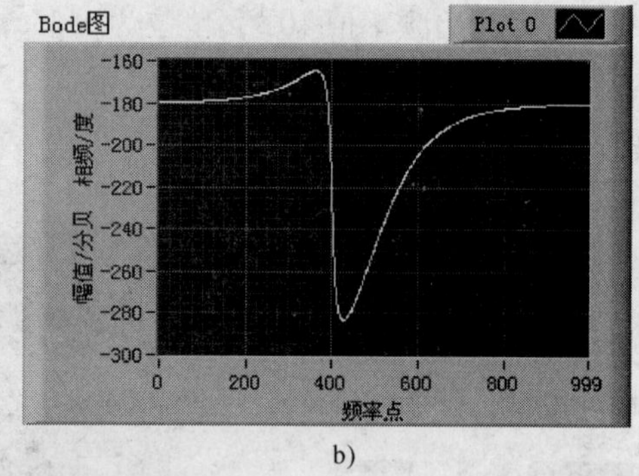

b)

图 3-4-3 伯德图的幅频和相频特性曲线

a）幅频特性曲线 b）相频特性曲线

对比图 3-4-1 中奈奎斯特曲线和伯德图的相频特性曲线，在高频段伯德图和尼科尔斯图均显示相位趋于 -180°（详见 3-2-1 节的分析）。但奈奎斯特曲线却好像是逆着正实轴方向趋近于原点，相角趋近于 0°，出现了矛盾。原因在于高频段的奈奎斯特曲线不够精细，要精细地绘制出所需频段的奈奎斯特图，必须选择合适的频率范围。以图 3-4-1 的系统参数为例，奈奎斯特曲线在高频段趋近于原点的精细情况如图 3-4-4 所示。该段曲线的起始频率为 $10^{0.3}=1.9953$rad/s。曲线显示，当正频率足够大时，奈奎斯特曲线顺着正实轴方向到达原点，相角趋于 -180°，与伯德图和尼科尔斯图反映的信息相同，并不矛盾。

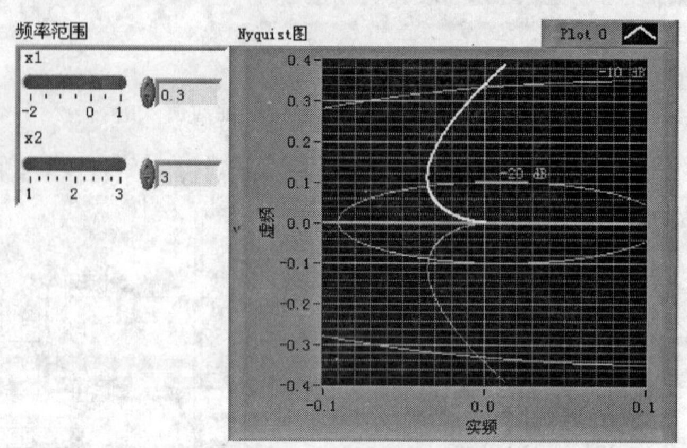

图 3-4-4 高频段的奈奎斯特曲线趋近于原点的精细情况

仿真程序中尼科尔斯图使用 bode 函数的返回值，没有重新计算。读者可以验证，两种方法的结果是相同的。图 3-4-1 中奈奎斯特图和尼科尔斯图上的辅助格线是通过 LabVIEW 中示波器图面上的“Optionnal Plane”选项设置的。

程序使用了符号工具箱计算幅频特性、实频特性和虚频特性，结果显示在图 3-4-1 最下部的频率表达式字符串簇中。可以验证，使用 subs 函数代入频率的具体数值，结果和 nyquist 命令、bode 命令的返回值一致。

3.4.2 多输入多输出系统频率特性仿真实例

对于多输入多输出系统，各种频率特性曲线都是针对传递函数矩阵中的各个传递函数作出的。对每个传递函数而言，实际上是一个单输入单输出系统。

【例 3-2】 多输入多输出系统频率特性仿真分析仪。

以三阶三输出二输入系统为例，其频率特性仿真程序如 shixz03_02 所示。仿真程序的前面板和程序框图面板如图 3-4-5 和图 3-4-6 所示。

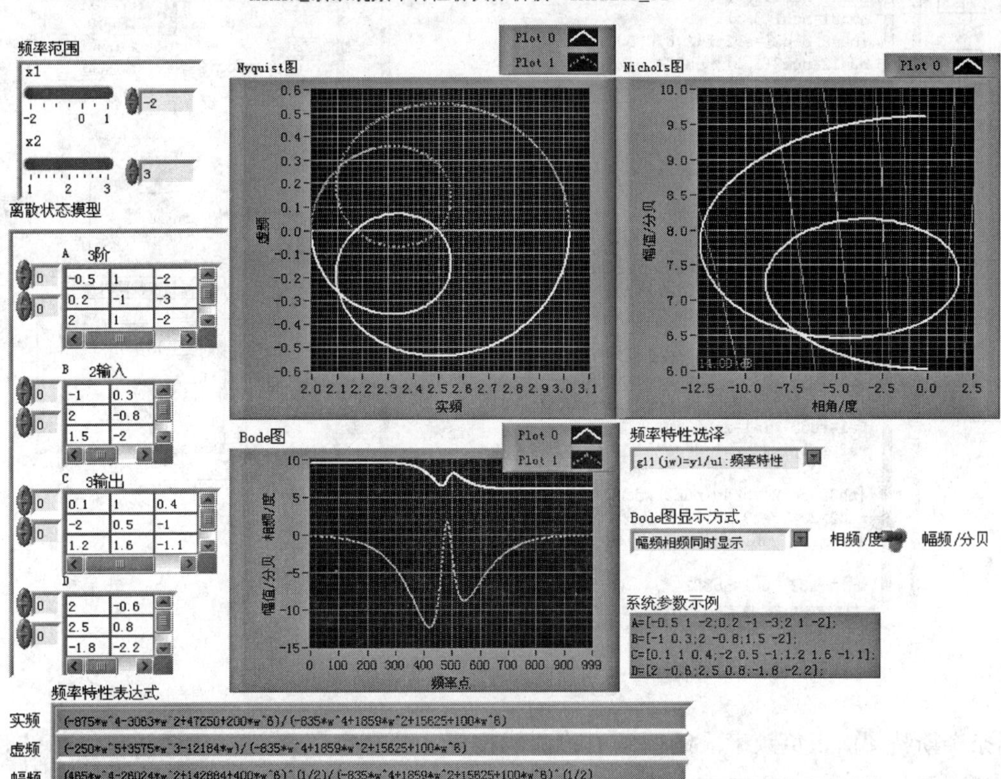

图 3-4-5 程序 shixz03_02 前面板

程序说明：

由于本例是一个三阶三输出二输入系统，所以传递函数矩阵为三行二列，见式(1-3-15)。令该式中的 $s \equiv \mathrm{j}\omega$，得到如下谐波传递函数矩阵，称之为“频率特性矩阵”，见式（3-4-2）。

$$G_{ij}(\mathrm{j}\omega)=\begin{pmatrix}\dfrac{y_1(\mathrm{j}\omega)}{u_1(\mathrm{j}\omega)} & \dfrac{y_1(\mathrm{j}\omega)}{u_2(\mathrm{j}\omega)} \\ \dfrac{y_2(\mathrm{j}\omega)}{u_1(\mathrm{j}\omega)} & \dfrac{y_2(\mathrm{j}\omega)}{u_2(\mathrm{j}\omega)} \\ \dfrac{y_3(\mathrm{j}\omega)}{u_1(\mathrm{j}\omega)} & \dfrac{y_3(\mathrm{j}\omega)}{u_2(\mathrm{j}\omega)}\end{pmatrix} \xrightarrow{\text{简记为}} \begin{pmatrix} g_{11}(\mathrm{j}\omega) & g_{12}(\mathrm{j}\omega) \\ g_{21}(\mathrm{j}\omega) & g_{22}(\mathrm{j}\omega) \\ g_{31}(\mathrm{j}\omega) & g_{32}(\mathrm{j}\omega)\end{pmatrix} \tag{3-4-2}$$

程序使用如图 3-4-7 所示的选择结构选择所要仿真的频率特性对象。对于每个谐波传递函数 $g_{ji}(\mathrm{j}\omega)=y_j(\mathrm{j}\omega)/u_i(\mathrm{j}\omega)$ （$j=1, 2, 3$; $i=1, 2$），分别给出其奈奎斯特图、伯德图和尼科尔斯图，如图 3-4-5 所示。

MIMO连续系统频率特性仿真分析仪：shixz03_02

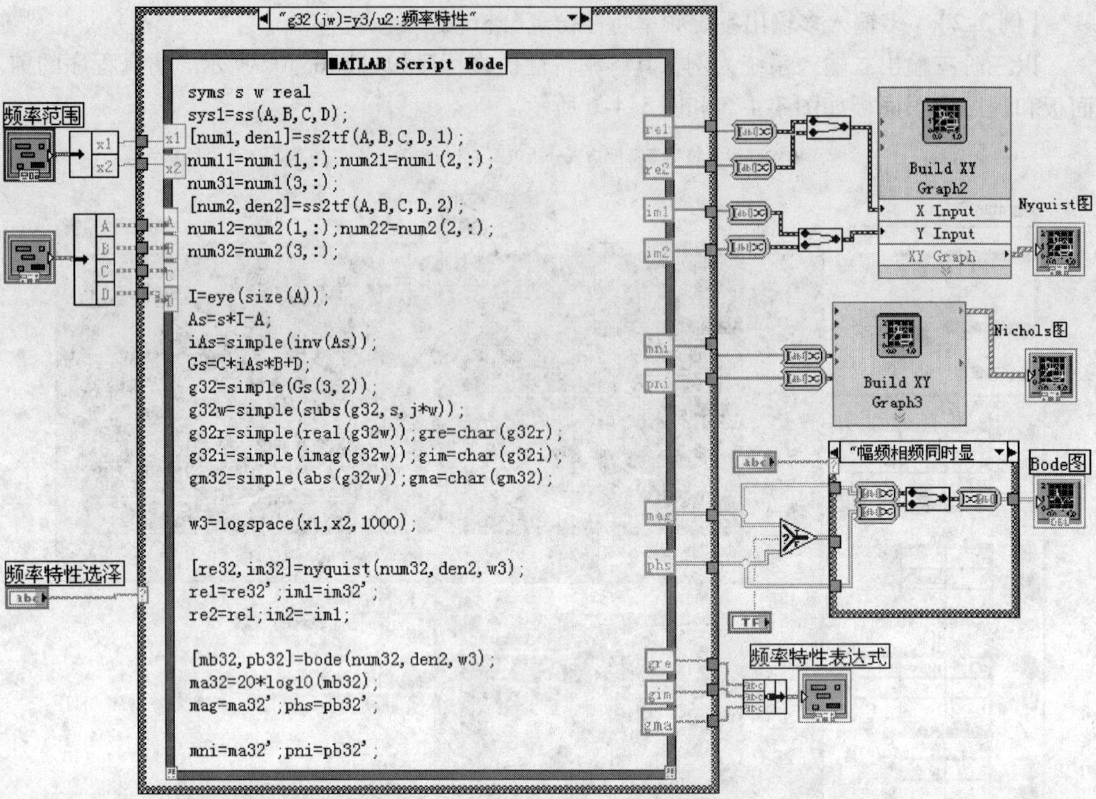

"g32(jw)=y3/u2:频率特性"
MATLAB Script Node
syms s w real
sys1=ss(A,B,C,D);
[num1,den1]=ss2tf(A,B,C,D,1);
num11=num1(1,:);num21=num1(2,:);
num31=num1(3,:);
[num2,den2]=ss2tf(A,B,C,D,2);
num12=num2(1,:);num22=num2(2,:);
num32=num2(3,:);
I=eye(size(A));
As=s*I-A;
iAs=simple(inv(As));
Gs=C*iAs*B+D;
g32=simple(Gs(3,2));
g32w=simple(subs(g32,s,j*w));
g32r=simple(real(g32w));gre=char(g32r);
g32i=simple(imag(g32w));gim=char(g32i);
gm32=simple(abs(g32w));gma=char(gm32);
w3=logspace(x1,x2,1000);
[re32,im32]=nyquist(num32,den2,w3);
re1=re32';im1=im32';
re2=re1;im2=-im1;
[mb32,pb32]=bode(num32,den2,w3);
ma32=20*log10(mb32);
mag=ma32';phs=pb32';
mni=ma32';pni=pb32';
频率范围
x1
x2
A
B
C
D
频率特性选择
re1
re2
im1
im2
mni
pni
mag
phs
gre
gim
gma
Build XY Graph2
X Input
Y Input
XY Graph
Nyquist图
Build XY Graph3
Nichols图
"幅频相频同时显
Bode图
频率特性表达式

图 3-4-6　程序 shixz03_02 框图面板

频率特性选择
g11(s)=y1/u1:频率特性
g11(s)=y1/u1:频率特性
g21(s)=y2/u1:频率特性
g31(s)=y3/u1:频率特性
g12(s)=y1/u2:频率特性
g22(s)=y2/u2:频率特性
g32(s)=y3/u2:频率特性

图 3-4-7　频率特性选择

奈奎斯特图由正负频率段的两条对称曲线构成，分别由图例的 plot0 和 plot1 表示。使用 xy 函数记录仪显示，编写程序时由命令［real，imag］= nyquist(sys，w）所获得的实部数据组合后进入 x 通道，虽然所组合的实部数据完全相同，但由于 LabVIEW 的选择结构（Case Structure）输出口（Output）不允许使用重复名称，所以程序中分别用 re1 和 re2 表示完全相同的实频特性。进入 y 通道的虚频特性数值相同符号相反，分别用 im1 和 im2 表示，如图3-4-6所示。

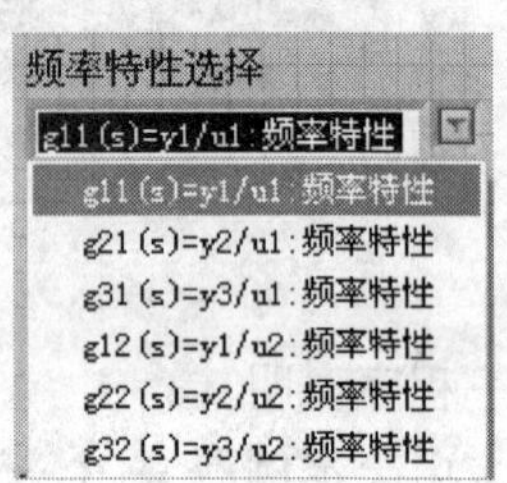

每个频率特性的伯德图和尼科尔斯图见前例说明。

改变系统参数 A，B，C，D 可以构成新的仿真对象，但本例只适用于三阶三输出二输入系统的完整仿真。同样，改变仿真频率范围，可以精细显示所关注频段的频率特性。

为了避免伯德图中相频特性的突变，程序采用 ss2tf 命令求出传递函数矩阵各元的多项式系数格式：

```
[num1,den1] = ss2tf(A,B,C,D,1);
num11 = num1(1,:);num21 = num1(2,:);num31 = num1(3,:);
[num2,den2] = ss2tf(A,B,C,D,2);
```

```
num12 =num2(1,:);num22 =num2(2,:);num32 =num2(3,:);
```

程序段中分子多项式系数的标号与式（3-4-2）中频率特性标号对应。分母多项式系数 den1 与 den2 完全相同，因为系统矩阵的特征多项式是唯一的。

与例 3.1 类似，尼科尔斯图的幅频特性和相频特性取自命令 bode 的计算结果，只是重新命名了输出通道。例如，仿真 $g_{11}(j\omega)$ 的结构 1 的相应语句为 mni = ma11 '; pni = pb11 '; 等。

3.5 控制系统根轨迹图的仿真与分析

3.5.1 控制系统的根轨迹概述

当控制系统开环传递函数的任何参数变化时，对应闭环系统的所有极点都会随之变化，闭环极点在复平面［S］内所描绘出的轨迹称为根轨迹。具有工程实用意义的根轨迹指的是当系统特定参数增益 K 从 $0\to\infty$ 变化时，其闭环特征根（闭环极点）在复平面［S］上所描绘的轨迹，这也是本节所要讨论的根轨迹。设闭环控制系统框图如图 3-5-1 所示。

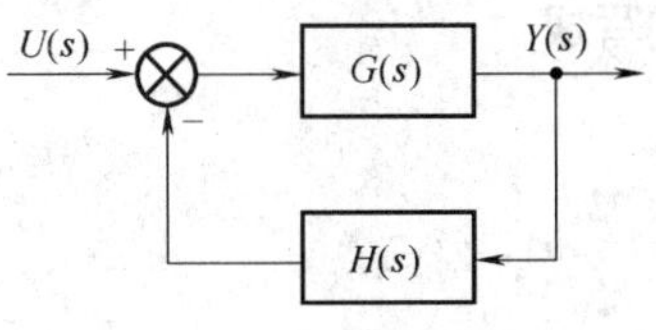

图 3-5-1　闭环控制系统框图

闭环传递函数为

$$G_B(s)=\frac{G(s)}{1+G(s)H(s)} \tag{3-5-1}$$

将开环传递函数写成零极点增益形式

$$G(s)H(s)=\frac{K\prod_{j=1}^{m}(s-z_j)}{\prod_{i=1}^{n}(s-p_i)}\quad(n\geqslant m) \tag{3-5-2}$$

式中，$z_j(j=1,2,\cdots,m)$，$p_i(i=1,2,\cdots,n)$ 表示系统开环零点与极点；K 为增益，有作者将式（3-5-2）中的 K 称为“根轨迹增益”[7]。作为区别，将时间常数形式开环传递函数

$$G(s)H(s)=\frac{K_1\prod_{j=1}^{m}(\tau_j s-1)}{\prod_{i=1}^{n}(T_i s-1)}\quad(n\geqslant m) \tag{3-5-3}$$

中的增益 K_1 称为“开环增益”。显然，对于一个确定的系统，“根轨迹增益 K”与“开环增益 K_1”具有确定的倍率。若无特别说明，下面讨论所指的增益均指“根轨迹增益 K”。顺便指出，在 MATLAB 中，模型转换命令 tf2zp，ss2zp 所获得的增益皆为式（3-5-2）中的 K。

由式（3-5-1），闭环特征方程为

$$1+G(s)H(s)=0 \tag{3-5-4}$$

代入式（3-5-2）得

$$1+\frac{K\prod_{j=1}^{m}(s-z_j)}{\prod_{i=1}^{n}(s-p_i)}=0 \tag{3-5-5}$$

写成多项式形式有

$$\prod_{i=1}^{n}(s-p_i)+K\prod_{j=1}^{m}(s-z_j)=0 \tag{3-5-6}$$

式（3-5-5）或式（3-5-6）称为根轨迹方程。根轨迹方程式是一个复数方程，由幅值方程和幅角方程组成。根轨迹的幅值方程或称幅值条件为

$$|G(s)H(s)|=\frac{K\prod_{j=1}^{m}(s-z_j)}{\prod_{i=1}^{n}(s-p_i)}=1 \tag{3-5-7}$$

或写成

$$\frac{\prod_{i=1}^{n}(s-p_i)}{\prod_{j=1}^{m}(s-z_j)}=K \tag{3-5-8}$$

根轨迹的幅角方程或称幅角条件为

$$\sum_{j=1}^{m}\angle(s-z_j)-\sum_{i=1}^{n}\angle(s-p_i)=\pm(2q+1)\pi \quad (q=0,1,2,\cdots) \tag{3-5-9}$$

式中，$\sum_{j=1}^{m}\angle(s-z_j)$ 表示 m 个开环零点到根轨迹上任意一点 s 的矢量与正实轴之间沿逆时针方向所形成的幅角之和；$\sum_{i=1}^{n}\angle(s-p_i)$ 表示 n 个开环极点到根轨迹上任意一点 s 的矢量与正实轴之间沿逆时针方向所形成的幅角之和。

由于幅角条件与 K 无关，所有满足幅角条件的 s 就构成了系统的根轨迹。

由根轨迹的幅值条件和幅角条件容易得到根轨迹所遵循的一般规律：

1）n 阶系统有 n 个特征根，共有 n 条根轨迹。每条根轨迹描绘一个闭环极点随增益 K 变化的情况。

2）根轨迹对称于实轴。因为全部闭环极点或为实数，或为成对出现的共轭复数，因而，闭环极点随增益变化的轨迹也对称于实轴。

3）根轨迹起始于开环极点，其中的 m 条分支终止于开环零点 z_j，其余 $n-m$ 条分支终止于无穷远零点（即复平面无穷远处）。此点可令式（3-5-8）右边分别等于 0，趋于无穷得到证明。因为根轨迹的起点对应增益 $K=0$，公式（3-5-8）中 $k=0$，解得 $s=p_i(i=1,2,\cdots,n)$，说明根轨迹起始于 n 个开环极点。又因为根轨迹的终点对应增益 $k=\infty$，公式（3-5-8）中 $k=\infty$，解得 $s=z_j(j=1,2,\cdots,m)$，说明其中的 m 条根轨迹终止于 m 个开环零点，其余（$n-m$）条终止于 $p_i=\infty(\mathrm{i}=m+1,m+2,\cdots,n)$。

4）根轨迹的分离点和会合点必须满足两个条件，既位于根轨迹上又是特征方程的重根。最常见的情况是分离点和会合点都在实轴上，即闭环特征方程具有重实根。

5）根轨迹与虚轴的交点是系统的临界稳定点。可以通过令特征方程中的 $s=\mathrm{j}\omega$，再令其实部和虚部分别等于0，解出临界点的 ω 和增益 K。

上述根轨迹的各条规律可以通过仿真清楚地显示出来。

3.5.2 控制系统根轨迹图的 MATLAB 命令

1. 直接绘制根轨迹图形，不返回根轨迹参数

命令

```
rlocus(num,den)
rlocus(sys)
```

绘制如图 3-5-2 所示的单输入单输出系统的根轨迹图，计算机自动选择反馈增益 K 在0→∞内变化。num，den 分别表示系统传递函数分子与分母多项式系数矢量。sys 可以是 tf 或 zpk 模型。对于零极点增益模型，rlocus(Z，P，K）是无效命令，而 rlocus(zpk(Z，P，K)）是有效命令。

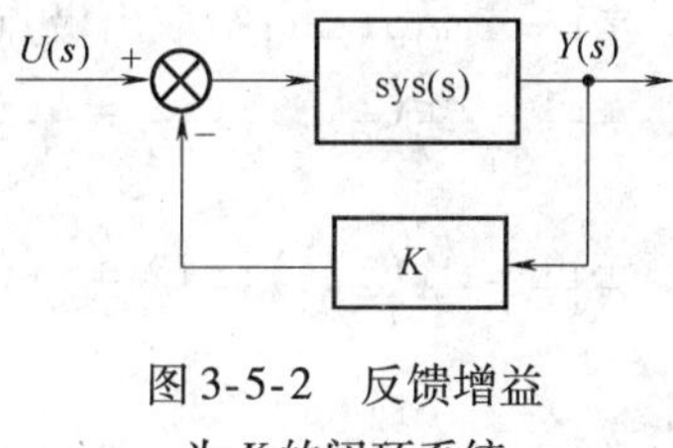

图 3-5-2 反馈增益为 K 的闭环系统

```
rlocus(sys,k)
```

该命令用于用户自己规定增益的变化范围。数组增益 k 的常用格式为

```
k=[k1:dk:k2]
```

命令中 k1，k2 分别表示仿真时增益的上、下限，dk 表示仿真时 k 值的变化步长。dk 也可以省略，计算机会自主决定仿真步长。

2. 在已作出的根轨迹图上确定任意点对应的增益 K 和闭环极点值

```
[k,p]=rlocfind(num,den)
```

在已经作出根轨迹图之后运行该命令，计算机会在已作出的根轨迹图形窗口上出现可移动长十字线光标。鼠标拖动十字光标移动并单击在窗口内选择的一点，计算机会在命令窗口返回选择点坐标、与选择点相关的增益 k 和与 k 对应的闭环极点数组 p 等 3 组数据。计算机将该组极点的位置用小十字线标记在根轨迹上。注意，返回的选择点坐标不一定是十字光标中心坐标，也不一定在根轨迹上。

3. 返回根轨迹增益及对应闭环极点，不作图

```
[r,k]=rlocus(sys)
```

用于返回增益 k 及对应的闭环极点数组。k 的格式为 1 行 length(k）列。闭环极点数组格式为 n 行（n 为系统阶数)，列数与 k 相同。每个 k 值对应一组闭环极点。该命令通常用于在设计时根据性能指标要求选择期望闭环极点和对应的根轨迹增益。

```
r=rlocus(sys,k)
```

程序中增益 k 由用户自己决定，返回与增益对应的闭环极点数组。

```
[k,pole]=rlocfind(num,den,px)
```

运行此命令，右端输入所期望的闭环极点数组 px。计算机在命令窗口返回增益 k 及其对应的一组闭环极点 pole，不作图。本条命令在赋值系统 num，den 后即可执行，不受是否已作出根轨迹图的限制。返回极点 pole 通常只是靠近期望极点 px 而并不完全重合。

4. 使用 plot 命令绘制根轨迹图

有时根据返回的闭环极点数据使用 plot 命令绘制根轨迹图更便于编辑和应用。由于闭环极点通常包含复数极点，所以绘图前必须先求出极点的实部与虚部。设经过［r，k］= rlocus（sys）或 r = rlocus(sys，k）命令已经获得极点数组 r，设系统阶次为 n（示例 $n=4$），参考程序如下：

```
rr = real(r);% 取出极点数组的实部
ri = imag(r);% 取出极点数组的虚部
rr1 = rr(1,:);rr2 = rr(2,:);rr3 = rr(3,:);rr4 = rr(4,:);% 求出每条根轨迹
                                                    的实部(rrn = rr(n,:))
ri1 = ri(1,:);ri2 = ri(2,:);ri3 = ri(3,:);ri4 = ri(4,:); % 求出每条根轨迹
                                                    的虚部(rin = ri(n,:))
```

如果只对其中某一条或某几条根轨迹曲线感兴趣，也可以只绘制感兴趣的根轨迹曲线。适当选择增益的范围或者使用 axis([x1，x2，y1，y2]）编辑图幅坐标范围，可以更清楚地显示根轨迹曲线，也更有利于理解根轨迹图形变化的基本规则。

【例 3-3】 绘制开环传递函数式（3-5-10）的根轨迹曲线，并比较 rlocus 命令与 plot 命令的结果。

$$G(s)H(s)=\frac{(0.4s+1)(0.5s+1)}{(s^2+s+1.25)(1.6s-1)(0.8s+1)} \tag{3-5-10}$$

参考程序如下：

```
n10 = [0.4 1];n11 = [0.5 1];
m10 = [1 1 1.25];m11 = [1.6 -1];m12 = [0.8 1];
n1 = conv(n10,n11);
m1 = conv(m10,conv(m11,m12));
[Z,P,K] = tf2zp(n1,m1);
g0 = tf(n1,m1);
rlocus(n1,m1);% 直接绘制全部根轨迹图
figure, rlocus(g0), axis([-3,1.5,-1.5,1.5]);% 调整图幅大小
[r,k] = rlocus(n1,m1);% 计算增益及闭环极点
r1 = r(:,1);r2 = r(:,2);r3 = r(:,3);r4 = r(:,4);% 分别计算每条根轨迹的坐标
rr = real(r); ri = imag(r);
rr1 = rr(:,1);rr2 = rr(:,2);rr3 = rr(:,3);rr4 = rr(:,4); % 每条根轨迹的坐
                                                        标实部
ri1 = ri(:,1);ri2 = ri(:,2);ri3 = ri(:,3);ri4 = ri(:,4); % 每条根轨迹的坐
                                                        标虚部
figure,plot(rr1,ri1,rr4,ri4),axis([-3,1,-0.7,0.7])% 绘制两条根轨迹
```

```
hold on,pzmap(P,Z);% 对 plot 图示添加开环零极点,极点用'×',零点用'o'表示
figure,plot(r4),axis([ -3,1,-0.7,0.7]);% 绘制一条根轨迹
hold on,pzmap(P,Z);
figure,rlocus(n1,m1,[1.28:0.01:1.8]),axis([-3 1 -1.1 1.1]);
                                                    % 设定增益范围
```

运行上述程序，部分结果如图 3-5-3 所示。其中，图 3-5-3a 表示由命令 rlocus(n1, m1) 直接绘制的根轨迹曲线，增益 K 由计算机规定在 $0\to\infty$ 内变化。由于各闭环极点数值上的巨大差异，两条实根轨迹的变化细节比较模糊。

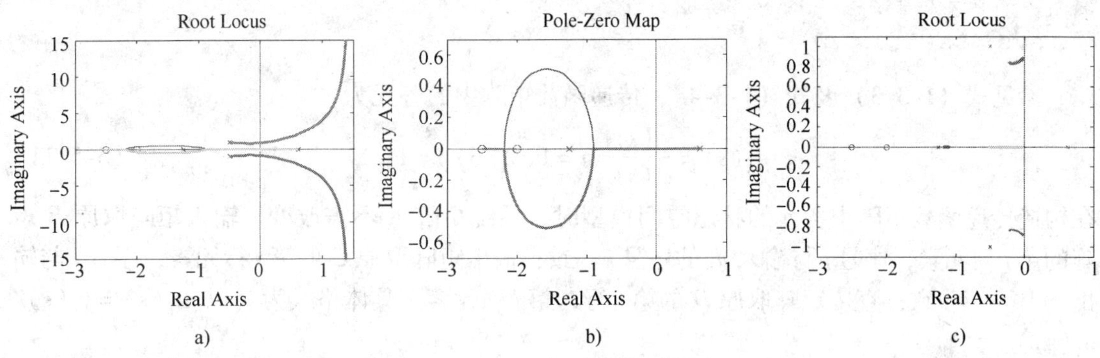

图 3-5-3　系统式（3-5-10）的部分根轨迹图

图 3-5-3b 使用命令 plot 作图，绘制式（3-5-10）的两个闭环实极点在 K 由 $0\to\infty$ 变化时的轨迹。由于选择了适当大小的图形窗口，所以两个实根轨迹的走向、起点和终点、汇合点与分离点、何时演变为一对共轭复根等情况都看得更清楚。图 3-5-3c 采用用户设定的增益范围，由命令 rlocus(n1, m1, [1.28: 0.01: 1.8]) 绘制一小段根轨迹曲线。由图可见，对于非最小相位系统式（3-5-10），当增益处于［1.28，1.8］范围内时，所有闭环极点都位于复平面的左半部分，即对应的闭环系统是稳定的。这对于通过调整增益使处于内环中的非最小相位系统变得稳定具有实用意义。

5. 状态空间模型的根轨迹图

经典控制中的根轨迹图只适于单输入单输出系统。对于单输入单输出系统的状态空间模型，如果仅限于讨论输出反馈，上述各条命令格式仍然适用，只需预先构造状态空间模型，例如

```
gs = ss(A,B,C,D)
```

然后使用与上述根轨迹命令相应的格式即可。例如

```
rlocus(gs)
[r,k] = rlocus(gs);
[k,p] = rlocfind(gs);
```

对于多输入多输出系统的状态空间模型，直接使用上述命令不能作出根轨迹图形。如果把状态空间模型中的传递函数矩阵作为研究对象，该矩阵中的各元仍然是一个单输入单输出

系统，讨论输出反馈时，上述各条根轨迹仿真命令仍然适用。于是，首要问题是如何方便地构造传递函数矩阵。下面介绍直接由状态空间模型$\sum(A, B, C, D)$表达传递函数矩阵中的各个元素的程序。

【**例 3-4**】 传递函数矩阵中各元的状态空间模型表达。

设一个三阶三输出二输入系统为

```
A=[-0.5 1 -2;0.2 -1 -3;2 1 -2];
B=[-1 0.3;2 -0.8;1.5 -2];
C=[0.1 1 0.4;-2 0.5 -1;1.2 1.6 -1.1];
D=[0 -0.6;2.5 0;0 0];
sys=ss(A,B,C,D);
```

参见式（1-3-3）及式（1-3-4），传递函数矩阵中的各元为

$$g_{ij}(s)=\frac{y_i(s)}{u_j(s)}\ (i=1,\ 2,\ 3;\ j=1,\ 2) \tag{3-5-11}$$

在构造传递函数矩阵中各元的状态空间模型时，系统矩阵 $\boldsymbol{A}$ 不需改变，输入矩阵取原 $\boldsymbol{B}$ 矩阵的第 j 列元素，序号 j 与输入 u_j 的序号 j 一致；输出矩阵取原 $\boldsymbol{C}$ 的第 i 行元素，序号 i 与输出 y_i 序号 i 一致；直传矩阵取原 $\boldsymbol{D}$ 的第 i 行，第 j 列元素。具体格式为（以 $g_{11}(s)=y_1(s)/u_1(s)$）为例）

```
% g11(s)=y1/u1:
B11=B(:,1);% 取 B 的第 1 列元素,输入 u1 起作用
C11=C(1,:); % 取 C 的第 1 行元素,输出 y1 起作用
D11=D(1,1); % 取 D 的第 1 行 1 列元素,构成 u1 对 y1 的直接贡献
gs11=ss(A,B11,C11,D11); % 传递函数 g11(s)=y1/u1 的状态空间模型
```

类似地，传递函数矩阵中其余各元可表示为

```
% g21(s)=y2/u1:
B21=B(:,1);
C21=C(2,:);
D21=D(2,1);
gs21=ss(A,B21,C21,D21);

% g31(s)=y3/u1:
B31=B(:,1); C31=C(3,:);
D31=D(3,1);
gs31=ss(A,B31,C31,D31);

% g12(s)=y1/u2:
B12=B(:,2);
C12=C(1,:);
D12=D(1,2);
gs12=ss(A,B12,C12,D12);
```

```
% g22(s) = y2/u2:
B22 = B(:,2);
C22 = C(2,:);
D22 = D(2,2);
gs22 = ss(A,B22,C22,D22);
% g32(s) = y3/u2:
B32 = B(:,2);
C32 = C(3,:);
D32 = D(3,2);
gs32 = ss(A,B32,C32,D32);
```

以上述$\Sigma(A, B, C, D)$的具体数值，运行$g_{12}(s) = y_1/u_2$，结果如下：

```
a =
        x1     x2    x3
  x1   -0.5    1     -2
  x2    0.2    -1    -3
  x3     2      1    -2
b =
        u1
  x1   0.3
  x2   -0.8
  x3    -2
c =
       x1    x2    x3
  y1   -2   0.5   -1
d =
        u1
  y1   -0.6
```

综上，可以写出传递函数矩阵中各元构造的通用程序如下：

```
% gij(s) = yi/uj:i = 1,2,…;p; j = 1,2,…;m
Bij = B(:,j);
Cij = C(i,:);
Dij = D(i,j);
gij = ss(A,Bij,Cij,Dij)
```

当然，也可以使用第 1 章所述模型转换的方法获得传递函数矩阵，然后再将各元素表达成状态空间模型。仿真表明，这些方法所得结果是一致的。只不过上述程序更为直接。

3.6 根轨迹图仿真分析实例

3.6.1 单输入单输出系统根轨迹图仿真实例

【例 3-5】 单输入单输出系统根轨迹图仿真分析仪。

以五阶单输入单输出系统为例，其根轨迹图仿真程序如 shixz03_05 所示。仿真程序的前面板和程序框图面板如图 3-6-1 和图 3-6-2 所示。

赋值：传递函数分子分母多项式系数赋值簇最多可以为一个五阶系统赋值。图 3-6-1 中的实际系统参数为

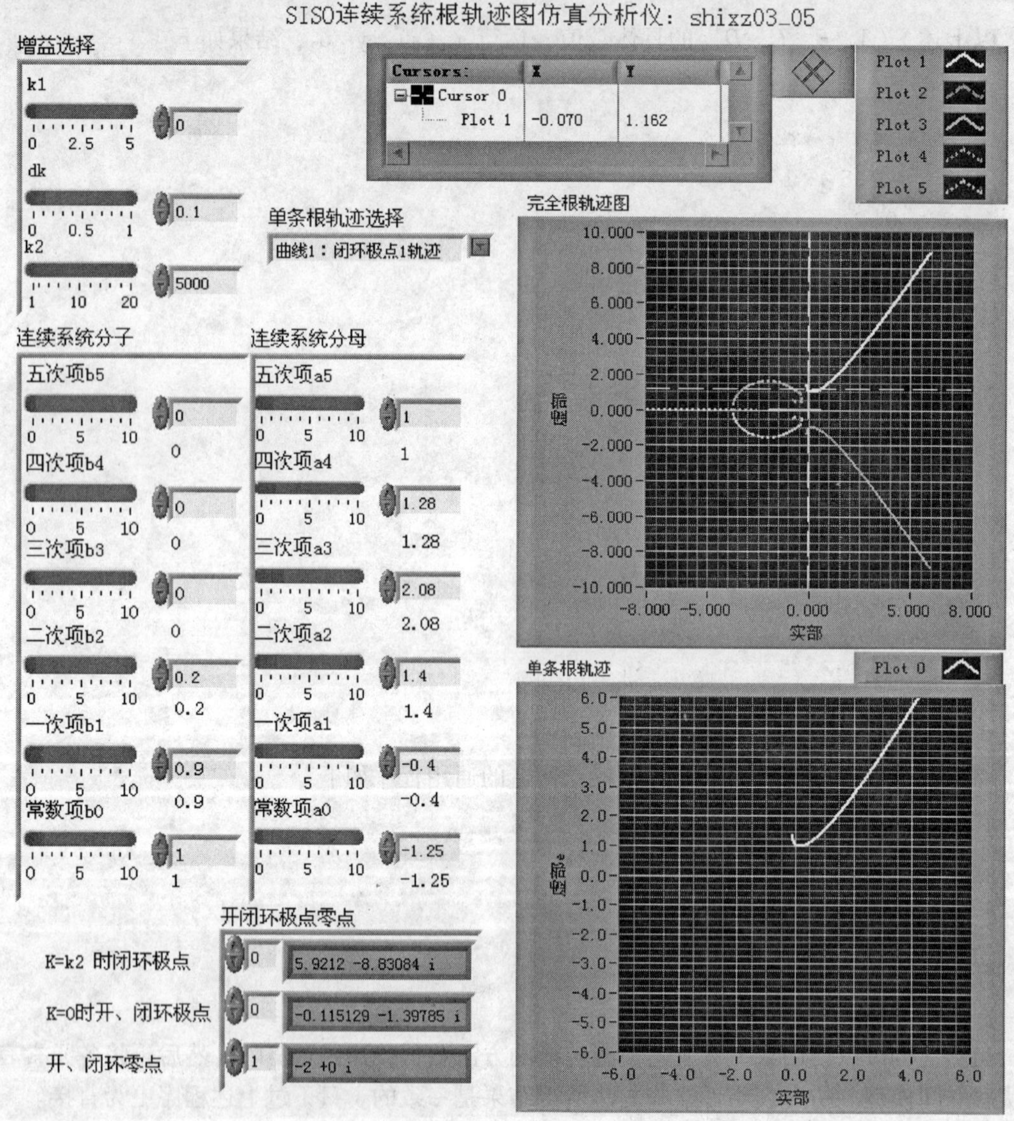

图 3-6-1 程序 shixz03_05 前面板

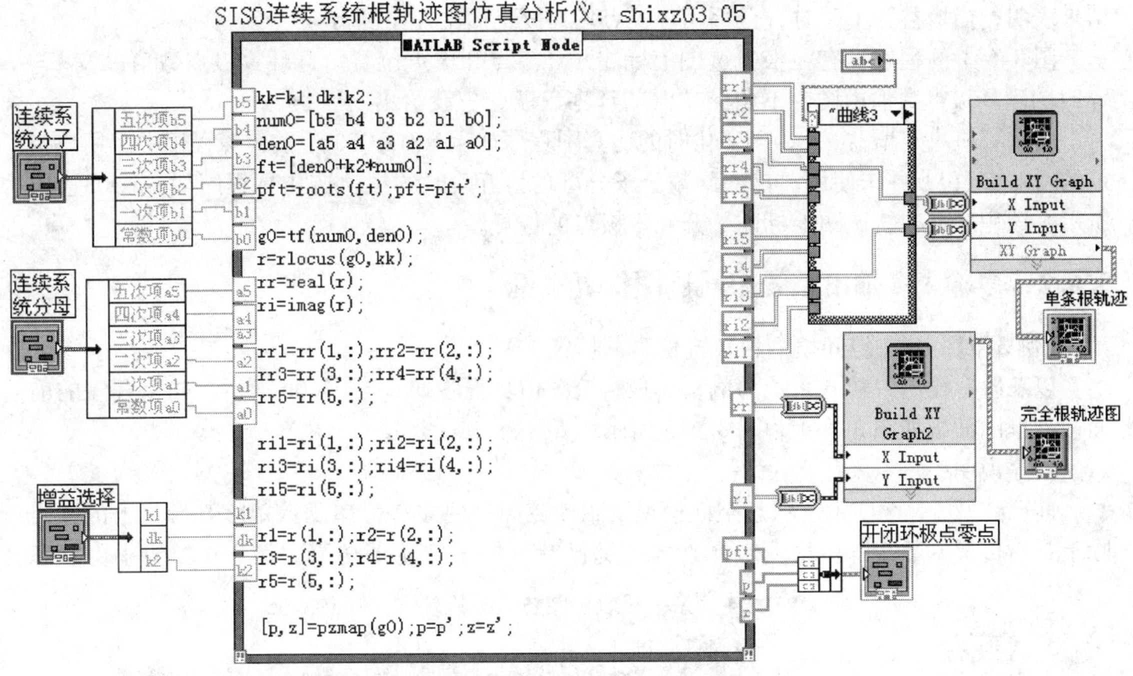

图 3-6-2　程序 shixz03_05 框图面板

$$G(s)H(s)=\frac{0.2s^{2}+0.9s+1}{s^{5}+1.28s^{4}+2.08s^{3}+1.4s^{2}-0.4s-1.25}\tag{3-6-1}$$

参数示例置于赋值框下面供参考。通过适当选择分子分母系数的 0 值项，可以构成五阶以下的各型系统供仿真用。

图 3-6-1 使用了两个 XY 函数记录仪绘制根轨迹仿真图。完全根轨迹图绘制出 5 条根轨迹曲线，单条根轨迹图每次只显示一条根轨迹曲线。通过图 3-6-3 的选择菜单选择所要显示的根轨迹曲线。

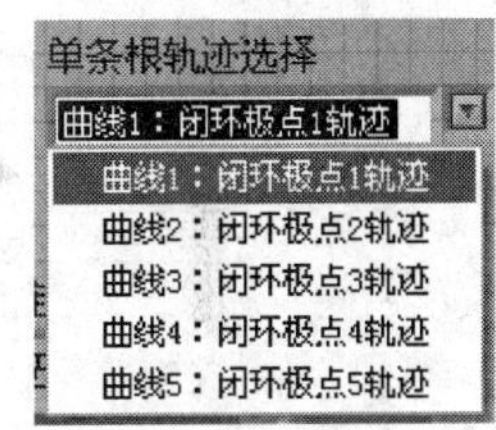

图 3-6-3　单条根轨迹选择菜单

实例增益范围设定为 0 ~ 5000。根轨迹图形随增益的变化范围而改变，但随着增益范围增大，计算量迅速加大。相比而言，由计算机自主选择增益的命令 [r, k] = rlocus(gs)，计算的数据更少。

使用图 3-6-1 测量坐标系所标注的闭环极点 −0.070 + 1.162i，运行

```
[k,pole]=rlocfind(g0,-0.070+1.162i)
```

得到如下一组闭环极点及对应的增益：

```
pole= -0.0704+1.1619i
      -0.0704-1.1619i
      -0.5312+0.4482i
      -0.5312-0.4482i
      -0.0768
K=1.3003.
```

结果表明，当增益为 1.3 时，全部闭环极点均在复平面的左半部分。

图 3-6-1 的程序没有在根轨迹图上标注开环零点和极点位置。开环零极点数值以及 $k=k_2$ 时的闭环极点数值由图左下角的“开闭环零点极点”簇给出。

由计算机决定增益在 0→∞变化时的仿真图程序如 shixz03_05a 所示，该程序中由用户指定的增益参数 kk 并未使用。传递函数分子分母均为五阶时的根轨迹仿真程序如 shixz03_05b 所示，该程序在根轨迹图上标注了开环零极点的位置。

3.6.2 多输入多输出系统根轨迹图仿真实例

【例 3-6】 状态空间模型根轨迹仿真分析仪。

以三阶三输出二输入系统为例，其根轨迹图仿真程序如 shixz03_06 所示。仿真程序的前面板和框图面板如图 3-6-4 和图 3.6.5 所示。

程序说明：

前已述及，MIMO 系统状态空间模型的根轨迹图是建立在传递函数矩阵基础之上的，实际上是对传递函数矩阵中每一个元素（传递函数）的根轨迹图仿真。例 3.4 给出了由状态

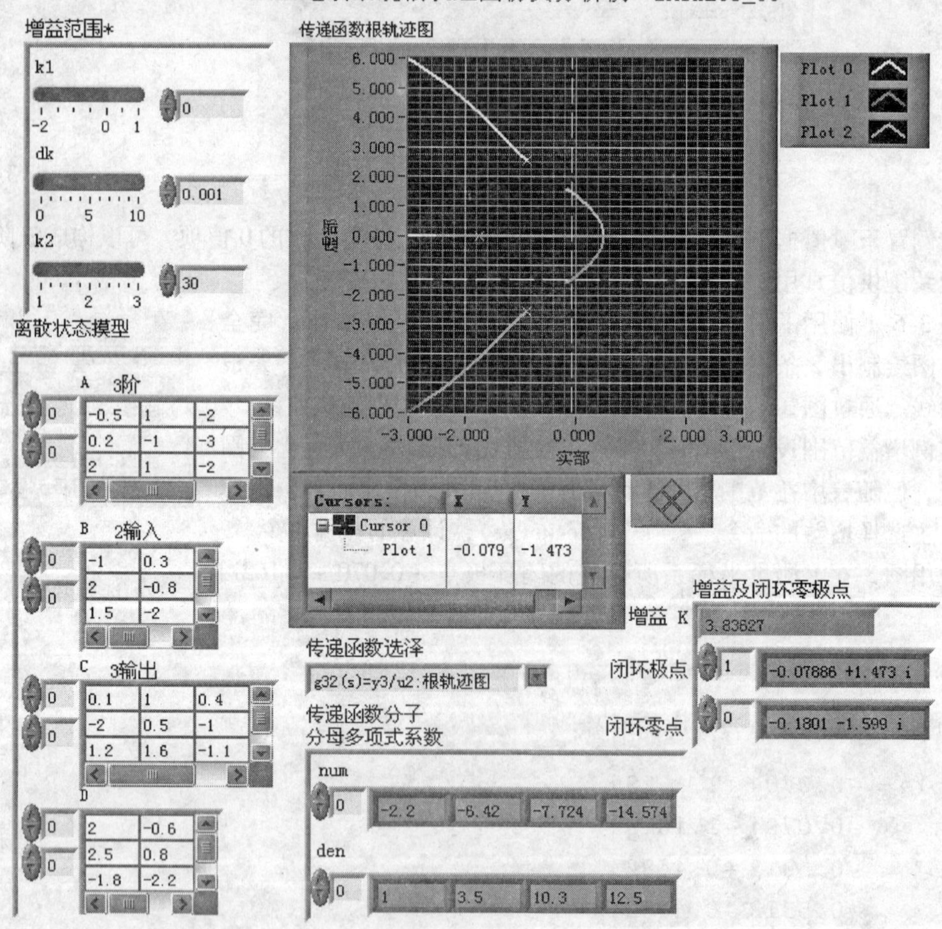

图 3-6-4 程序 shixz03_06 前面板

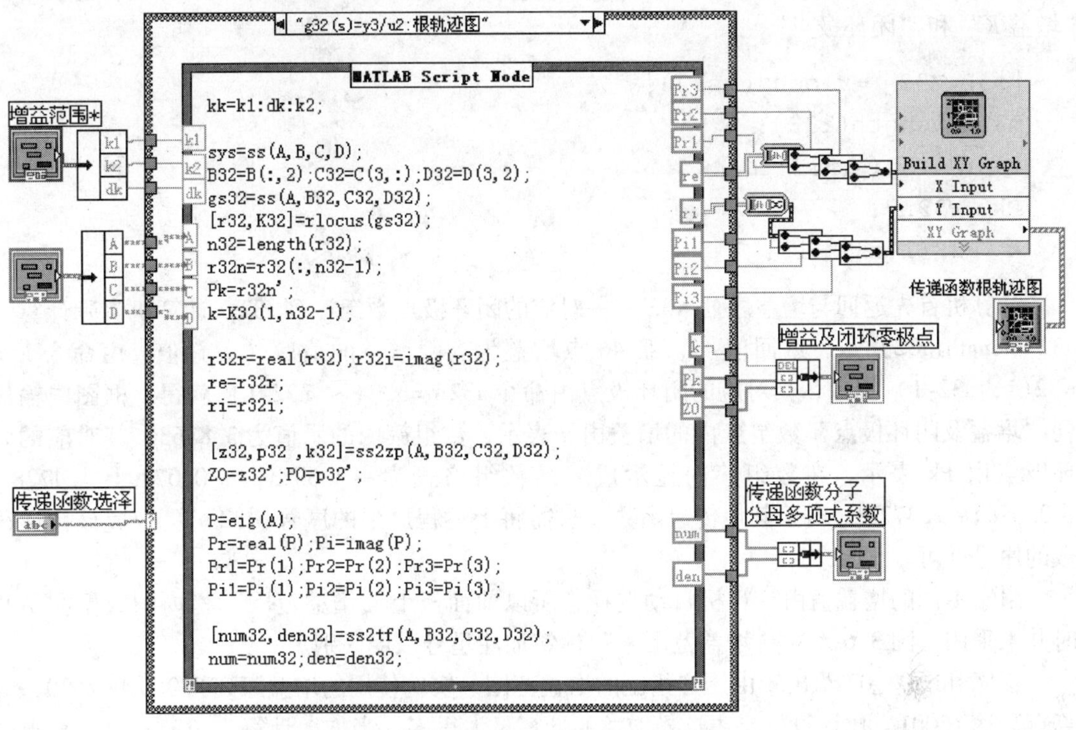

图 3-6-5　程序 shixz03_06 框图面板

空间模型各系数矩阵直接生成传递函数矩阵各元的简便方法，也构成了本例程序的主体部分。

赋值：状态空间模型的赋值实例如图 3-6-4 所示。只要保持三阶三输出二输入不变，系数矩阵可以任意赋值。

显示：本例使用 1 个 XY 函数记录仪面板分别显示 6 个传递函数的闭环根轨迹图，选择菜单如图 3-6-6 所示。对于所选择的传递函数，仿真仪前面板显示 3 类信息。

第一是该传递函数的根轨迹图。图上附有测量坐标系及测量点闭环极点数值，还标有开环极点的位置。在输出到 XY 函数记录仪时，根轨迹的实部序列作为二维实数组输入 X 通道，虚部序列作为二维实数组输入 Y 通道。开环极点的实部和虚部作为实数分别叠加进 X 通道与 Y 通道。

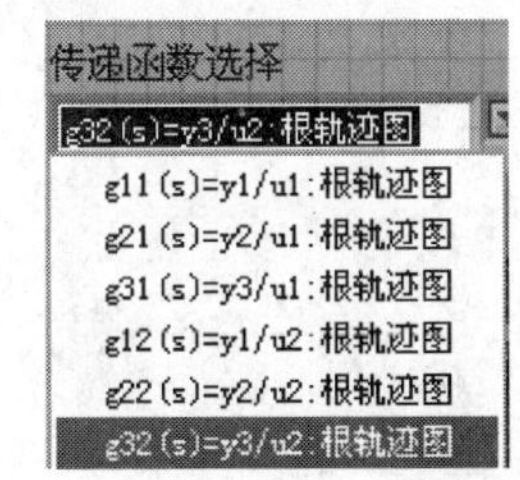

图 3-6-6　选择传递函数矩阵中的传递函数

第二是显示所选择传递函数分子分母多项式系数的数值。由于一个状态空间模型只有唯一的特征多项式，所以对于所有传递函数，分母多项式 den 都是相同的，其根就是标注在根轨迹图上的开环极点。

第三是在“增益及闭环极点”数组簇内显示一个增益值 K 及其对应的闭环极点。增益 K 为该根轨迹仿真时计算机自己确定的最大有限值。由于根轨迹的复杂程度不同，计算机对 K 在 $0\to\infty$ 之间变化的分度数量不同，需要计算的点数不同，但增益的最后一点总是无穷大。该数组簇示出的 K 值取自仿真时增益的最后一个有限值。

如图 3-6-4 所示的传递函数 $g_{32}=y_3(s)/u_2(s)$ 为例，由下列命令计算出该数组簇内的“增益 K”和“闭环极点”。

```
[r32,K32] = rlocus(gs32);
n32 = length(r32);
r32n = r32(:,n32 -1);
Pk = r32n';
k = K32(1,n32 -1);
```

计算机首先返回与增益序列 K32 一一对应的闭环极点数组序列 r32。计算机实际计算了 n32 = length(r32) 点，返回值 47。第 46 点增益为有限增益的最后（大）值，由命令 k = K32(1，n32-1) 提取，其对应的闭环极点由命令 r32n = r32(:，n32-1) 获得。框图内输出到“增益及闭环极点”数组簇内的增益由 k 表示，数组簇内的示值为 3.8363，其对应的闭环极点由 Pk 表示，在数组簇内显示成一维数组格式为 -2.6823，-0.0789 + 1.4728i，-0.0789 - 1.4728i。对于其他传递函数，只需将上述程序中的序号“32”更换成该传递函数的序号即可。

由于本例的增益值由计算机自动选择，所以前面板上“增益范围”栏内的数据在仿真时并未采用。图 3-6-4 对“增益范围 *”标签加注星号以便区别。

程序 shixz03_07 给出了由用户指定的增益范围。实例使用的增益序列为 0:0.002:30，计算点数达 15001，比计算机自主选择增益的计算量大得多。当加大计算步长而减少计算点数时，根轨迹曲线光滑性将变差。

第4章　控制系统的稳定性分析与仿真

稳定性是控制系统必须满足的首要条件，一个系统只有稳定运行后才能谈及其他性能。本章从实用与仿真的角度首先介绍系统稳定性的基本描述方法，然后介绍线性连续系统稳定性的几个判据，包括代数判据中的劳斯判据、赫尔维茨判据及中国学者谢绪凯提出的稳定性判据；并介绍几何判据中的奈奎斯特判据和基于伯德图的对数判据。在讨论连续系统稳定性判据之后介绍离散系统稳定性判别方法，最后介绍状态空间模型系统的稳定性及李亚普诺夫稳定性。对于各类系统的稳定性判别均给出虚拟图示仿真仪。

4.1　控制系统稳定性的基本描述

对于一个线性系统，如果在初始扰动的影响下，其动态过程随时间的推移逐渐衰减并趋于零（原平衡点），则称该系统渐近稳定。若无特别说明，本书所讨论的稳定性均指线性系统的渐近稳定。对于连续线性系统的渐近稳定，下面几种描述是等价的。

1. 稳定系统的基本时域特征

系统是渐进稳定的，则其单位脉冲响应 $y(t)$ 趋近于零。

$$\lim_{t\to\infty} y(t)=0 \tag{4-1-1}$$

设连续系统的传递函数为 $G(s)$，由传递函数的定义和终值定理，式（4-1-1）可表示为

$$\lim_{t\to\infty} y(t)=\lim_{s\to 0} sG(s)=0 \tag{4-1-2}$$

使用式（4-1-2）需要注意终值定理成立的条件。

2. 系统特征方程的所有根均具有负实部

等价描述为系统极点均位于复平面［S］的左半平面。

$$\mathrm{Re}[p_i]<0\ (i=1,2,\cdots,n) \tag{4-1-3}$$

上面的两个特征，也是稳定性判别的基本依据，或稳定性判别的基本方法。需要指出，这里所说的稳定性针对系统的传递函数而言，并未特别规定是开环还是闭环，当需要区分开环和闭环结构时，将予以说明。

4.2　连续控制系统的稳定性判据

式（4-1-1）~式（4-1-3）虽然给出了稳定性判别的基本依据，但使用起来并不方便，或者需要求出脉冲响应的解析式，或者需要求解特征方程。这两项工作，在计算机出现之前，对于3阶及其以上的复杂系统，在许多情况下得不出工程所需要的准确结果。所以长期以来，实际使用的稳定性判据都是避免使用上述基本方法，通过直接分析系统特征方程的特点而建立起来的。

1. 劳斯稳定性判据

系统稳定的必要条件是其特征方程的所有系数同号并不等于零。系统稳定的充要条件是其特征方程系数所构成的劳斯表的第一列元素全部大于零。

使用劳斯判据的关键是正确列出（计算出）劳斯表的各元素。劳斯表的列法，请读者参考控制原理相关书籍，此处不再赘述。

2. 赫尔维茨稳定性判据

系统稳定的充要条件是由系统特征方程的全部系数所构成的赫尔维茨主行列式及各阶顺序主子式的值全部大于零。

同样，赫尔维茨稳定性判据的关键是正确构造赫尔维茨行列式。请读者参考控制原理的相关书籍。

3. 谢绪凯判据

设系统特征方程为

$$a_0s^n + a_1s^{n-1} + \cdots + a_{n-1}s + a_n = 0 \tag{4-2-1}$$

其特征根全部具有负实部的一个必要条件为

$$a_ia_{i+1} > a_{i-1}a_{i+2}(i = 1,2,\cdots,n-2) \tag{4-2-2}$$

其根全部具有负实部的充分条件为

$$a_ia_{i+1} \geqslant \frac{1}{0.465} \cdot a_{i-1}a_{i+2}(i = 1,2,\cdots,n-2) \tag{4-2-3}$$

谢绪凯判据的优点是把劳斯判据和赫尔维茨判据的多个表达式紧凑成一个表达式，更便于应用。虽然式（4-2-3）只是一个充分条件，有些系统即使不满足该条件仍可能稳定。但是，这个充分条件相当于提供了一定的稳定性储备，从工程使用角度，具有实际意义。顺便指出，谢绪凯最早证明的充分条件为 $a_ia_{i+1} \geqslant 3 \cdot a_{i-1}a_{i+2}$，具有更大的稳定性储备。

上述的几种稳定性判据都是代数判据，下面介绍基于系统频率特性的稳定性判据。

4. 奈奎斯特判据

设系统开环传递函数在［S］右半平面有 P 个极点，当 ω 从 $-\infty$ 到 $+\infty$ 变化时，若［GH］平面上开环频率特性 $G(\mathrm{j}\omega)H(\mathrm{j}\omega)$ 逆时针围绕（-1，j0）点 P 圈，则对应的单位反馈闭环系统稳定。

5. 对数判据

设系统开环传递函数有 P 个正实部极点，当 ω 从 $0 \to \omega_c$（开环伯德图的幅值穿越频率）变化时，其开环对数相频特性正穿越和负穿越 $-180°$ 线次数之差为 $P/2$ 时，闭环系统稳定，否则不稳定。

上述稳定性判据都有严格的数学证明，而且对经典控制理论的发展都起着重要的作用。这些判据有一个共同特点，它们都避开了直接使用特征根来判别系统稳定性方法。原因是长期以来，特征方程的求解结果难于满足工程要求。但是，在计算机技术迅速发展的今天，求解特征方程数值解的精度已经能够满足工程需要。所以从满足工程需要出发，在仿真过程中，已经越来越多地使用 4.1 节的基本方法，直接求出特征根来判定系统的稳定性。

4.3 连续控制系统的稳定性判定及仿真

连续控制系统的稳定性判别最直接的方法是求出系统特征方程的数值根，常用 MATLAB

命令如下：

```
r=roots(den)  % 返回代数方程数值根,输入 den 是特征方程的降幂系数矢量
p=pole(sys)  % 返回传递函数极点,输入 sys 通常由 tf(num,den)生成
z=zero(sys)  % 返回传递函数零点,sys 含义同上句
[z,p,k]=zpkdata(sys,'v') % 返回传递函数零点、极点和增益,sys 含义同前
pzmap(sys)  % 直接在[S]平面内标出极点和零点的位置,参见根轨迹一节
```

使用上述命令求出特征根（极点）后，再考查特征根是否具有负实部以判断连续系统的稳定性。使用上述命令时，必须首先求出需要判断稳定性的系统 sys，对于一个复杂系统常常需要预先进行串联、并联、反馈等连接变换。

使用符号工具箱的 syms 或 sym 及其四则运算函数可以方便地求出系统传递函数的符号表达式，再通过 numden 和 sym2poly 函数可以求出传递函数分子分母符号多项式及其系数，再使用求特征根的命令求出传递函数的极点。

numden 的调用格式为

```
[ns,ds]=numden(sys)% 输入 sys 必须是由符号函数 syms 或 sym 定义的表达式,
                    返回带有整数系数的分子和分母表达式 ns 与 ds
```

sym2poly 的调用格式为

```
msn=sym2poly (ns)% 输入 ns 必须是仅含一个符号变量的数值系数多项式,返回多
                  项式 ns 的按降幂排列的数值系数矢量
```

【例 4-1】 判断开环传递函数式（4-3-1）及其单位反馈系统的稳定性。

$$G(s)H(s)=\frac{s^2+0.9s+0.1}{s^5+1.28s^4+2.08s^3+1.4s\hat{}2-0.4s+0.25} \tag{4-3-1}$$

参考程序如下：

```
syms s
gks=(s^2+0.9*s+0.1)/(s^5+1.28*s^4+2.08*s^3+1.4*s^2-0.4*s
    +0.25) % 开环传递函数
[ns,ds]=numden(gks) % 开环传递函数的分子分母多项式
nsn=sym2poly(ns) % 开环传递函数的分子多项式系数
dsn=sym2poly(ds) % 开环传递函数的分母多项式系数
rk=roots(dsn) % 开环极点
den=poly(rk) % poly 与 roots 互为逆运算,但 poly 返回值是首一化的
dsc=ds+ns % 闭环特征多项式
dsnc=sym2poly(dsc) % 闭环特征多项式系数
rc=roots(dsnc) % 闭环极点
```

运行该程序，分别得到开环极点 rk 及闭环极点 rc 如下。

```
rk=
  -0.2749+1.3594i
```

```
   -0.2749 -1.3594i
   -1.0720
   0.1709 +0.3034i
   0.1709 -0.3034i
rc =
   -0.0166 +1.3257i
   -0.0166 -1.3257i
   -1.1531
   -0.0468 +0.4129i
   -0.0468 -0.4129i
```

显然，该系统开环不稳定，闭环稳定。

实际上，由劳斯判据的必要条件，直接观察式（4-3-1）可立即判定开环系统不稳定，因为其特征多项式系数不同号。作为检验，读者还可以紧接上段程序使用其他命令计算极点。例如运行程序

```
gk = tf(nsn,dsn)% 由分子、分母多项式系数重构开环传递函数,注意此时的 gk 已非
                  符号表达式,不能使用 numden 求出其分子、分母表达式
pk = pole(gk)% 计算开环极点
gc = feedback(gk,1) % 单位反馈闭环传递函数
pc = pole(gc) % 计算闭环极点
ee = [norm(pk - rk) norm(pc - rc)]% 比较两种方法计算的极点误差。
```

绘出开环系统式（4-3-1）的奈奎斯特图和伯德图，如图 4-3-1 和图 4-3-2 所示。从图 4-3-1 可见，当频率 ω 从 $-\infty$到 $+\infty$变化时，开环系统的奈奎斯特图逆时针围绕（-1，j0）点 2 圈，由于该开环系统式（4-2-4）在［S］右半平面系统有 2 个极点（见 rk），所以对应闭环系统稳定。从图 4-3-2 可见，系统有正的相位和幅值裕度，也可判断其闭环系统

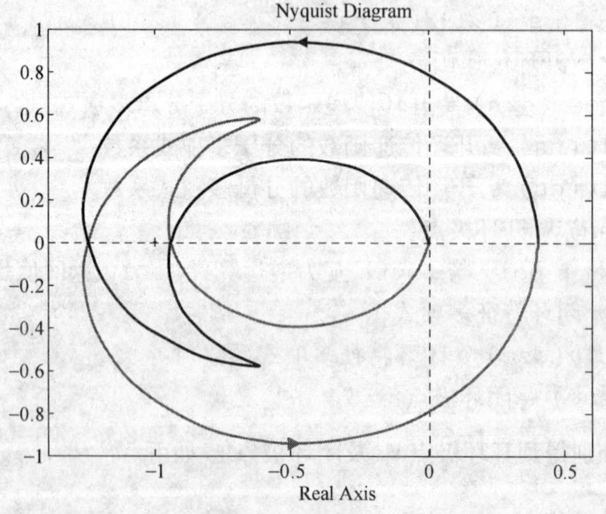

图 4-3-1　式（4-1-1）的奈奎斯特图

稳定。

【例 4-2】 连续控制系统稳定性判别仿真分析仪。

连续控制系统稳定性判别仿真图示仪程序如 shixz04_02 所示，其程序框图面板和前面板分别如图 4-3-3 和图 4-3-4 所示。

程序说明：

该仿真仪可以判断开环系统及其对应的单位反馈闭环系统的稳定性。

赋值：直接在前面板“g0 输入开环传递函数的符号表达式”框内输入待仿真对象的符号表达式。示例的开环传递函数为

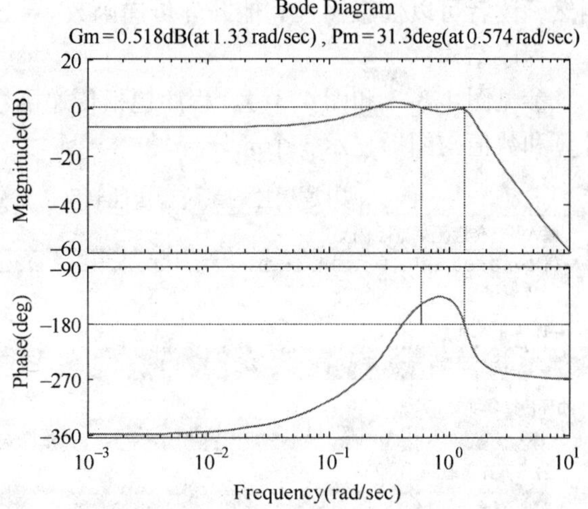

图 4-3-2 式（4-1-1）的伯德图

$$G(s)H(s)=\frac{1.5(s^2+0.9s+0.1)}{(s^5+1.28s^4+2.08s^3+1.4s^2-0.4s+0.25)(s+1)} \tag{4-3-2}$$

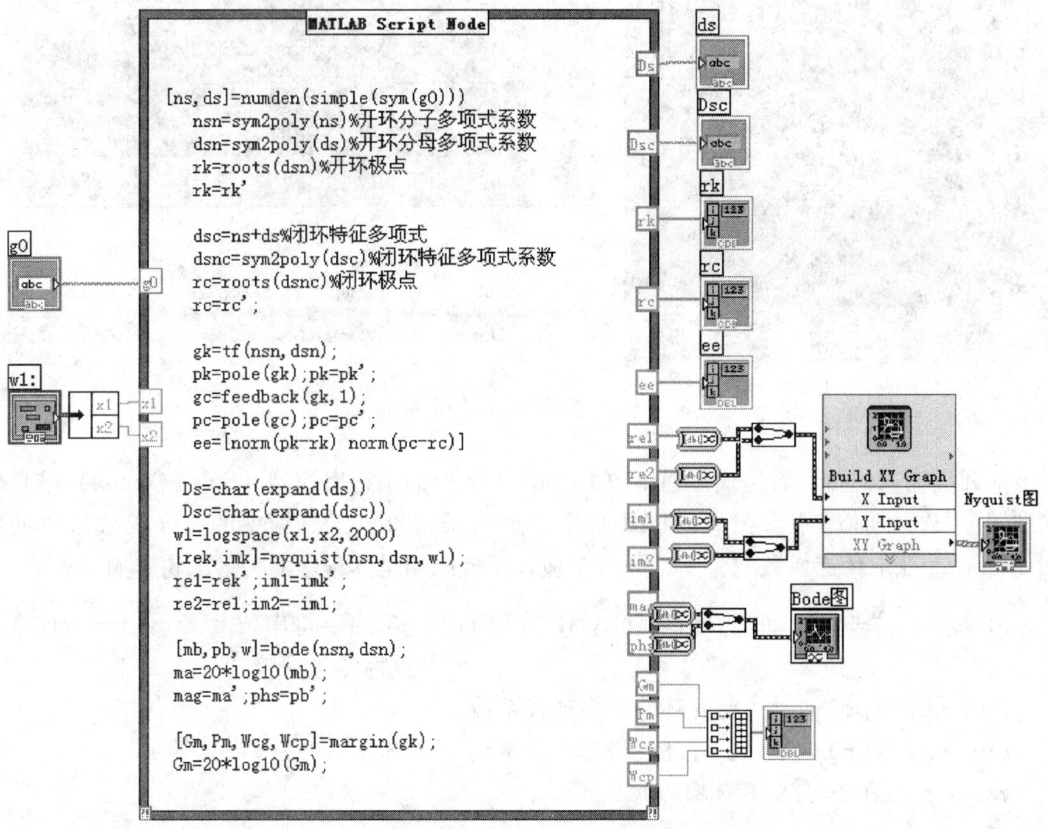

图 4-3-3 程序 shixz04_02 框图面板

当然，读者可以任意输入其他开环传递函数。

程序结构：

参见图 4-3-3 和图 4-3-4。程序包括传递函数的符号表达及数值转换，系统特性的数值计算和数值与图形显示 3 个部分。

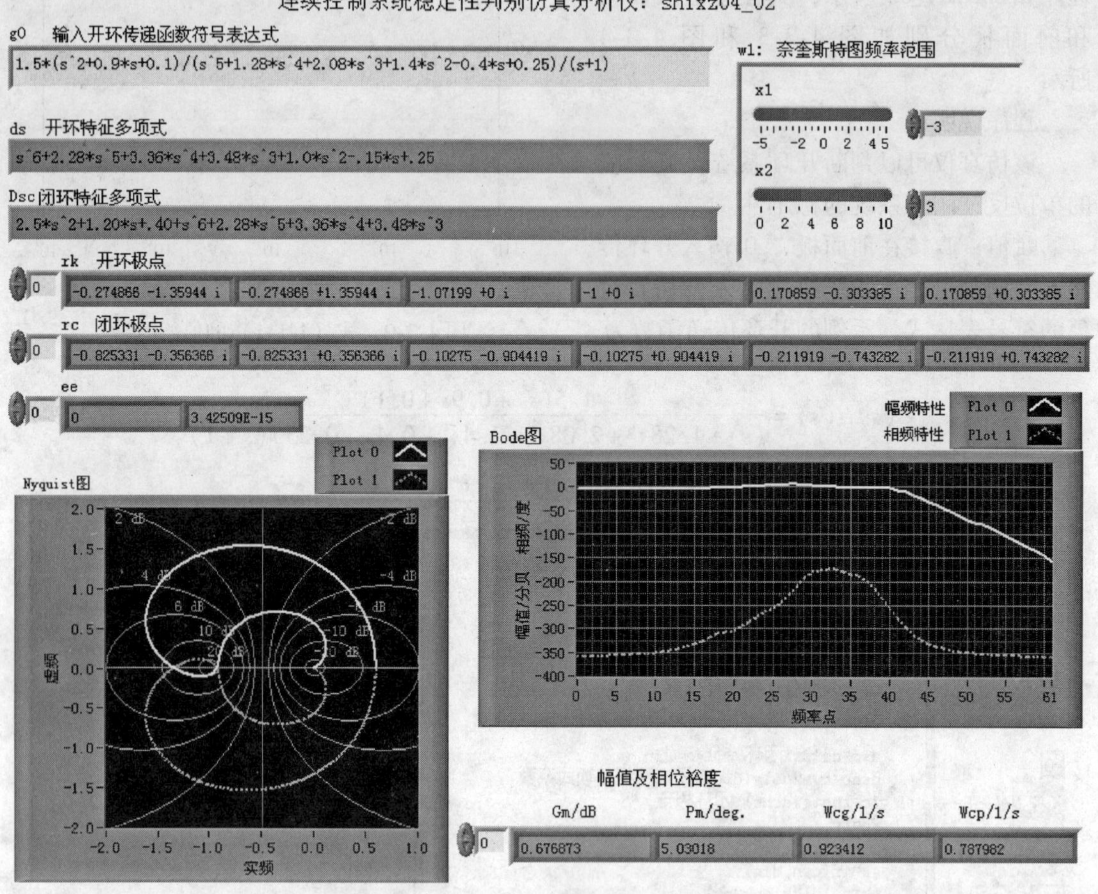

图 4-3-4 程序 shixz04_02 前面板

前面板输入的符号表达式传递函数由 LabVIEW 中的字符串控制（String Control）节点输入到 MATLAB 脚本节点。在 MATLAB 脚本节点内调用符号工具箱中的 sym 函数后再使用 numden 命令获取传递函数的分子、分母多项式。该语句是本程序的关键语句，摘录如下：

```
[ns, ds]=numden(simple(sym(g0)));% g0 为字符串(String Control)节点标签
nsn=sym2poly(ns)% 开环分子多项式系数
dsn=sym2poly(ds)% 开环分母多项式系数
rk=roots(dsn)% 开环极点
rk=rk'
dsc=ns+ds% 闭环特征多项式符号表达式
```

```
dsnc = sym2poly(dsc)% 闭环特征多项式系数
rc = roots(dsnc)% 闭环极点
rc = rc';
```

sym2poly 命令提取传递函数分子和分母多项式系数，再构造单位反馈闭环系统，使用 roots 命令分别求出开、闭环特征根 rk 和 rc，并返回到前面板，供查看是否含有非负实部根，从而判断系统稳定与否。参见图 4-3-4，示例数组 rk 内有 2 个非负实部根，说明开环系统不稳定；而数组 rc 内没有非负实部根，说明闭环系统稳定。程序还使用了命令 pole 求开环、闭环极点，二者的比较示于数组 ee 之中。

作为对比，程序还给出了开环系统的奈奎斯特图和伯德图。当频率从 $-\infty$ 到 $+\infty$ 变化时，奈奎斯特曲线逆时针围绕（-1，j0）点 2 圈，由奈奎斯特稳定性判据也可得出闭环系统稳定的结论。开环系统伯德图显示，开环系统具有正幅值裕度和正相位裕度，幅值和相位裕度及其对应的穿越频率示于前面板右下方的“幅值及相位裕度”数组内。

为了清晰作出Ⅰ型或Ⅱ型系统的奈奎斯特图，图示仪提供了“w1：奈奎斯特图频率范围”簇供用户设置，其中的 x1 和 x2 分别表示奈奎斯特曲线起始频率与终止频率的对数值。注意伯德图的调用格式采用 [mb，pb，w] = bode（nsn，dsn）。仿真表明，这种格式可以保证相频序列 pb 在大滞后情况下的正确表达，在 LabVIEW 中绘制高阶系统的伯德图时更要注意。

对于非单位反馈的闭环系统，稳定性判别程序如 shixz04_02a 所示。

4.4 离散控制系统的稳定性判定及仿真

1. 求解线性离散系统的特征方程的数值根

如果离散系统特征根的模小于 1（即特征根处于单位圆内），则该离散系统稳定。这是判断离散系统稳定性最基本的代数方法。

2. 离散系统的劳斯判据

设离散系统采样周期为 T，使用双线性变换

$$z=\frac{1+(T/2)w}{1-(T/2)w} \tag{4-4-1}$$

实施“W”变换。将传递函数 $G(z)$ 变换成 $G(w)$，则 $[Z]$ 平面的单位圆区域将映射到 $[W]$ 的左半平面。对 $G(w)$ 使用连续系统的劳斯判据和赫尔维茨判据，通过判定 $G(w)$ 的稳定性确定对应的离散系统 $G(z)$ 的稳定性。

3. 由开环系统的频率特性判定其对应单位反馈闭环系统的稳定性

离散系统的频率特性可以分为真实频率特性和虚拟频率特性两种描述方法。

（1）真实频率特性描述

令

$$z=\mathrm{e}^{\mathrm{j}\omega T} \tag{4-4-2}$$

并使

$$G(z)\big|_{z=\mathrm{e}^{\mathrm{j}\omega T}}=G(\mathrm{e}^{\mathrm{j}\omega T}) \tag{4-4-3}$$

获得离散系统的真实频率特性 $G(\mathrm{e}^{\mathrm{j}\omega T})$。$G(\mathrm{e}^{\mathrm{j}\omega T})$ 具有连续系统中与 $G(\mathrm{j}\omega)$ 相同的特性。频

率 ω 具有真实的物理意义。

（2）虚拟频率特性描述

令通过双线性变换的式（4-4-1）所获得的传递函数 $G(w)$ 中的自变量

$$w = \mathrm{j}v \tag{4-4-4}$$

并使

$$G(w)\big|_{w=\mathrm{j}v} = G(\mathrm{j}v) \tag{4-4-5}$$

获得的频率特性 $G(\mathrm{j}v)$ 只有数学意义，虚拟频率 v 没有真实的物理意义。

过去由于运算工具的限制，较少使用真实频率特性式（4-4-3）来研究离散系统的频率特性。计算机技术的发展，为使用真实频率特性研究离散控制系统提供了良好的条件。

在 MATLAB 中，使用真实频率特性仿真通常采用符号函数 syms，获得频率特性、实频和虚频特性、幅频和相频特性等符号表达式之后，再使用 subs 函数代入频率数值，绘制离散系统的奈奎斯特图和伯德图，然后使用连续系统中的奈奎斯特判据和伯德判据判定离散系统 $G(z)$ 的稳定性。

使用虚拟频率特性仿真，通常在数值域内使用命令 tf、zpk 等获得离散传递函数 $G(z)$、$G(w)$ 之后，再使用频域稳定性判据判断稳定性。关键语句如下：

```
gz = tf(num,  den,  T);% 返回离散系统传递函数 G(z),必须输入采样周期数值 T
gw = d2c(gz,  'tustin');% 返回经过 w 变换后的传递函数 G(w)
```

获得 $G(w)$ 后，直接绘制频率特性图。真实频率特性和虚拟频率特性两种方法的结果是一致的。

【例 4-3】 离散控制系统稳定性判别仿真分析仪。

离散控制系统稳定性判别仿真分析仪程序如 shixz04_03 所示。其程序框图面板和前面板分别如图 4-4-1 和图 4-4-2 所示。

赋值：直接在前面板“g0 离散开环传递函数符号表达式”框内输入仿真对象的 Z 传递函数 g0。示例的离散开环传递函数 g0 为

$$G(z)H(z) = \frac{0.2z^2 + 0.9z - 0.5}{z^3 + 0.28z^2 - 0.4z + 0.8} \tag{4-4-6}$$

当然，读者可以任意输入其他离散开环传递函数的符号表达式。

程序结构与例 4-2 类似，参见图 4-4-1 和图 4-4-2。下面仅就不同之处进行说明。

仿真仪使用真实频率特性和虚拟频率特性两种方法绘制仿真系统的奈奎斯特图。真实频率特性的相关语句如下：

```
syms z w real
gkz = sym(g0);% 仿真对象 Z 传递函数的符号表达式
ge = simple(subs(gkz,  z,  exp(j * T * w)));% 开环真实频率特性表达式
reg = real(ge);%  真实频率特性描述法的实频表达式
img = imag(ge);%  真实频率特性描述法的虚频表达式
```

reg 和 img 不一定是最简表达式，但不影响后面的数值计算。将 reg 和 img 数值化：

```
w1 = 0:0.01:x2;% 奈奎斯特图频率范围,可变频率上限 x2 的含义将在下面说明
```

```
regw = double(subs(reg,  w,  w1));% 真实频率特性的实部数值序列
imgw = double(subs(img,  w,  w1));% 真实频率特性的虚部数值序列
```

利用 regw 和 imgw 即可作出真实频率特性描述法的奈奎斯特图。

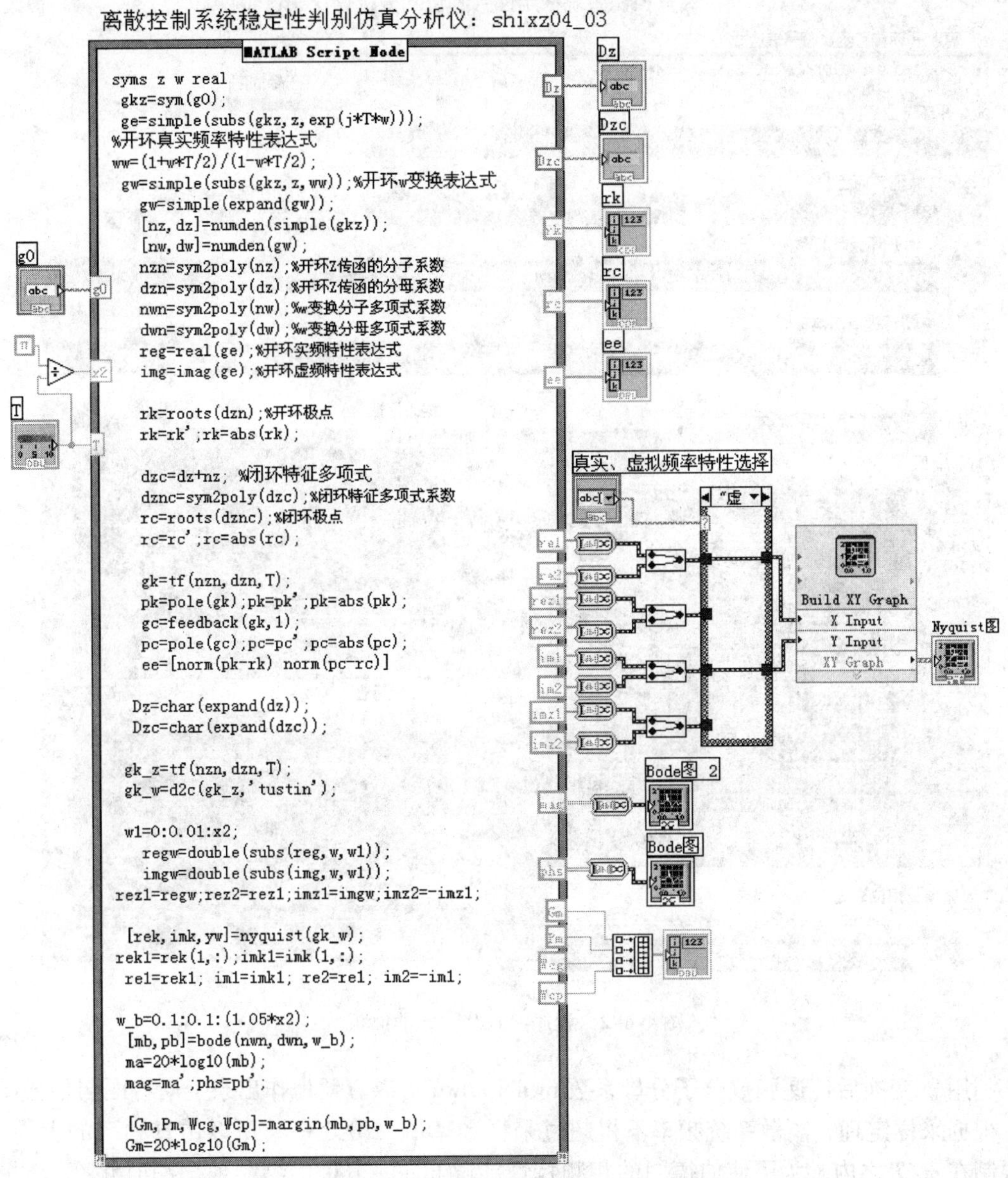

图 4-4-1　程序 shixz04_03 框图面板

虚拟频率特性描述法的主要语句如下：

```
ww = (1 + w * T/2)/(1-w * T/2);  % w 变换
gw = simple(subs(gkz,  z,  ww));  % 开环系统的 w 变换表达式
gw = simple(expand(gw));
```

```
[nw, dw]=numden(gw); % w变换后的分子分母表达式
nwn=sym2poly(nw); % w变换后系统分子多项式系数
dwn=sym2poly(dw); % w变换后系统分母多项式系数
```

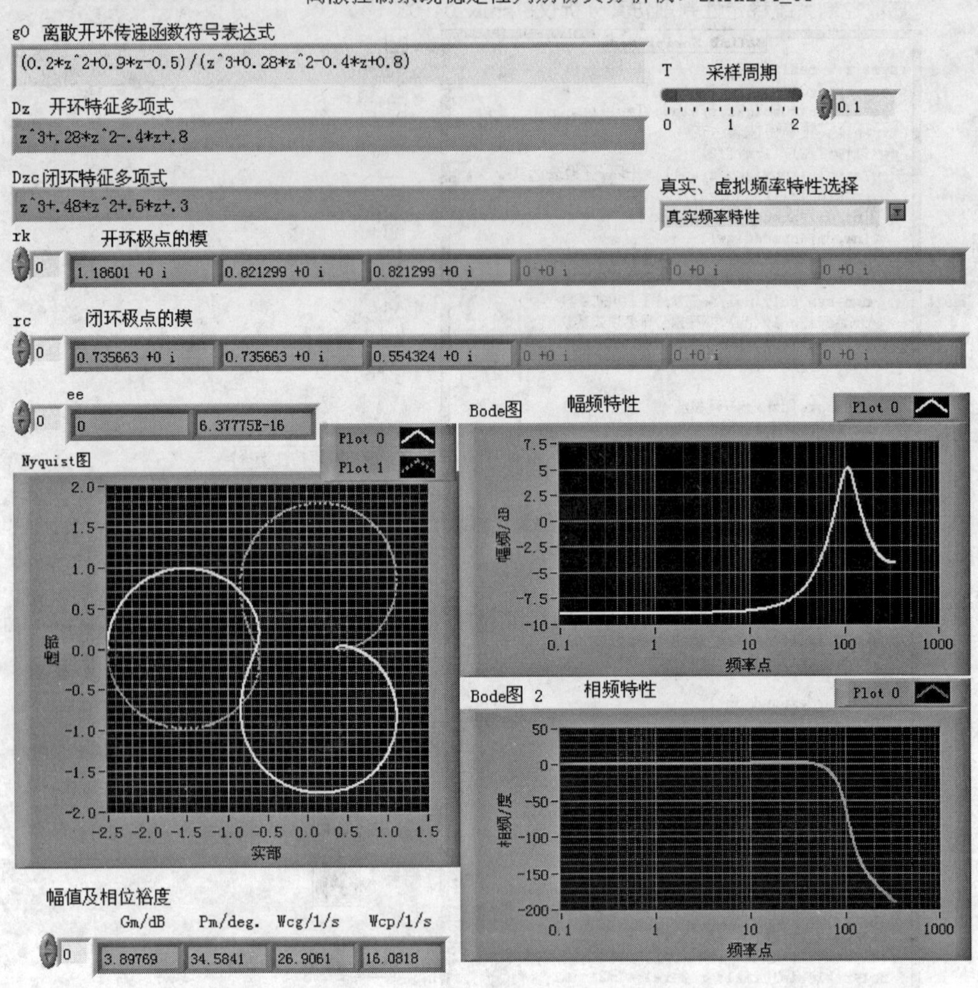

图 4-4-2 程序 shixz04_03 前面板

利用 w 变换后传递函数分子分母系数 nwn 和 dwn 可以方便地作出奈奎斯特图与伯德图。

根据采样定理，离散系统频率不得超过采样频率的二分之一，所以仿真频率的上限 x2 被限制在 π/T 之内。为了使伯德图的相频特性能够超过 $-180°$，绘制伯德图时频率上限 x2 可以略大于 π/T。图示仪实例上限 x2 取为 1.05（π/T）。

参见图 4-4-2，实例有 1 个开环极点处于单位圆外，开环系统不稳定。而所有闭环极点的模全部小于 1，全部处于单位圆内，所以闭环系统稳定。由开环系统的奈奎斯特图可见，开环奈奎斯特轨迹逆时针围绕［W］平面（-1，j0）点 1 圈（见图 4-4-3），也说明其对应的单位反馈系统稳定。前面板设置了如图 4-4-4 所示的选择开关，供选择“真实频率特性”或“虚拟频率特性”两种描述方法。两种奈奎斯特图的转换由选择结构实现，如图 4-4-5

所示。仿真表明，二者结果相同。

仿真系统的伯德图如图 4-4-2 所示。幅值及相位裕度示于图 4-4-2 的左下方，它们都具有正值，由伯德判据也可获得闭环系统稳定的结论。

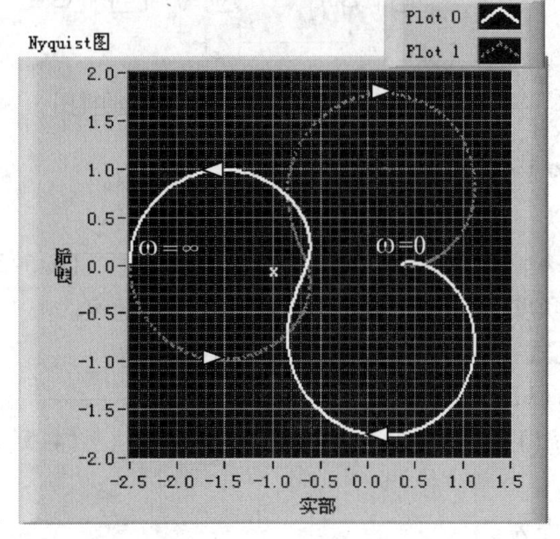

图 4-4-3　离散系统式（4-4-6）的奈奎斯特图

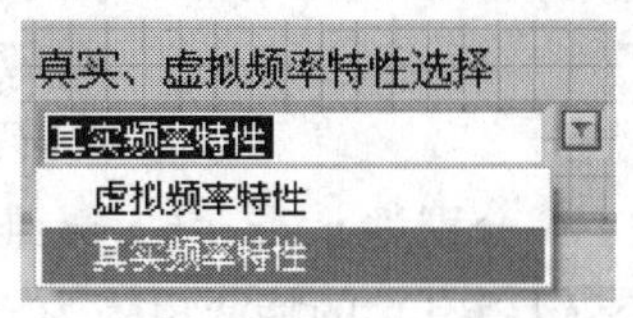

图 4-4-4　真实、虚拟频率特性选择开关

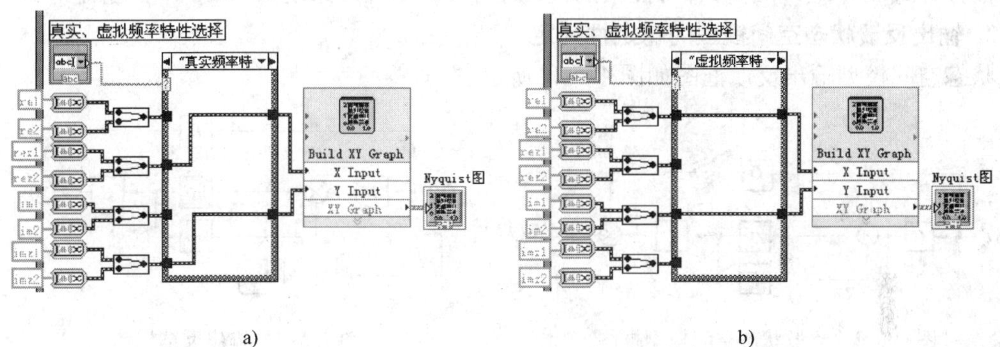

图 4-4-5　奈奎斯特图的显示选择结构

4.5　状态空间模型的稳定性判定及仿真

4.5.1　状态空间模型开环、闭环结构及其稳定性判别

连续线性定常状态空间模型稳定的充要条件是其特征方程的所有根都具有负实部，而离散状态空间模型稳定的充要条件是其所有特征根的模都小于 1。状态空间模型不同的连接具有不同的特征方程形式。如果系统的输入 $u(t)$ 不是状态变量 $X(t)$ 或输出变量 $Y(t)$ 的函数，则状态空间模型是开环的，否则系统是闭环的。对于闭环状态空间模型，由于其反馈方式不同，系统闭环的形式不同，其特征矩阵和特征方程的形式也有区别。本节仅限于讨论线性定常系统状态空间模型中反馈系数为常值阵的情况。同时，假定下述的各种反馈都可以实

现。下面分别介绍状态空间模型的开环与几种闭环结构稳定性的判定。

1. 开环状态空间模型的稳定性判定

为方便，重写连续状态方程见式（4-5-1），其结构图如图 4-5-1 所示。

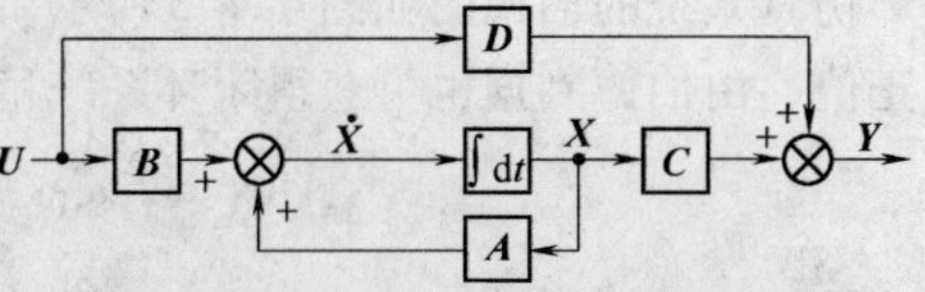

图 4-5-1　连续状态空间模型的框图

$$\dot{\boldsymbol{X}}(t)=\boldsymbol{AX}(t)+\boldsymbol{BU}(t)$$
$$\boldsymbol{Y}(t)=\boldsymbol{CX}(t)+\boldsymbol{DU}(t) \qquad (4\text{-}5\text{-}1)$$

式中　$\boldsymbol{A}$、$\boldsymbol{B}$、$\boldsymbol{C}$、$\boldsymbol{D}$ 分别为 $n\times n$、$n\times m$、$p\times n$、$p\times m$ 维常值阵。由于输入 $\boldsymbol{U}(t)$ 不是 $\boldsymbol{X}(t)$ 或 $\boldsymbol{Y}(t)$ 的函数，所以系统是开环的。系统式（4-5-1）的特征矩阵为 $\boldsymbol{A}$，特征方程为

$$|\lambda \boldsymbol{I}-\boldsymbol{A}|=0 \qquad (4\text{-}5\text{-}2)$$

若特征方程式（4-5-2）的所有特征根都具有负实部，则开环系统式（4-5-1）稳定。

类似的，离散线性定常系统的状态方程见式（4-5-3），框图如图 4-5-2 所示。

$$\boldsymbol{X}(kT+T)=\boldsymbol{FX}(kT)+\boldsymbol{GU}(kT)$$
$$\boldsymbol{Y}(kT)=\boldsymbol{CX}(kT)+\boldsymbol{DU}(kT) \qquad (4\text{-}5\text{-}3)$$

式中，$\boldsymbol{F}$、$\boldsymbol{G}$ 分别为 $n\times n$、$n\times m$ 维。

系统（4-5-3）的特征矩阵为 $\boldsymbol{F}$，特征方程为

$$|\lambda \boldsymbol{I}-\boldsymbol{F}|=0 \qquad (4\text{-}5\text{-}4)$$

若特征方程式（4-5-4）的所有特征根的模均小于 1，则开环系统式（4-5-3）稳定。

2. 输出反馈状态空间模型的稳定性判定

状态空间模型输出反馈框图如图 4-5-3 所示。

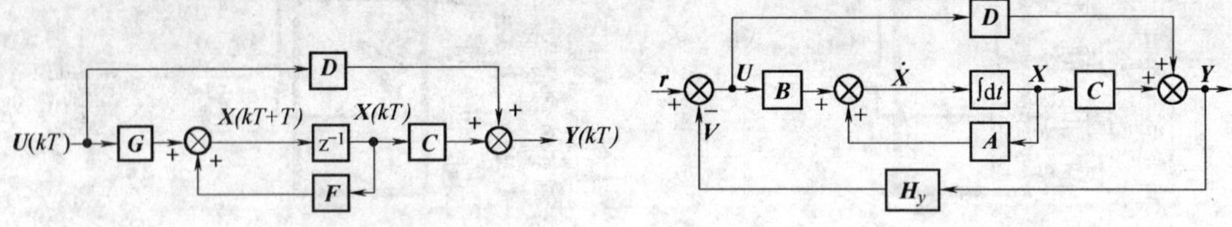

图 4-5-2　离散状态空间模型框图　　　　图 4-5-3　输出反馈框图

由框图 4-5-3 有输出反馈律

$$\boldsymbol{U}=\boldsymbol{r}-\boldsymbol{H}_y\boldsymbol{Y} \qquad (4\text{-}5\text{-}5)$$

式中，$\boldsymbol{r}$ 为与 $\boldsymbol{U}$ 同维的参考输入，$\boldsymbol{H}_y$ 为 $m\times p$ 维常值反馈矩阵。将其代入式（4-5-1）的输出方程，化简可得输出反馈后系统的输出方程

$$\boldsymbol{Y}=(\boldsymbol{I}_y+\boldsymbol{DH}_y)^{-1}\boldsymbol{CX}+(\boldsymbol{I}_y+\boldsymbol{DH}_y)^{-1}\mathbf{D}\boldsymbol{r} \qquad (4\text{-}5\text{-}6)$$

式中，$\boldsymbol{I}_y$ 是 p 维单位阵。再将式（4-5-5）和式（4-5-6）代入式（4-5-1）的状态方程，化简后可得输出反馈后系统的状态方程

$$\dot{\boldsymbol{X}}=[\boldsymbol{A}-\boldsymbol{BH}_y(\boldsymbol{I}_y+\boldsymbol{DH}_y)^{-1}\boldsymbol{C}]\boldsymbol{X}+\boldsymbol{B}[\boldsymbol{I}_r-\boldsymbol{H}_y(\boldsymbol{I}_y+\boldsymbol{DH}_y)^{-1}\boldsymbol{D}]\boldsymbol{r} \qquad (4\text{-}5\text{-}7)$$

式中，$\boldsymbol{I}_r$ 是 m 维单位阵。式（4-5-7）和式（4-5-6）一起构成输出反馈的动态方程。

输出反馈的系统矩阵为 $[\boldsymbol{A}-\boldsymbol{BH}_y\ (\boldsymbol{I}_y+\boldsymbol{DH}_y)^{-1}\boldsymbol{C}]$，特征方程为

$$|\lambda \boldsymbol{I}_x-\boldsymbol{A}+\boldsymbol{BH}_y(\boldsymbol{I}_y+\boldsymbol{DH}_y)^{-1}\boldsymbol{C}|=0 \qquad (4\text{-}5\text{-}8)$$

式中，$\boldsymbol{I}_x$ 为 n 维单位阵。当直传矩阵 $\boldsymbol{D}=0$ 时，输出反馈系统的特征方程简化为

$$|\lambda I_x - A + BH_y C| = 0 \tag{4-5-9}$$

当特征方程式（4-5-8）或式（4-5-9）的所有根都具有负实部时，连续输出反馈闭环系统稳定。

按照同样的方式，可以得到离散系统式（4-5-3）的输入反馈的特征方程为

$$|\lambda I_x - F + GH_y(I_y + DH_y)^{-1}C| = 0 \tag{4-5-10}$$

及

$$|\lambda I_x - F + GH_y C| = 0 \tag{4-5-11}$$

当方程式（4-5-10）或式（4-5-11）所有根的模都小于1时，离散输出反馈系统稳定。

3. 状态反馈系统稳定性判定

状态反馈框图如图4-5-4所示。

状态反馈律

$$U = r - H_x X \tag{4-5-12}$$

式中，H_x 为 $m \times n$ 维常值状态反馈矩阵。将其代入式（4-5-1）之中，化简可得状态反馈后系统的动态方程

$$\begin{aligned} \dot{X} &= (A - BH_x)X + Br \\ Y &= (C - DH_x)X + Dr \end{aligned} \tag{4-5-13}$$

状态反馈的特征矩阵为（$A - BH_x$），特征方程为

$$|\lambda I_x - A + BH_x| = 0 \tag{4-5-14}$$

如果特征方程式（4-5-14）的所有根均具有负实部，则状态反馈闭环系统稳定。显然，状态反馈的直传矩阵 D 只对输出方程有影响，而对状态方程没有影响。

4. 输出内反馈系统稳定性判定

输出内反馈是从输出到状态微分的反馈，如图4-5-5所示。

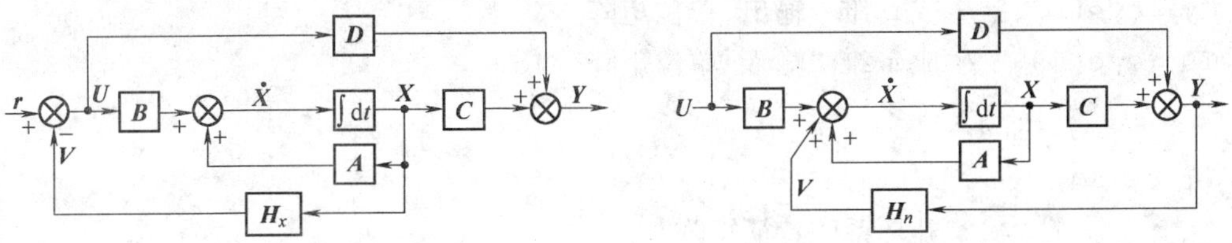

图4-5-4　状态反馈框图　　　图4-5-5　输出内反馈框图

由输出内反馈框图可得（注意反馈处的符号为正号）

$$\begin{aligned} \dot{X} &= AX + BU + H_n Y = AX + BU + H_n CX + H_n DU \\ &= (A + H_n C)X + (B + H_n D)U \end{aligned} \tag{4-5-15}$$

式中，H_n 为 $n \times p$ 维常值输出内反馈矩阵。输出内反馈的特征矩阵为（$A + H_n C$），特征方程为

$$|\lambda I_x - A - H_n C| = 0 \tag{4-5-16}$$

当特征方程式（4-5-16）的所有根均具有负实部时，由图4-5-5所描述的输出内反馈系统稳定。

用类似的方法可以获得离散状态反馈和离散状态内反馈的相应闭环特征方程及其稳定性条件。

离散状态反馈系统的特征矩阵为（$\boldsymbol{F}-\boldsymbol{G}\boldsymbol{H}_x$），特征方程为

$$|\lambda \boldsymbol{I}_x-\boldsymbol{F}+\boldsymbol{G}\boldsymbol{H}_x|=0 \tag{4-5-17}$$

离散输出内反馈系统的特征矩阵为（$\boldsymbol{F}+\boldsymbol{H}_n\boldsymbol{C}$），特征方程为

$$|\lambda \boldsymbol{I}_x-\boldsymbol{F}-\boldsymbol{H}_n\boldsymbol{C}|=0 \tag{4-5-18}$$

当方程式（4-5-17）和式（4-5-18）所有根的模都小于1时，相应的离散闭环系统稳定。

4.5.2 状态空间模型稳定性判定仿真

最直接的方法是求出系统特征矩阵的特征值，再由特征值判定对应系统的稳定性。求矩阵特征值最常用的MATLAB函数是eig，其调用格式为

```
P = eig(A);% 输入矩阵 A 为对应系统的特征矩阵
```

上述几类反馈系统稳定性判定程序见例4-4。

【**例4-4**】 连续状态空间系统稳定性判定的MATLAB程序。

```
n = 3;p = 3;m = 3;% 确定对象的阶数 n,输出数 p,输入数 m
A01 = rand(n);% 构造均匀分布的 n 阶方阵
A02 = randn(n);% 构造正态分布的 n 阶方阵
A = -A02-A01;% 构造状态空间模型的原始系统矩阵
B = rand(n,m);% 构造状态空间模型的原始输入矩阵
C = rand(p,n);% 构造状态空间模型的原始输出矩阵
D = rand(p,m);% 构造状态空间模型的原始直传矩阵
% D = zeros(p,m);% 设直传矩阵为 0
sys = ss(A,B,C,D);% 构造原始开环状态空间模型
Iy = eye(p);% 生成 p 维“输出”单位矩阵
Iu = eye(m);% 生成 m 维“输入”单位矩阵
   for i = 1:4
if i = =1
        A1 = A;% 开环系统特征矩阵
        P1 = eig(A1);% 开环特征值
        P1r = real(P1);% 开环特征值的实部
        P1r = sort(P1r);% 开环特征值的实部排序
else if i = =2
        hy = rand(m,p);% 输出反馈系数矩阵(随机)
        Dh = inv(Iy + D * hy);% 计算中间变量(Iy + D * hy)^-1
        A2 = A-B * hy * Dh * C;% 输出反馈系统特征矩阵
        P2 = eig(A2);% 输出反馈系统特征值
        P2r = real(P2);% 输出反馈系统特征值的实部
        P2r = sort(P2r);% 输出反馈系统特征值的实部排序
else if i = =3
```

```
        hx = rand(m,n);% 状态反馈系数矩阵(随机)
        A3 = A-B * hx;% 状态反馈系统特征矩阵
        P3 = eig(A3);% 状态反馈系统特征值
        P3r = real(P3);% 状态反馈系统特征值的实部
        P3r = sort(P3r);% 状态反馈系统特征值的实部排序

else if i = =4
        hn = -rand(n,p);% 输出内反馈系数矩阵(随机)
        A4 = A + hn * C;% 输出内反馈系统的特征矩阵
        P4 = eig(A4);% 输出内反馈系统的特征值
        P4r = real(P4);% 输出内反馈系统的特征值实部
        P4r = sort(P4r);% 输出内反馈系统的特征值实部排序
end
end
end
end
end
        disp('特征值:')
        P = [P1r P2r P3r P4r]
        disp('稳定性判定结论:')
if max(P1r) <0
disp('开环系统最大特征根的实部小于0,开环系统稳定!')
else disp('开环系统最大特征根实部不小于0,开环系统不稳定!')
end
if max(P2r) <0
disp('输出反馈系统最大特征根的实部小于0,输出系统稳定!')
else disp('输出反馈系统最大特征根实部不小于0,输出系统不稳定!')
end
if max(P3r) <0
disp('状态反馈系统最大特征根的实部小于0,状态反馈系统稳定!')
else disp('状态反馈系统最大特征根实部不小于0,状态反馈系统不稳定!')
end
if max(P4r) <0
disp('输出内反馈系统最大特征根的实部小于0,输出内反馈系统稳定!')
else disp('输出内反馈系统最大特征根实部不小于0,输出内反馈系统不稳定!')
end
```

某次运行结果如下:

特征值

```
P =
-0.9695   -1.1131   -1.6800   -0.9308
-0.5677   -0.7563   -1.6800    0.8058
-0.5677   -0.7563   -0.5688    0.8058
```

稳定性判定结论

开环系统最大特征根的实部小于 0,开环系统稳定!
输出反馈系统最大特征根的实部小于 0,输出反馈系统稳定!
状态反馈系统最大特征根的实部小于 0,状态反馈系统稳定!
输出内反馈系统最大特征根实部不小于 0,输出内反馈系统不稳定!

再次运行结果为

特征值

```
P =
-2.9538   -6.5882   -5.2288   -5.1873
0.0334    0.0769    0.0868   -0.0110
0.0334    0.0769    0.0868   -0.0110
```

稳定性判定结论

开环系统最大特征根实部不小于 0,开环系统不稳定!
输出反馈系统最大特征根实部不小于 0,输出系统不稳定!
状态反馈系统最大特征根实部不小于 0,状态反馈系统不稳定!
输出内反馈系统最大特征根的实部小于 0,输出内反馈系统稳定!

本例程序首先设定状态空间模型阶数 n，输出数 p 和输入数 m，然后随机生成状态空间 Σ（$\boldsymbol{A}$，$\boldsymbol{B}$，$\boldsymbol{C}$，$\boldsymbol{D}$）的各个系数矩阵，输出反馈系数矩阵 $\boldsymbol{H}_y$，状态反馈系数矩阵 $\boldsymbol{H}_x$ 和输出内反馈系数矩阵 $\boldsymbol{H}_n$。再按照上节相关公式构造各种反馈连接的特征矩阵，并且求出对应的特征值。如果最大的特征根实部小于0，必然全部特征根均具有负实部，系统稳定；如果最大的特征根实部不小于0，即使其余特征根实部均小于0，也不满足所有特征根都具有负实部的条件，可以判断系统不稳定。由于系统生成，反馈系数矩阵获取均采用随机方式，所以各种反馈情况下稳定性也是随机的。参见所给出的 2 种运行结果可见一斑。

状态空间模型不同反馈连接的稳定性判别仿真仪见例 4-5。

【例 4-5】 连续状态空间模型稳定性判别仿真分析仪。

连续状态空间模型稳定性判别仿真仪程序如 shixz04_05 所示，程序面板如图 4-5-6 所示，前面板如图 4-5-7 和图 4-5-8 所示，分别示出了两次随机运行结果。

程序说明：

程序的 MATLAB 语句见例 4-4 的说明和注释。系统阶次、输出和输入数由用户在 n，p，m 数组内设定，建议用户输入正整数。

使用 char 函数显示稳定性判别结果的语句如下（以开环系统稳定性判别为例）：

```
if max(P1r) <0   % P1r 是开环特征根的实部
```

```
te1 = char('The system is stable! ')
else
te1 = char('The system is not stable! ')
end
```

连续状态空间模型稳定性判别仿真分析仪：shixz04_05

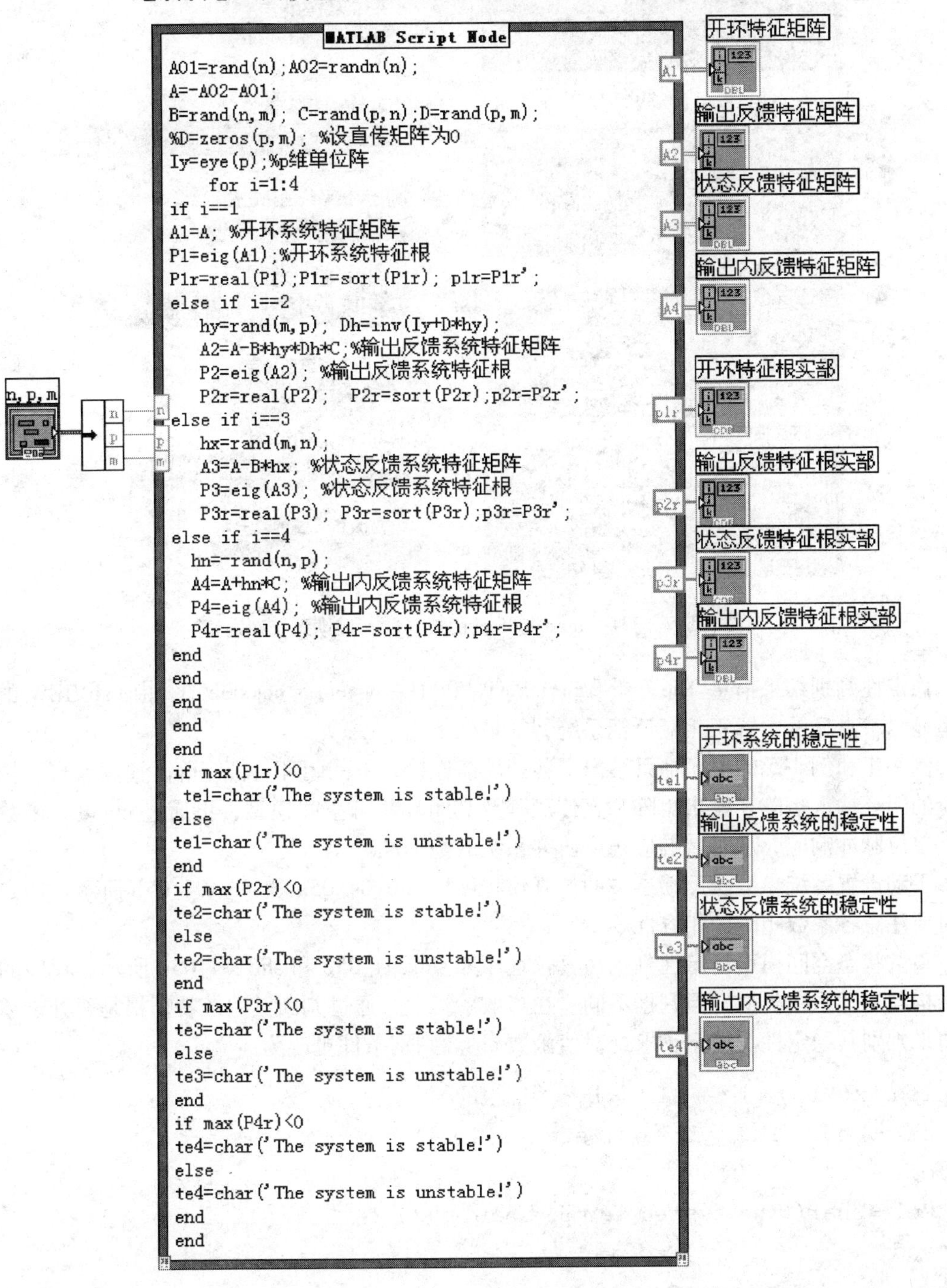

图 4-5-6 程序 shixz04_05 框图面板

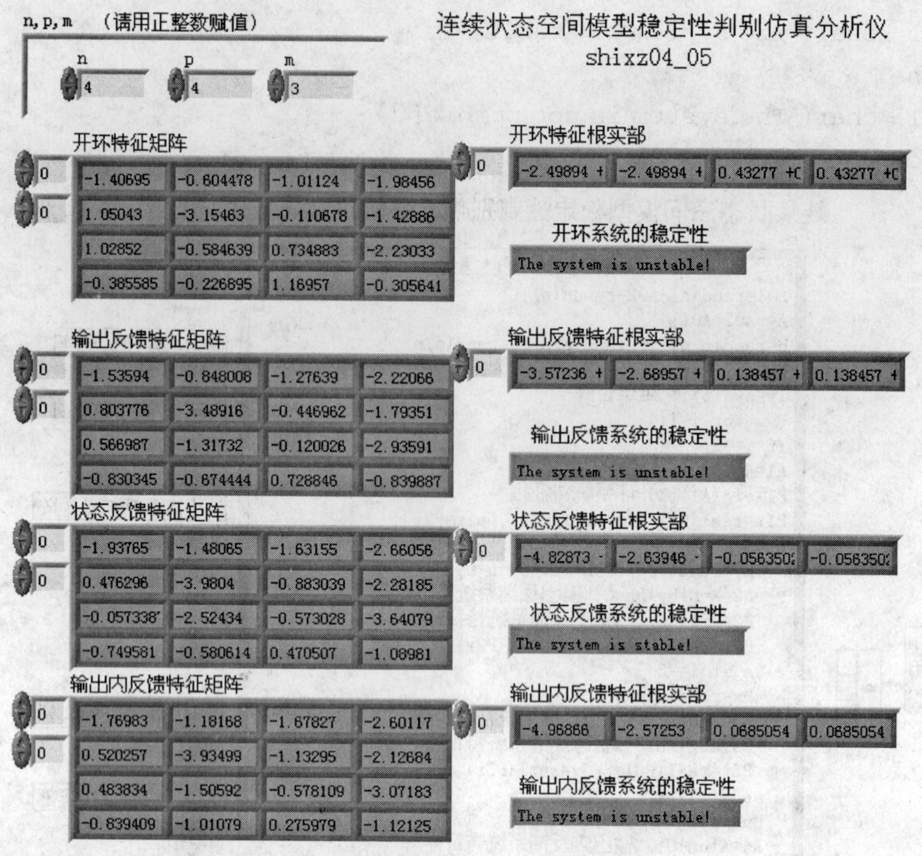

图 4-5-7　程序 shixz04_05 前面板（状态反馈系统稳定）

稳定性判别结果信息'The system is stable！'和'The system is not stable！'由 LabVIEW 的字符串显示节点显示，置于相应反馈系统特征根的下面。

例 4-4 和例 4-5 的程序都只给出了各种反馈连接之下的闭环特征矩阵。请读者自己构造对应的闭环输入矩阵、输出矩阵和直传矩阵及其闭环状态空间模型，再通过 impulse 函数研究其单位脉冲响应，从时域响应角度研究系统的稳定性。

手动设置系统参数及反馈参数的仿真仪程序如 shixz04_05a 和 shixz04_05b 所示。用户赋值时要注意各系数矩阵的相容性。

离散状态空间模型稳定性判别仿真仪程序如 shixz04_05c 和 shixz04_05d 所示。程序的基本结构与连续系统类似，但判据不同。在离散系统中，通过判断其系统特征根是否处于单位圆内来判别其稳定性。使用了求绝对值函数 abs。判别条件更改为

```
if max(P1r) <1  % P1r 是开环特征根的模
te1 =char('The system is stable! ')
else
te1 =char('The system is not stable! ')
end
```

程序 shixz04_05c 由计算机随机赋值，shixz04_05d 由用户手动赋值。

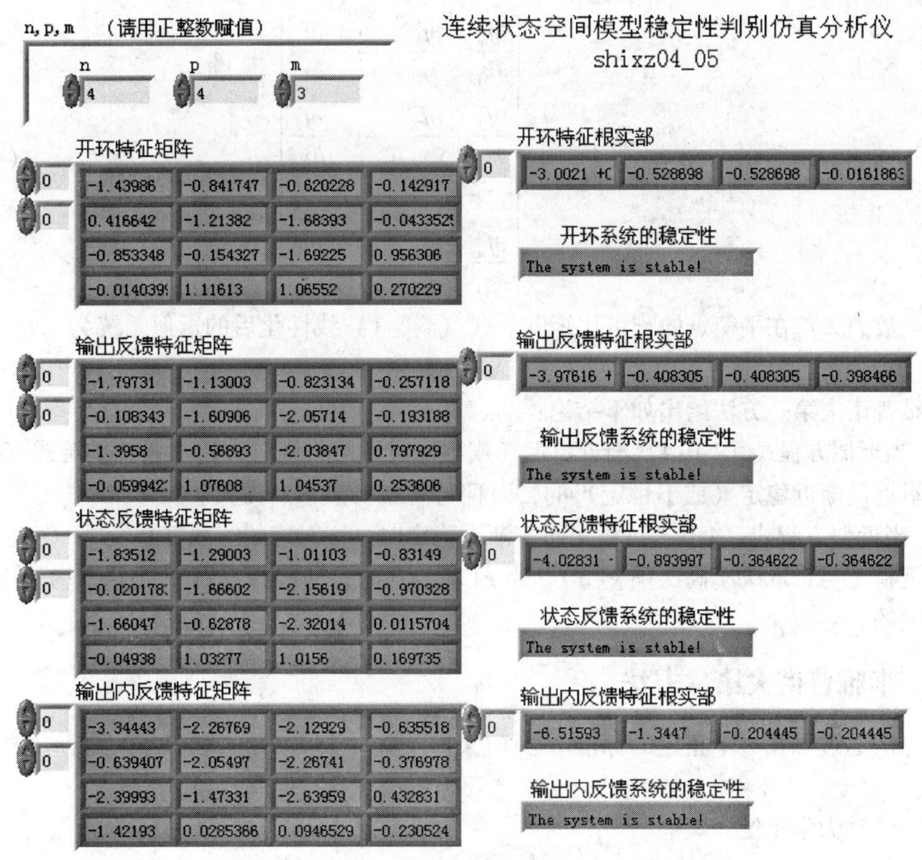

图 4-5-8 程序 shixz04_05 前面板（全部稳定）

4.6 李雅普诺夫稳定性判定及仿真

俄国学者李雅普诺夫建立起了关于一般系统稳定性的严格数学定义，提出了判断系统稳定性的两种方法，分别称为李雅普诺夫第一和第二方法。特别是李雅普诺夫第二方法，虽然仅给出了充分条件，但仍然是迄今为止研究非线性系统稳定性的实际有效方法。下面仅从仿真应用的角度，对李雅普诺夫稳定性判别方法进行简单介绍。

4.6.1 李雅普诺夫第一方法

李雅普诺夫第一方法是将一些弱非线性系统在平衡点附近展开成台劳级数，略去其高次项，保留其线性主部构成一个近似的线性定常系统，通过判断线性化后近似系统的稳定性去判断原非线性系统的稳定性。

设平衡态为 $\boldsymbol{X}_e=\boldsymbol{0}$ 的系统

$$\dot{\boldsymbol{X}}=\boldsymbol{f}(\boldsymbol{X}) \tag{4-6-1}$$

在平衡态 $\boldsymbol{X}_e=\boldsymbol{0}$ 附近展成台劳级数

$$\dot{\boldsymbol{X}}=\boldsymbol{A}\boldsymbol{X}+\boldsymbol{g}(\boldsymbol{X}) \tag{4-6-2}$$

式中，

$$\boldsymbol{A}=\left.\frac{\partial f}{\partial \boldsymbol{X}^T}\right|_{X=0}=\left|\begin{matrix}\frac{\partial f_1}{\partial x_1} & \frac{\partial f_1}{\partial x_2} & \cdots & \frac{\partial f_1}{\partial x_n}\\ \frac{\partial f_2}{\partial x_1} & \frac{\partial f_2}{\partial x_2} & \cdots & \frac{\partial f_2}{\partial x_n}\\ \vdots & & & \vdots\\ \frac{\partial f_n}{\partial x_1} & \frac{\partial f_n}{\partial x_2} & \cdots & \frac{\partial f_n}{\partial x_n}\end{matrix}\right|_{X=0} \tag{4-6-3}$$

是向量函数 $\boldsymbol{f}(\boldsymbol{X})$ 在平衡点的雅可比矩阵。式（4-6-1）线性化后的近似系统为

$$\dot{\boldsymbol{X}}=\boldsymbol{AX} \tag{4-6-4}$$

李雅普诺夫第一方法给出如下结论：

1）当近似方程式（4-6-4）渐近稳定（或不稳定）时，则对应的非线性系统式（4-6-1）在原点附近是渐近稳定（或不稳定）的，而且与高次项 $\boldsymbol{g}(\boldsymbol{X})$ 无关。

2）当近似方程式（4-6-4）稳定而非渐近稳定时，则对应的非线性系统式（4-6-1）在原点附近稳定与否取决于高次项 $\boldsymbol{g}(\boldsymbol{X})$，当 $\boldsymbol{g}(\boldsymbol{X})=0$ 时，非线性系统式（4-6-1）在原点附近是稳定的。

4.6.2 李雅普诺夫第二方法

本方法通过寻找一个正定的标量函数 $\boldsymbol{V}(\boldsymbol{X})$ 及其导数 $\dot{\boldsymbol{V}}(\boldsymbol{X})$ 来判断一般动力学系统的稳定性。

设一般动力学系统

$$\begin{cases}\dot{\boldsymbol{X}}=\boldsymbol{f}(\boldsymbol{X})\\ \boldsymbol{X}_e=0\end{cases} \tag{4-6-5}$$

如果存在 $\boldsymbol{X}$ 的正定标量函数 $\boldsymbol{V}(\boldsymbol{X})>0$，而且它对时间的一阶导数负定 $\dot{\boldsymbol{V}}(\boldsymbol{X})<0$，则系统式（4-6-5）在平衡态 $\boldsymbol{X}_e$ 附近的小范围内渐近稳定。又如果此时 $\|\boldsymbol{X}\|\to\infty$，有 $\boldsymbol{V}(\boldsymbol{X})\to\infty$，则平衡态 $\boldsymbol{X}_e$ 是大范围渐近稳定的。

如果 $\boldsymbol{V}(\boldsymbol{X})>0$（正定），而 $\dot{\boldsymbol{V}}(\boldsymbol{X})\leqslant 0$（负半定）（即 $\dot{\boldsymbol{V}}(0)=0$，$\dot{\boldsymbol{V}}(\boldsymbol{X})<0$，当 $\boldsymbol{X}\neq 0$）；且 $\dot{\boldsymbol{V}}(\boldsymbol{X})$ 在式（4-6-5）的任一解曲线上恒为 0，则 $\boldsymbol{X}_e=0$ 是稳定的；如果 $\dot{\boldsymbol{V}}(\boldsymbol{X})$ 在式（4-6-5）的任一解曲线上均不恒为 0，则 $\boldsymbol{X}_e=0$ 是渐近稳定的。

$\boldsymbol{V}(\boldsymbol{X})$ 被称为系统式（4-6-5）的一个李雅普诺夫函数。

由李雅普诺夫第二方法所获得的动力学系统的稳定性条件是充分条件，如果找到的函数 $\boldsymbol{V}(\boldsymbol{X})$ 不满足上述条件，并不意味着系统平衡态不稳定。

运用李雅普诺夫第二方法的难点在于，没有一个构造李雅普诺夫函数 $\boldsymbol{V}(\boldsymbol{X})$ 的普适方法，也就是说，截至目前，尚未找到一个判定非线性系统的稳定性的普遍方法。

4.6.3 李雅普诺夫方程

将李雅普诺夫第二方法运用于线性定常系统，可得到李雅普诺夫方程。

1. 连续线性定常系统的李雅普诺夫方程

连续线性定常系统

$$\dot{\boldsymbol{X}}=\boldsymbol{AX} \tag{4-6-6}$$

渐近稳定的充要条件是对于任意一个给定的正定对称阵 $\boldsymbol{Q}>\boldsymbol{0}$，下述李雅普诺夫方程

$$\boldsymbol{A}^{\mathrm{T}}\boldsymbol{P}+\boldsymbol{P}\boldsymbol{A}=-\boldsymbol{Q} \tag{4-6-7}$$

存在唯一正定对称阵解 $\boldsymbol{P}$。这时，系统的李雅普诺夫函数为 $\boldsymbol{V}(\boldsymbol{X})=\boldsymbol{X}^{\mathrm{T}}\boldsymbol{P}\boldsymbol{X}$，其导数为 $\dot{\boldsymbol{V}}(\boldsymbol{X})=-\boldsymbol{X}^{\mathrm{T}}-\boldsymbol{Q}\boldsymbol{X}$

李雅普诺夫方程式（4-6-7）有唯一解的充要条件是，矩阵 $\boldsymbol{A}$ 不存在两个特征值之和为 0 的情况。

通过李雅普诺夫方程式（4-6-7）的解矩阵 $\boldsymbol{P}$ 判断系统式（4-6-6）的稳定性有下列几种情况：当 $\boldsymbol{P}>\boldsymbol{0}$ 时，系统是渐近稳定的；当 $\boldsymbol{P}<\boldsymbol{0}$ 时，系统是不稳定的；如果 $\boldsymbol{P}$ 的符号不定，系统不是渐近稳定的，但是否稳定需另作判断。

2. 离散线性定常系统的李雅普诺夫方程

离散线性定常系统

$$\boldsymbol{X}(k+1)=\boldsymbol{F}\boldsymbol{X}(k) \tag{4-6-8}$$

渐近稳定的充要条件是对任意的正定对称阵 $\boldsymbol{Q}>\boldsymbol{0}$，下述李雅普诺夫方程

$$\boldsymbol{F}^{\mathrm{T}}\boldsymbol{P}\boldsymbol{F}-\boldsymbol{P}=-\boldsymbol{Q} \tag{4-6-9}$$

存在唯一正定对称阵解 $\boldsymbol{P}$。

4.6.4 二次型函数和对称矩阵的定号性

在研究李雅普诺夫稳定性时，常常用到如下形式的实二次型函数

$$V(\boldsymbol{X})=\boldsymbol{X}^{\mathrm{T}}\boldsymbol{P}\boldsymbol{X} \tag{4-6-10}$$

式中，实对称矩阵 $\boldsymbol{P}^{\mathrm{T}}=\boldsymbol{P}$ 称为二次型函数的权矩阵，二次型函数的正定、负定、非正定（负半定）和非负定（正半定）完全由权矩阵的同类定号性决定，且可分别记为

$$\boldsymbol{P}>0(\text{正定}),\quad \boldsymbol{P}<0(\text{负定}),\quad \boldsymbol{P}\leqslant 0(\text{负半定}),\quad \boldsymbol{P}\geqslant 0(\text{正半定})$$

于是，可以通过研究实对称矩阵的定号性去研究对应的二次型函数的定号性。判定实对称矩阵定号性常采用 3 种方法。

1. 塞尔维斯特定理

实对称矩阵 $\boldsymbol{P}$ 正定的充要条件是 $\boldsymbol{P}$ 的各阶顺序主子式均大于 0，即

$$\Delta_1=p_{11}>0,\Delta_2=\begin{vmatrix} p_{11} & p_{12} \\ p_{21} & p_{22} \end{vmatrix}>0,\cdots,\Delta_n=|\boldsymbol{P}|>0 \tag{4-6-11}$$

$\boldsymbol{P}$ 负定的充要条件是 $\boldsymbol{P}$ 的偶数阶顺序主子式均大于 0，奇数阶顺序主子式小于 0，或者 $\boldsymbol{P}$ 负定的充要条件是（$-\boldsymbol{P}$）正定。

2. 特征值判别法

实对称矩阵 $\boldsymbol{P}$ 正定、负定、正半定和负半定的充要条件是 $\boldsymbol{P}$ 的特征值大于零、小于零、大于等于零和小于等于零。若 $\boldsymbol{P}$ 的特征值有正有负，则 $\boldsymbol{P}$ 的符号不定。

3. 合同变换法

将实对称矩阵 $\boldsymbol{P}$ 经过合同变换化成对角阵 $\boldsymbol{P}_{\mathrm{d}}$，则 $\boldsymbol{P}$ 正定、负定、正半定和负半定的充要条件是 $\boldsymbol{P}_{\mathrm{d}}$ 的所有对角线元素大于零、小于零、大于等于零和小于等于零。这里的合同变换是指对实对称矩阵的同样序号的行和列同时做同样的初等变换。

从仿真的角度，使用特征值判别法比较方便。

4.6.5 运用李雅普诺夫第二方法分析非线性系统的稳定性

前已述及，运用李雅普诺夫第二方法分析非线性系统稳定性的难点在于寻找合适的李雅普诺夫函数 $\boldsymbol{V}(\boldsymbol{X})$，而构造 $\boldsymbol{V}(\boldsymbol{X})$ 尚无一个普遍的方法，下面介绍几种常用的方法。

1. 克拉索夫斯基方法

对原点为平衡态的非线性系统

$$\begin{cases}\dot{\boldsymbol{X}}=\boldsymbol{f}(\boldsymbol{X})\\ \boldsymbol{X}_e=0\end{cases} \tag{4-6-12}$$

取李雅普诺夫函数为右端向量函数的二次型

$$\boldsymbol{V}(\boldsymbol{X})=\boldsymbol{f}^{\mathrm{T}}(\boldsymbol{X})\boldsymbol{f}(\boldsymbol{X}) \tag{4-6-13}$$

对式（4-6-13）求时间的导数有

$$\dot{\boldsymbol{V}}(\boldsymbol{X})=\boldsymbol{f}^{\mathrm{T}}(\boldsymbol{X})[\boldsymbol{J}^{\mathrm{T}}(\boldsymbol{X})+\boldsymbol{J}(\boldsymbol{X})]\boldsymbol{f}(\boldsymbol{X}) \tag{4-6-14}$$

式中，$\boldsymbol{J}(\boldsymbol{X})$ 为雅可比矩阵 $\boldsymbol{J}(\boldsymbol{X})=\dfrac{\partial \boldsymbol{f}(\boldsymbol{X})}{\partial \boldsymbol{X}^{\mathrm{T}}}$。

判别方法为，若式（4-6-14）中的 $\boldsymbol{J}^{\mathrm{T}}(\boldsymbol{X})+\boldsymbol{J}(\boldsymbol{X})<0$，则系统式（4-6-12）一致渐近稳定。

克拉索夫斯基方法得出的也是充分条件。使用克拉索夫斯基方法要求向量函数 $\boldsymbol{f}(\boldsymbol{X})$ 中的第 i 个分量 $\boldsymbol{f}_i(\boldsymbol{X})$ 中必须含有 x_i 为自变量，以保证雅可比矩阵对角线元素不为零。

2. 变量梯度方法[8]

假定已经求出的李雅普诺夫函数 $\boldsymbol{V}(\boldsymbol{X})$ 具有单值梯度 $\nabla \boldsymbol{V}$ 并且可以表示成如下形式：

$$\nabla \boldsymbol{V}=\begin{pmatrix}\nabla v_1\\ \vdots\\ \nabla v_n\end{pmatrix}=\begin{pmatrix}\dfrac{\partial V}{\partial x_1}\\ \vdots\\ \dfrac{\partial V}{\partial x_n}\end{pmatrix}=\begin{pmatrix}a_{11}x_1+a_{12}x_2+\cdots+a_{1n}x_n\\ a_{21}x_1+a_{22}x_2+\cdots+a_{2n}x_n\\ \vdots \qquad\qquad \vdots\\ a_{n1}x_1+a_{n2}x_2+\cdots+a_{nn}x_n\end{pmatrix} \tag{4-6-15}$$

式中，待定系数 a_{ij}（i，$j=1$，2，…，n）通常假定为常数或 t 的函数。

导数 $\dot{\boldsymbol{V}}(\boldsymbol{X})$ 和梯度 $\nabla \boldsymbol{V}$ 之间有如下关系

$$\dot{\boldsymbol{V}}(\boldsymbol{X})=\frac{\partial V}{\partial x_1}\dot{x}_1+\frac{\partial V}{\partial x_2}\dot{x}_2+\cdots+\frac{\partial V}{\partial x_n}\dot{x}_n=(\nabla \boldsymbol{V})^{\mathrm{T}}\dot{\boldsymbol{X}} \tag{4-6-16}$$

函数 $\boldsymbol{V}(\boldsymbol{X})$ 是其梯度对状态的积分

$$\boldsymbol{V}(X)=\int_0^X \mathrm{d}\boldsymbol{V}(\boldsymbol{X})=\int_0^X(\nabla \boldsymbol{V})^{\mathrm{T}}\mathrm{d}\boldsymbol{X}=\int_0^X\sum_{i=1}^n \nabla v_i \mathrm{d}x_i \tag{4-6-17}$$

式中，积分上限 $\boldsymbol{X}$ 是状态空间的一点（x_1，x_2，…，x_n）。如果积分式（4-6-17）与积分路径无关的话，则可以简化成依次沿着各坐标轴方向积分

$$V(\boldsymbol{X})=\int_0^{x_1(x_2=x_3=\cdots=x_n=0)}\nabla v_1\mathrm{d}x_1+\int_0^{x_2(x_1=x_1,x_3=\cdots=x_n=0)}\nabla v_2\mathrm{d}x_2+\cdots+\int_0^{x_n(x_1=x_1,\cdots x_{n-1}=x_{n-1})}\nabla v_n\mathrm{d}x_n \tag{4-6-18}$$

由场论知，积分与路径无关的式（4-6-18）成立的条件是 $\boldsymbol{V}(\boldsymbol{X})$ 为保守场，$\boldsymbol{V}(\boldsymbol{X})$ 梯度的 n 维旋度为零，即 $\mathrm{rot}(\mathrm{grad}\boldsymbol{V})=0$。而 $\mathrm{rot}(\mathrm{grad}\boldsymbol{V})=0$ 的充要条件是 $\mathrm{grad}\boldsymbol{V}$ 的雅可比矩阵是对称阵，即有

$$\frac{\partial \nabla v_i}{\partial x_j} = \frac{\partial \nabla v_j}{\partial x_i}(i,j=1,2,\cdots,n) \tag{4-6-19}$$

变量梯度法的计算步骤如下：

1）按式（4-6-15）设定 $\boldsymbol{V}(\boldsymbol{X})$ 的梯度 $\nabla \boldsymbol{V}$，共有 $n \times n$ 个未知数 $a_{ij}(i,\ j=1,\ 2,\ \cdots,\ n)$。

2）按式（4-6-16）计算导数 $\dot{\boldsymbol{V}}(\boldsymbol{X})$，限定 $\dot{\boldsymbol{V}}(\boldsymbol{X})$ 负定或负半定，确定 $\nabla \boldsymbol{V}$ 中部分系数。

3）按式（4-6-19）所构成的 $n(n-1)/2$ 个旋度方程，确定 $\nabla \boldsymbol{V}$ 中部分系数间的关系。

4）按式（4-6-18）计算李雅普诺夫函数 $\boldsymbol{V}(\boldsymbol{X})$，限制 $\boldsymbol{V}(\boldsymbol{X})$ 正定，确定 $\nabla \boldsymbol{V}$ 中剩余系数。

5）最后，再确定渐近稳定的范围。

需要注意的是，如果使用变量梯度法求不出合适的李雅普诺夫函数 $\boldsymbol{V}(\boldsymbol{X})$，并不意味着平衡态是不稳定的。

4.6.6 李雅普诺夫稳定性分析仿真

1. 李雅普诺夫方程

使用李雅普诺夫方程的线性定常系统仿真见例 4-6 和例 4-7。

【例 4-6】 连续线性定常系统李雅普诺夫方程仿真分析仪。

连续线性定常系统李雅普诺夫方程稳定性判别仿真分析仪程序如 shixz04_06a 所示，程序框图面板和前面板分别如图 4-6-1 和图 4-6-2 所示。

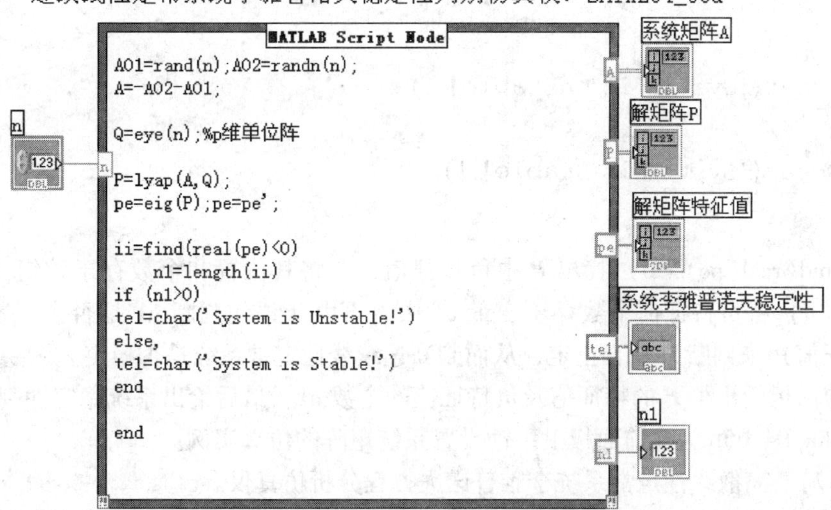

图 4-6-1　程序 shixz04_06a 框图面板

程序说明：

程序求解连续线性定常系统的李雅普诺夫方程式（4-6-7）。基本命令格式为

```
P = lyap(A,Q);
```

语句中矩阵 $\boldsymbol{A}$ 为随机生成的 n 阶齐次方程

$$\dot{X} = AX \tag{4-6-20}$$

的系统矩阵，Q 为 n 维单位阵。

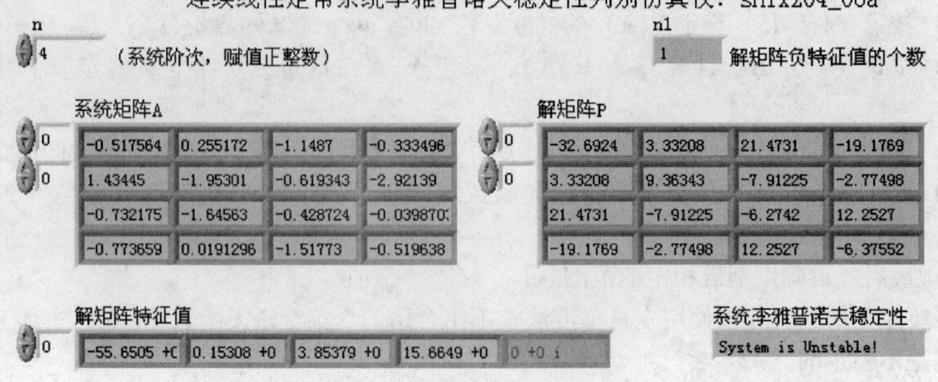

图 4-6-2　程序 shixz04_06a 前面板

用户在前面板输入需要求解的方程阶次 n，系统随机生成系统矩阵 A，并求出李雅普诺夫方程式（4-6-7）的解矩阵 P。由于矩阵 A 为实数阵，所以 P 为实对称阵。实对称阵正定的充要条件是其全部特征值大于零。程序在使用函数 pe = eig(P) 求出 P 的特征值后，使用下列语句判断其是否全部大于零，并显示系统的稳定性：

```
ii = find(real(pe) <0)
n1 = length(ii)
if(n1 >0)
te1 = char('System is Unstable! ')
else,
te1 = char('System is Stable! ')
end
```

语句 find(real(pe) <0）找出 P 中负特征值，并将其位置和个数存于数组 ii 中。语句 n1 = length(ii）将负特征值个数存于变量 n1 中，再由 if 语句判断 n1 是否大于零（P 是否存在负特征值）来判断 P 是否正定，从而判断连续线性定常系统是否稳定。

程序前面板给出了 P 的特征值及负特征值的个数 n1，最后给出系统稳定性判定结论。

程序 shixz04_06b 为在前面板上手动设置系统矩阵的仿真实例。

【例 4-7】 离散线性定常系统李雅普诺夫方程分析仿真仪。

离散线性定常系统李雅普诺夫方程稳定性判别仿真仪程序如 shixz04_07a 所示，程序框图面板和前面板分别如图 4-6-3 和 4-6-4 所示。

程序说明：

程序 shixz04_07a 与程序 shixz04_06a 类似。不同之处在于，本例通过离散随机状态空间模型函数 drss 生成离散状态空间系统，再由函数 dssdata 取出系统矩阵 F。由于函数 drss 总是生成稳定随机离散系统，为了加大系统稳定性的随机性，程序采用两个稳定随机系统矩阵相加的方式构成实际仿真的系统矩阵。

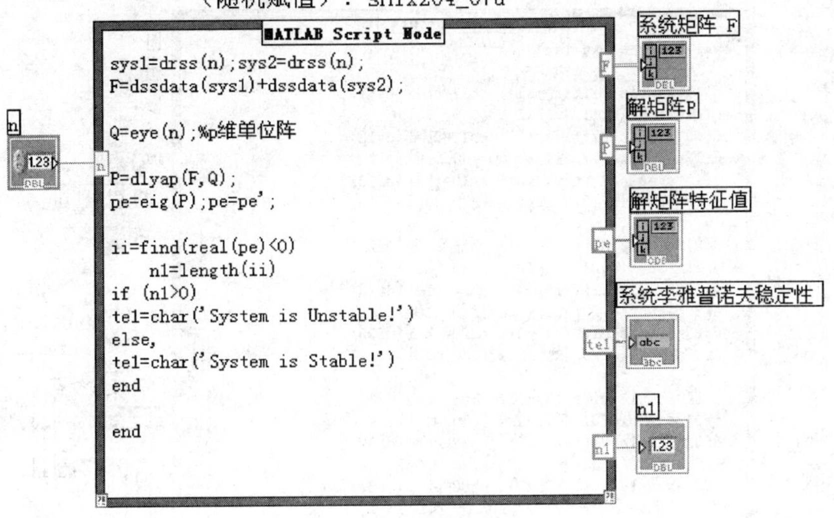

图 4-6-3　程序 shixz04_07a 框图面板

离散线性定常系统李雅普诺夫稳定性判别仿真仪
（随机赋值）：shixz04_07a

n：10 （系统阶次，赋值正整数）

n1：0 解矩阵负特征值的个数

系统矩阵 F（6，6）

0.242154	-0.317113	-0.244911	-0.107851
0.410121	0.0779779	0.0828131	0.0972608
-0.229323	-0.387028	0.441745	0.294563
0.152076	0.47476	-0.05645	0.266185

解矩阵P（6，6）

4.78538	0.0429883	-0.140313	-0.642695
0.0429883	2.18809	-0.776695	0.746673
-0.140313	-0.776695	3.15321	-1.04406
-0.642695	0.746673	-1.04406	3.77381

解矩阵特征值（5）

2.26283 +0	4.52978 +0	5.31364 +0	6.02196 +0	11.6419 +0

系统李雅普诺夫稳定性：System is Stable!

图 4-6-4　程序 shixz04_07a 前面板

仿真实例给出了一个 10 阶随机离散系统。前面板通过数组索引显示出系统矩阵和对应解矩阵的最后 4 行 4 列。解矩阵的特征值数组给出了后面 5 个特征值，注意离散李雅普诺夫方程式（4-6-9）判别稳定性的结论仍然是解矩阵 $\boldsymbol{P}$ 正定。图 4-6-4 示出某次运行后 $\boldsymbol{P}$ 的所有特征值都大于零。读者可以验证，此时系统矩阵 $\boldsymbol{F}$ 全部特征值的模都小于 1。

程序 shixz04_07b 为手动设置系统矩阵的仿真实例。

2. 李雅普诺夫第一方法仿真实例

使用线性化方法研究一些弱非线性系统在平衡点附近的稳定性，得出式（4-6-3）。仿真实例见例 4-8。

【例 4-8】 李雅普诺夫第一方法稳定性判别仿真分析仪。

一些弱非线性系统在平衡点附近稳定性的李雅普诺夫判别法参见 4.6.1 节。仿真仪程序如 shixz04_08 所示，程序框图面板和前面板分别如图 4-6-5 和图 4-6-6 所示。

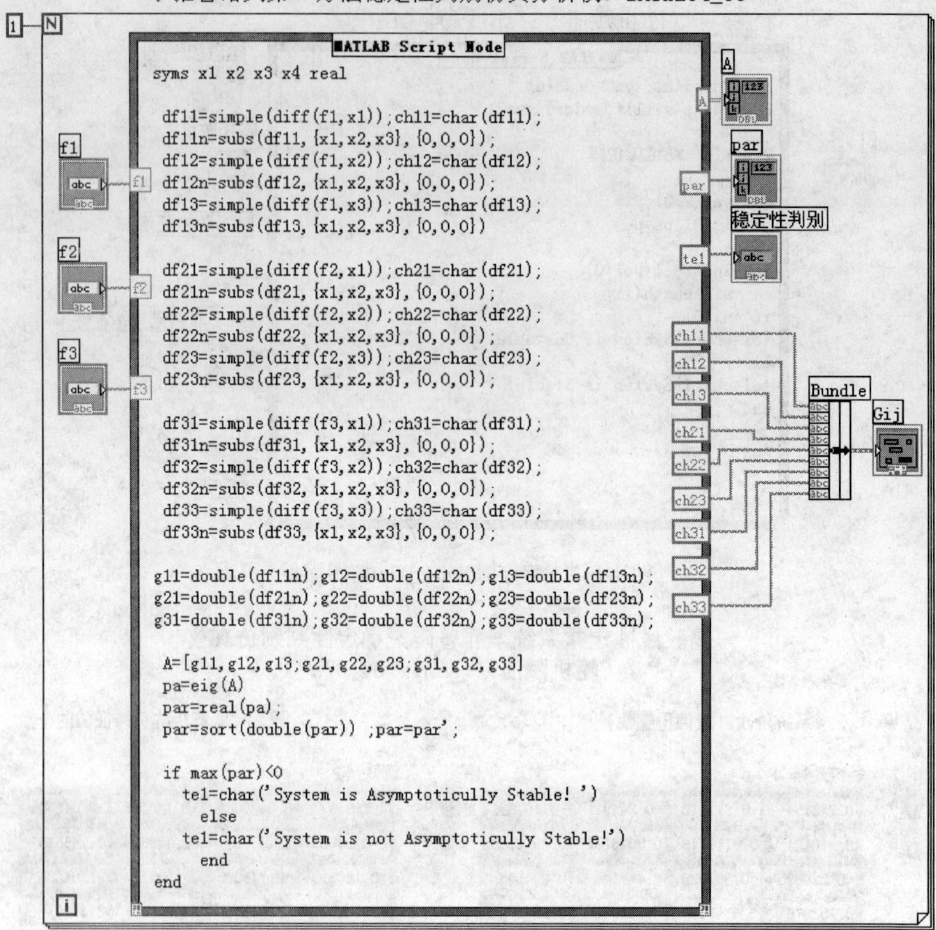

图 4-6-5　程序 shixz04_08 框图面板

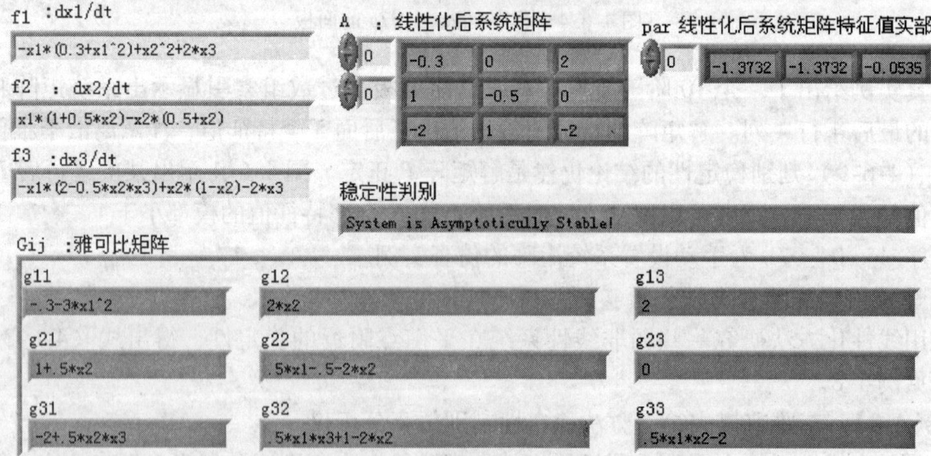

图 4-6-6　程序 shixz04_08 前面板

程序说明:

程序 shixz04_08a 在 MATLAB 符号工具箱环境下工作。用户在前面板上键入 3 阶非线性系统

$$\begin{cases} f_1 = \dot{x}_1 = -x_1(0.3 + x_1^2) + x_2^2 + 2x_3 \\ f_2 = \dot{x}_2 = x_1(1 + 0.5x_2) - x_2(0.5 + x_2) \\ f_3 = \dot{x}_3 = -x_1(2 - 0.5x_2x_3) + x_2(1 - x_2^2) - 2x_3 \end{cases} \tag{4-6-21}$$

程序使用求导函数

```
dfij = diff(fi,xj)
```

求出式（4-6-3）的雅可比矩阵元表达式 $g_{ij} = \dfrac{\partial f_i}{\partial x_j}$（$i$，$j$=1，2，3），显示于前面板字符串簇 G_{ij}之中。然后使用替换函数

```
subs(dfij,{x1,x2,x3},{0,0,0})
```

求出雅可比矩阵在平衡点附近的数值矩阵 $\boldsymbol{A}$，最后通过判断矩阵 $\boldsymbol{A}$ 有无正实部特征值来判断原非线性系统的渐近稳定性。矩阵 $\boldsymbol{A}$ 的特征值实部及渐近稳定性结论都示于前面板上。对于零特征值情况，仿真程序显示非渐近稳定，但是否稳定需另作判断，该程序不给出结论。

线性化方法得出的稳定性结论适应于平衡点附近的局部范围，非线性系统本身的稳定性与初始状态有关。相应的仿真分析见例 4-9。

【例 4-9】 非线性系统的数值解仿真分析仪[9]。

程序 shixz04_09 给出了系统式（4-6-21）的状态数值解仿真曲线。程序框图面板和前面板分别如图 4-6-7 和图 4-6-8 所示。

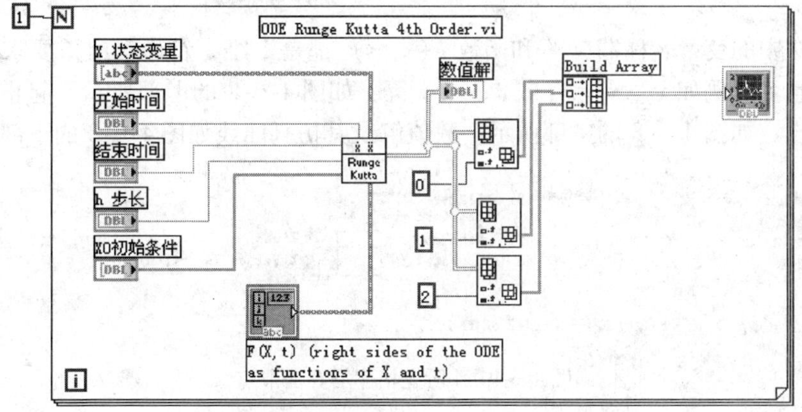

图 4-6-7　程序 shixz04_09 框图面板

程序说明:

程序使用 LabVIEW 提供的四阶龙格库塔算法节点直接求出非线性系统的数值解，再使用示波器节点给出仿真曲线。四阶龙格库塔算法节点的路径为 Mathematics \ Differencial

Equation \ ODE Runge Kutta 4 th Order. vi，图标如图 4-6-9 所示。

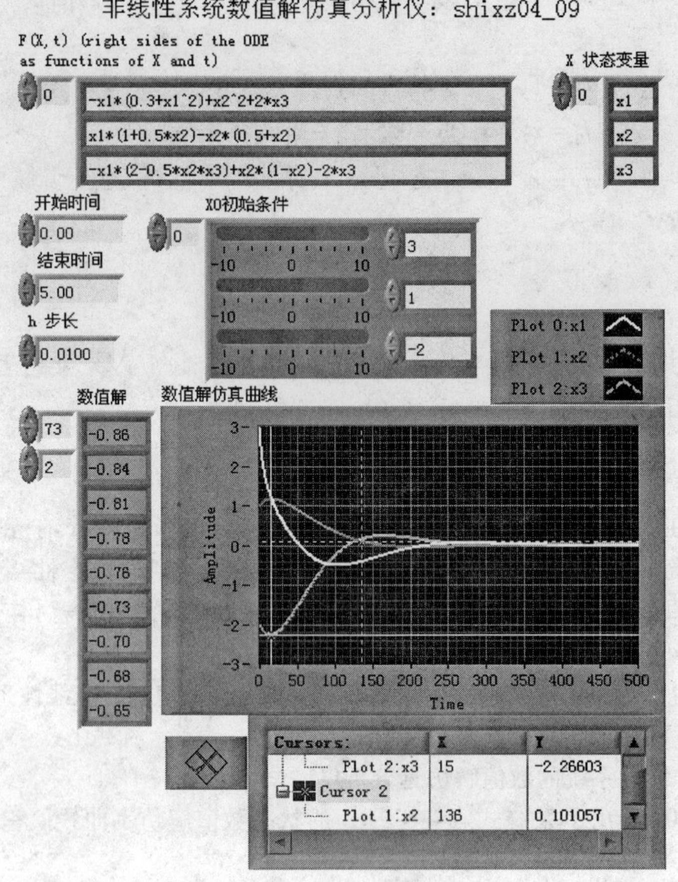

图 4-6-8　程序 shixz04_09 前面板

图 4-6-9 中的变量名称端口 X 和函数 $F(x,\ t)$ 都是 1 维字符串数组，要求用户赋值时使用相同变量名，例如 x_1、x_2、x_3 或 x、y、z 等，如图 4-6-8 的上部所示。起止时间、步长和初始状态设定如图 4-6-8 的中部所示；数值解及其仿真曲线如图 4-6-8 的下部所示。

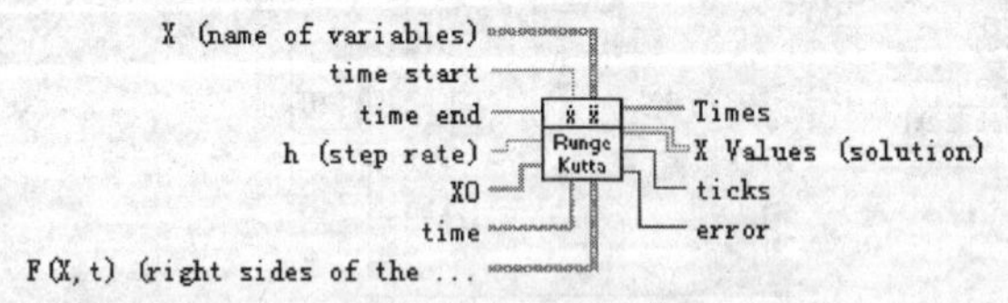

图 4-6-9　4 阶龙格库塔算法节点

参见图 4-6-8，非线性系统式（4-6-21）在所设定的初始状态下是渐近稳定的，这与例 4-8 的结论相同。但是由于非线性系统的稳定性与初始状态密切相关，在其他条件不变的情况下，连续拖动程序 shixz04_09 前面板的初态滑竿改变初态 X_0 的值，可见仿真曲线连续变化，由收敛变至发散。如图 4-6-10 所示，在所给的初态下，系统发散趋势已明显可见。

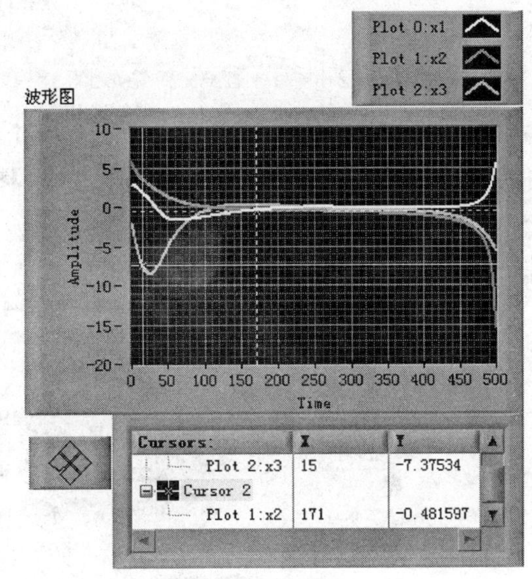

图 4-6-10　初态对非线性系统稳定性的影响

3. 克拉索夫斯基方法仿真实例

【例 4-10】 克拉索夫斯基方法仿真分析仪。使用克拉索夫斯基方法分析系统式（4-6-22）中 a，b 对稳定性的影响，绘制系统解的仿真曲线。

$$\begin{cases}\dot{x}_1 = ax_1 + x_2 \\ \dot{x}_2 = x_1 - x_2 - bx_2^5\end{cases} \tag{4-6-22}$$

运行如下程序：

```
syms x1 x2 a b real
f1 =a * x1 +x2;
f2 =x1-x2 +b * x2^5;
Ja =[f1 f2] * [f1;f2];% 构造李雅普诺夫函数
Jaco =[diff(f1,x1)diff(f1,x2);diff(f2,x1)diff(f2,x2)];
% 生成雅可比矩阵
Ja_co =-simple(Jaco +Jaco')  % 构造负雅可比矩阵
delta1 =Ja_co(1,1)  % 判断负雅可比阵的正定性
delta2 =det([Ja_co(1,1)Ja_co(1,2);Ja_co(2,1)Ja_co (2, 2)])
% 判断负雅可比阵的正定性
```

得到系统负雅可比矩阵

```
Ja_co =
[ -2 * a,              -2]
[ -2,     2-10 * b * x2^4]
```

按照塞尔维斯特定理，负雅可比矩阵正定要求

```
delta1 =-2 * a >0,a <0。
```

和

delta2 =-4 * a +20 * a * b * x2^4 -4 >0,a <-1 和 b <0

负雅可比矩阵正定的充分条件为 $a < -1$ 和 $b < 0$。

仿真曲线程序如 shixz04_10 所示，前面板及程序框图面板分别如图 4-6-11 和图 4-6-12 所示。

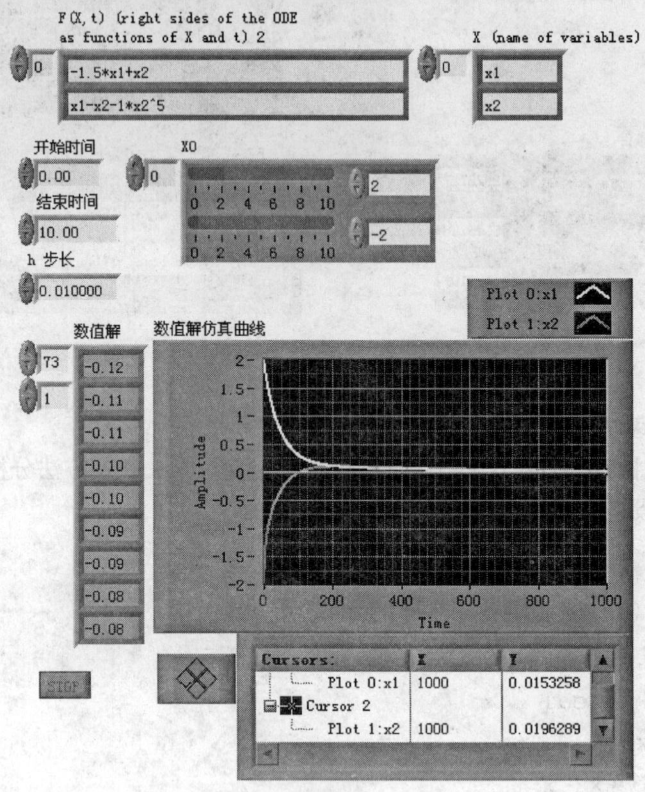

图 4-6-11 程序 shixz04_10 前面板

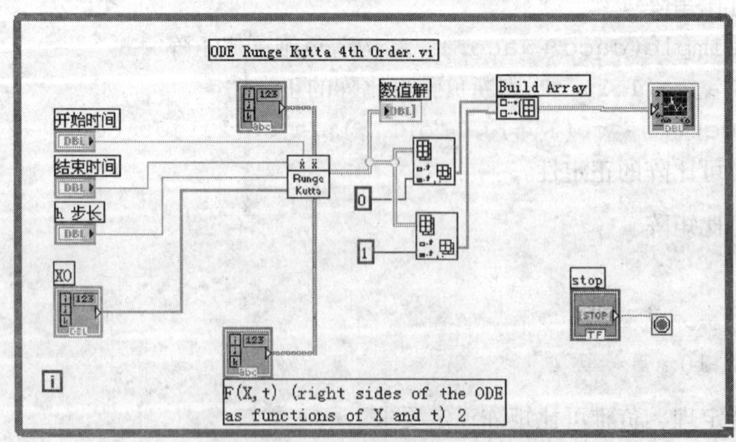

图 4-6-12 程序 shixz04_10 框图面板

仿真曲线按充分条件时取 $a=-1.5$，$b=-1$。此时，

$$\text{当}\|x\|\to\infty,\ V(x)=(-1.5x_1+x_2)^2+(x_1-x_2-x_2^5)^2\to\infty$$

所以平衡态 $\boldsymbol{X}_e=0$ 是大范围渐近稳定的。

当取 $a=-1$，$b=0.01$ 时，雅可比矩阵非负定，克拉索夫斯基方法不提供有关稳定性的信息。但仿真表明，虽然不满足克拉索夫斯基的充分条件，但系统在小范围仍然是渐近稳定的。仿真曲线如图 4-6-13 所示。

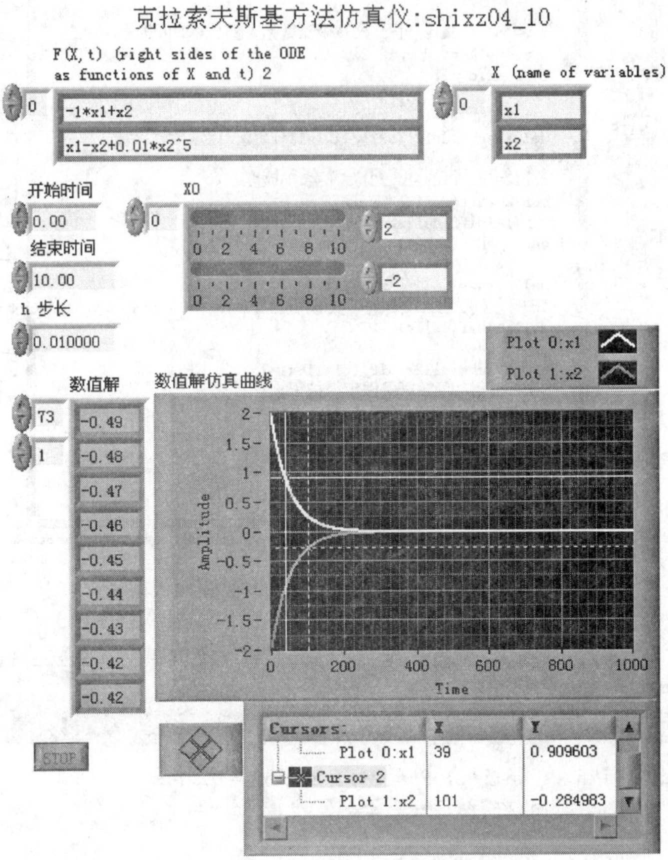

图 4-6-13　不满足克拉索夫斯基充分条件的仿真曲线图

【例 4-11】 变量梯度法仿真仪。

使用变量梯度法研究系统式（4-6-23）的稳定性，列出各个主要步骤的结果。

$$\begin{cases}\dot{x}_1=-x_1+2x_1^2x_2\\ \dot{x}_2=-x_2\end{cases}\tag{4-6-23}$$

本例采用计算机与人工相互配合的方式说明使用变量梯度法寻找李雅普诺夫函数的主要步骤，程序如 shixz04_11 所示，程序框图面板和前面板分别如图 4-6-14 和图 4-6-15 所示。

输入赋值：打开程序 shixz04_11，前面板如图 4-6-15 所示。在“f1：dx1/dt”输入框内输入 -x1 +2 * x1^2 * x2，在“f2：dx2/dt”输入框内输入 -x2。对于二阶系统式（4-6-23），按照式（4-6-15）设定其李雅普诺夫函数梯度的两个分量分别为 a11 * x1 + a12 * x2，a21 * x1 + a22 * x2，并将其填入“del1：李函数梯度 1”和“del2：李函数梯度 2”框内。对应框

图面板内的程序语句为

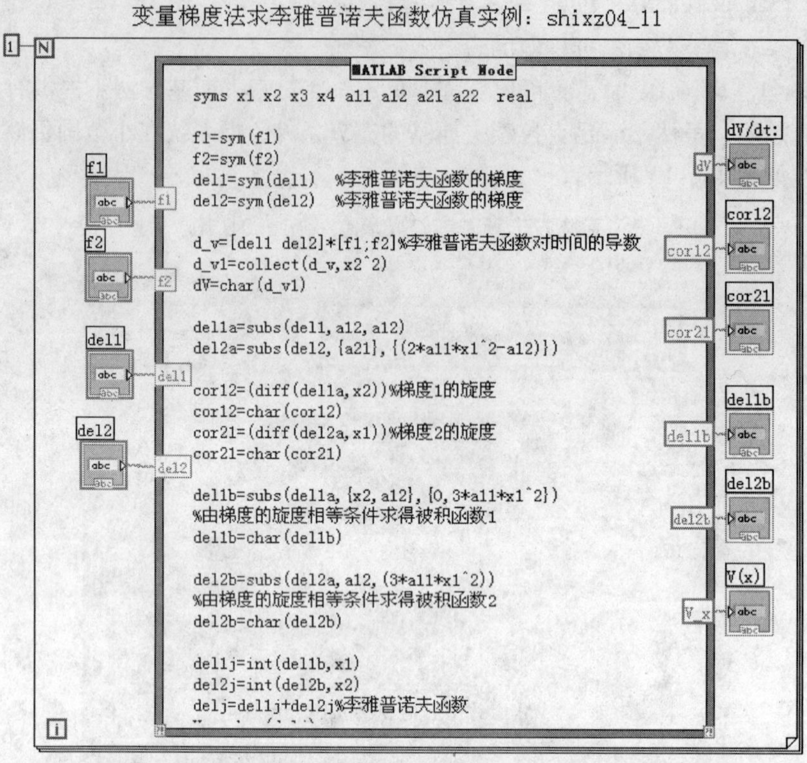
变量梯度法求李雅普诺夫函数仿真实例：shixz04_11
MATLAB Script Node
syms x1 x2 x3 x4 a11 a12 a21 a22 real
f1=sym(f1)
f2=sym(f2)
del1=sym(del1) %李雅普诺夫函数的梯度
del2=sym(del2) %李雅普诺夫函数的梯度
d_v=[del1 del2]*[f1;f2]%李雅普诺夫函数对时间的导数
d_v1=collect(d_v,x2^2)
dV=char(d_v1)
del1a=subs(del1,a12,a12)
del2a=subs(del2,{a21},{(2*a11*x1^2-a12)})
cor12=(diff(del1a,x2))%梯度1的旋度
cor12=char(cor12)
cor21=(diff(del2a,x1))%梯度2的旋度
cor21=char(cor21)
del1b=subs(del1a,{x2,a12},{0,3*a11*x1^2})
%由梯度的旋度相等条件求得被积函数1
del1b=char(del1b)
del2b=subs(del2a,a12,(3*a11*x1^2))
%由梯度的旋度相等条件求得被积函数2
del2b=char(del2b)
del1j=int(del1b,x1)
del2j=int(del2b,x2)
delj=del1j+del2j%李雅普诺夫函数
f1
f2
del1
del2
dV/dt:
dV
cor12
cor21
del1b
del2b
V(x)
V_x

图 4-6-14　程序 shixz04_11 框图面板

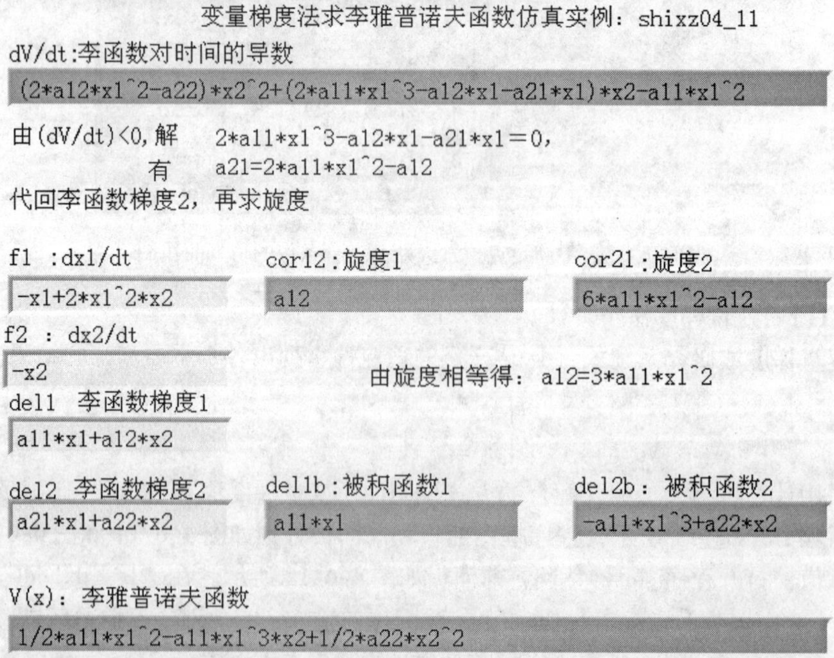
变量梯度法求李雅普诺夫函数仿真实例：shixz04_11
dV/dt:李函数对时间的导数
(2*a12*x1^2-a22)*x2^2+(2*a11*x1^3-a12*x1-a21*x1)*x2-a11*x1^2
由(dV/dt)<0,解　2*a11*x1^3-a12*x1-a21*x1＝0,
有　a21=2*a11*x1^2-a12
代回李函数梯度2，再求旋度
f1 :dx1/dt
-x1+2*x1^2*x2
cor12:旋度1
a12
cor21:旋度2
6*a11*x1^2-a12
f2 : dx2/dt
-x2
由旋度相等得：a12=3*a11*x1^2
del1 李函数梯度1
a11*x1+a12*x2
del2 李函数梯度2
a21*x1+a22*x2
del1b:被积函数1
a11*x1
del2b：被积函数2
-a11*x1^3+a22*x2
V(x)：李雅普诺夫函数
1/2*a11*x1^2-a11*x1^3*x2+1/2*a22*x2^2

图 4-6-15　程序 shixz04_11 前面板图

```
f1 = sym(f1)
f2 = sym(f2)
del1 = sym(del1)  % 李雅普诺夫函数的梯度
del2 = sym(del2)  % 李雅普诺夫函数的梯度
```

运行该程序后的前面板如图 4-6-15 所示。程序求出李雅普诺夫函数对时间的导数

$$\dot{V}(x) = (2a_{12}x_1^2 - a_{22})x_2^2 + (2a_{11}x_1^3 - a_{12}x_1 - a_{21}x_1)x_2 - a_{11}x_1^2 \tag{4-6-24}$$

示于“dV/dt：李函数对时间的导数”框内。对应程序语句为

```
d_v = [del1 del2] * [f1; f2] % 李雅普诺夫函数对时间的导数
d_v1 = collect (d_v, x2^2)
dV = char(d_v1)
```

系统稳定性要求李雅普诺夫函数对时间的导数 dV/dt <0。对于本例，可以令式（4-6-24）中 $a_{11} > 0$，$a_{22} > 2a_{12}x_1^2$ 和

$$2a_{11}x_1^2 - a_{12} - a_{21} = 0, \text{即 } a_{21} = 2a_{11}x_1^2 - a_{12} \tag{4-6-25}$$

将式（4-6-25）代回李雅普诺夫函数梯度的第二个分量，消去 a_{21} 得

$$(2a_{11}x_1^2 - a_{12})x_1 + a_{22}x_2$$

对应程序语句为

```
del1a = subs(del1,a12,a12)
del2a = subs(del2,{a21},{(2 * a11 * x1^2-a12)})
```

再按照式（4-6-19）求该梯度的旋度，结果示于“cor12：旋度 1”和“cor21：旋度 2”两个框内，令其相等得到

$$a_{12} = 3a_{11}x_1^2 \tag{4-6-26}$$

对应程序语句为

```
cor12 = (diff(del1a,x2))% 梯度 1 的旋度
cor12 = char(cor12)
cor21 = (diff(del2a,x1))% 梯度 2 的旋度
cor21 = char(cor21)
```

将式（4-6-26）再代回梯度表达式，获得按式（4-6-18）所选路径的两个积分的被积函数，结果示于“del1b：被积函数 1”和“del2b：被积函数 2”两个框内，对应程序语句为

```
del1b = subs(del1a,{x2,a12},{0,3 * a11 * x1^2})% 被积函数 1,x1 = x1,x2 = 0
del1b = char(del1b)
del2b = subs(del2a,a12,(3 * a11 * x1^2))% 被积函数 2,x1 = x1,x2 = x2
del2b = char(del2b)
```

最后，按式（4-6-18）规定的积分限积分，求出本例的李雅普诺夫函数，示于“V（x）：李雅普诺夫函数”框内，对应的程序语句为

```
del1j = int(del1b,x1)
del2j = int(del2b,x2)
delj = del1j + del2j% 李雅普诺夫函数
V_x = char(delj)
```

考察本例所获得的李雅普诺夫函数正定的条件，即要求积分结果

$$\frac{1}{2}a_{11}x_1^2 - a_{11}x_1^3x_2 + \frac{1}{2}a_{22}x_2^2 > 0 \tag{4-6-27}$$

即要求二次型

$$(x_1 \quad x_2)\begin{pmatrix} a_{11}\left(\frac{1}{2} - x_1x_2\right) & 0 \\ 0 & \frac{1}{2}a_{22} \end{pmatrix}\begin{bmatrix} x_1 \\ x_2 \end{bmatrix} > 0 \tag{4-6-28}$$

当 a_{11}、$a_{22} > 0$，在 $x_1x_2 < \frac{1}{2}$的范围内，可以保证 $\boldsymbol{V}(x) > 0$ 和 $\dot{\boldsymbol{V}}(x) < 0$。

借用程序 shixz04_08c 的“4 阶非线性系统数值解仿真仪”，可以获得系统式（4-6-23）解的仿真曲线，如图 4-6-16 所示。由于变量梯度法获得的也是稳定性的充分条件，所以初始条件可以比 $x_1x_2 < \frac{1}{2}$更宽一些。读者可以使用连续运行方式，拖动初始条件滑杆进行实验。

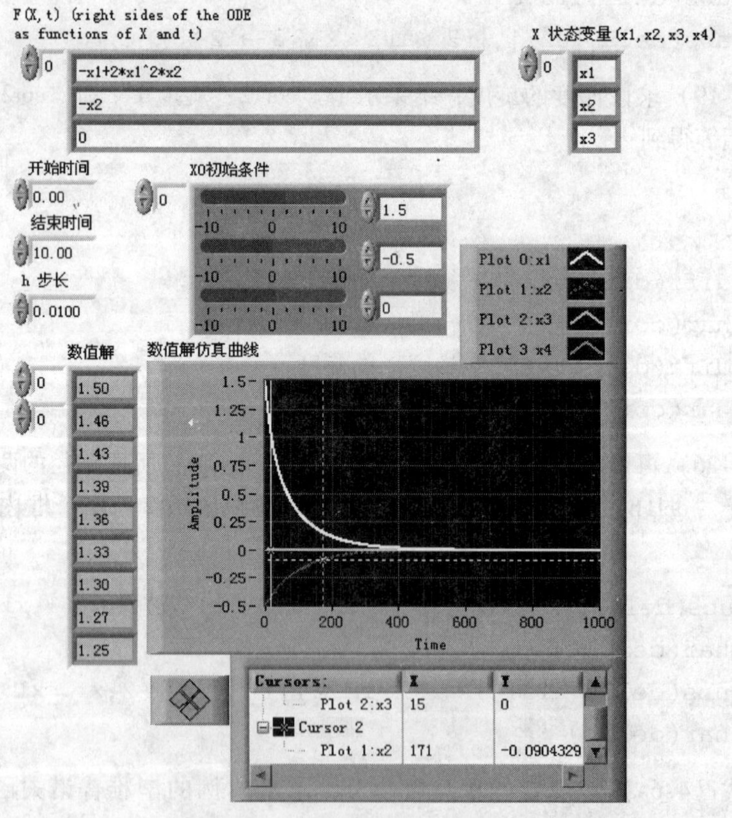

图 4-6-16　程序 shixz04_08c 前面板

第5章　控制系统的性能仿真分析

人们总是希望控制系统在工程使用条件下同时具有“稳、准、快”三种性能。稳，指系统的稳定性。稳定性是系统必须满足的首要条件，一个系统只有稳定运行后才能谈及其他性能。准，指系统的准确性。准确性表示系统符合期望控制目标的程度，主要指控制系统品质的稳态指标。快，指系统响应的快速性，主要是指控制系统品质的动态指标。本章围绕“稳、准、快”三种性能将介绍在典型信号输入下，不同类型控制系统的时域和频域性能指标，其中包括时域稳态误差指标，时域快速性动态指标，频域中的相对稳定性指标，闭环频率特性指标和时域频域性能指标的关系。本章在讨论各种性能指标时，如无特别说明，均假定系统是稳定的。

5.1　控制系统的时域性能指标

控制系统的性能指标有多种提法，它们从不同侧面反映与“稳、准、快”期望要求的偏离程度（误差）。在反馈控制系统中，误差也有两种定义方法：第一种指的是系统实际输出与期望输出之差；第二种指的是系统的输入与输出反馈（即传感测量值）之间的差值。后一种定义理论研究比较方便，有的书籍将其称为偏差。两种定义在单位反馈时含义相同。在非单位反馈时，二者数值及量纲都有所不同。下面讨论所涉及的误差采用第二种定义方法，参见结构图5-1-1，误差的象函数用 $E(s)$ 表示。

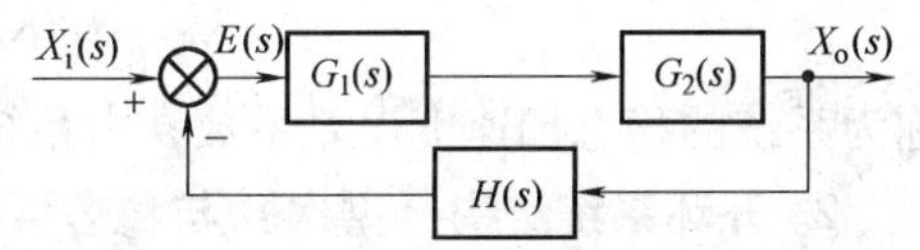

图5-1-1　控制系统误差及其结构图

下面将分别讨论控制系统的时域稳态性能指标和瞬态（动态）性能指标及其仿真问题。

5.1.1　控制系统的稳态时域性能指标及仿真

控制系统的稳态时域性能指标包括静态误差、无静差度和开环比例系数等。其中最基本的是静态误差 e_{ss}。静态误差又称稳态误差。显然，静态性能指标是在系统稳定的前提下进行讨论的。

在反馈控制系统中，误差由输入及系统结构共同决定，其基本表达式为

$$E(s)=\frac{1}{1+G_k(s)}X_i(s) \tag{5-1-1}$$

式中，$G_k(s)$ 为系统的开环传递函数，$X_i(s)$ 为系统输入的象函数。由终值定理，稳态误差为

$$e_{ss}=\lim_{s\to 0}sE(s)=\lim_{s\to 0}s\frac{1}{1+G_k(s)}X_i(s) \tag{5-1-2}$$

1. 由系统输入所产生的稳态误差

1）单位阶跃输入：$X_i(s)=\frac{1}{s}$，所以

$$e_{ss}=\lim_{s\to 0}\frac{1}{1+G_k(s)}=\frac{1}{1+\lim\limits_{s\to 0}G_k(s)}=\frac{1}{1+K_p} \tag{5-1-3}$$

式中，

$$K_p=\lim_{s\to 0}G_k(s) \tag{5-1-4}$$

称为系统的稳态位置误差系数，仅由系统开环传递函数决定。

2）单位恒速输入：$X_i(s)=\frac{1}{s^2}$，所以

$$e_{sv}=\lim_{s\to 0}\frac{1}{s[1+G_k(s)]}=\frac{1}{\lim\limits_{s\to 0}sG_k(s)}=\frac{1}{K_v} \tag{5-1-5}$$

式中，

$$K_v=\lim_{s\to 0}sG_k(s) \tag{5-1-6}$$

称为系统的稳态速度误差系数，由系统开环传递函数与 s 的积决定。

3）单位恒加速输入：$X_i(s)=\frac{1}{s^3}$，所以

$$e_{sa}=\lim_{s\to 0}\frac{1}{s^2[1+G_k(s)]}=\frac{1}{\lim\limits_{s\to 0}s^2G_k(s)}=\frac{1}{K_a} \tag{5-1-7}$$

式中，

$$K_a=\lim_{s\to 0}s^2G_k(s) \tag{5-1-8}$$

称为系统的稳态加速度误差系数，由系统开环传递函数与 s^2 的积决定。

2. 开环系统结构（型次）与稳态误差的关系

由式（5-1-4）、式（5-1-6）和式（5-1-8）可知，稳态位置、稳态速度和稳态加速度误差系数具有依次微分的关系。它们的最终结果取决于系统结构，即开环传递函数的形式，这里称系统开环传递函数中包含积分环节（1/s）的个数为系统的型次。也就是说，在输入确定的情况下，系统的稳态误差系数，进而系统的稳态误差，完全取决于系统的型次。

1）0 型系统的稳态误差系数及稳态误差（$G_k(s)$ 分母中不含因子 s）：

$$\begin{cases} K_p=\lim\limits_{s\to 0}G_k(s)=K & e_{ss}=\dfrac{1}{1+K} \quad \text{稳态位置误差} \\ K_v=\lim\limits_{s\to 0}sG_k(s)=0 & e_{sv}=\infty \quad \text{稳态恒速误差} \\ K_a=\lim\limits_{s\to 0}s^2G_k(s)=0 & e_{sa}=\infty \quad \text{稳态恒加速误差} \end{cases} \tag{5-1-9}$$

2）Ⅰ型系统的稳态误差系数及稳态误差（$G_k(s)$ 分母中含有因子 s）：

$$\begin{cases} K_p=\lim\limits_{s\to 0}G_k(s)=\infty & e_{ss}=0 \quad \text{稳态位置误差} \\ K_v=\lim\limits_{s\to 0}sG_k(s)=K & e_{sv}=\dfrac{1}{K} \quad \text{稳态恒速误差} \\ K_a=\lim\limits_{s\to 0}s^2G_k(s)=0 & e_{sa}=\infty \quad \text{稳态恒加速误差} \end{cases} \tag{5-1-10}$$

3）Ⅱ型系统的稳态误差系数及稳态误差（$G_k(s)$ 分母中含有因子 s^2）：

$$\begin{cases} K_p = \lim\limits_{s\to 0} G_k(s) = \infty & e_{ss} = 0 & \text{稳态位置误差} \\ K_v = \lim\limits_{s\to 0} sG_k(s) = \infty & e_{sv} = 0 & \text{稳态恒速误差} \\ K_a = \lim\limits_{s\to 0} s^2 G_k(s) = K & e_{sa} = \dfrac{1}{K} & \text{稳态恒加速误差} \end{cases} \tag{5-1-11}$$

由上分析可知，0 型系统总是有差系统，而且仅能适应阶跃输入（稳态位置误差为有限值）；Ⅰ型系统是位置无差系统，速度有差系统，不适应加速输入；Ⅱ型系统是加速度有差系统，位置和速度无差系统。这表明，在系统稳定的前提下，开环传递函数所含的积分环节，有利于减少稳态误差。仿真实例见例 5-1。

【例 5-1】 控制系统输入稳态误差仿真仪。

一个闭环稳定系统由输入产生的稳态误差仿真仪程序如 shixz05_01 所示，其框程序图面板和前面板分别如图 5-1-2 和图 5-1-3 所示。

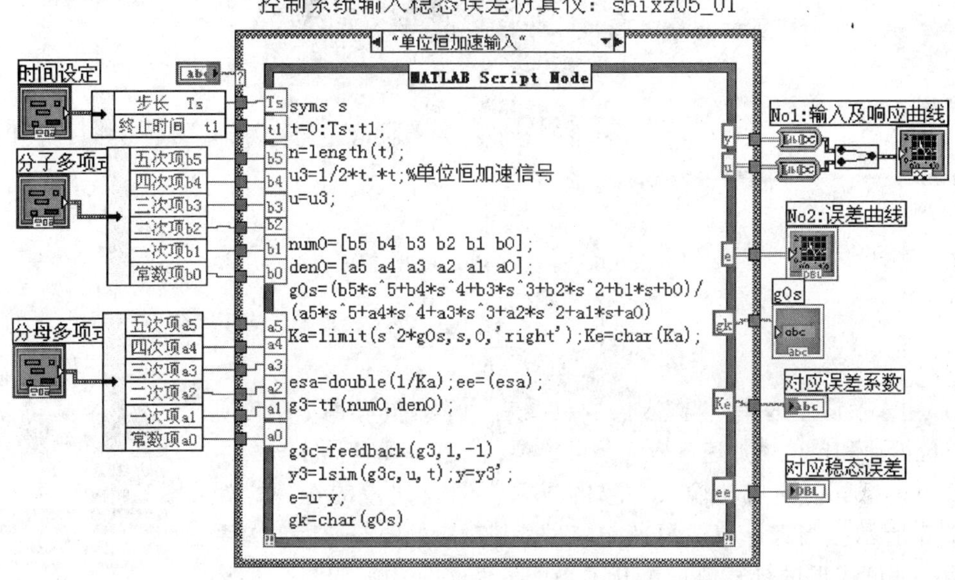

图 5-1-2 程序 shixz05_01 框图面板

程序说明：

由前面的分析可知，系统由输入产生的稳态误差取决于输入信号和开环系统的型次。该仿真仪可以对开环系统的型次与输入的不同组合所产生的稳态误差进行仿真。

1）系统型次的设定。程序前面板“开环系统设定”栏最大可以设定如下的五阶系统

$$G_k(s) = \frac{b_5 s^5 + b_4 s^4 + b_3 s^3 + b_2 s^2 + b_1 s + b_0}{a_5 s^5 + a_4 s^4 + a_3 s^3 + a_2 s^2 + a_1 s + a_0} \tag{5-1-12}$$

通过适当设定分子、分母系数的值，可以设定不高于五阶的各型开环系统。当 $a_0 \neq 0$ 时为 0 型系统，当 $a_0 = 0$ 而 $a_1 \neq 0$ 时为Ⅰ型系统，当 a_0、a_1 均为零而 $a_2 \neq 0$ 时为Ⅱ型系统。实际仿真使用的开环传递函数 $a_0 = 0$，示于前面板的最下方“g0s 开环传递函数 $G_k(s)$”栏内，为一个四阶Ⅰ型系统：

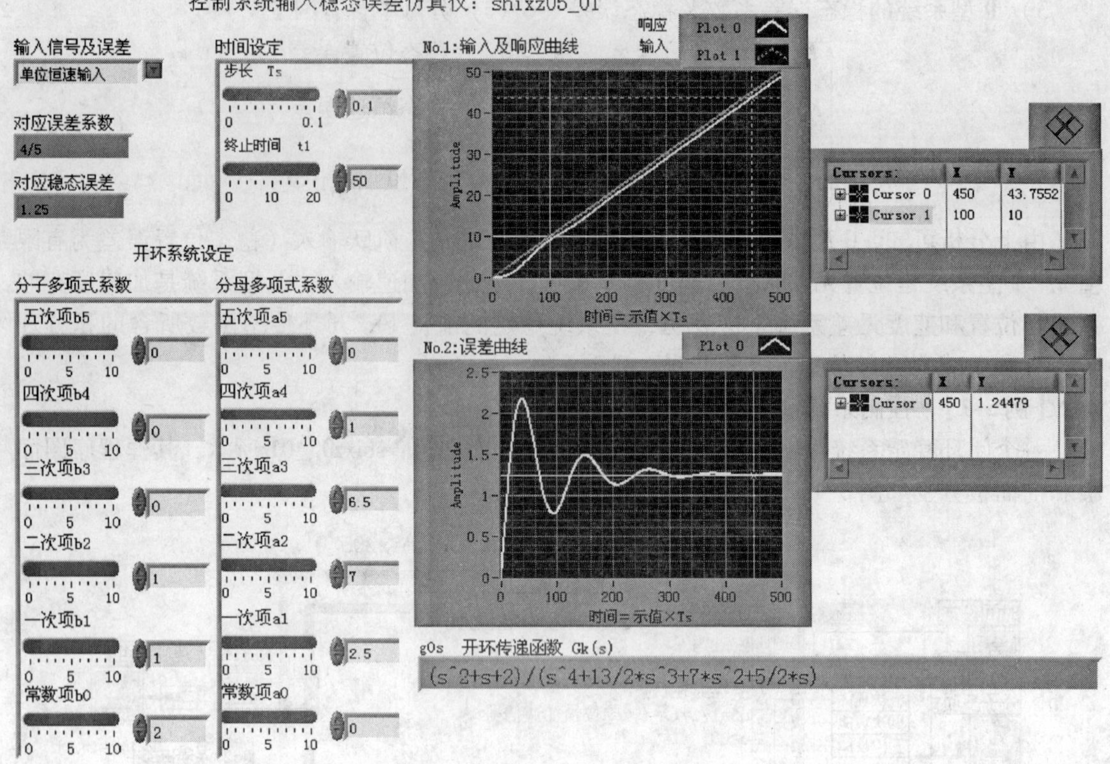

图 5-1-3 程序 shixz05_01 前面板

$$G_k(s)=\frac{s^2+s+2}{s(s^3+6.5s^2+7s+2.5)} \tag{5-1-13}$$

2）输入及误差选择。“输入信号及误差”单选框设置了单位阶跃、单位恒速和单位恒加速输入 3 条可选项，如图 5-1-4 所示。

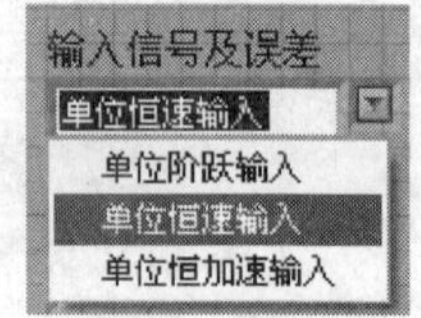

图 5-1-4 输入及误差单选框

该单选框同时完成与输入一致的误差系数及误差的选择，如图 5-1-3 所示。当选择单位恒速响应时，其对应的稳态速度误差系数及稳态速度误差的计算值示于开关下面的两个框内，如图 5-1-5b 所示。图 5-1-5a、c 分别示出实例的单位阶跃和单位恒加速输入时的稳态误差信息。

图 5-1-5 正是式（5-1-10）所述的 I 型系统稳态误差系数及稳态误差的仿真结果。

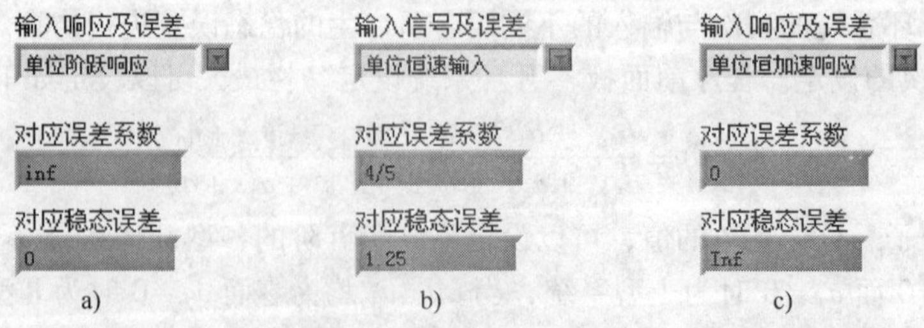

图 5-1-5 不同输入的误差系数及稳态误差

3）响应及误差曲线。程序前面板设有两个示波器面板，为 No.1 显示输入曲线及对应的闭环响应曲线，No.2 显示误差曲线。所仿真的 I 型系统的误差曲线如图 5-1-6 所示，其中分别表示位置误差、速度误差和加速度误差曲线。该图清楚可见 I 型系统稳态位置无差、速度有差、加速度误差无穷大的趋势。

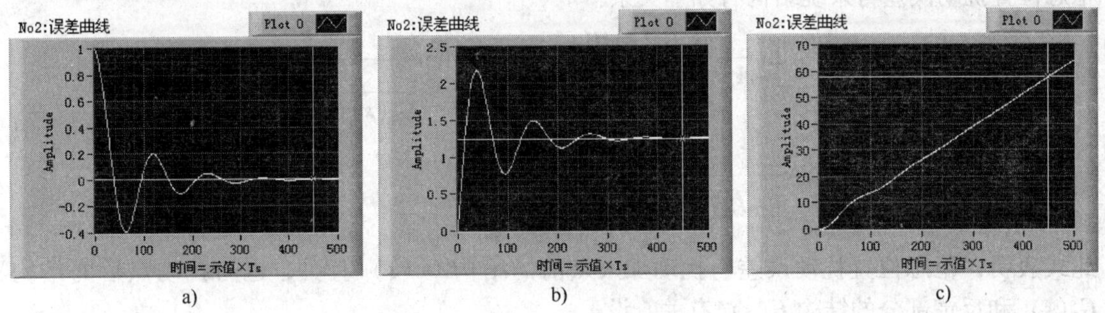

图 5-1-6　误差曲线

在计算误差系数时，需要求极限，可以在 MATLAB 的符号工具箱内调用 limit 函数，其调用格式为

```
Kp = limit(g0s,s,0,'right')
```

该语句可以完成式（5-1-4）的数学运算。语句中的 g0s 是系统开环传递函数的表达式，'right'表示求取右极限。

5.1.2　考虑扰动时控制系统的稳态误差及仿真

设存在扰动时系统框图如图 5-1-7 所示，将扰动 $N(s)$ 视为第二输入。

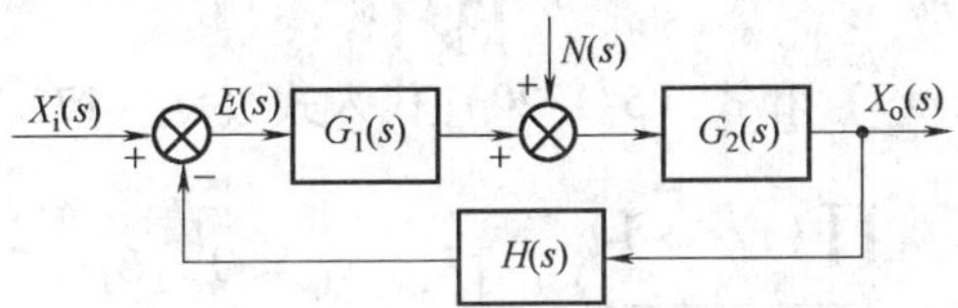

图 5-1-7　有扰动的系统框图

由叠加原理，系统总误差等于系统输入和扰动分别产生误差的代数和。可表示为

$$E(s)=\frac{1}{1+G_1(s)G_2(s)H(s)}X_i(s)-\frac{G_2(s)H(s)}{1+G_1(s)G_2(s)H(s)}N(s) \tag{5-1-14}$$

稳态误差为

$$\begin{aligned}e_s&=\lim_{s\to 0}s\cdot E(s)=e_{xi}+e_n\\&=\lim_{s\to 0}s\frac{1}{1+G_1(s)G_2(s)H(s)}X_i(s)-\lim_{s\to 0}s\frac{G_2(s)H(s)}{1+G_1(s)G_2(s)H(s)}N(s)\end{aligned} \tag{5-1-15}$$

式中第一项由输入引起的误差见上面的讨论。下面使用同样的思路讨论第二项由扰动引起的误差。

$$e_{n}=-\lim_{s\to 0}s\cdot\frac{G_{2}(s)H(s)}{1+G_{1}(s)G_{2}(s)H(s)}N(s) \tag{5-1-16}$$

1）设 $N(s)=\frac{k_{n}}{s}$，系统存在幅值为 k_{n} 的阶跃扰动，所引起的误差称为位置扰动误差。稳态位置扰动误差与系统结构有如下关系：

$$\begin{aligned}e_{ns}&=-\lim_{s\to 0}\frac{k_{n}G_{2}(s)H(s)}{1+G_{1}(s)G_{2}(s)H(s)}=-\lim_{s\to 0}\frac{k_{n}}{\frac{1}{G_{2}(s)H(s)}+G_{1}(s)}\\&=-\frac{k_{n}}{\lim\limits_{s\to 0}G_{1}(s)+\lim\limits_{s\to 0}\frac{1}{G_{2}(s)H(s)}}\end{aligned} \tag{5-1-17}$$

此式表明，稳态位置扰动误差与扰动加入点前的结构 $G_{1}(s)$ 有关，也与扰动点后的结构 $G_{2}(s)$ 和反馈部分的结构 $H(s)$ 有关。设

$$G_{1}(s)=\frac{k_{1}\prod\limits_{j=1}^{m_{1}}(\tau_{1j}s+1)}{s^{v_{1}}\prod\limits_{i=1}^{n_{1}-v_{1}}(T_{1i}s+1)} \tag{5-1-18}$$

$$G_{2}(s)=\frac{k_{2}\prod\limits_{j=1}^{m_{2}}(\tau_{2j}s+1)}{s^{v_{2}}\prod\limits_{i=1}^{n_{2}-v_{2}}(T_{2i}s+1)} \tag{5-1-19}$$

$$H(s)=\frac{k_{h}\prod\limits_{j=1}^{m_{h}}(\tau_{hj}s+1)}{s^{v_{h}}\prod\limits_{i=1}^{n_{h}-v_{h}}(T_{hi}s+1)} \tag{5-1-20}$$

将式（5-1-18）、式（5-1-19）和式（5-1-20）代入式（5-1-17）中，有

$$\lim_{s\to 0}G_{1}(s)=\lim_{s\to 0}\frac{k_{1}\prod\limits_{j=1}^{m_{1}}(\tau_{1j}s+1)}{s^{v_{1}}\prod\limits_{i=1}^{n_{1}-v_{1}}(T_{1i}s+1)}=\begin{cases}k_{1} & v_{1}=0 \quad G_{1}(s)\text{ 为0型}\\ \infty & v_{1}\geqslant 1 \quad G_{1}(s)\text{ 为 Ⅰ 型及以上}\end{cases} \tag{5-1-21}$$

$$\begin{aligned}\lim_{s\to 0}\frac{1}{G_{2}(s)H(s)}&=\lim_{s\to 0}\frac{s^{v_{2}+v_{h}}\prod\limits_{i=1}^{n_{2}-v_{2}}(T_{2i}s+1)\prod\limits_{i=1}^{n_{h}-v_{h}}(T_{hi}s+1)}{k_{2}k_{h}\prod\limits_{j=1}^{m_{2}}(\tau_{2j}s+1)\prod\limits_{j=1}^{m_{h}}(\tau_{hj}s+1)}\\&=\begin{cases}\frac{1}{k_{2}k_{h}} & v_{2}+v_{h}=0 \quad G_{2}(s)\text{、}H(s)\text{ 皆为0型}\\ 0 & v_{2}+v_{h}\geqslant 1 \quad G_{2}(s)\text{、}H(s)\text{ 任意一个为 Ⅰ 型及以上}\end{cases}\end{aligned} \tag{5-1-22}$$

将式（5-1-21）和式（5-1-22）再代回式（5-1-17）中，可得稳态位置扰动误差

$$e_{ns}=-\frac{k_n}{\lim\limits_{s\to 0}G_1(s)+\lim\limits_{s\to 0}\frac{1}{G_2(s)H(s)}}$$

$$=\begin{cases}\dfrac{-k_2k_hk_n}{1+k_1k_2k_h} & G_1(s)、G_2(s)、H(s)\text{皆为 0 型}\\ \dfrac{-k_n}{k_1} & G_1(s)\text{为 0 型};G_2(s)、H(s)\text{任意一个为 I 型及以上}\\ 0 & G_1(s)\text{为 I 型及以上}\end{cases} \tag{5-1-23}$$

式（5-1-23）表明，当系统存在阶跃扰动时，若扰动点前不含积分环节，系统存在稳态位置扰动误差，其值随着 $G_1(s)$ 的直流放大倍数 k_1 的增大而减小；当扰动点前含积分环节时，系统稳态位置扰动误差为0，成为扰动无静差系统，即系统的总的稳态误差仅由输入决定。

2）设 $N(s)=\frac{k_n}{s^2}$，系统存在速度为 k_n 的恒速扰动，所引起的误差称为速度扰动误差。将其代入式（5-1-16）得稳态速度扰动误差仅与 $G_1(s)$ 有关

$$e_{nv}=-\lim_{s\to 0}\frac{k_n G_2(s)H(s)}{s(1+G_1(s)G_2(s)H(s))}=-\frac{k_n}{\lim\limits_{s\to 0}sG_1(s)}=\begin{cases}-\infty & G_1(s)\text{为 0 型}\\ -k_n/k_1 & G_1(s)\text{为 I 型}\\ 0 & G_1(s)\text{为 II 型及以上}\end{cases} \tag{5-1-24}$$

3）设 $N(s)=\frac{k_n}{s^3}$，系统存在加速度为 k_n 的恒加速扰动，所引起的误差称为加速度扰动误差。将其代入式（5-1-16）有

$$e_{na}=-\lim_{s\to 0}\frac{k_n G_2(s)H(s)}{s^2(1+G_1(s)G_2(s)H(s))}=-\frac{k_n}{\lim\limits_{s\to 0}s^2G_1(s)}=\begin{cases}-\infty & G_1(s)\text{为 0 型}\\ -\infty & G_1(s)\text{为 I 型}\\ -k_n/k_1 & G_1(s)\text{为 II 型}\end{cases} \tag{5-1-25}$$

由上述分析可知，$G_1(s)$ 的型次及直流放大倍数的选择，对于减少或者完全消除扰动引起的稳态误差极有作用，所以工程上将 $G_1(s)$作为校正环节时，常常采用比例积分方式或比例积分微分方式来加大扰动点前的型次。这时系统开环传递函数的型次也随着加大，这对抑制输入引起的稳态误差也大有好处。

前面的分析也涉及 $G_2(s)H(s)$ 的型次。实际上大量的情况是以 $H(s)$ 作为量测环节，常常可以视为单一比例环节。这时，通过误差与输出的关系可以方便地求出系统的瞬态和稳态误差，特别适用于图形仿真分析。

由扰动引起的输出及误差框图如图5-1-8 所示。

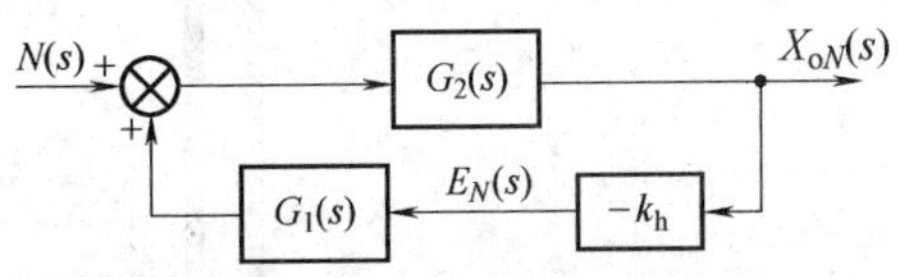

图 5-1-8　扰动引起的输出及误差

仅由扰动引起的误差为

$$E_N(s)=-k_hX_{oN}(s) \tag{5-1-26}$$

由图5-1-7 所示，设 $N(s)=0$，在比例反馈情况下，仅由输入引起的误差为

$$E_{ix}(s) = X_i(s) - k_h X_{ox}(s) \tag{5-1-27}$$

系统的总误差为

$$E(s) = E_{ix}(s) + E_N(s) = X_i(s) - k_h[X_{ox}(s) + X_{oN}(s)] \tag{5-1-28}$$

对式（5-1-28）两边进行拉普拉斯逆变换得系统误差的时域表示为

$$e_z(t) = x_i(t) - k_h[x_{ox}(t) + x_{oN}(t)] \tag{5-1-29}$$

注意式（5-1-29）仅在比例反馈情况下成立。同时注意在分别计算输入和扰动引起的输出时，相应的闭环传递函数是不同的。计算输出响应的方法参见第2章。下面对存在扰动时系统误差进行仿真。

【例 5-2】 控制系统稳态误差仿真分析仪。

系统由输入和扰动产生的误差仿真分析仪程序如 shixz05_02 所示，其程序框图面板和前面板分别如图 5-1-9 和图 5-1-10 所示。

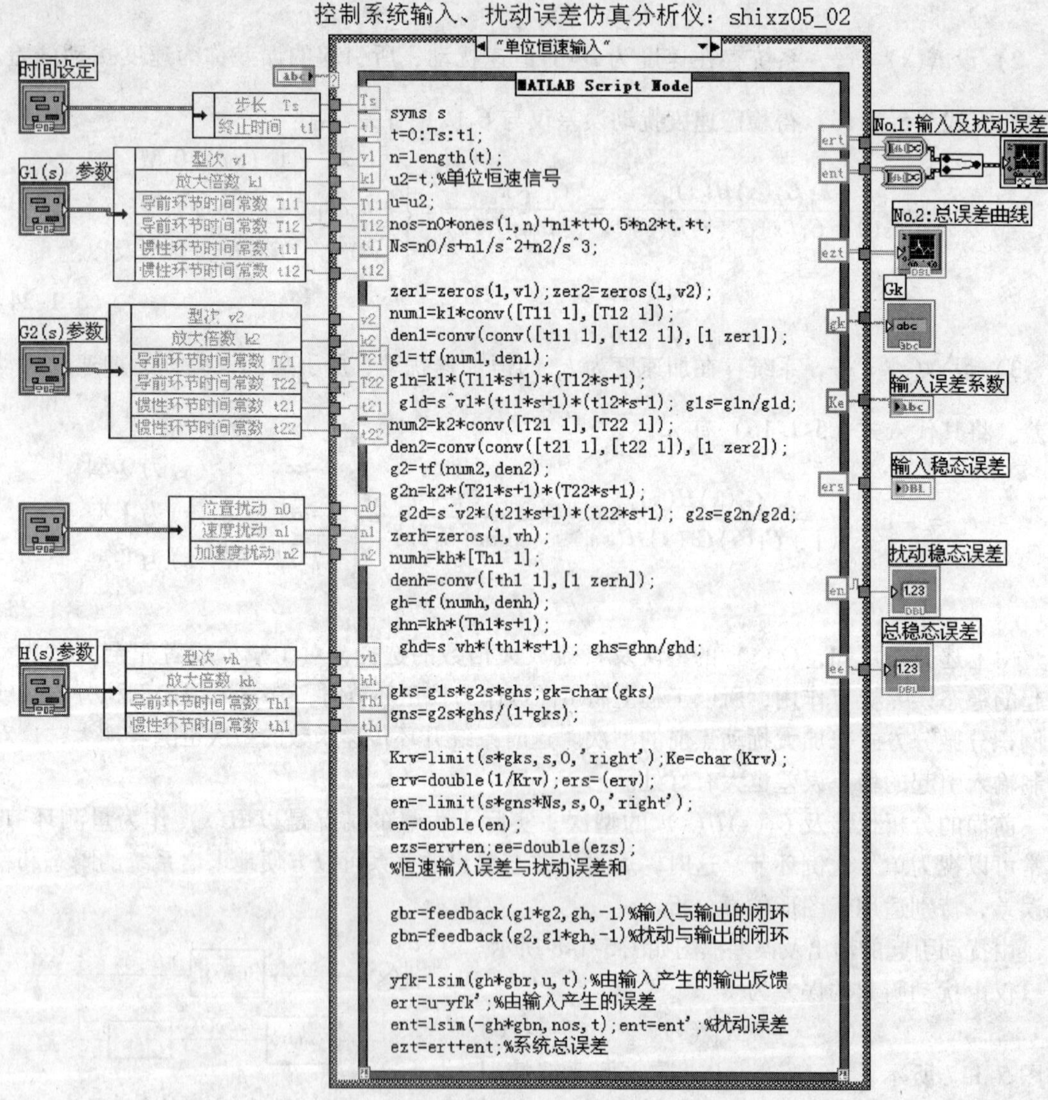

图 5-1-9　输入和扰动误差仿真分析仪程序面板图

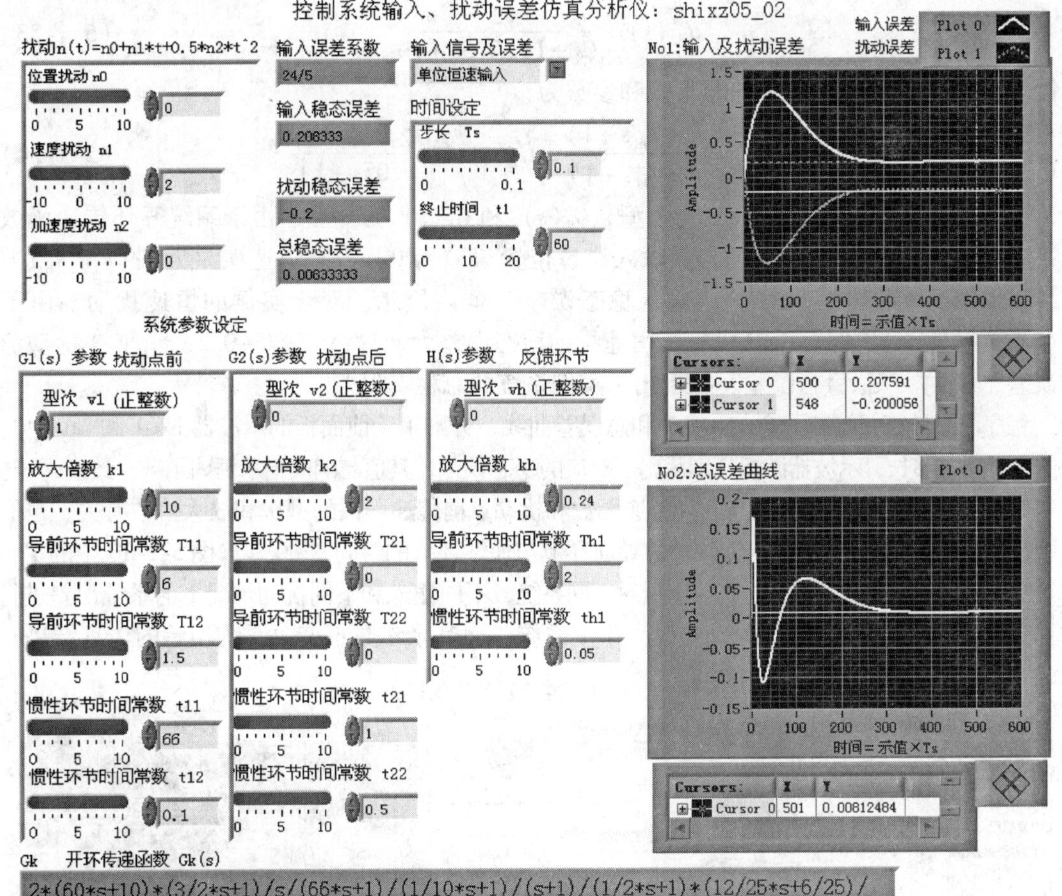

图 5-1-10 程序 shixz05_02 前面板（反馈环节为零型）

程序说明：

参见前面板图 5-1-10。该仿真仪可选择单位阶跃、单位恒速和单位恒加速三种输入，可以计算并显示对应的输入稳态误差系数和稳态误差，这一点与例 5-1 相同。同时可以设定不同系数的阶跃、恒速和恒加速及其组合扰动信号

$$n(t)=n_0 1(t)+n_1 t+\frac{1}{2}n_2 t^2\left(N(s)=\frac{n_0}{s}+\frac{n_1}{s^2}+\frac{n_2}{s^3}\right) \tag{5-1-30}$$

实例的恒速扰动为 $n(t)=2t$。程序同时计算并显示扰动稳态误差和系统总的稳态误差。

仿真对象由系统参数区设定，按照图 5-1-6 所使用的符号，采用如式（5-1-18）的“标准型”赋值。其中赋值后的 $G_1(s)$ 形如

$$G_1(s)=\frac{k_1(T_{11}s+1)(T_{12}s+1)}{s^{v_1}(\tau_{11}s+1)(\tau_{12}s+1)} \tag{5-1-31}$$

仿真所使用的实际参数为

$$G_1(s)=\frac{10(6s+1)(1.5s+1)}{s(66s+1)(0.1s+1)} \tag{5-1-32}$$

$G_2(s)$ 具有和 $G_1(s)$ 相同的符号形式，仿真实例参数为

$$G_2(s)=\frac{2}{(s+1)(0.5s+1)} \tag{5-1-33}$$

反馈环节传递函数 $G_h(s)$ 的符号形式和参数为

$$G_h(s)=\frac{k_h(T_{h1}s+1)}{s^{v_h}(t_{h1}s+1)} \Rightarrow G_h(s)=\frac{0.24(2s+1)}{(0.05s+1)} \tag{5-1-34}$$

显然，仿真实例设定 $G_1(s)$ 为Ⅰ型，$G_2(s)$ 和 $G_h(s)$ 为0型。由于系统开环传递函数为Ⅰ型，由式（5-1-10）所示，其输入稳态位置误差为0，稳态恒速误差为 $1/(k_1k_2k_h)=5/24$，如图5-1-10的（恒速）“输入稳态误差”框内所示。对于实例的恒速扰动，由于 $G_1(s)$ 为Ⅰ型，按照式（5-1-24），恒速扰动稳态误差为，$-kn/k_1=-0.2$，示于“扰动稳态误差”框内。“总稳态误差”框示出了实例系统的总稳态误差。

程序同时计算并绘制了输入、扰动和总误差曲线，分别示于前面板的示波器No.1和No.2中。当仿真时间足够长，示波器游标分别示出了对应的稳态误差，其值与响应指示框内示数一致。

系统误差的动态曲线不仅与开环传递函数和扰动点前传递函数的型次和放大倍数有关，也取决于传递函数 $G_1(s)$，$G_2(s)$，$G_h(s)$ 的导前环节与惯性环节的时间常数。（如图5-1-10中的 T_{11}，T_{12}，t_{11}，t_{12}等）。读者可以在仿真仪上针对不同系统、不同输入和不同扰动情况下的系统误差进行仿真实验。图5-1-11是当反馈环节更改为Ⅰ型系统，而其余参数不变时系统误差的仿真结果。

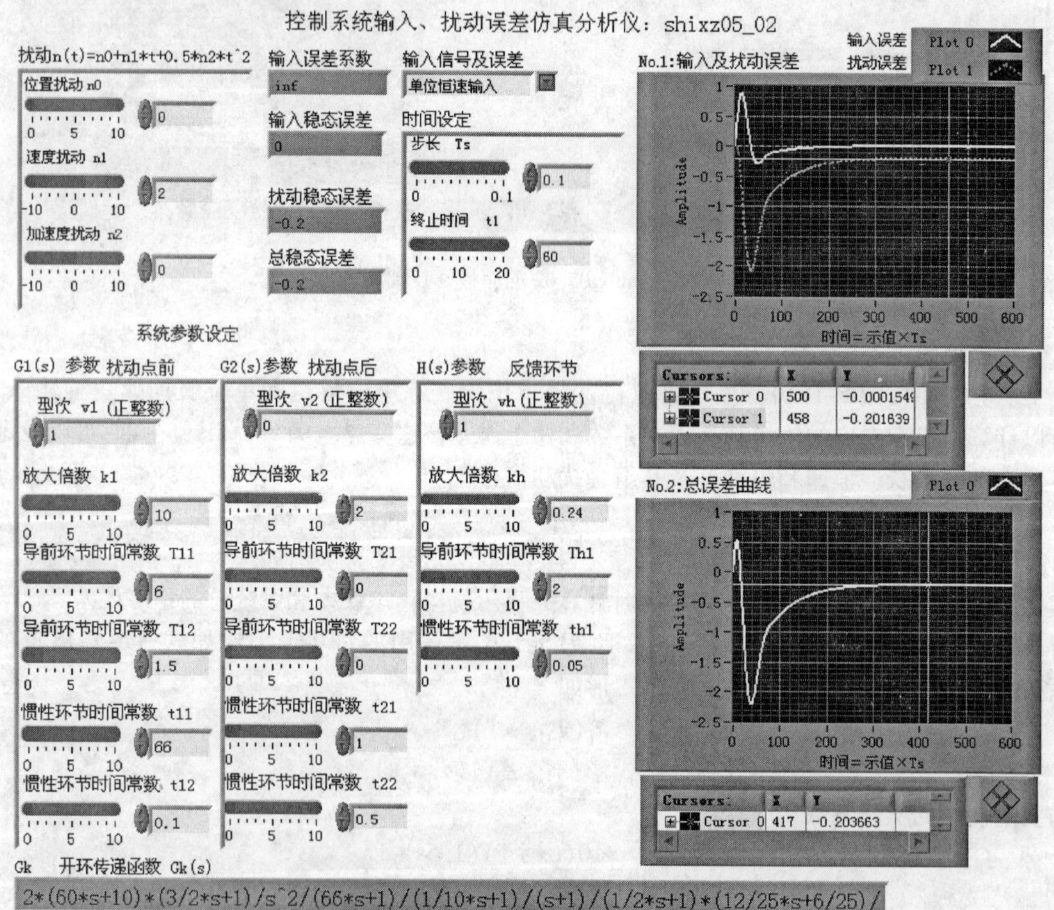

图5-1-11 程序shixz05_02前面板（反馈环节为Ⅰ型）

系统动态误差计算所使用的程序语句如下：

```
gbr = feedback(g1 * g2,gh,-1);% 输入与输出的闭环传递函数
gbn = feedback(g2,g1 * gh,-1);% 扰动与输出的闭环传递函数
yfk = lsim(gh * gbr,u,t);% 由输入产生的输出反馈
ert = u-yfk';% 由输入产生的误差
ent = lsim(-gh * gbn,nos,t);ent = ent';% 扰动误差
ezt = ert + ent;% 系统总误差
```

5.1.3 控制系统的瞬态时域性能指标及仿真

控制系统瞬态时域性能指标，通常以零初始条件下二阶振荡系统的单位阶跃响应为例进行讨论。其中部分指标已在第2章中作为二阶系统单位阶跃响应的特殊值介绍过，实际上瞬态性能指标并不受系统阶数的限制。设线性系统单位阶跃响应典型曲线如图5-1-12所示。

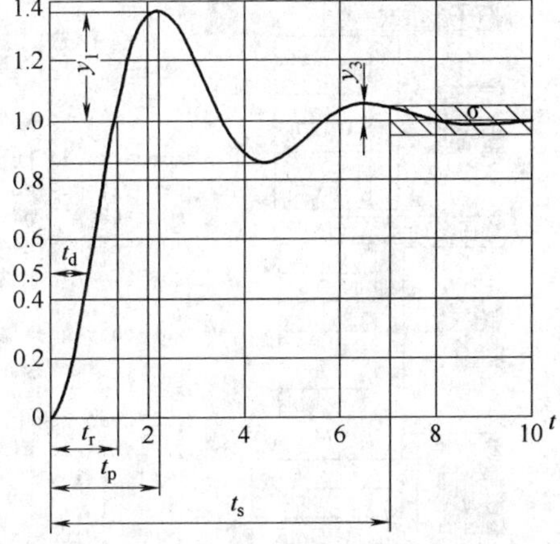

图5-1-12　线性系统单位阶跃响应典型曲线

延迟时间 t_d：响应从0首次达到稳态值的50%所用的时间。

上升时间 t_r：响应从0首次达到稳态值的时间。也可定义成从10%稳态值到90%稳态值所经历的时间。

峰值时间 t_p：响应第一次达到峰值的时间。

调整时间 t_s：响应曲线进入偏离稳态值误差带 $\Delta\in[2\%,\ 5\%]$ 的范围内并不再越出这一范围所需的时间，也称为过渡过程时间。

振荡次数 N：响应曲线在 t_s 之前围绕稳态值振荡的次数等于响应曲线穿越稳态值线次数的一半。例如图5-1-12的振荡次数为1.5次。

最大超调量 M_p：响应峰值与稳态值之差与稳态值之比的百分数

$$M_p=\frac{y(t_p)-y(\infty)}{y(\infty)}\times 100\% \tag{5-1-35}$$

在图5-1-12中，由于 $y(\infty)=1$，所以最大超调量可以表示为 $M_p=y_1\%$。最大超调量是一个相对概念，相应地，也可定义最大动态误差 y_1，表示动态过程中偏离稳态的最大值。

衰减比 n：振荡过程衰减快慢的指标，等于两个相邻同相波峰值之比。

$$n=\frac{y_1}{y_3} \tag{5-1-36}$$

衰减率 φ：每经过一个振荡周期之后，振荡幅度衰减的百分数。

$$\varphi=\frac{y_1-y_3}{y_1}\times 100\% \tag{5-1-37}$$

在上述各个动态指标中，最常用的是最大超调量 M_p 和调整时间 t_s。前者反映了系统的最大动态误差，后者反映了系统的快速性。理论上希望二者都越小越好。综合考虑，工程上

希望 M_p 不超过 50%。由于被控对象不同，调整时间差别很大，很难有一个统一的标准。对于不同的控制系统，动态指标还有自己的特殊要求，例如对于生产线上的装配机械手和有些过程控制系统要求没有超调等。

如第 2 章所述，对于二阶系统，各项动态指标可以通过系统参数准确计算，但是对于一般控制系统，难于建立动态指标与系统参数之间的解析关系，通过数字仿真和实际测量是最适用的方法。

【例 5-3】 控制系统动态性能指标仿真测量仪。

控制系统动态性能指标仿真测量仪程序如 shixz05_03 所示，其程序框图面板和前面板分别如图 5-1-13 和图 5-1-14 所示。

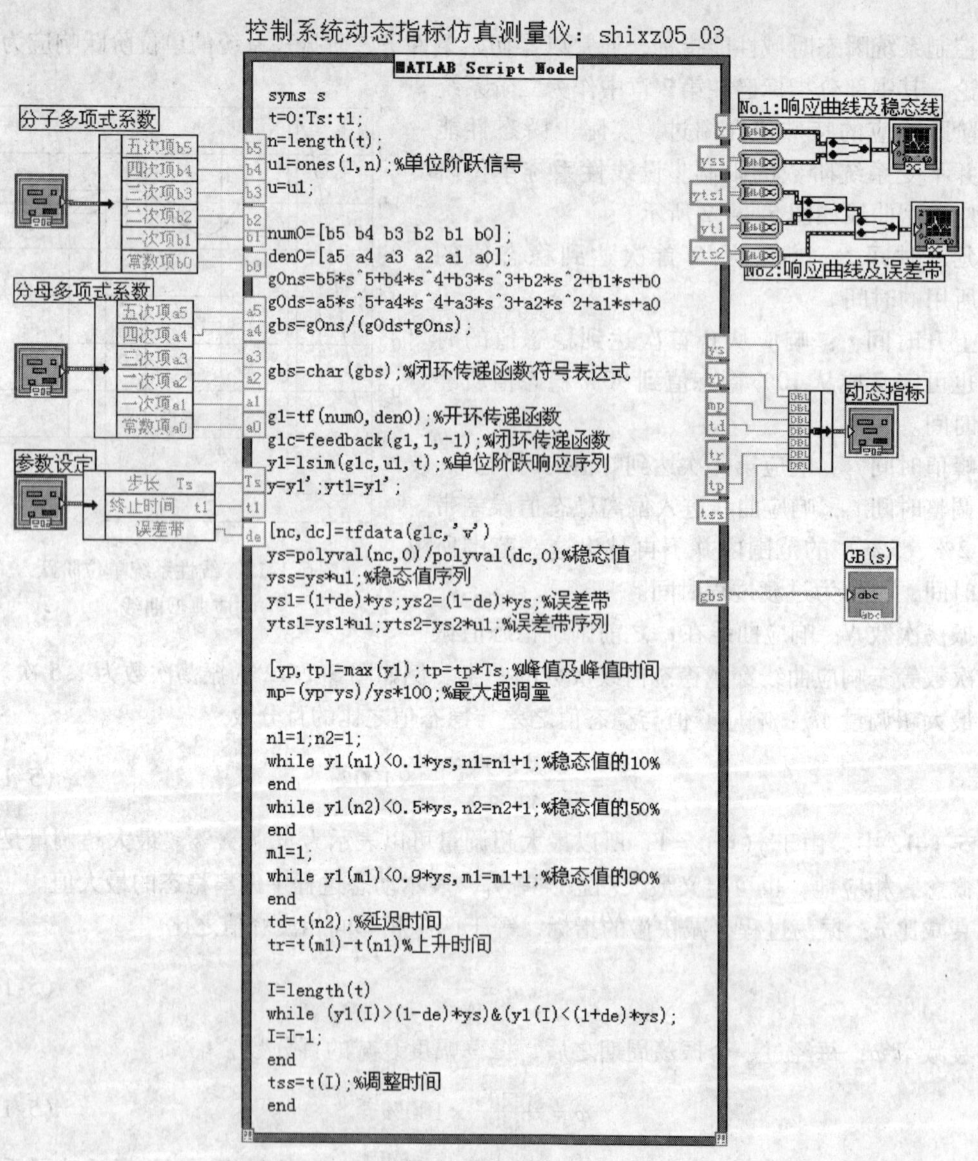

图 5-1-13 程序 shixz05_03 框图面板

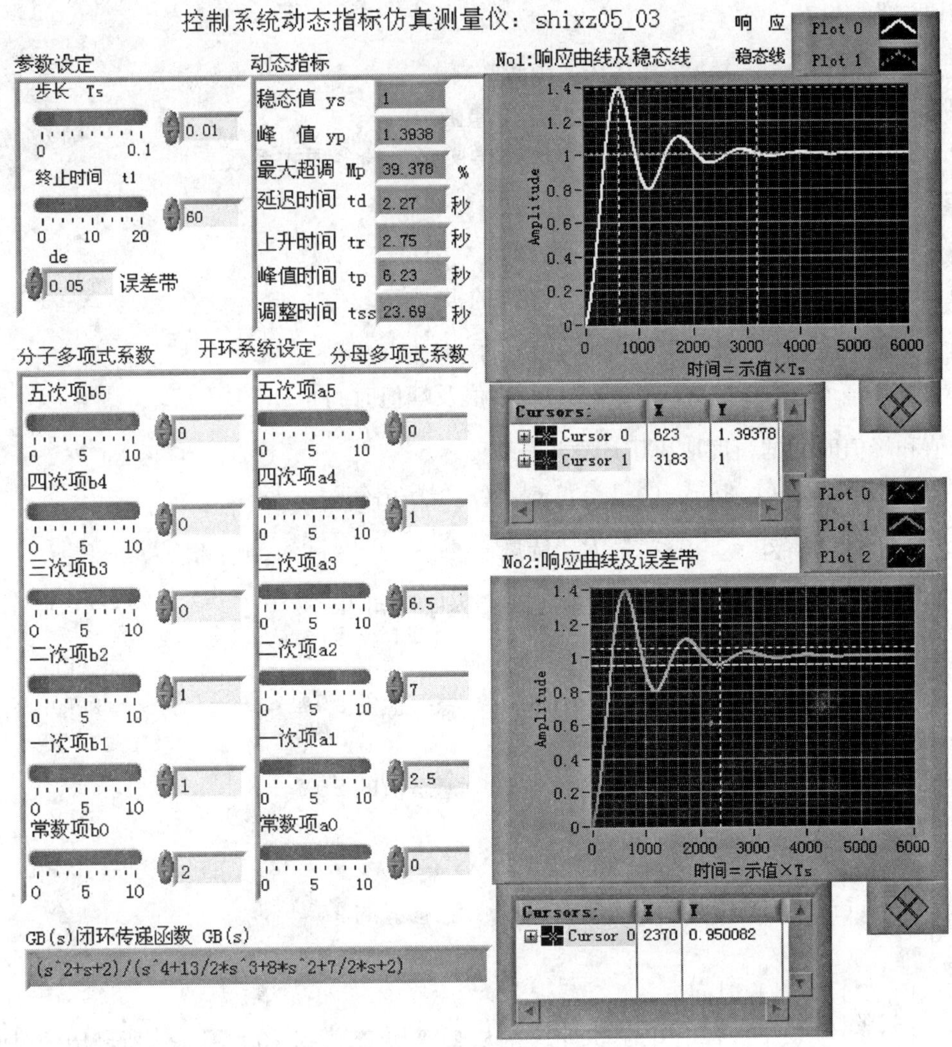

图 5-1-14 程序 shixz05_03 前面板

程序说明：

参见前面板图 5-1-14。该仿真测量仪通过系统的单位阶跃响应获取系统动态性能指标。

用户对被控系统和仿真参数赋值，通过“开环系统设定”栏构成不高于五阶的开环传递函数。仿真参数赋值包括步长 T_s，终止时间 t_1 和误差带 de 三项。通常误差带可以设定为 $0.02 < de < 0.05$。

实例“开环系统设定”栏内使用 I 型系统

$$G_k(s) = \frac{s^2 + s + 2}{s(s^3 + 6.5s^2 + 7s^1 + 2.5)} \tag{5-1-38}$$

“动态指标”栏内显示下列各项瞬态性能指标。

1）响应稳态值 y_s。该值通过单位阶跃响应的终值定理得到

$$y_s = \lim_{t \to \infty} y(t) = \lim_{s \to 0} \frac{G_k(s)}{1 + G_k(s)} \tag{5-1-39}$$

仿真实例中 $G_k(s)$ 见式 5-1-38。显然，由于 I 型系统是位置无差系统，其稳态值为 1。实

际程序语句为

```
g1 = tf(num0,den0);% 开环传递函数
g1c = feedback(g1,1, -1);% 闭环传递函数
[nc,dc] = tfdata(g1c,'v'); % 闭环传递函数的多项式系数
ys = polyval(nc,0)/polyval(dc,0)% 稳态值
```

当然，也可以通过求极限函数 lim 求得。

2）峰值 y_p。通过下列语句求取响应序列的极大值：

```
y1 = lsim(g1c,u1,t);% 单位阶跃响应序列
[yp,tp] = max(y1);tp = tp * Ts;% 峰值及峰值时间
```

峰值和峰值时间的精度取决于计算步长 T_s。

3）最大超调量 M_p。按式（5-1-35）求取，程序语句为

```
mp = (yp-ys)/ys * 100;% 最大超调量
```

4）延迟时间 t_d，上升时间 t_r，调整时间 t_{ss}程序语句为

```
n1 = 1;n2 = 1;
while y1(n1) <0.1 * ys,n1 = n1 +1;% 稳态值的 10%
end
while y1(n2) <0.5 * ys,n2 = n2 +1;% 稳态值的 50%
end
m1 = 1;
while y1(m1) <0.9 * ys,m1 = m1 +1;% 稳态值的 90%
end
td = t(n2);% 延迟时间
tr = t(m1)-t(n1);% 上升时间,定义为从 10% 稳态值到 90% 稳态值所经历的时间
I = length(t)
while(y1(I) >(1-de) * ys)&(y1(I) <(1 +de) * ys); % 计算落在稳态值 ±de
                                                    范围内的时间点
I = I-1;
end
tss = t(I);% 调整时间
```

闭环传递函数的符号表达式示于前面板右下方。

前面板上设有两个示波器及其测量坐标系。No. 1 示出了响应曲线和稳态线，拖动沿响应曲线移动的测量游标，可以测量除调整时间以外的各项时间指标。例如，图 5-1-13 测得响应峰值时间为 623 ×0. 01s = 6. 23s，对应峰值为 1. 3938。该示波器还可以方便地测量并计算衰减比、衰减率等指标。

No. 2 示出了响应曲线和上下误差线，拖动沿响应曲线移动的游标也可以测量调整时间。同时可以看出振荡次数为 2 次。

注意：在绘制直线，例如稳态线和上下误差线时，必须获得与时间序列 t 点数相同的序列。稳态线使用如下语句：

```
yss=ys*u1;% 稳态值序列
```

其中，u_1 为单位阶跃序列，上下误差线语句类似。

在使用测量坐标系时，时间轴移动最小分格等于仿真步长 T_s 秒。鼠标单击测量坐标框上方菱形图案上的左右小菱形框，可以实现时间按步长的微小移动，便于准确对点。

5.2 控制系统的频域性能指标

控制系统的频域性能指标包括开环频率特性指标和闭环频率特性指标。开环频率特性指标主要是系统的稳定性裕度；闭环频率特性指标主要包括幅频宽、相频宽、谐振频率、幅值穿越频率和相位穿越频率等。

5.2.1 控制系统的稳定性裕度及仿真

由奈奎斯特稳定性判据，对于一个开环稳定（即［S］右半平面开环极点数 $P=0$），闭环也稳定的系统，其开环奈奎斯特轨迹距离（-1，j0）点的远近反映了闭环系统稳定程度的高低，这种高低程度称为系统的相对稳定性，也叫稳定性裕度。定量描述稳定性裕度的指标是幅值（增益）裕度和相位裕度。

1. 幅值裕度 K_g

设频率 $\omega=\omega_g$ 时，开环奈奎斯特轨迹穿越负实轴，对应在伯德图上穿越 $-180°$ 线，ω_g 称为相位穿越频率。定义相位穿越频率点的开环幅频特性的倒数为幅值裕度 K_g，即

$$K_g=\frac{1}{|G(\mathrm{j}\omega_g)H(\mathrm{j}\omega_g)|} \tag{5-2-1}$$

用 dB 表示为

$$20\lg K_g=-20\lg|G(\mathrm{j}\omega_g)H(\mathrm{j}\omega_g)| \tag{5-2-2}$$

由于幅值 $|G(\mathrm{j}\omega_g)H(\mathrm{j}\omega_g)|$ 表示开环奈奎斯特轨迹与负实轴交点到原点的距离，对于稳定系统，由于不包含（-1，j0）点，必有 $|G(\mathrm{j}\omega_g)H(\mathrm{j}\omega_g)|=1/K_g<1$，即必有 $K_g(\mathrm{dB})>0$，具有正幅值裕度；反之，对于不稳定系统有 $1/K_g>1$，必有 $K_g(\mathrm{dB})<0$，具有负幅值裕度。在伯德图上正幅值裕度处于 0dB 线以下，负幅值裕度处于 0dB 线以上。

2. 相位裕度 γ

设频率 $\omega=\omega_c$ 时，开环奈奎斯特轨迹与单位圆相交，对应在伯德图上穿越 0dB 线，ω_c 称为幅值穿越频率。定义相位裕度 γ 为幅值穿越频率点的开环相频特性与 $-180°$线的相位差

$$\gamma=180°+\varphi(\omega_c) \tag{5-2-3}$$

在奈奎斯特图上，γ 表示在频率 ω_c 时奈奎斯特轨迹与负实轴的相位差值。对于稳定系统，γ 处于奈奎斯特图的负实轴以下，处于伯德图 $-180°$线之上，称为正相位裕度，$\gamma>0$；反之，对于不稳定系统，$\gamma<0$，具有负相位裕度。γ 处于奈奎斯特图的负实轴以上，处于伯德图 $-180°$线之下。

对于开环稳定系统，正幅值裕度 $K_g(\mathrm{dB})$ 和正相位裕度 γ 的数值，共同决定其对应闭环系统

稳定程度的高低，或者稳定裕量的大小。工程上通常要求$\gamma=30^{\circ}\sim60^{\circ}$，$K_g(\mathrm{dB})>6\mathrm{dB}$，即$K_g>2$。

【例 5-4】 控制系统相对稳定性仿真测量仪。

控制系统相对稳定性仿真测量仪程序如 shixz05_04 所示，其程序前面板和框图面板分别如图 5-2-1 和图 5-2-2 所示。

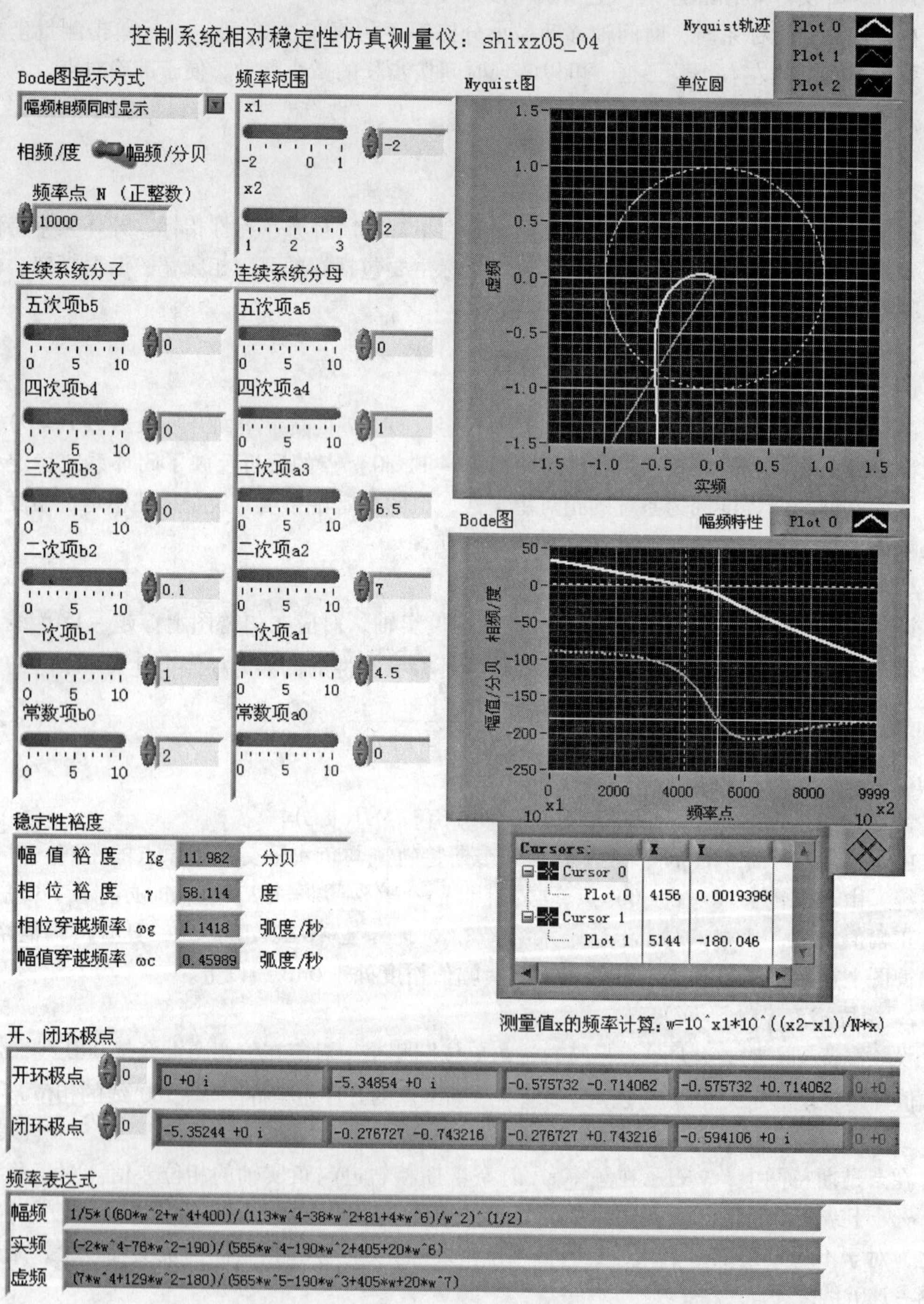

图 5-2-1 程序 shixz05_04 前面板

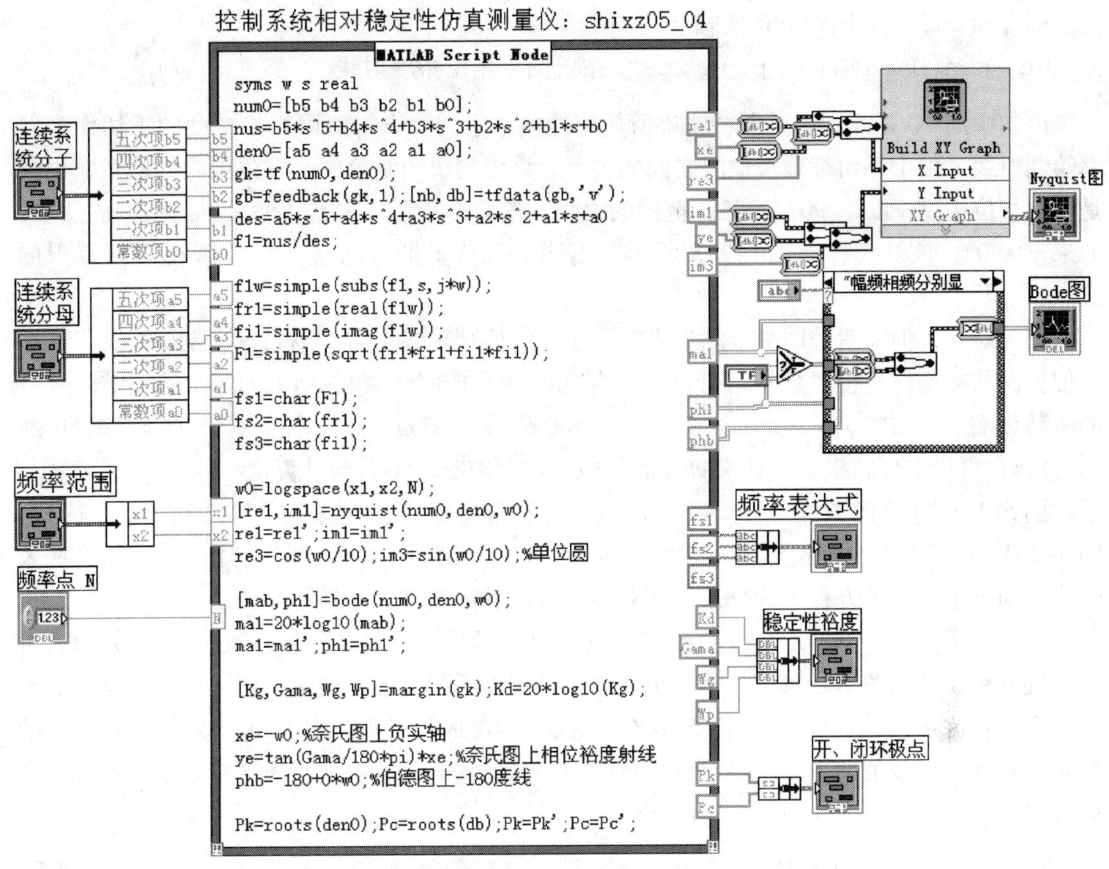

图 5-2-2　程序 shixz05_04 框图面板

参见前面板图 5-2-1。该仿真测量仪除了提供相对稳定性数值外，还使用奈奎斯特和伯德图测量、计算并仿真系统的幅值裕度和相位裕度。

赋值部分。用户在“频率范围”框内设定频率上下限的常用对数 x_1、x_2；在“频率点N”框内设置频率特性计算点（正整数），通过“开环系统设定”栏构成不高于五阶的开环传递函数。

实例开环系统为Ⅰ型

$$G_k(s)=\frac{0.1s^2+s+2}{s(s^3+6.5s^2+7s+4.5)} \tag{5-2-4}$$

运行程序，仿真仪自动计算并在“稳定性裕度”栏内显示幅值裕度 K_g(dB)、相位裕度 γ（°）、相位穿越频率 ω_g 和幅值穿越频率 ω_c(rad/s)。显然，系统式（5-2-4）所对应的闭环系统是稳定的，而且具有足够的幅值裕度（$K_g=11.98$dB）和相位裕度（$\gamma=58.11°$）。

两个示波器面板分别绘制开环系统的奈奎斯特与伯德图。其中的奈奎斯特轨迹仪绘出正频率段接近单位圆的一部分，目的是为了更清楚地显示奈奎斯特轨迹距离（-1，j0）点的远近，以便在奈奎斯特图上表示系统的相对稳定性。图中，奈奎斯特轨迹先与单位圆相交，再与负实轴相交，具有正幅值裕度和正相位裕度。

相位裕度 γ 为图中负实轴与射线之间的夹角。绘制射线使用语句

```
xe = -w0; % 奈氏图上负实轴
ye = tan(Gama/180 * pi) * xe; % 奈氏图上相位裕度射线
```

语句中的 w0 是绘制奈奎斯特轨迹所使用的频率序列。语句使用相位裕度的正切作为斜率绘制射线。由于正切符号与象限之间的关系，该语句仅绘制第二、三象限内的射线，也就是绘制相位裕度 $\gamma \in [-90°, 90°]$ 范围的射线。这符合工程上相位裕度不大于 90°的要求。如果 $\gamma > 90°$，该射线将如图 5-2-3 所示，不能通过奈奎斯特轨迹与单位圆在第四象限的交点。

作为对比，伯德图上用两个测量坐标系示出幅值穿越频率 ω_c 和相位穿越频率 ω_g。由于该伯德图的横坐标是按对数均匀分度的，其实际频率按照式（3-4-1）计算。对于图 5-2-1 的参数设置，式中 $x_1 = -2$，$x_2 = 2$，$N = 10000$，ω_c 和 ω_g 的频率点测量值 $x = 4156$ 及 $x = 5144$，可得实际频率 $\omega_c = 0.4596$ rad/s，$\omega_g = 1.1418$ rad/s，与计算值一致。

图 5-2-1 同时还给出了开环、闭环极点数值，幅频、实频与虚频的符号表达式。图 5-2-3 ~ 图 5-2-5 分别给出了 $\gamma > 90°$、$\gamma \approx 0°$、$\gamma < 90°$时的图示。读者还可以利用这些表达式，通过求解相关方程来计算系统相对稳定性的各项指标，此处不再赘述。

在连续运行条件下，不断改变系统参数，例如逐渐增大系统分子常数项 b_0 的数值，可见系统的稳定性储备不断减小，相位裕度和幅值裕度不断减小并变负，闭环系统由稳定变成不稳定。作为示例，图 5-2-6 ~ 图 5-2-8 示出了 $\gamma \approx 0°$时（此时常数项 $b_0 = 5.2917$）对应的稳定性裕度数值及伯德图。由图可见，这时 ω_c 与 ω_g 重合，奈奎斯特轨迹穿越单位圆和负实轴的交点。

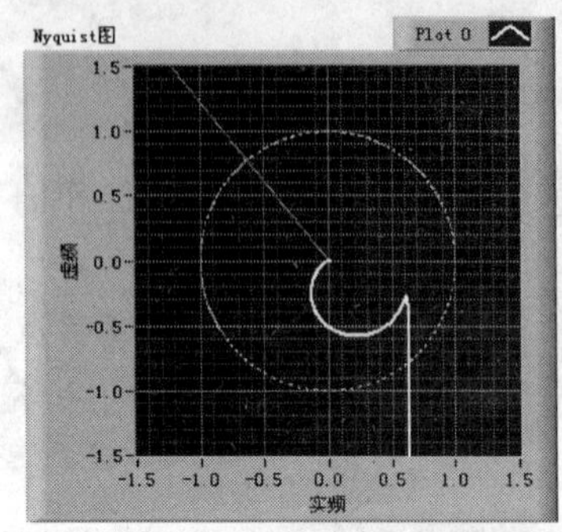

图 5-2-3　$\gamma > 90°$时的射线图示

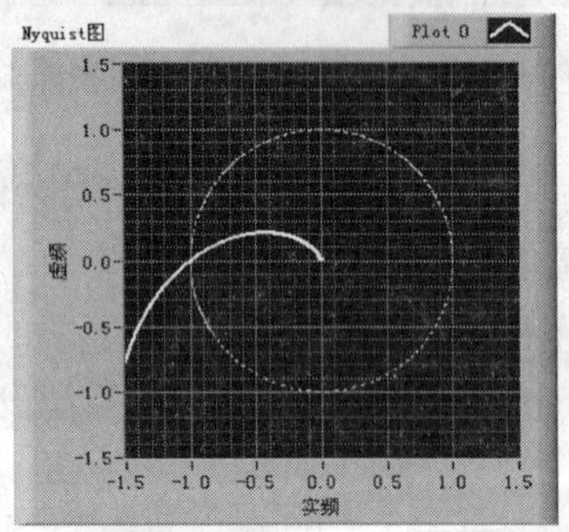

图 5-2-4　$\gamma \approx 0°$的图示

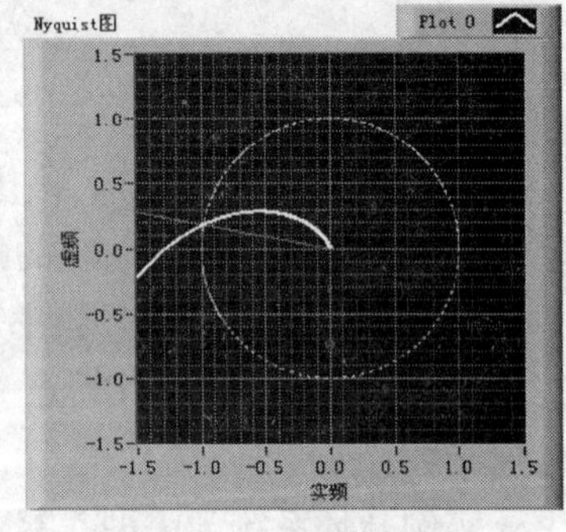

图 5-2-5　$\gamma < 0°$的图示

稳定性裕度

幅值裕度	Kg	0.00018	分贝
相位裕度	γ	0.00056	度
相位穿越频率	ωg	0.91987	弧度/秒
幅值穿越频率	ωc	0.91986	弧度/秒

图 5-2-6　$\gamma \approx 0°$的稳定性裕度

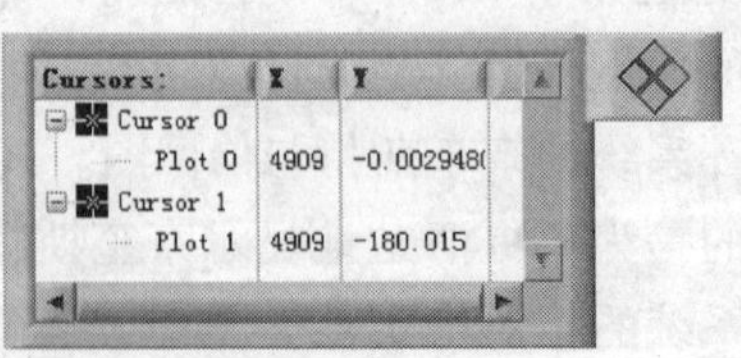

图 5-2-7　$\gamma \approx 0°$的测量值

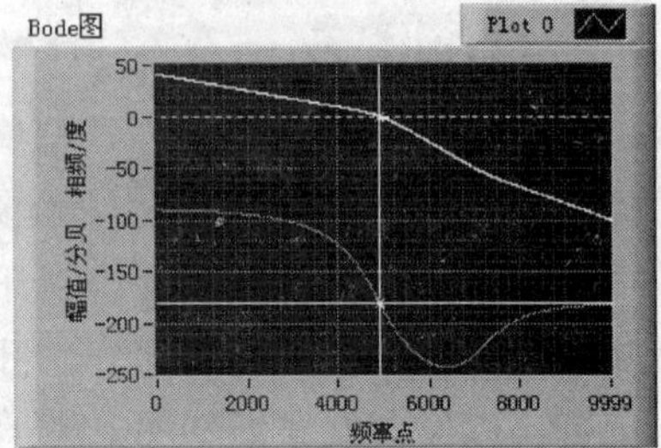

图 5-2-8　$\gamma \approx 0°$的伯德图

5.2.2 闭环系统的频域性能指标及仿真

前已述及，闭环频率特性指标主要包括幅频宽、相频宽、谐振频率、幅值穿越频率和相位穿越频率等，如图 5-2-9 所示。

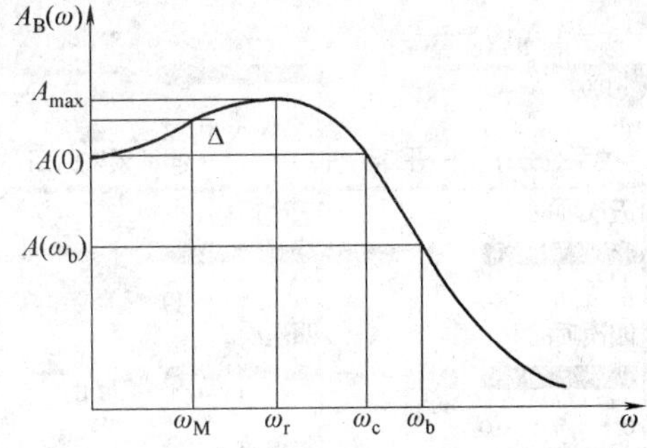

图 5-2-9 闭环频率特性指标

(1) 零频值 $A(0)$

对单位反馈系统，若 $A(0)=1$，则输出幅值在零频附近，准确反映输入幅值，系统的稳态误差很小。

(2) 复现频率 ω_M 与复现带宽 $0\sim\omega_M$

若给定 Δ，则 $A(\omega_M)-A(0)=\Delta$，最低的 ω_M 称为复现频率，$0\sim\omega_M$ 称为复现带宽。超过 ω_M，与零频值的差将超过 Δ。

(3) 谐振频率 ω_r，相对谐振峰值 $M_r=\dfrac{A_{max}}{A(0)}$

若 M_r 太大，则超调很大，振荡性加剧；若 M_r 太小，则快速性差，过渡过程增长。通常选取 M_r 在 [1.1，1.4]([0.83，2.92]dB) 之间。

(4) 幅值穿越频率 ω_c

幅值穿越频率 ω_c 是指闭环幅频特性曲线穿越 0dB 时的频率。

(5) 截止频率 ω_b，截止带宽 $0\sim\omega_b$

截止频率 ω_b 是指由 $A(0)$ 下降 3dB 时所对应的频率，即

$$20\lg\frac{A(\omega_b)}{A(0)}=-3\text{dB}\longrightarrow\left[\frac{A(0)}{A(\omega_b)}\right]^2=2\text{，所示}\frac{A(\omega_b)}{A(\omega_0)}=\frac{\sqrt{2}}{2}$$

带宽越大，快速性越好，过渡过程的上升时间越小。

【例 5-5】 控制系统闭环频率特性指标仿真测量仪。

控制系统闭环频率特性指标仿真测量仪程序如 shixz05_05 所示，其程序前面板和框图面板分别如图 5-2-10 和图 5-2-11 所示。

程序说明：

本程序与 shixz05_04 相似，频率范围框内的赋值仅对闭环频率特性计算及作图有效，开环奈奎斯特图作图范围不受该赋值参数影响。“闭环频率特性选择”开关分别选择幅频特性曲线或相频特性曲线。

闭环频率特性指标的数值计算结果示于“闭环频域性能指标”框内。在计算这些指标时，程序使用了一维插值函数 interp1，该函数的调用格式为（参见图 5-2-11）。

```
yi = interp1(x,y,xi,'method')
```

语句中的对应数据序列 x，y 已经预先计算，输入 x 序列中某点的值 x_i，语句通过内插方式计算并返回对应的 y_i 值。'method'规定内插方法，'linear'表示线性内插，'spline'表示三次样条插值，本程序使用'spline'方法。例如计算截止频率 ω_b 的程序段为

```
[mab,phb,Wb] = bode(gb,wb);
```

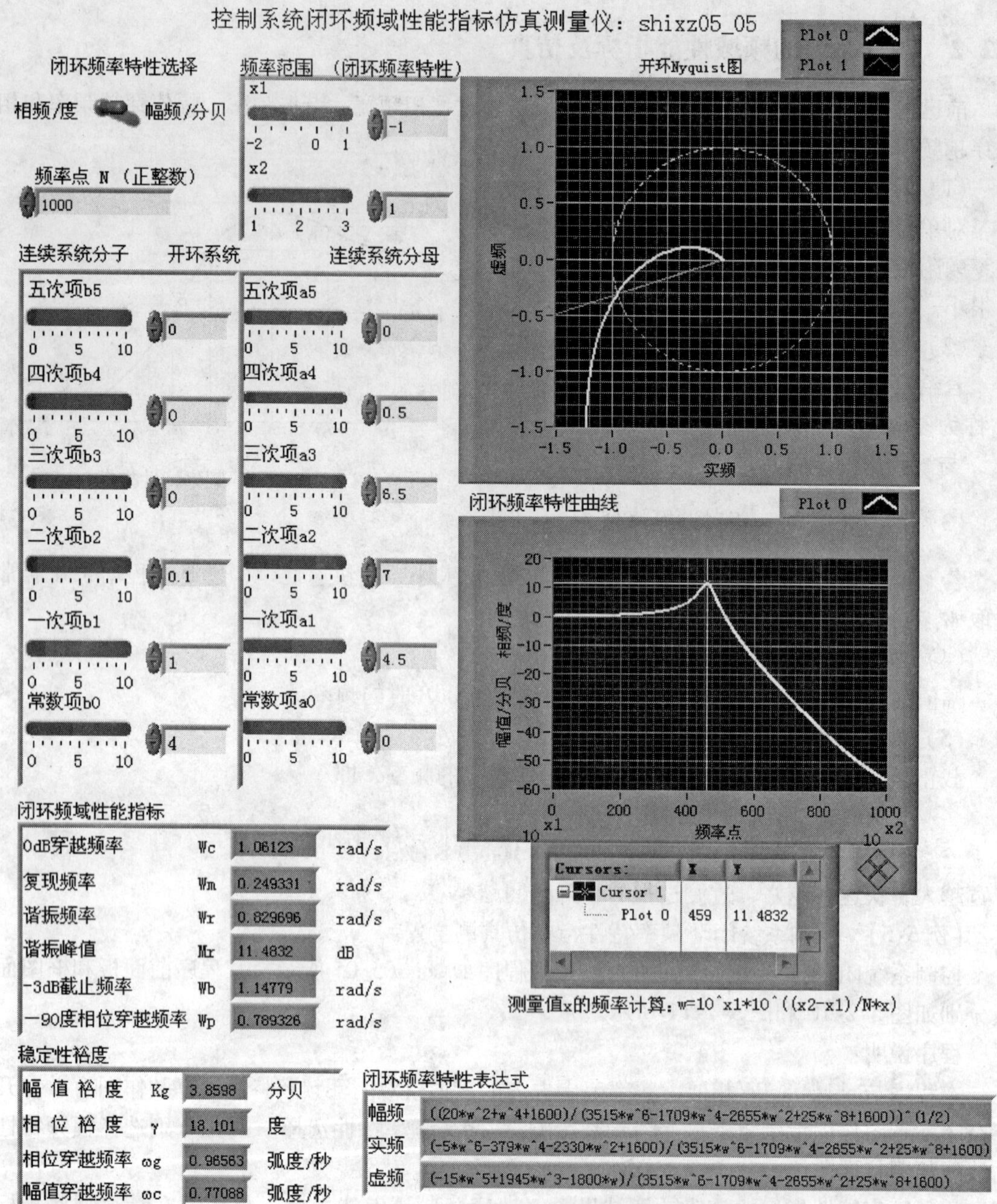

图 5-2-10 程序 shixz05_05 前面板

```
ma1 = mab(1,:);
ma1 = 20 * log10(ma1);

c = length(mab);
reb1 = zeros(c,1);
for  i = 1:c
reb1(i) = 20 * log10(mab(1,1,i));
```

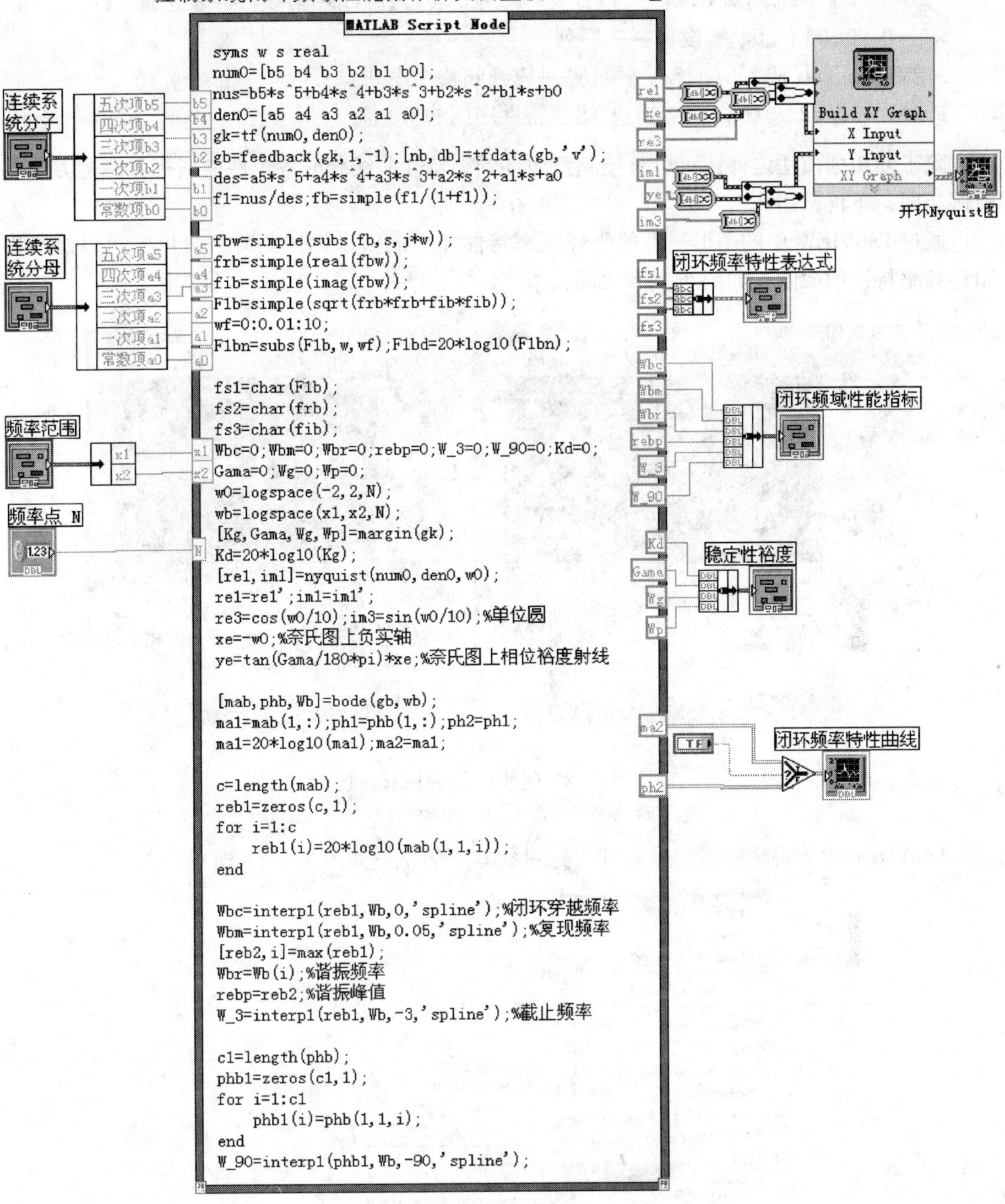

图 5-2-11　程序 shixz05_05 框图面板

```
end
W_3 = interp1(reb1,Wb,-3,'spline');% 截止频率
```

程序给出了闭环幅频特性表达式，读者可以使用 subs 函数计算已知频率序列的幅频特性值，和插值方法进行对比。

```
F1b = simple(sqrt(frb * frb + fib * fib)); % 闭环幅频特性表达式
wf = 0: 0.01: 10; % 设置频率序列
F1bn = subs(F1b,w,wf); % 计算对应幅频特性序列
F1bd = 20 * log10(F1bn); % 幅频特性序列的 dB 值
```

除了使用插值法之外还可以直接测量闭环频率特性曲线获取各个性能指标。测量方法与前例相同，不再赘述。

通过 LabVIEW 中的图形属性使闭环频率特性曲线的横坐标按照对数分度，可以绘制出闭环频率特性伯德图，如图 5-2-12 所示。

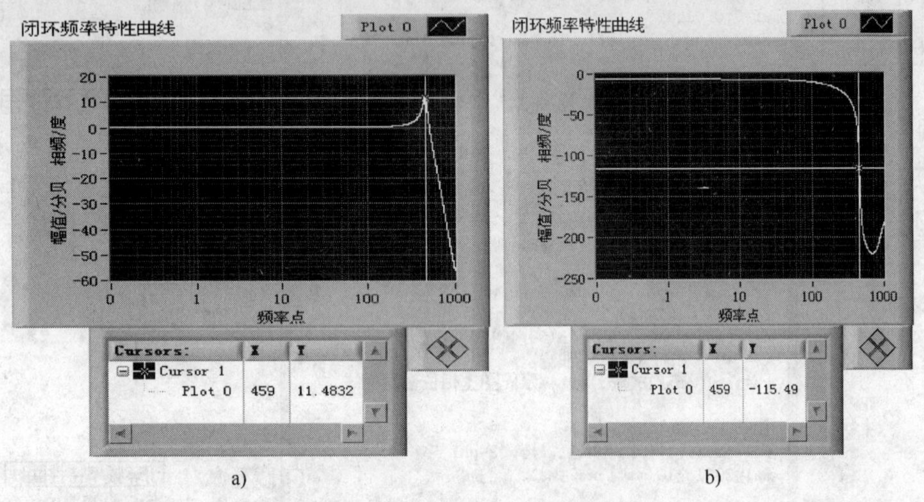

图 5-2-12 闭环频率特性伯德图
a) 幅频特性曲线 b) 相频特性曲线

LabVIEW 中的将横轴由线性分度改为对数分度的菜单如图 5-1-13 所示。

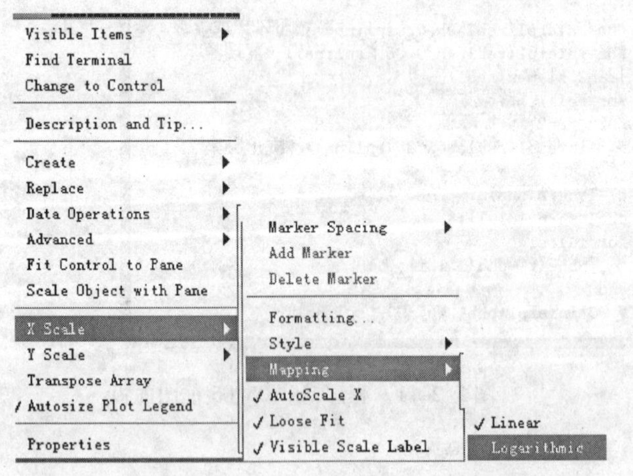

图 5-2-13 将横轴由线性分度改为对数分度

注意：横坐标此时标注的仍然是频率点数值，而非实际频率值，实际频率值的计算方法与上面介绍的线性分度相同。

仿真仪保留了开环频率特性的奈奎斯特图及其相位裕度。读者可以通过连续改变系统参数，研究系统相对稳定性对闭环频率特性的影响。仿真说明，系统的稳定性储备不仅影响系统的稳定性，还影响系统的各项动态性能指标。

5.2.3 频域、时域性能指标之间的关系

前已述及，系统性能指标可以分成时域性能指标和频域性能指标两类，频域性能指标中又可分为开环频域性能指标和闭环频域性能指标，这三种性能指标之间是相互联系的。例如，如果开环相位裕度太小，表明奈奎斯特轨迹在比较靠近（-1，j0）点的地方穿越负实轴，在这个频率附近必有 $|G_k(j\omega)|\approx 1$。由开闭环频率特性关系

$$G_B(j\omega)=\frac{G_k(j\omega)}{1+G_k(j\omega)} \tag{5-2-5}$$

必然有 $|G_B(j\omega)|\gg 1$。因而在该频段内必然会出现一个谐振峰，系统出现强烈振荡现象，系统超调随之增大。下面分别进行讨论。

1. 相位裕度与闭环动态性能的关系

文献［10］介绍，在一定条件下，相位裕度 γ 与谐振峰值 M_r 之间有

$$M_r\approx\frac{1}{\sin\gamma} \tag{5-2-6}$$

单位阶跃响应的最大超调 M_p 与相位裕度 γ、谐振峰值 M_r 之间有经验公式

$$M_p\%=\frac{2000}{\gamma}-20 \tag{5-2-7}$$

$$M_p\%=\begin{cases}100(M_r-1),当 M_r\leqslant 1.25\\ 50\sqrt{M_r-1},\quad 当 M_r>1.25\end{cases} \tag{5-2-8}$$

下面介绍相位裕度与谐振峰和最大超调的仿真分析。

【例 5-6】 相位裕度对谐振峰值和超调影响的仿真分析仪。

对于二阶系统，系统开环相位裕度 γ 与闭环频率特性谐振峰值 M_r 和单位阶跃响应的最大超调 M_p 之间存在确定的关系。对于三阶以上的系统，难于求出它们之间的解析关系，当然在一定条件下可以使用前述文献介绍的经验公式，但是经验公式毕竟有自己的局限性。使用计算机仿真可以根据不同系统，在一个比较大的范围内比较准确地描述相位裕度、谐振峰值和超调之间的数量关系，这对工程设计是很有帮助的。具有这种功能的仿真仪程序如 shixz05_06 所示，其程序前面板和框图面板分别如图 5-2-14 和图 5-2-15 所示。

程序说明：

1）被研究的五阶及其以下的开环系统中，分子常数项 b_0 可以在一定范围内变化。用户只需在“b_0分子常数项变化范围”框内设置其上下限和变化步长即可。这个范围也就是程序的仿真范围。需要注意上下限，特别是上限设置必须保持闭环稳定，不可太大。

程序使用 for 循环计算仿真范围内对应各个系统的相位裕度 γ（程序中使用符号 Pm），闭环频率特性谐振峰值 M_r 和单位阶跃响应的最大超调 M_p。语句如下：

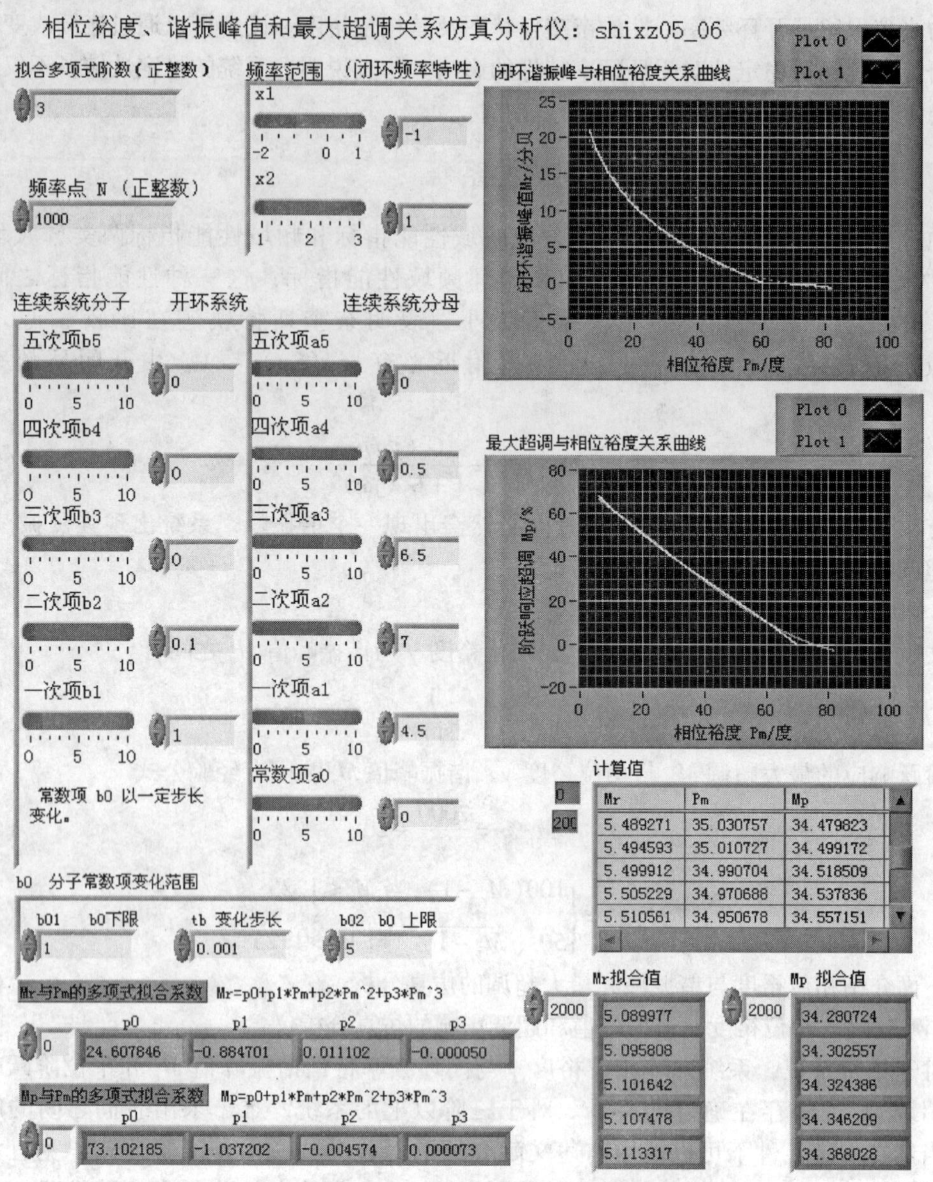

图 5-2-14 程序 shixz05_06 前面板

```
i =1;
for b0 =b01: tb: b02;% 改变分子常数项值
num0 =[b5  b4  b3  b2  b1  b0]; % 分子多项式系数序列值
gk =tf(num0,den0); % 被仿真的开环传递函数表达式序列
gb =feedback(gk,1, -1); % 被仿真的闭环传递函数表达式序列
y =lsim(gb,u,t); % 单位阶跃响应数组序列,u,t 已赋值
[nb,db] =tfdata(gb,'v'); % 被仿真的闭环传递函数分母、分子系数序列
fin(i) =polyval(nb,0)/polyval(db,0); % 单位阶跃响应的终值序列
ym(i) =max(y);% 峰值及峰值时间点序列
```

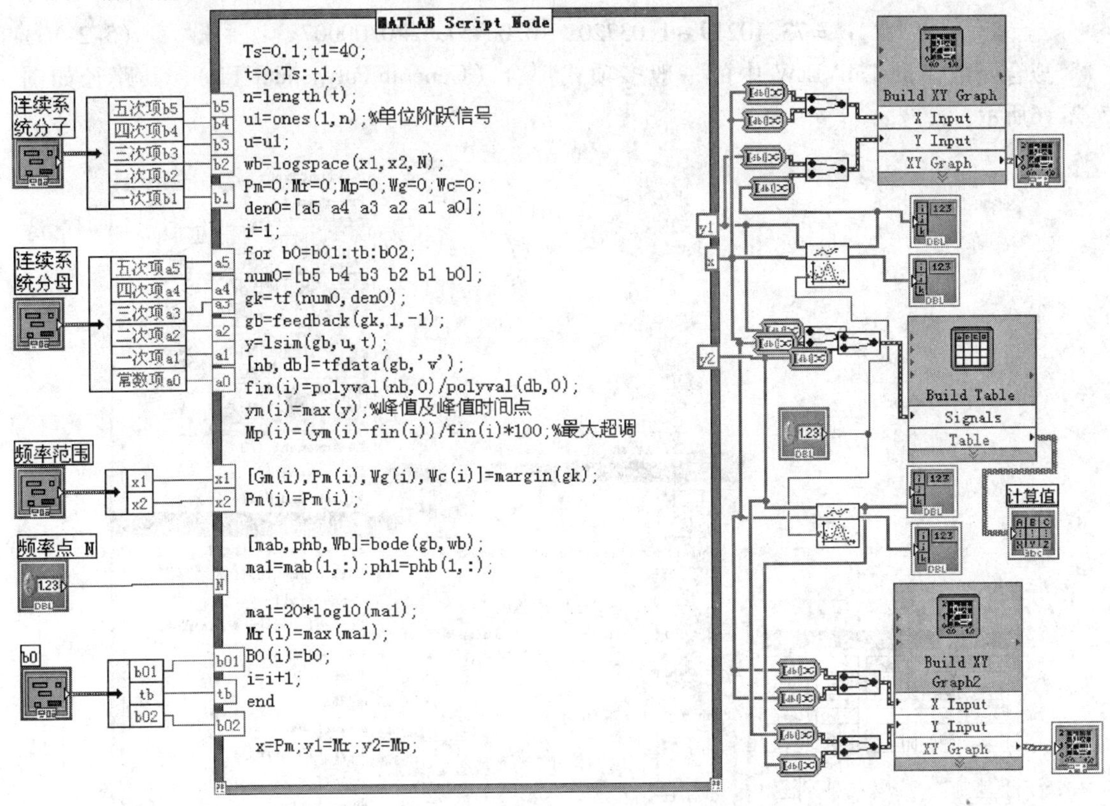

图 5-2-15　程序 shixz05_06 框图面板

```
Mp(i) = (ym(i) - fin(i)) / fin(i) * 100;% 最大超调序列
[Gm(i),Pm(i),Wg(i),Wc(i)] = margin(gk); % 开环幅值、相位裕度等序列
Pm(i) = Pm(i);
[mab,phb,Wb] = bode(gb,wb); % 闭环幅、相频率特性序列
ma1 = mab(1,:);ph1 = phb(1,:); % 闭环幅、相频率特性一维数组序列
ma1 = 20 * log10(ma1); % 闭环幅频特性分贝值序列
Mr(i) = max(ma1); % 闭环幅频谐振峰值序列
i = i + 1;
end
```

2）仿真计算值序列存于表格“计算值”中，拟合后的函数序列存于表格“M_r 拟合值”和“M_p拟合值”之中，对应曲线绘制在前面板的两个 XY 函数记录仪上。第一个记录仪绘制 $M_r \sim P_m$ 曲线，第二个记录仪绘制 $M_p \sim P_m$ 曲线。其中，“plot0”为计算值曲线，“plot1”为拟合值曲线。

3）多项式拟合。程序对所获得的计算值使用多项式拟合求出其函数关系。拟合时，选择相位裕度 P_m 为自变量 x，闭环谐振峰值 M_r 和超调 M_p 分别为函数 y_1 与 y_2。程序实例所得到的拟合关系为

$$y_1 = 24.60785 - 0.88470x + 0.01110x^2 - 0.00005x^3 \tag{5-2-9}$$

$$y_2 = 73.10219 - 1.03720x - 0.00457x^2 + 0.00007x^3 \tag{5-2-10}$$

拟合函数借助 LabVIEW 中的一般多项式拟合（General Polynomial Fit），其路径如图5-2-16所示。

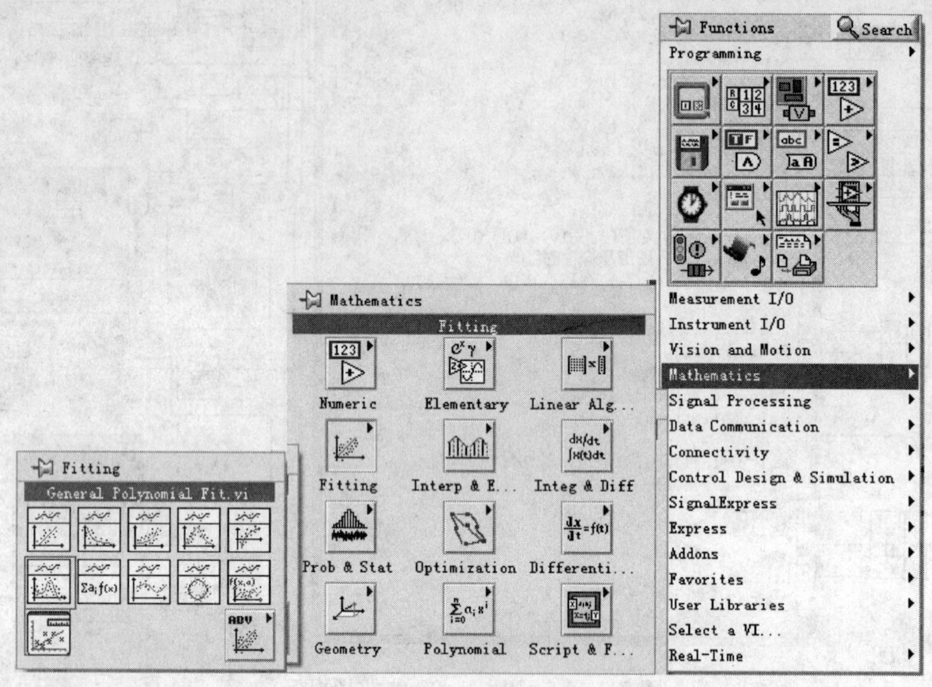

图 5-2-16　多项式拟合路径

一般多项式拟合节点如图 5-2-17 所示。

NI_AALPro.lvlib:General Polynomial Fit.vi
Coefficient Constraint
Y
X
Weight
polynomial order
algorithm
Best Polynomial Fit
Polynomial Coefficients
error
mse

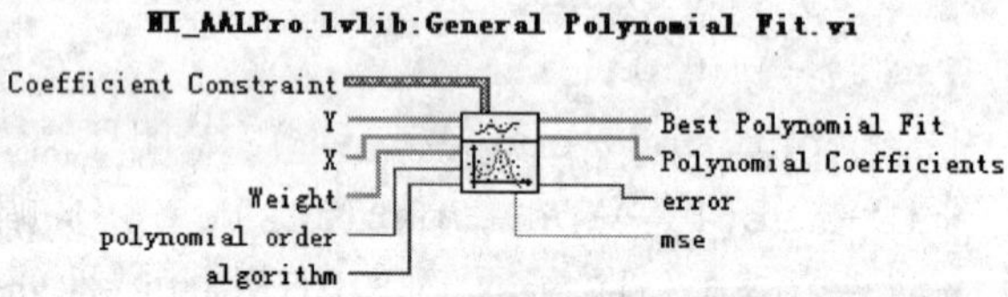

图 5-2-17　一般多项式拟合节点

下面介绍主要输入、输出端口。

Y：被拟合的函数输入值，一维数组，其元素个数必须大于多项式阶数。

X：被拟合的自变量输入值，与 *Y* 个数相同的一维数组。

Weight：权重，默认值为 1。

polynomial order：多项式阶数。用户在前面板“拟合多项式阶数（正整数）”框内设置为 m，默认值为二阶。

algorithm ：规定计算拟合值的方法，不连接时采用最小二乘法。

Best Polynomial Fit：返回拟合后的函数序列。

Polynomial Coefficients：拟合多项式系数，构成拟合多项式

$$y = \sum_{i=0}^{m} p_i x^i \tag{5-2-11}$$

mse：差方均值。

仿真表明，当相位裕度不大于60°时，相位裕度越大，谐振峰值和超调越小，呈现单调

下降关系。在该范围内，相位裕度与超调呈较好的线性关系。当相位裕度超过60°后，相位裕度的增加对减小谐振峰值和超调的作用已经减弱，呈现饱和趋势。所以工程上希望相位裕度不超过60°是有道理的。

2. 谐振峰值与最大超调之间的关系

以相位裕度为参变量，获得谐振峰值与最大超调之间关系的程序如 shixz05_06a 所示。该程序与 shixz05_06 主体相同，有两点区别：第一是 *XY* 函数记录仪绘制谐振峰值 M_r 与最大超调 M_p 之间的关系，如图 5-2-18 和图 5-2-19 所示。第二是多项式拟合直接采用 M_r 与 M_p 计算值进行。为便于比较，图 5-2-18 和图 5-2-19 中的纵横坐标相互交换。显然 M_r 与 M_p 之间基本上呈现单调正变关系。注意它们的饱和段。

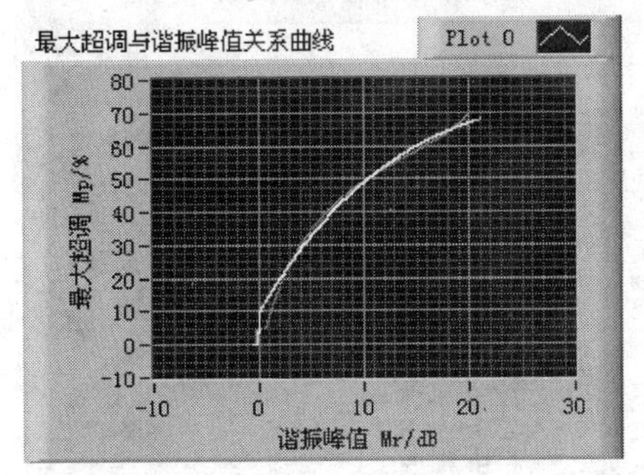

图 5-2-18　最大超调与谐振峰值关系图

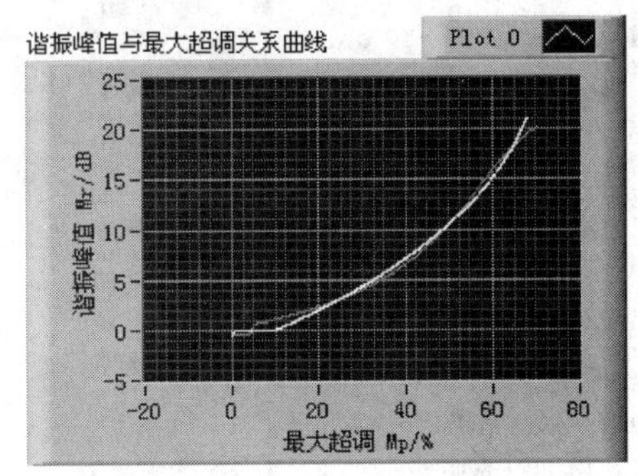

图 5-2-19　谐振峰值与最大超调关系图

仿真时请注意，拟合曲线精度与形状和拟合步长 t_b 的关系极大，步长减小，拟合精度提高，但计算量迅速上升。

系统开环幅值裕度对闭环谐振峰值和单位阶跃响应的超调影响研究见例 5-7。

【例 5-7】　谐振峰值、最大超调和幅值裕度关系仿真分析仪。

谐振峰值、最大超调与幅值裕度关系的仿真分析如程序 shixz05_07 所示。其程序前面板和框图面板分别如图 5-2-20 和图 5-2-22 所示。

程序说明：

shixz05_07 与 shixz05_06 相似。shixz05_07 仿真曲线的自变量（横坐标）为幅值裕度 G_m，函数分别为闭环谐振峰值 M_r 和最大超调 M_p。拟合曲线数据采用 LabVIEW 的指数拟合（Exponential Fit）节点获得。指数拟合节点如图 5-2-21 所示。

下面介绍特殊端口含义及使用方法。

tolerance：规定内插容限值，采用最小二乘法时容限默认值为 0.0001。

method：规定计算拟合值的方法，默认为最小二乘法。还可以选择 Least Absolute Residual（最小绝对余差）法和 Bisquare（双二次）法。程序使用一个控制开关选择拟合方法。如图 5-2-20 左上方的“指数拟合方法”控制按钮所示。

refine?：对拟合结果参数是否进一步精确，默认值为否。

amplitude：拟合模型的系数 a。

damping：拟合模型的指数系数 b，构成式 5-2-12 的指数拟合模型。

residue：余差，拟合模型的加权平均误差。

$$y = ae^{bx} \tag{5-2-12}$$

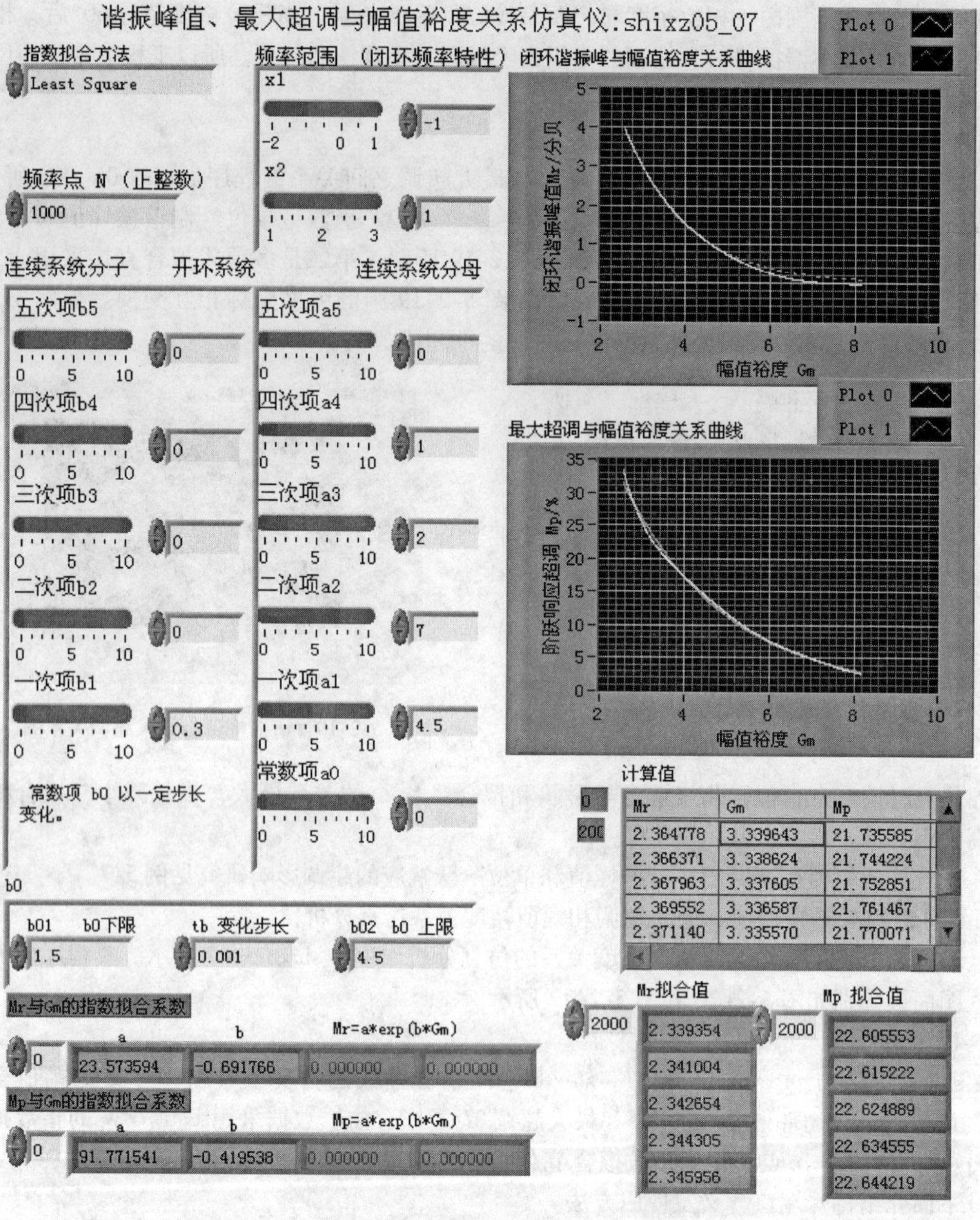

图 5-2-20　程序 shixz05_07 前面板

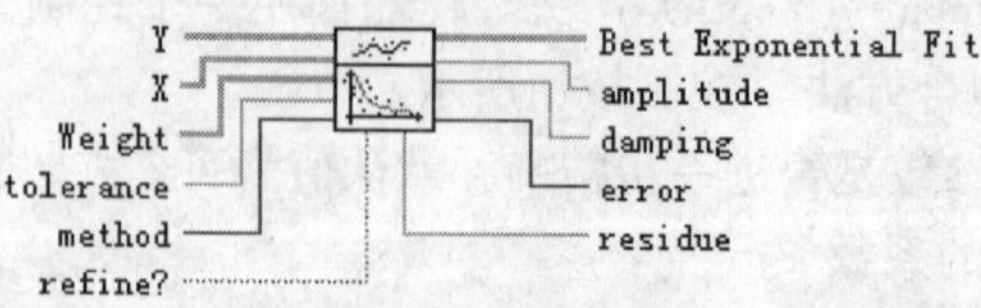

图 5-2-21　指数拟合节点

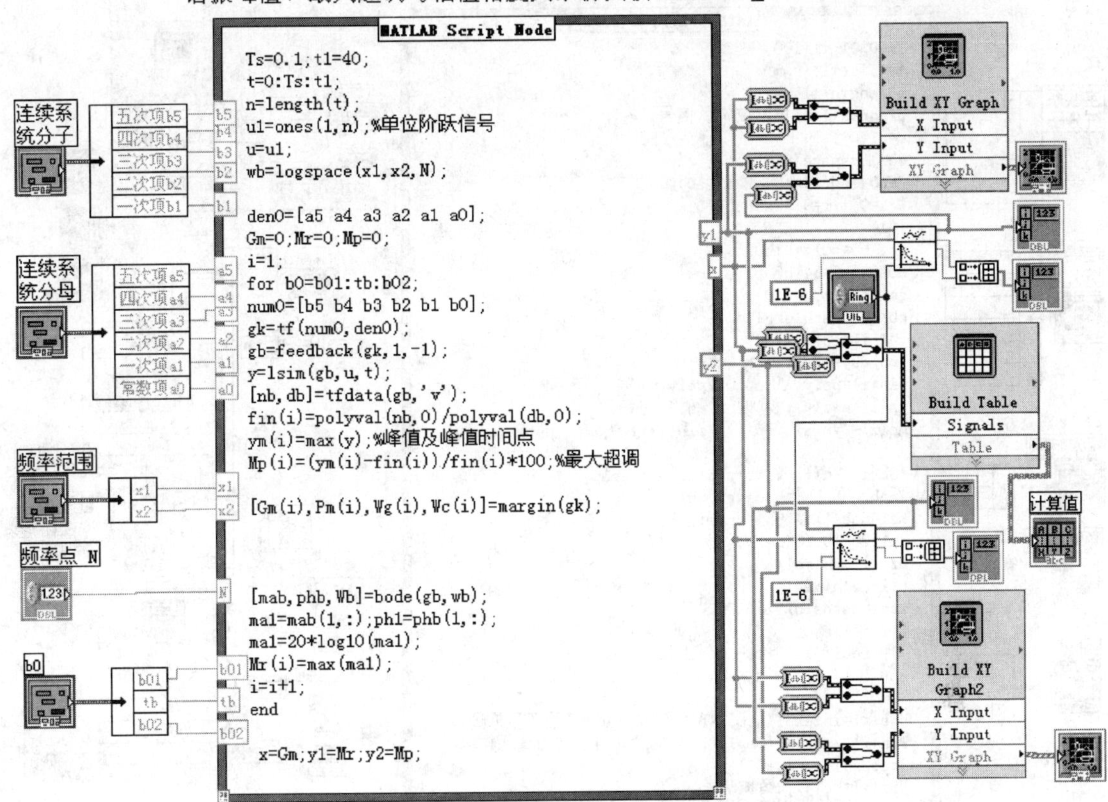

图 5-2-22　程序 shixz05_07 框图面板

3. 截止频率对快速性的影响

定性而言，系统闭环截止频率越高，快速性越好，上升时间、延迟时间和调整时间越短。但对于一般控制系统而言，截止频率对快速性影响的定量描述却是很困难的。它们之间关系的数字仿真分析见例 5-8。

【例 5-8】 上升时间、调整时间与截止频率关系仿真分析仪。

系统闭环截止频率与其单位阶跃响应的上升时间、调整时间关系的数字仿真分析程序如 shixz05_08 所示。其程序框图面板和前面板分别如图 5-2-23 和图 5-2-24 所示。

程序说明：

程序 shixz05_08 与 shixz05_07 的结构相似。shixz05_08 仿真曲线的自变量（横坐标）为闭环 -3dB 截止频率 ω_b，函数分别为闭环单位阶跃响应的上升时间和调整时间。拟合曲线数据采用 LabVIEW 的一般多项式拟合（General Polynomial Fit）节点获得。

程序采用 for 循环，在用户设定的步长和范围内改变系统的一个参数，获得一系列被研究的控制系统，计算每个系统的闭环截止频率。同时，在循环体内，针对每次循环所得系统，采用内插方式计算其上升时间和调整时间等快速性指标，然后将所得数据列成表格并绘制成仿真曲线。程序语句如图 5-2-23 所示，语句说明参见例 5.3 和例 5.6。由于循环与内插后的数值都需要保存在相应的数组内，为了避免原保存值对新仿真数值的影响，必须将数组

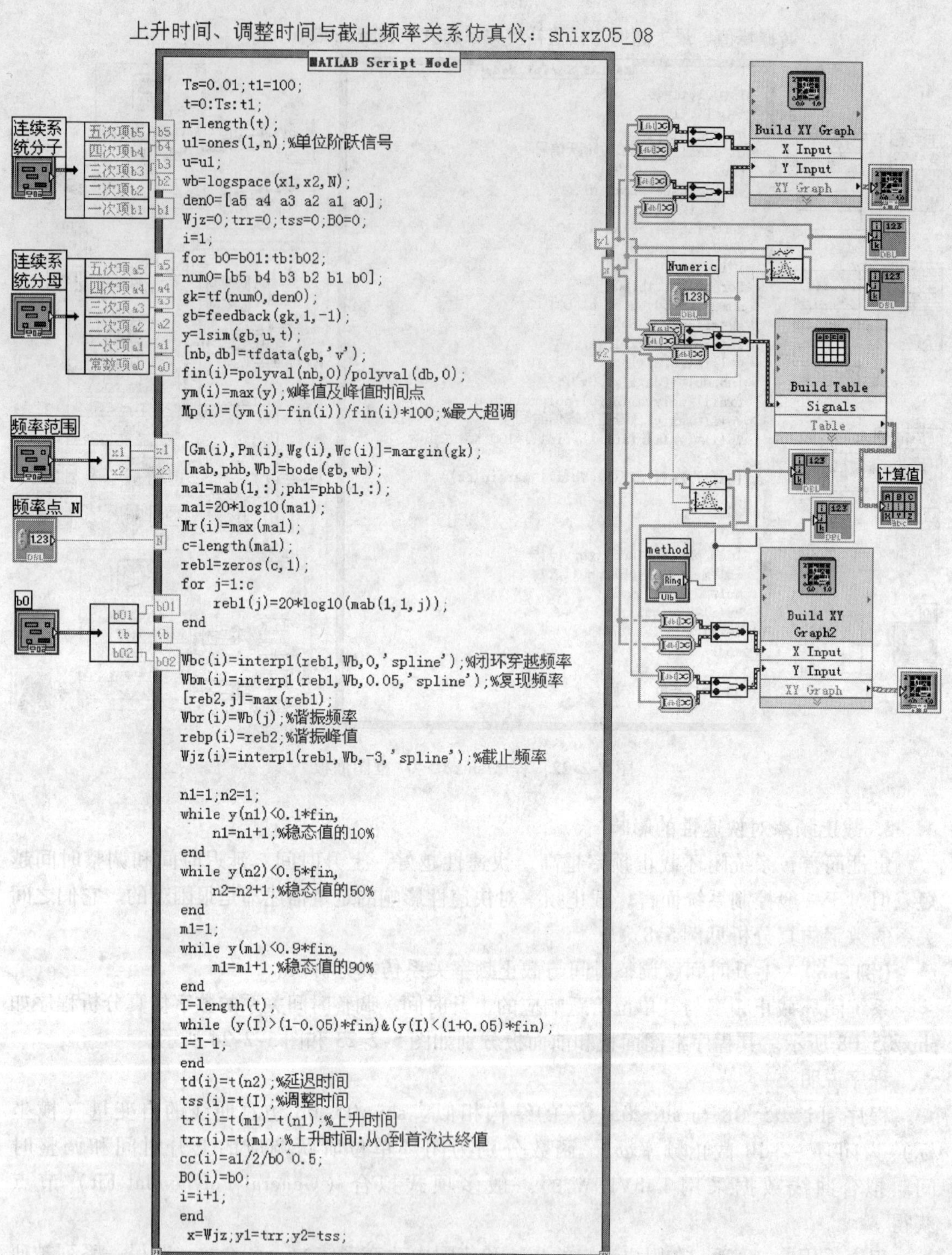

图 5-2-23　程序 shixz05_08 框图面板

清零，否则仿真曲线会发生错误。特别是当参数变化范围缩小时，原有较大参数的数据将掩盖较小参数的仿真数据，仿真曲线可能被“冻结”而不发生变化。

由仿真曲线可见，系统的截止频率越大，也就是系统通频带越宽，系统的上升时间越小，具有单调下降的特点（参见图 5-2-24）。不过，当截止频率达到一定值后，上升时间下降变缓，趋于饱和。调整时间与截止频率关系更为复杂。当等效阻尼比小于一定值之后，调整时间与带宽不再呈单调下降关系，而呈现类似锯齿波形的非单调关系，如图 5-2-25 所示。出现这种现象的原因之一是单位阶跃响应振荡曲线的振荡次数随着等效阻尼比和等效固有频率变化，进入误差带的波数也随之变化，进入而不越出误差带的时间点，即系统的调整时间可能因波数不同而发生前后交错，显示出与通频带的非单调下降关系。

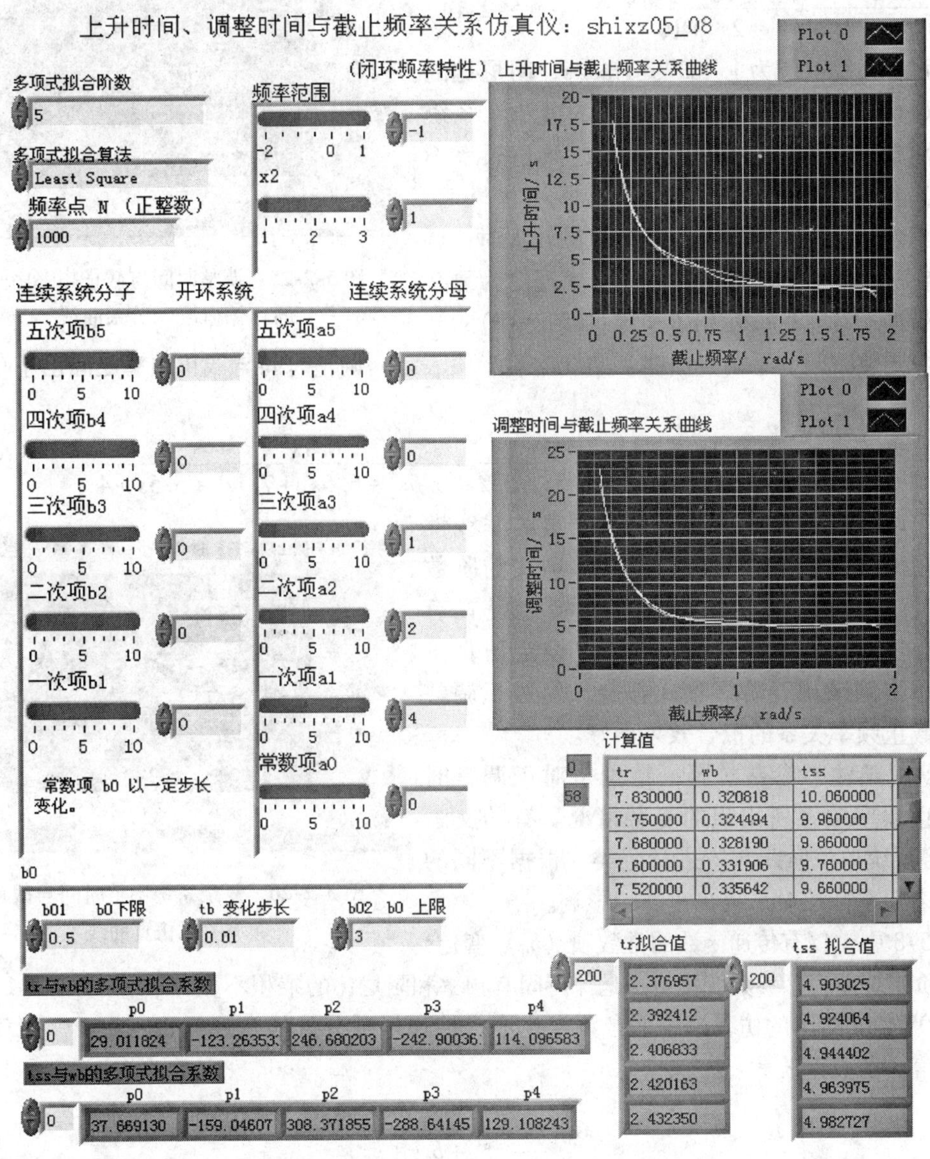

图 5-2-24　程序 shixz05_08 前面板

图 5-2-24 仿真曲线所对应的系统传递函数序列为

$$\frac{0.36}{s^2+2s^2+0.36}\sim\frac{16}{s^2+2s^2+16} \tag{5-2-13}$$

对应的固有频率范围为 0.36 ~ 4rad/s，阻尼比的范围为 1.667 ~ 0.25。阻尼比大于一定值（0.707 附近）的一段，调整时间与截止频率之间呈现单调下降关系，截止频率增大，调整时间减小。阻尼比小于一定值后，单调关系被破坏，呈现锯齿波状。

图 5-2-25 仿真曲线是对图 5-2-24 中锯齿波部分的放大，所对应的系统传递函数序列为

$$\frac{2.2}{s^2+2s^2+2.2}\sim\frac{16}{s^2+2s^2+16} \tag{5-2-14}$$

相应的固有频率范围为 1.4832 ~ 4rad/s，阻尼比的范围为 0.6742 ~ 0.25。随着阻尼比的减小，系统的振荡性越来越强，超调越来越大，截止频率不断增大，上升时间和调整时间越来越小。

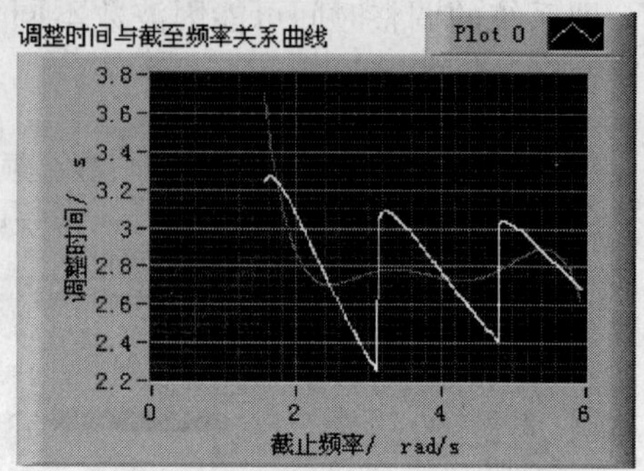

图 5-2-25 调整时间与截止频率之间的“锯齿波”关系曲线

对于更复杂的系统，在 b_0 变化范围较大时，调整时间与截止频率关系的仿真曲线会呈现更为复杂情况。例如，图5-2-26 示出了系统式(5-2-15)的截止频率与调整时间关系仿真曲线，曲线的后半段表示，调整时间与截止频率之间已呈现单调上升关系。

$$\frac{0.1s^2+s+0.2}{0.5s^4+6.5s^3+7.1s^2+5.5s+0.2}\sim\frac{0.1s^2+s+4}{0.5s^4+6.5s^3+7.1s^2+5.5s+4} \tag{5-2-15}$$

由于调整时间与截止频率呈现严重的非线性关系，在使用一般多项式拟合时，多项式的阶数比较大。为了方便，仿真仪在前面板上设置有“多项式拟合阶数”控制框，供用户设定仿真阶数。程序实例采用五阶多项式拟合，但对于调整时间与截止频率关系的拟合效果不好。

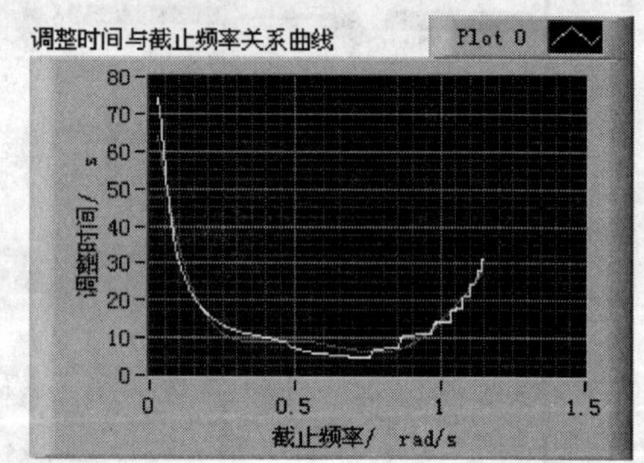

图 5-2-26 复杂系统调整时间与截止频率关系仿真曲线

仿真时请注意参数选择，特别是对于调整时间与截止频率关系所出现的复杂情况。有的文献 [10] 将系统单位阶跃响应进行分类，根据不同的类型讨论频率特性对系统快速性的影响。

例 5-8 中，仅有传递函数的常数项（b_0）变化，对于二阶系统而言，参数变化特点是保持固有频率和阻尼比的乘积不变（$\xi\omega_n=a_1/2=1$）。程序 shixz05_08a 给出的仿真系统，参数变化涉及传递函数分母的常数项和一次项，对于二阶系统而言，仿真系统为

$$G_B(s)=\frac{b_0}{s^2+b_0s+b_0} \tag{5-2-16}$$

系统固有频率 $\omega_n=\sqrt{b_0}$，阻尼比 $\xi=\sqrt{b_0}/2$。当 b_0 变化时，二者成比例变化。其仿真曲线与 shixz05_08 类似，读者可以自己运行分析。

第6章　控制系统的校正分析与仿真

如果系统的某些性能，特别是影响工程运用的那些主要性能不能满足需要的话，可以通过添加校正环节改善这些性能，使之尽量满足工程要求。从频域的角度看，校正的实质是通过添加校正环节，在一定的频率范围内改变系统的频率特性，使原来不稳定的系统稳定，并且具有足够的稳定性储备；从时域的角度看，通过添加校正环节，在一定范围内重新配置系统的闭环极点，改善系统闭环性能。系统校正的方法很多，本章着重介绍最常用的相位超前、相位滞后及相位滞后——超前和PID等串联校正方法，最后介绍计算机控制中针对纯滞后系统的大林算法和史密斯预估器补偿器的设计与仿真。

由于系统各项性能指标往往是相互矛盾的，不可能希望通过一种校正使系统“稳、准、快”三方面的性能都全面提升，而只能在解决主要矛盾的同时，兼顾其余性能，提高系统的动态品质。

相位超前、相位滞后和相位滞后——超前校正将分别针对Ⅰ型系统（规定稳态恒速误差），0型系统（规定稳态恒速误差）和0型系统（规定稳态位置误差）3种情况进行讨论。

6.1　控制系统的相位超前校正

相位超前校正是通过添加一个在一定频率范围内具有正相位的环节进行校正的。这种校正可以提高系统的幅值穿越频率及截止频率，增大系统带宽，有利于提高系统的快速性。同时，由于相位补偿，还可能加大相位裕度，提高系统的相对稳定性。这对于那些本身已经稳定，但是快速性较差、稳定性储备不够的待校正系统特别有效。

相位超前校正环节的传递函数为

$$G_c(s)=k_{cc}\frac{\alpha Ts+1}{Ts+1}\qquad(\alpha>1)\tag{6-1-1}$$

相频特性为

$$\angle G_c(j\omega)=\arctan(\alpha T\omega)-\arctan(T\omega)>0\tag{6-1-2}$$

设计相位超前校正环节就是确定 k_{cc}，α，T 三个参数，一般设计步骤如下：

1）由稳态误差要求确定 k_c，通常给出恒速输入时的稳态误差。

2）作 $k_cG_0(j\omega)$（其中 $G_0(j\omega)$ 是待校正开环系统频率特性）的伯德图，确定原系统相位裕度 γ_0 和幅值裕度 K_{g0}。

3）设校正后的相位裕度要求为 γ，此值通常作为设计指标给出，则超前校正环节需要提供的最大超前相位为

$$\varphi = \gamma - \gamma_0 + 5 \tag{6-1-3}$$

4）计算超前环节的系数 α 为

$$\alpha = \frac{1+\sin\varphi}{1-\sin\varphi} \tag{6-1-4}$$

仿真时，对 α 进行微调，取 $\alpha = k_{cg} * \alpha_1$，$k_g$ 为倍率（由用户设定）。

5）由于超前校正环节的最大相位超前点发生在 $\frac{1}{\alpha T}$ 与 $\frac{1}{T}$ 两个频率的中点上，通常选择该点对应的频率为校正后系统的幅值穿越频率 ω_{gcn}。计算系数 α 所对应的幅频值为

$$k_{ca} = -10 * \lg(\alpha) \tag{6-1-5}$$

再使用内插方法，在待校正系统幅频特性曲线上求出该幅频值所对应的频率 ω_{gcn}。

6）计算超前环节的时间常数 T

$$T = \frac{1}{\omega_{gcn}\sqrt{\alpha}} \tag{6-1-6}$$

则实际校正环节为 $G_c = k_{cc}\frac{\alpha Ts+1}{Ts+1}$，其中 k_{cc} 以微调的方式出现在前面板上。

7）绘制伯德图，校核相对稳定性是否满足要求。

8）作出校正前后闭环系统的单位阶跃响应曲线，检查校正效果，特别注意快速性的改善状况。

1. Ⅰ型系统相位超前校正

【例 6-1】 Ⅰ型系统相位超前校正仿真分析仪。

相位超前校正仿真分析仪程序如 shixz06_01 所示，其程序框图面板和前面板分别如图 6-1-1和图 6-1-2 所示。

用户使用本仿真仪需要设置如下参数：

1）仿真的待校正系统。本仿真仪要求为Ⅰ型系统。例如实例系统设为

$$G_0 = \frac{200}{s(s^2+200s+100)} \tag{6-1-7}$$

2）输入仿真仪需要的 3 个校正指标。实例中为恒速误差 0.1，相位裕度 50°，倍率 $k_{cg}=1$。“倍率”表示对校正环节参数 α 的微调系数。

3）其余由用户赋值的阶跃响应终止时间 t_1，频率范围等参数含义与以前仿真实例相同。

有关参数计算的程序实现如下：

1）满足恒速误差要求的增益计算。原系统式（6-1-7）可以提供的恒速误差系数为

$$K_v = \lim_{s\to 0} s \cdot \frac{200}{s(s^2+200s+100)} = 2, e_{sv} = 1/K_v = 0.5 \tag{6-1-8}$$

由设计指标可知，要求校正后系统的恒速误差 0.1，所以需要将原系统增益扩大 5 倍，可由如下程序段实现：

```
syms w s real
```

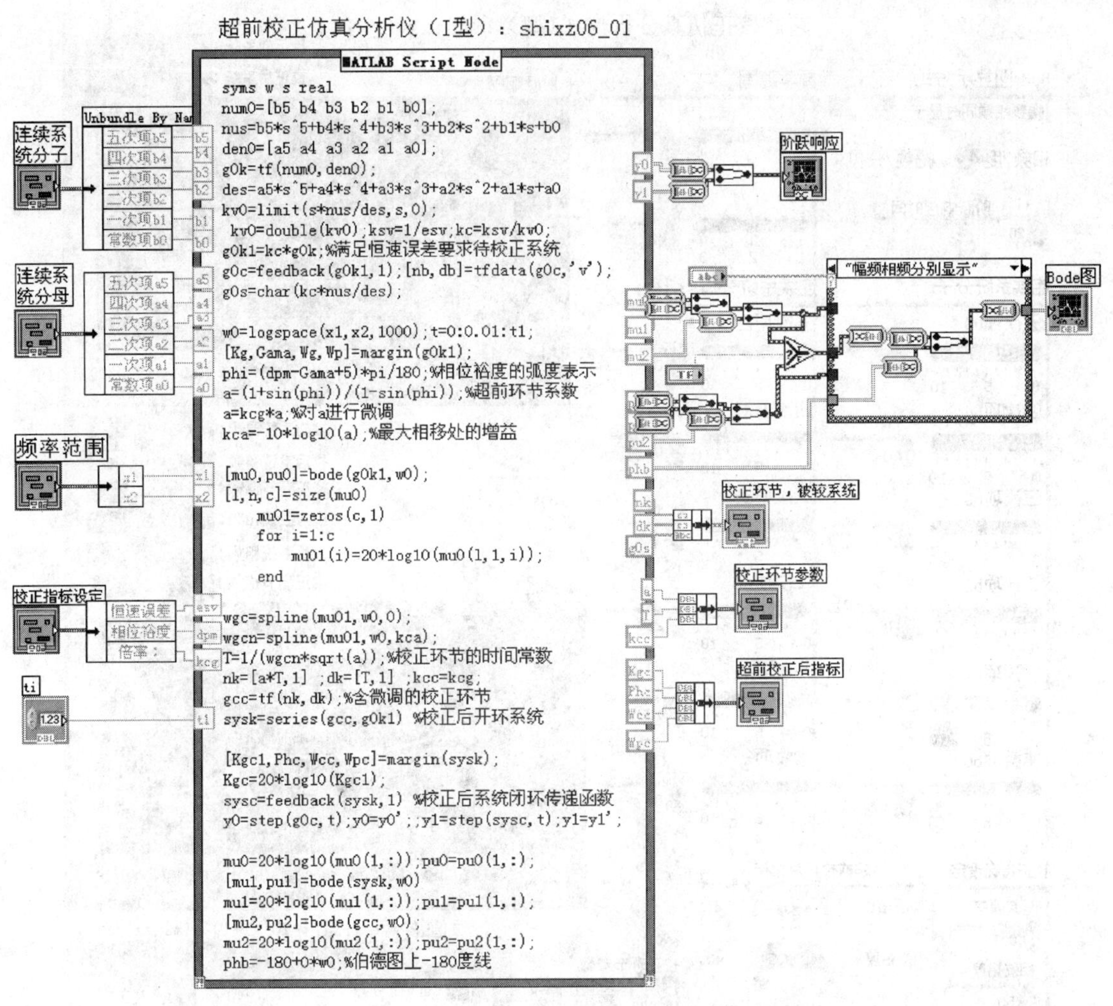

图 6-1-1　程序 shixz06_01 框图面板

```
num0 = [b5 b4 b3 b2 b1 b0];
nus = b5 * s^5 + b4 * s^4 + b3 * s^3 + b2 * s^2 + b1 * s + b0
den0 = [a5 a4 a3 a2 a1 a0];
g0k = tf(num0,den0);
des = a5 * s^5 + a4 * s^4 + a3 * s^3 + a2 * s^2 + a1 * s + a0
kv0 = limit(s * nus/des,s,0);% 原系统的稳态恒速误差系数
kv0 = double(kv0);
ksv = 1/esv;% 设计指标要求的稳态恒速误差系数
kc = ksv/kv0;% 需要提供的附加增益
g0k1 = kc * g0k;% 满足恒速误差要求的待校正系统
g0c = feedback(g0k1,1);[nb,db] = tfdatA(g0c,'v');
g0s = char(kc * nus/des);
```

g0s 是满足稳态误差要求的待校正系统的函数表达式。其增益为 1000，示于图 6-1-2 底

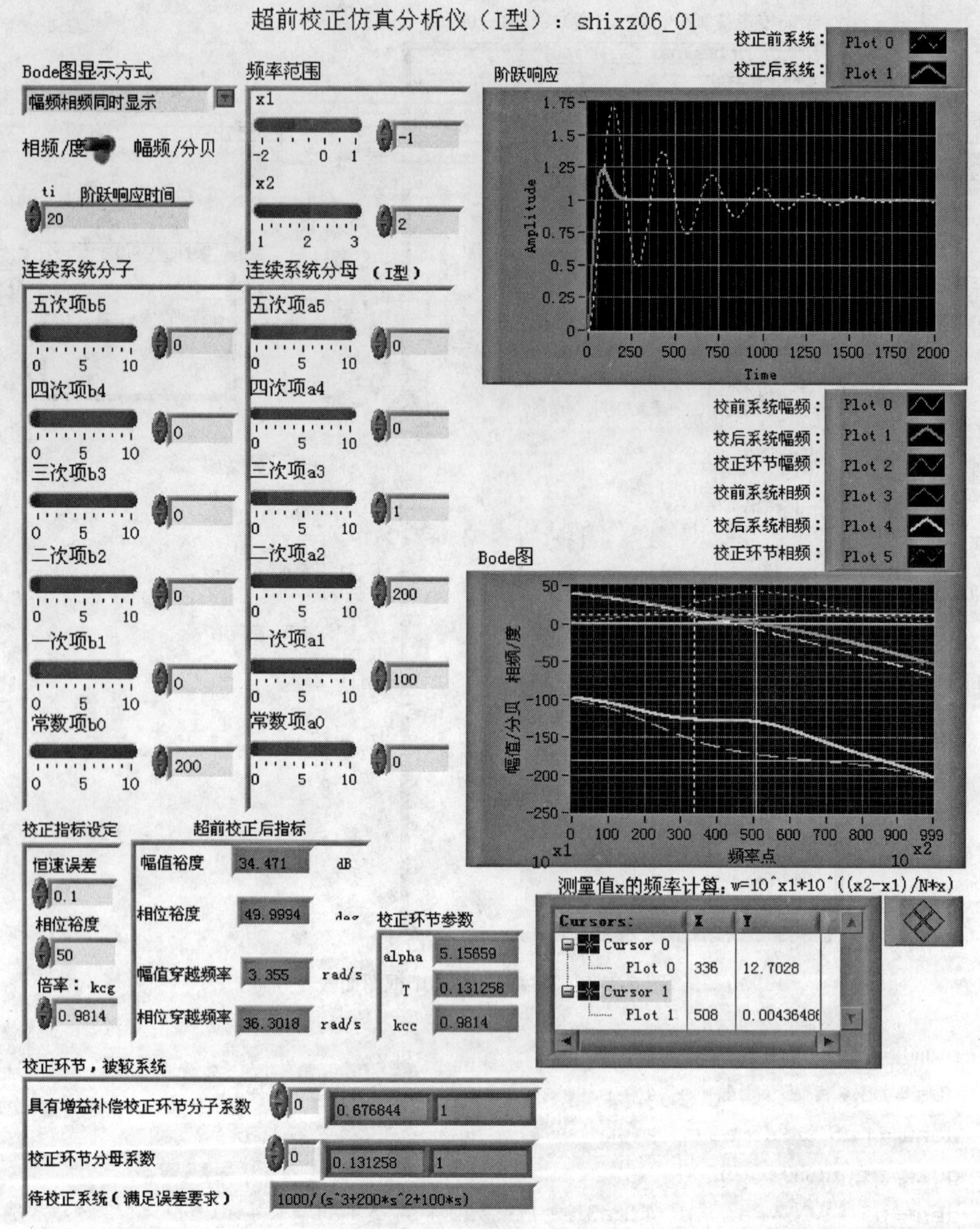

图 6-1-2　程序 shixz06_01 前面板

部的字符串显示框中。

2）校正后系统幅值穿越频率（ω_{gcn}）的确定。由相位裕度指标按式（6-1-4）计算超前环节的系数 α，按式（6-1-5）计算 α 可以提供的幅频分贝值。通过内插方法，在待校正系统幅频特性曲线上求出该分贝值所对应的频率点，在这个频率点上，校正后系统的增益将由式（6-1-5）的计算值上提到 0dB，成为穿越 0dB 线的频率点。最后按式（6-1-6）计算校正环节的时间常数 T。程序段如下：

```
w0 = logspace(x1,x2,1000);t = 0:0.01:t1;
[Kg,Gama,Wg,Wp] = margin(g0k1);
phi = (dpm-Gama +5) * pi/180;% 相位裕度的弧度表示
a = (1 + sin(phi))/(1 - sin(phi));% 超前环节系数
a = kcg * a;% 对 a 进行微调,kcg 由用户输入
kca = -10 * log10(a);% 最大相移处的增益
[mu0,pu0] = bode(g0k1,w0);% 校正前系统的幅频和相频特性数据
[l,n,c] = size(mu0)
    mu01 = zeros(c,1)
    for i =1:c
    mu01(i) =20 * log10(mu0(1,1,i));
end
wgc = spline(mu01,w0,0);
wgcn = spline(mu01,w0,kca);
T =1/(wgcn * sqrt(a));% 校正环节的时间常数
nk = [a * T,1] ;dk = [T,1] ;kcc = kcg;
gcc = tf(nk,dk);% 含微调的校正环节
sysk = series(gcc,g0k1)% 校正后开环系统
```

3）超前校正后系统框图如图 6-1-3 所示。

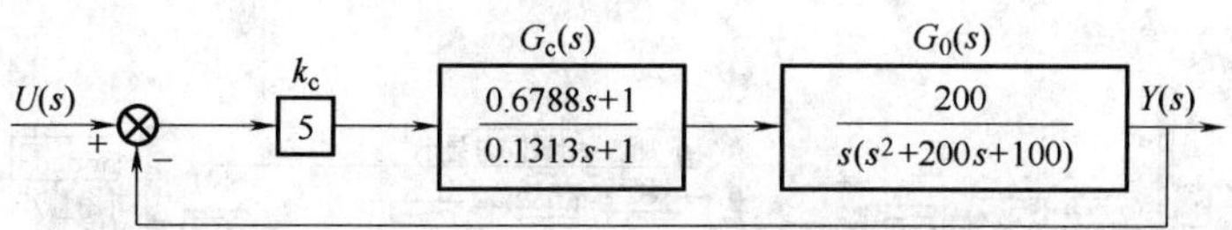

图 6-1-3　超前校正系统框图

图中，$G_0(s)$ 为原系统，$G_c(s)$ 为超前校正环节，α 的微调倍率 k_{cg} 已计入 $G_c(s)$ 的时间常数之内，k_c 保证达到稳态恒速误差要求。最后检验超前校正的效果，程序段如下：

```
[Kgc1,Phc,Wcc,Wpc] = margin(sysk);% 校正后系统的相对稳定性
Kgc =20 * log10(Kgc1);
sysc = feedback(sysk,1)% 校正后系统闭环传递函数
y0 = step(g0c,t);y0 =y0 ';;y1 = step(sysc,t);y1 =y1 ';
mu0 =20 * log10(mu0(1,:));pu0 = pu0(1,:);
[mu1,pu1] = bode(sysk,w0)
mu1 =20 * log10(mu1(1,:));pu1 = pu1(1,:);
[mu2,pu2] = bode(gcc,w0);
mu2 =20 * log10(mu2(1,:));pu2 = pu2(1,:);
phb = -180 +0 * w0;% 伯德图上-180 度线
```

4）伯德图的显示。仿真仪示出了校正前后系统和校正环节自身的伯德图。这些曲线可以显示在同一幅图面上，便于对比，也可以将幅频与相频分开显示，如图 6-1-4 所示。

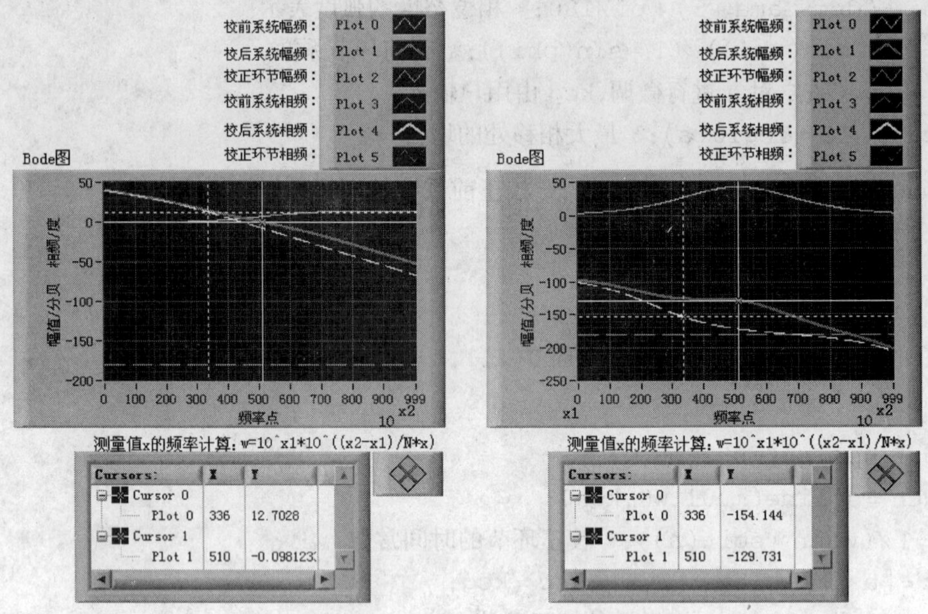

图 6-1-4　校正前后系统及校正环节的幅频特性和相频特性图

LabVIEW 中伯德图幅频与相频同时显示和分别显示的输出节点分别如图 6-1-5 和图 6-1-6所示。

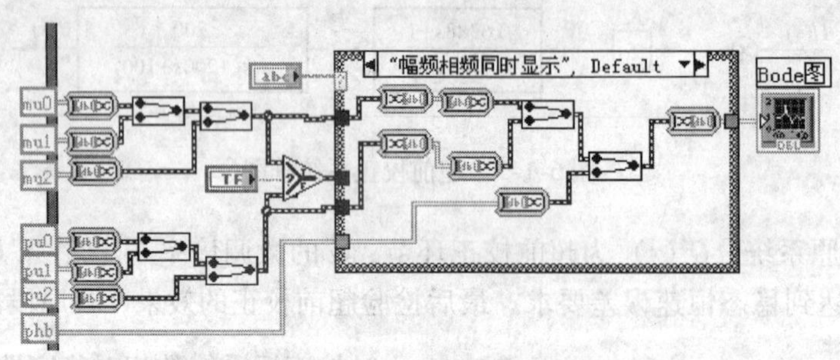

图 6-1-5　幅频与相频同时显示的输出节点

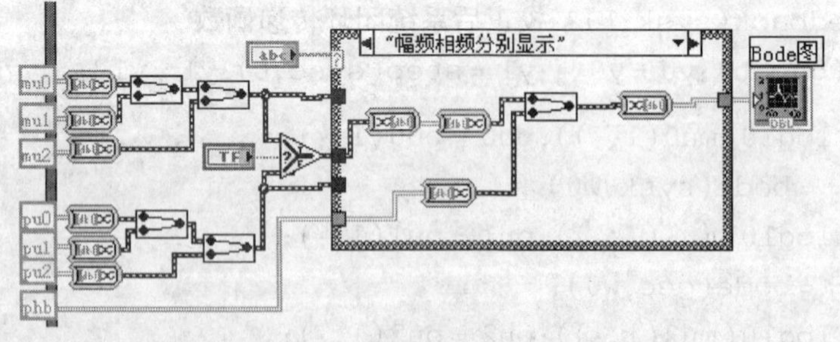

图 6-1-6　幅频与相频分别显示的输出节点

在分别显示模式中，显示幅频或相频曲线由前面板上的选择开关确定。

校正后系统的开环传递函数（sysk）为

$$G_{0k}(s)=\frac{676.8s+1000}{s(0.1313s^3+27.25s^2+213.1s+100)} \tag{6-1-9}$$

仿真结果表明，校正后系统各项指标均有改善，特别是快速性和振荡性改善明显。实例的微调倍率为0.9814，校正后的相位裕度为49.994°，幅值裕度为34.471dB，如图6-1-2的单位阶跃响应曲线所示。

2. 0型系统相位超前校正

前例是针对Ⅰ型系统进行超前校正的仿真程序。如果待校正系统为0型，则有两种情况需要讨论，第一种情况是给出校正后的稳态恒速误差，第二种情况是给出校正后的稳态位置误差。

（1）满足稳态恒速误差指标要求的0型系统的超前校正

由于0型系统的稳态恒速误差为无穷大，不可能满足有限恒速误差的设计要求。只有将待校正的0型系统转换成Ⅰ型才能满足设计要求。这时可以在超前校正环节上添加一个积分环节，使校正环节具有式（6-1-10）的形式

$$G_c(s)=k_{cc}\cdot\frac{1}{s}\cdot\frac{\alpha Ts+1}{Ts+1}\qquad(\alpha>1) \tag{6-1-10}$$

将式中的积分环节与待校正的0型系统组合，仍然构成一个Ⅰ型系统，然后再按照上面的方法进行相位超前校正。这样校正后系统阶次比校正前系统高了二阶。需要更加注意阶次提高对系统稳定性的影响，见例6-2。

【例6-2】 满足稳态恒速误差要求的0型系统超前校正仿真分析仪。

具有稳态恒速误差要求的零型待校正系统超前校正仿真分析程序如shixz06_02所示。程序框图面板和前面板分别如图6-1-7和图6-1-8所示。

程序说明：

将0型被校系统转换成Ⅰ型被校系统的程序段如下：

```
den01=[a5 a4 a3 a2 a1 a0]; % 前面板输入的0型系统分母系数
den0=conv(den01,[1 0]); % 添加积分环节后的Ⅰ型系统分母系数
g0k=tf(num0,den0); % 待校正的Ⅰ型系统
g0c=feedback(g0k,1);[nb,db]=tfdata(g0c,'v');
a6=den0(1);a5=den0(2);a4=den0(3);a3=den0(4);
a2=den0(5); a1=den0(6); a0=den0(7); % 取出Ⅰ型系统分母系数
des=a6*s^6+a5*s^5+a4*s^4+a3*s^3+a2*s^2+a1*s+a0;
  % 系统增加Ⅰ阶
```

此后的程序与前例相同，不再赘述。

虽然是0型系统，由于引入了积分环节，校正后系统的稳态位置误差为零，如图6-1-8所示。实例的微调倍率取1.0383，校正后的相位裕度为50.0004°，幅值裕度为19.787dB，校正后系统动态性能明显改善，特别是快速性与振荡性指标明显提高。

满足恒速误差要求的零型系统超前校正框图如图6-1-9所示。

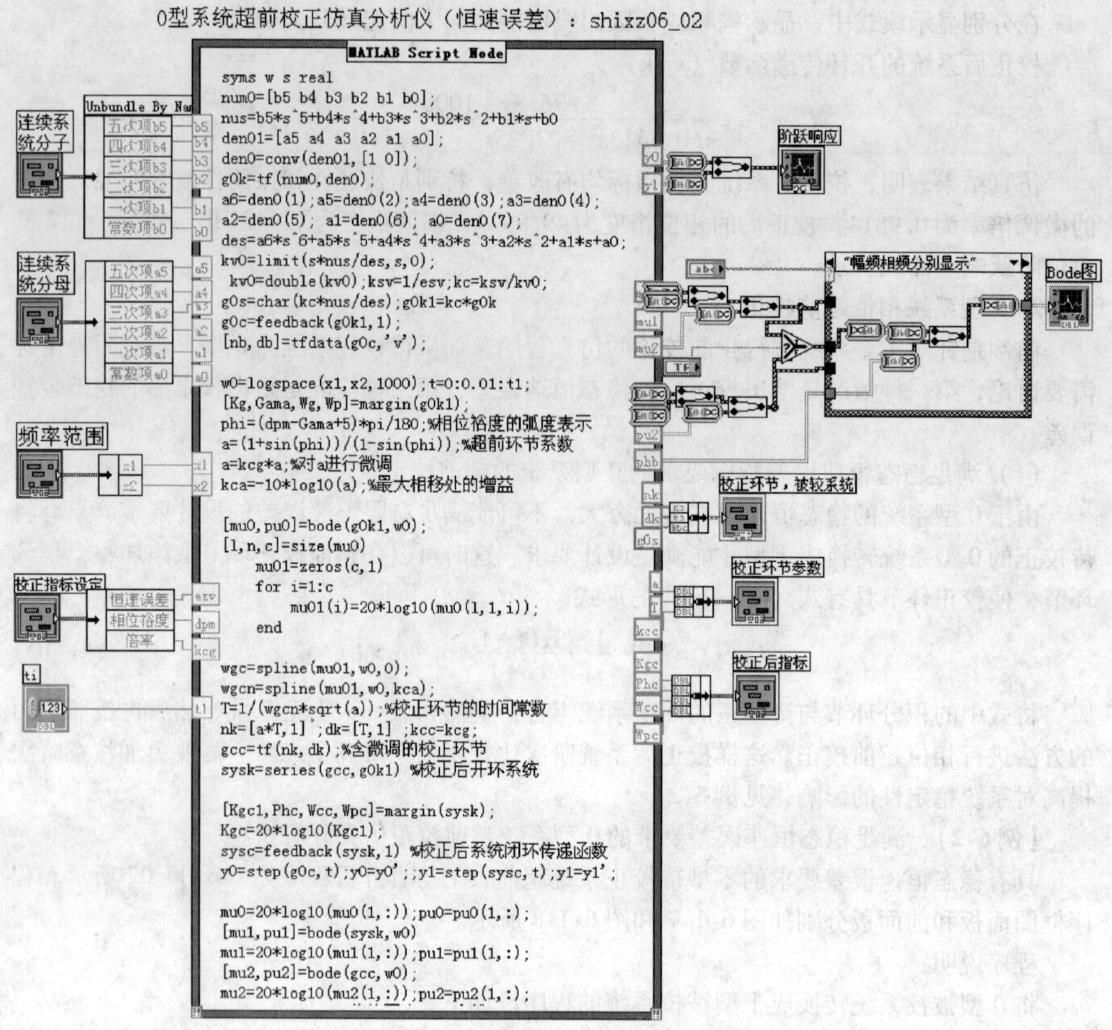

图 6-1-7　程序 shixz06_02 框图面板

(2) 满足稳态位置误差指标要求的零型系统的超前校正

由式 (5-1-3)，对给定稳态位置误差 e_{ss}，零型系统的增益为

$$K_p = \lim_{s\to 0} G_k(s) = \frac{1}{e_{ss}} - 1 \tag{6-1-11}$$

只要使待校正的 0 型系统的增益满足式 (6-1-11)，其余与 I 型待校正系统相同，见例 6-3。

【例 6-3】　具有稳态位置误差要求的 0 型系统相位超前仿真分析仪。

具有位置误差指标要求的 0 型系统超前校正仿真仪程序如 shixz06_03 所示。其程序框图面板和前面板分别如图 6-1-10 和图 6-1-11 所示。

满足校正后稳态位置误差的程序段如下：

```
syms w s real
num0 =[b5 b4 b3 b2 b1 b0];
nus = b5 * s^5 + b4 * s^4 + b3 * s^3 + b2 * s^2 + b1 * s + b0
```

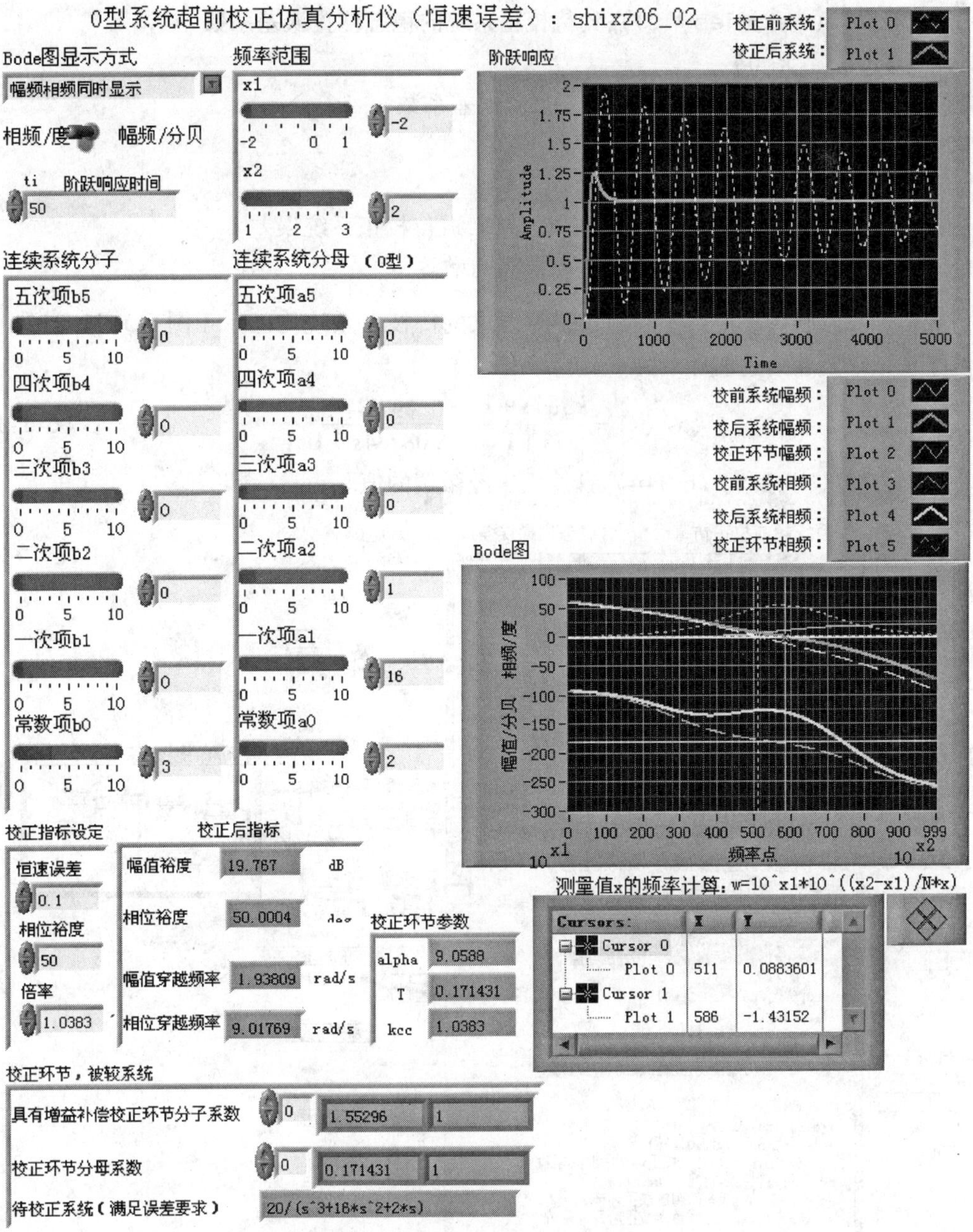

图 6-1-8　程序 shixz06_02 前面板图

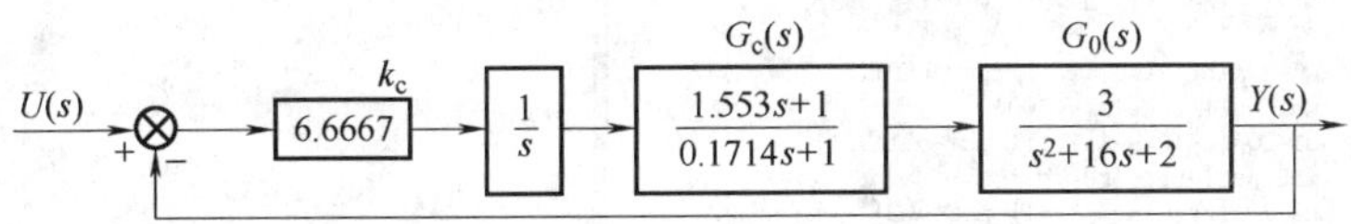

图 6-1-9　满足恒速误差要求的零型系统超前校正框图

```
den0 = [ a5 a4 a3 a2 a1 a0 ];
des = a5 * s^5 + a4 * s^4 + a3 * s^3 + a2 * s^2 + a1 * s + a0
```

```
ks0 = limit(nus/des,s,0);% 待校正系统的稳态位置误差系数
ks0 = double(ks0);
kss = 1/ess-1; % 指标要求的稳态位置误差系数
if kss < ks0;
kss = ks0;
end  % 如果误差指标值小于待校正误差值,取待校正系统误差
kc = kss/ks0;% 满足误差指标需要提高的增益
```

仿真实例的原始待校正系统和满足误差要求的待校正系统均已示于图 6-1-11 之中。满足幅值穿越频率要求的超前环节为

$$G_c(s) = \frac{k_{cg}\alpha Ts + 1}{Ts + 1} = \frac{0.4972 + 1}{0.08284s + 1} \tag{6-1-12}$$

式中，$\alpha = 6.3691$，为按式（6-1-4）计算而未经微调的值。

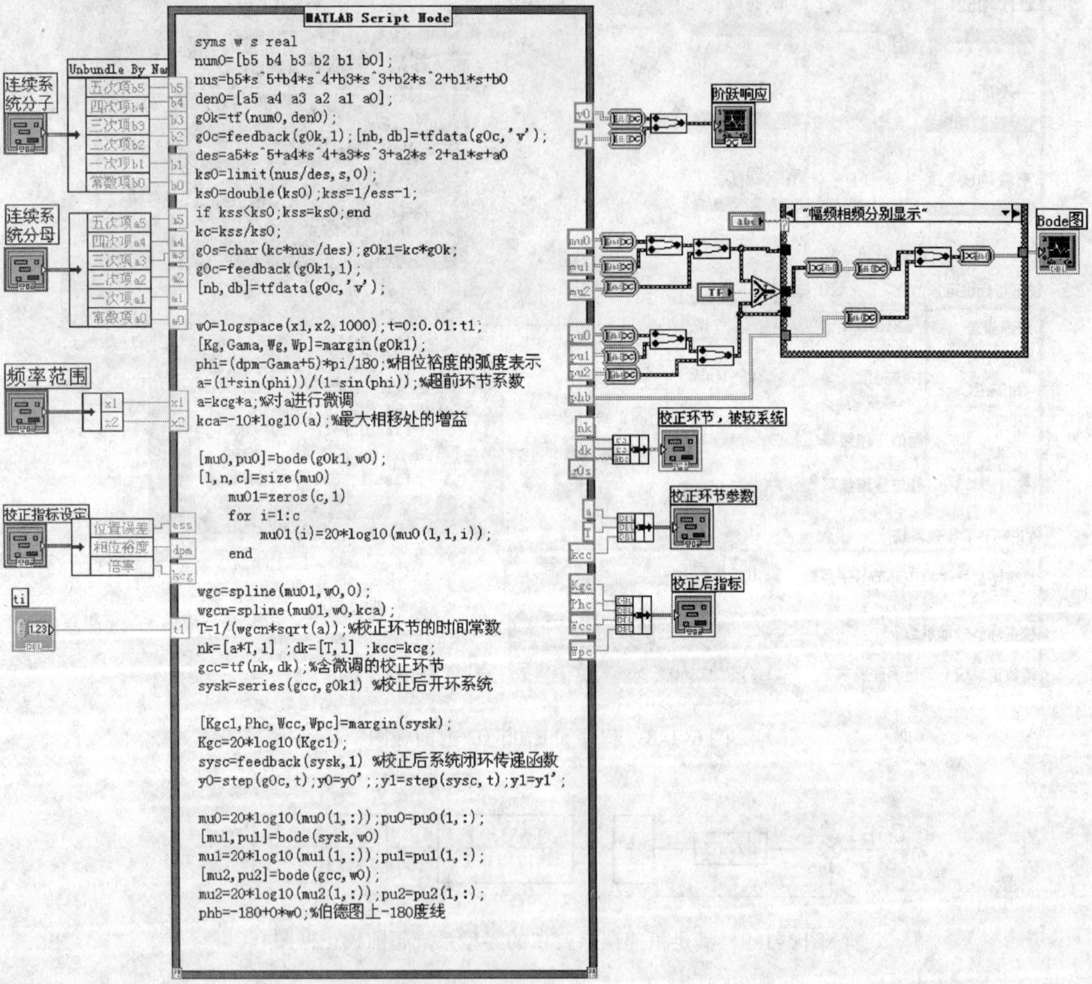

0型系统超前校正仿真分析仪(稳态位置误差)：shixz06_03


```
syms w s real
num0=[b5 b4 b3 b2 b1 b0];
nus=b5*s^5+b4*s^4+b3*s^3+b2*s^2+b1*s+b0
den0=[a5 a4 a3 a2 a1 a0];
g0k=tf(num0,den0);
g0c=feedback(g0k,1);[nb,db]=tfdata(g0c,'v');
des=a5*s^5+a4*s^4+a3*s^3+a2*s^2+a1*s+a0
ks0=limit(nus/des,s,0);
ks0=double(ks0);kss=1/ess-1;
if kss<ks0;kss=ks0;end
kc=kss/ks0;
g0s=char(kc*nus/des);g0k1=kc*g0k;
g0c=feedback(g0k1,1);
[nb,db]=tfdata(g0c,'v');

w0=logspace(x1,x2,1000);t=0:0.01:t1;
[Kg,Gama,Wg,Wp]=margin(g0k1);
phi=(dpm-Gama+5)*pi/180;%相位裕度的弧度表示
a=(1+sin(phi))/(1-sin(phi));%超前环节系数
a=kcg*a;%对a进行微调
kca=-10*log10(a);%最大相移处的增益

[mu0,pu0]=bode(g0k1,w0);
[l,n,c]=size(mu0)
    mu01=zeros(c,1)
    for i=1:c
        mu01(i)=20*log10(mu0(1,1,i));
    end

wgc=spline(mu01,w0,0);
wgcn=spline(mu01,w0,kca);
T=1/(wgcn*sqrt(a));%校正环节的时间常数
nk=[a*T,1] ;dk=[T,1] ;kcc=kcg;
gcc=tf(nk,dk);%含微调的校正环节
sysk=series(gcc,g0k1) %校正后开环系统

[Kgc1,Phc,Wcc,Wpc]=margin(sysk);
Kgc=20*log10(Kgc1);
sysc=feedback(sysk,1) %校正后系统闭环传递函数
y0=step(g0c,t);y0=y0';;y1=step(sysc,t);y1=y1';

mu0=20*log10(mu0(1,:));pu0=pu0(1,:);
[mu1,pu1]=bode(sysk,w0)
mu1=20*log10(mu1(1,:));pu1=pu1(1,:);
[mu2,pu2]=bode(gcc,w0);
mu2=20*log10(mu2(1,:));pu2=pu2(1,:);
phb=-180+0*w0;%伯德图上-180度线
```

图 6-1-10　程序 shixz06_03 框图面板

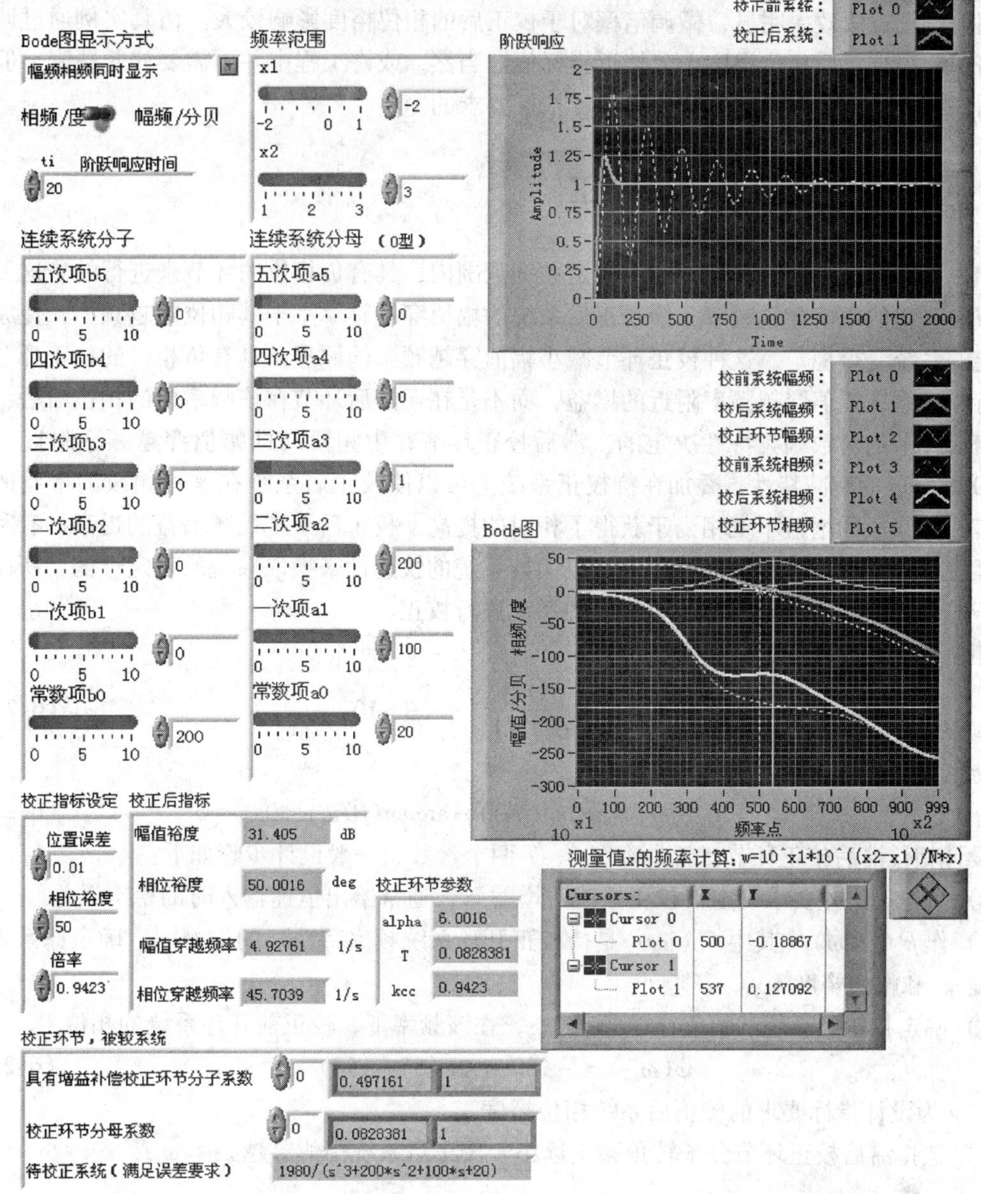

图 6-1-11　程序 shixz06_03 前面板

校正后系统开环传递函数为

$$G_k(s)=\frac{984.4s+1980}{0.08284s^4+17.57s^3+208.3s^2+101.7s+20} \tag{6-1-13}$$

由式（6-1-13）可知，校正后系统稳态位置误差系数为 1980/20 = 99，其稳态位置误差为 1/(99+1) = 0.01。实例对 α 的微调倍率 k_{cg} 取为 0.9423，经微调后的 $\alpha=6.0016$，示于图 6-1-11 的“校正环节参数”指示簇中。校正后系统相位裕度为 50.0016°，幅值裕度为 31.475dB，校正后动态性能提高明显。

综上所述，对一类适合采用相位超前校正的系统，使用对导前环节参数 α 进行微调的相位超前校正方法效果明显，微调倍率对于校正后的相位裕度影响较大。仿真实例通过调整微调倍率使得校正后相位裕度十分接近指标值。当然，或许工程中并不需要如此精密，但仍然说明这种方法是可以做到完全符合设计指标要求的。

6.2 控制系统的相位滞后校正

相位滞后校正是通过添加一个在一定频率范围内，具有负相位的环节来进行的。这种校正将减小系统的幅值穿越频率，使校正后系统的幅值穿越频率小于其相位穿越频率，使原来不稳定的系统变得稳定。这种校正环节减小幅值穿越频率的原理是具有负相位的校正环节降低了待校正系统幅值穿越频率附近的增益，而不是在于滞后环节在该频率段的相位滞后，这是由滞后环节的对数幅频特性决定的。滞后校正环节在中频段（即幅值穿越频率附近）具有 -20dB/dec 的衰减特性，叠加在待校正系统上可以使校正后系统在这一频段的增益的降低而言，低频段的增益不变相当于获得了相对的提高，校正后系统低频增益的提高，有利于改善系统的稳定性。当然，这种校正是以牺牲系统的快速性来换取系统的稳定性的，所以特别适于对一类非稳定或稳态性能不够好的系统进行校正。

相位滞后校正环节的传递函数为

$$G_c(s)=\frac{Ts+1}{\beta Ts+1}\qquad(\beta>1)\tag{6-2-1}$$

相频特性为

$$\angle G_c(j\omega)=\arctan(T\omega)-\arctan(\beta T\omega)<0\tag{6-2-2}$$

设计相位滞后校正环节，就是确定 β，T 两个参数，一般设计步骤如下：

1）由稳态误差要求确定待校正系统的增益 k_c，通常给出恒速输入时的稳态误差。

2）作 $k_cG_0(j\omega)$（其中 $G_0(j\omega)$ 是待校正开环系统频率特性）的伯德图，确定原系统相位裕度 γ_0 和幅值裕度 K_{g0}。

3）确定校正后系统的幅值穿越频率 ω_{cn}，在该频率下，校正前开环系统的相位为

$$\varphi(\omega_{cn})=-180+\gamma+(5°\sim15°)\tag{6-2-3}$$

式中，γ 为设计指标要求的校正后系统相位裕度。

4）选择滞后校正环节分子转角频率远小于校正后系统幅值穿越频率 ω_{cn}

$$T=\frac{k_T}{\omega_{cn}}\tag{6-2-4}$$

式中，$k_T=5\sim10$，可由前面板调节。

5）计算在幅值穿越频率 ω_{cn}处，校正前系统的幅值 mun，此幅值应当由 β 提供

$$\beta=10^{mun/20}\tag{6-2-5}$$

仿真时，对 β 进行微调，取 $\beta=k_{cg}*\beta$，则实际校正环节为

$$G_c=\frac{Ts+1}{k_{cg}\beta Ts+1}\tag{6-2-6}$$

式中，k_{cg} 在本仿真程序中以微调的方式出现在前面板上。

6）绘制伯德图，校核相对稳定性是否满足要求。

7）作出校正前后闭环系统的单位阶跃响应曲线，检查校正效果，特别是稳定性和稳态性能改善的状况。

1. I 型系统相位滞后校正

【例 6-4】 I 型系统相位滞后校正仿真分析仪。

I 型系统滞后校正仿真仪程序如 shixz06_04 所示，其程序框图面板和前面板分别如图 6-2-1和图 6-2-2 所示。

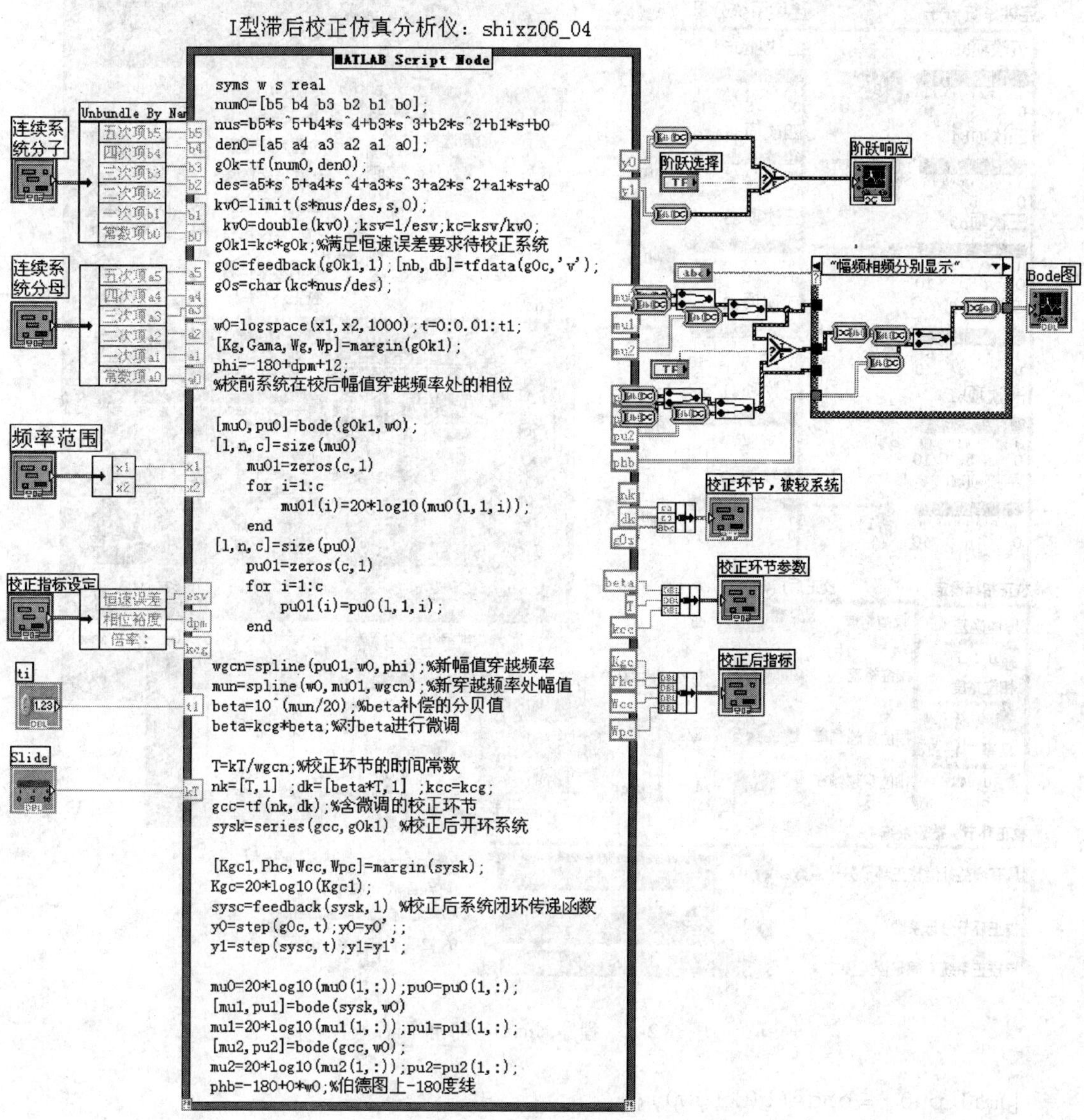

图 6-2-1　程序 shixz06_04 框图面板

程序说明：

关键程序段是实现式（6-2-3）和式（6-2-5）。程序首先根据所设频率范围，使用 for 循环语句，逐点计算出校正前系统的幅频和相频数据。

1）校正前系统的幅频和相频数据计算。

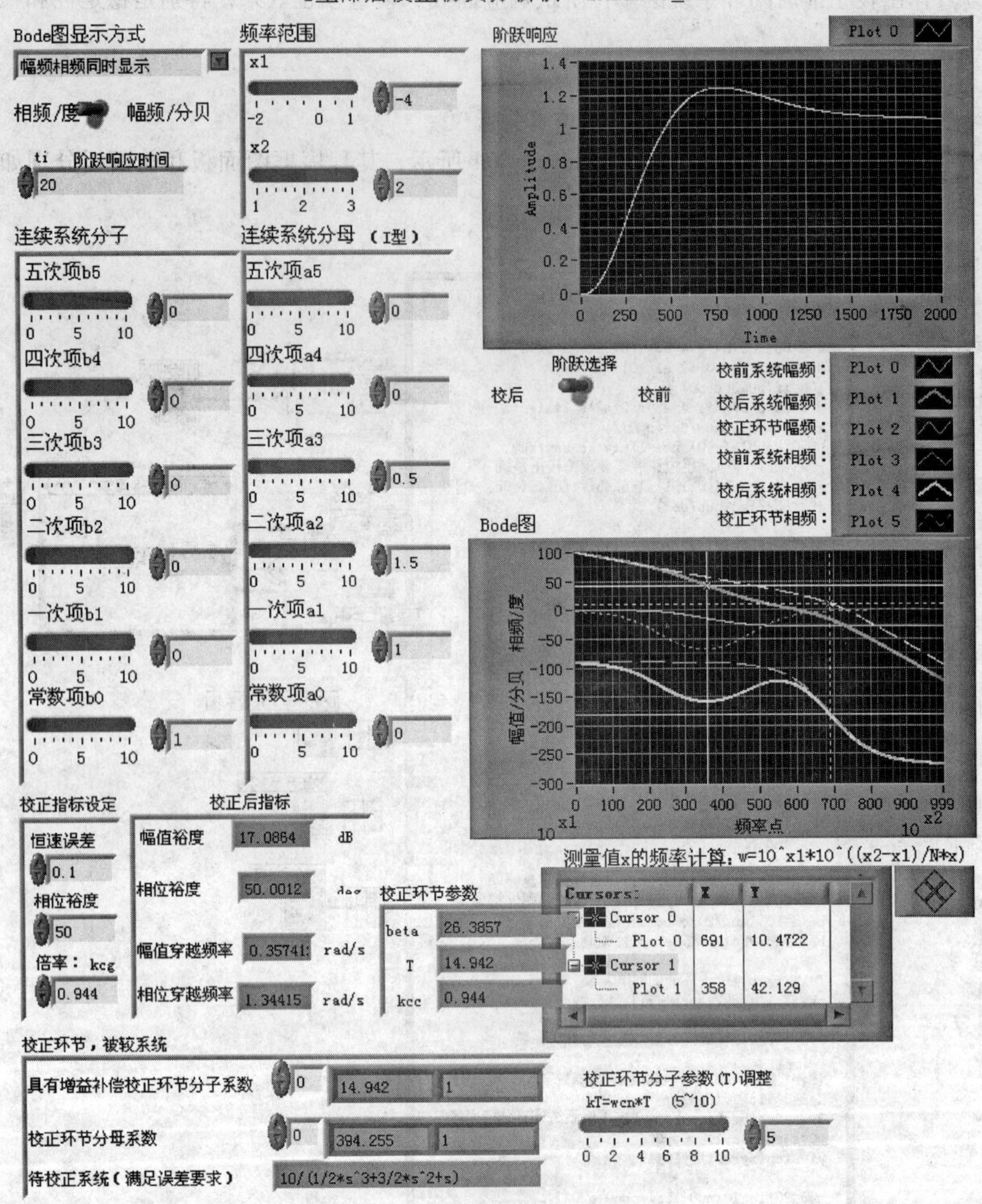

图 6-2-2　程序 shixz06_04 前面板

```
[mu0,pu0] = bode(g0k1,w0);
% 按 w0 计算校正前系统幅频、相频数据,构成[1,1,N]格式
[1,n,c] = size(mu0);% 提取 mu0 数组格式数据
      mu01 = zeros(c,1);% 清空数组 mu01,准备存放幅频数据
      for i = 1:c
            mu01(i) = 20 * log10(mu0(1,1,i));% 存放并标记各频率点的幅频值
end
```

```
% 下段存放并标记各频率点的相频值语句与上段同
[l,n,c] = size(pu0)
      pu01 = zeros(c,1)
      for i =1:c
            pu01(i) = pu0(l,1,i);
end
```

2）计算式（6-2-3）和式（6-2-5）。

```
phi = -180 + dpm +12;% 式(6-2-3)
wgcn = spline(pu01,w0,phi);% 满足相位裕度的新幅值穿越频率
mun = spline(w0,mu01,wgcn);% 新穿越频率处幅值
beta =10^(mun/20);% beta 补偿的分贝值
beta = kcg * beta;% 对 beta 进行微调
```

3）按式（6-2-6）构成滞后校正环节。

```
T = kT/wgcn;% 校正环节的时间常数
nk = [T,1] ;dk = [beta * T,1] ;kcc = kcg;
gcc = tf(nk,dk);% 含微调的校正环节
```

其余程序段大体与例 6-1 类似。

本实例仿真结果如下：

满足恒速误差要求的待校正系统（g0k1）为

$$G_{0k} = \frac{10}{0.5s^3 + 1.5s^2 + s} \tag{6-2-7}$$

字符串表达式见前面板底部的显示簇中。

滞后校正环节（gcc）为

$$G_c(s) = \frac{14.94s + 1}{394.26s + 1} \tag{6-2-8}$$

系数表达式示于前面板板底部的显示簇中。其中 $\beta = 26.3857$，微调系数 $k_{cg} = 0.944$。读者可以在前面板上试着改变微调系数值，研究其对频域和时域性能的影响。

校正后系统开环传递函数为

$$G_k(s) = \frac{149.42s + 10}{197.13s^4 + 591.88s^3 + 395.76s^2 + s} \tag{6-2-9}$$

校正后频域性能指标示于前面板“校正后指标”簇中，幅值裕度为 17.09dB，相位裕度为 50.00°。

程序使用了选择开关分别显示校正前后闭环系统的单位阶跃响应曲线，示于前面板“阶跃响应”示波器中。校正前系统的单位阶跃响应曲线如图 6-2-3 所示，选择开关节点端口如图 6-2-4 所示。

校正前后系统及校正环节相频幅频分别示于图 6-2-5 和图 6-2-6 中，显示方式由前面板左上角的“Bode 图显示方式”菜单选择。显然，校正前系统不稳定，滞后校正后系统性能指标满足设计要求。

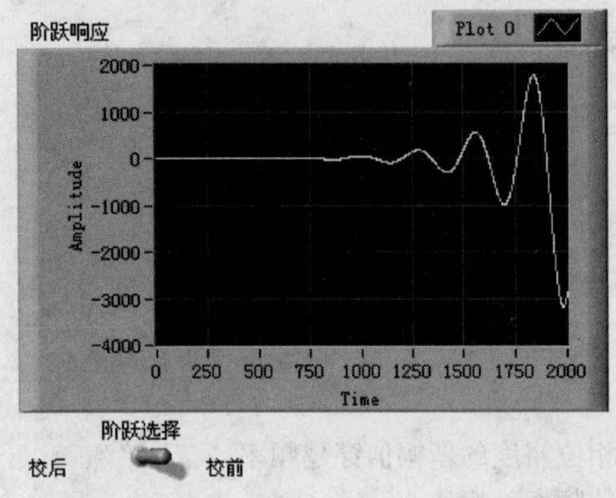

图 6-2-3　校正前系统的单位阶跃响应曲线

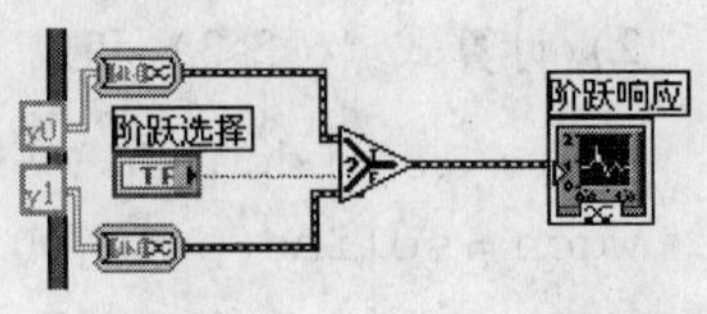

图 6-2-4　选择开关节点端口

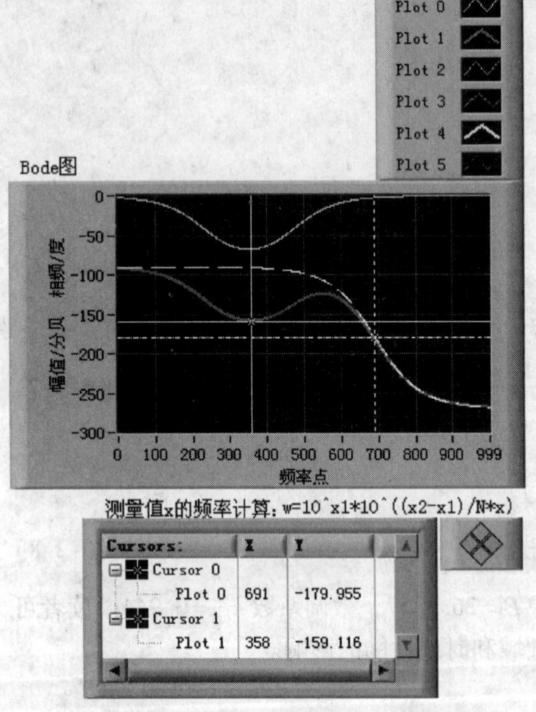

图 6-2-5　校正前后系统相频特性曲线

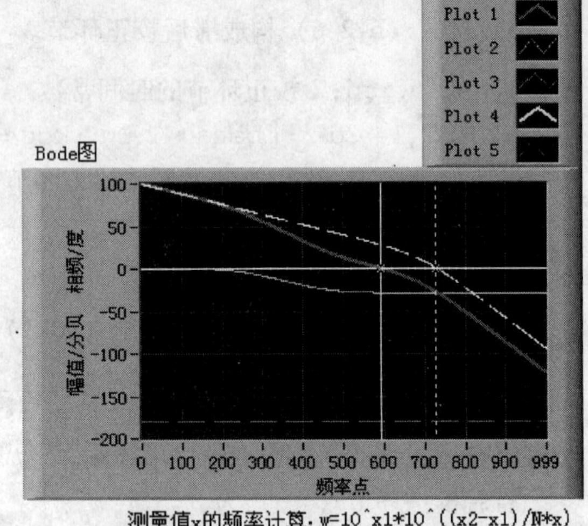

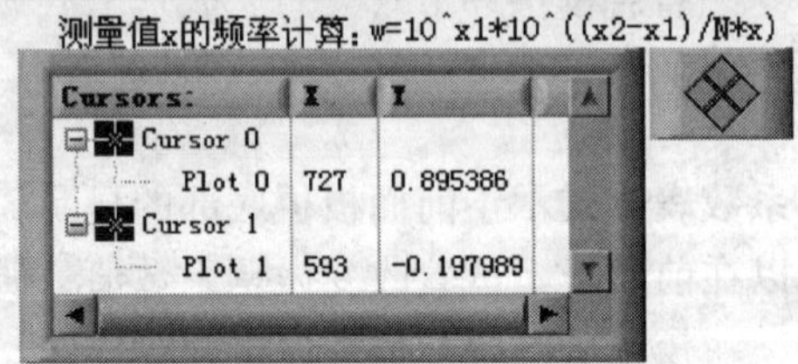

图 6-2-6　校正前后系统幅频特性曲线

2. 0 型系统相位滞后校正

（1）满足稳态恒速误差的 0 型系统的滞后校正

【例 6-5】 满足稳态恒速误差的 0 型系统滞后校正仿真分析仪。

给出稳态恒速误差要求的 0 型系统滞后校正程序如 shixz06_05 所示。程序框图面板和前面板分别如图 6-2-7 和图 6-2-8 所示。

程序说明：

由于被校正系统是 0 型，但给出的是稳态恒速误差，所以将校正环节附加上积分环节，并将此积分环节纳入待校正系统之中，使问题仍然归于同例 6-4 那样的 I 型系统滞后校正，

0型系统滞后校正仿真分析仪(恒速误差)：shixz06_05

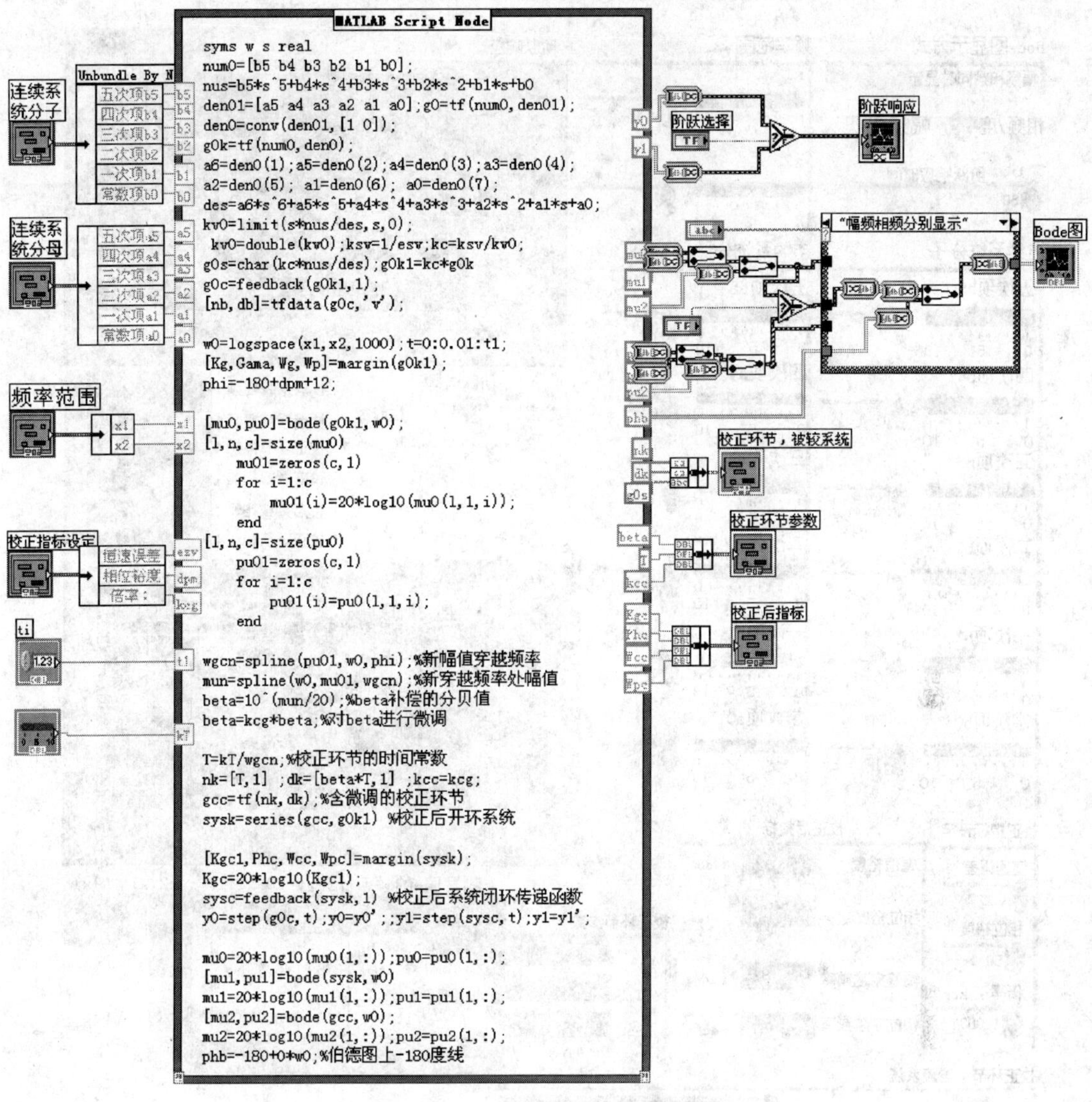

图 6-2-7　程序 shixz06_05 框图面板

校正程序主体相同，只是校正后系统比待校正系统高出了二阶。

给出的原 0 型系统（g0）为

$$G_0(s)=\frac{1}{s^3+1.5s^2+3s+2} \tag{6-2-10}$$

考虑恒速误差后的实际被校正系统（g0k1）为

$$G_{0k}(s)=\frac{20}{s(s^3+1.5s^2+3s+2)} \tag{6-2-11}$$

滞后校正环节（gcc）为

$$G_c(s)=\frac{14.84s+1}{428.24s+1} \tag{6-2-12}$$

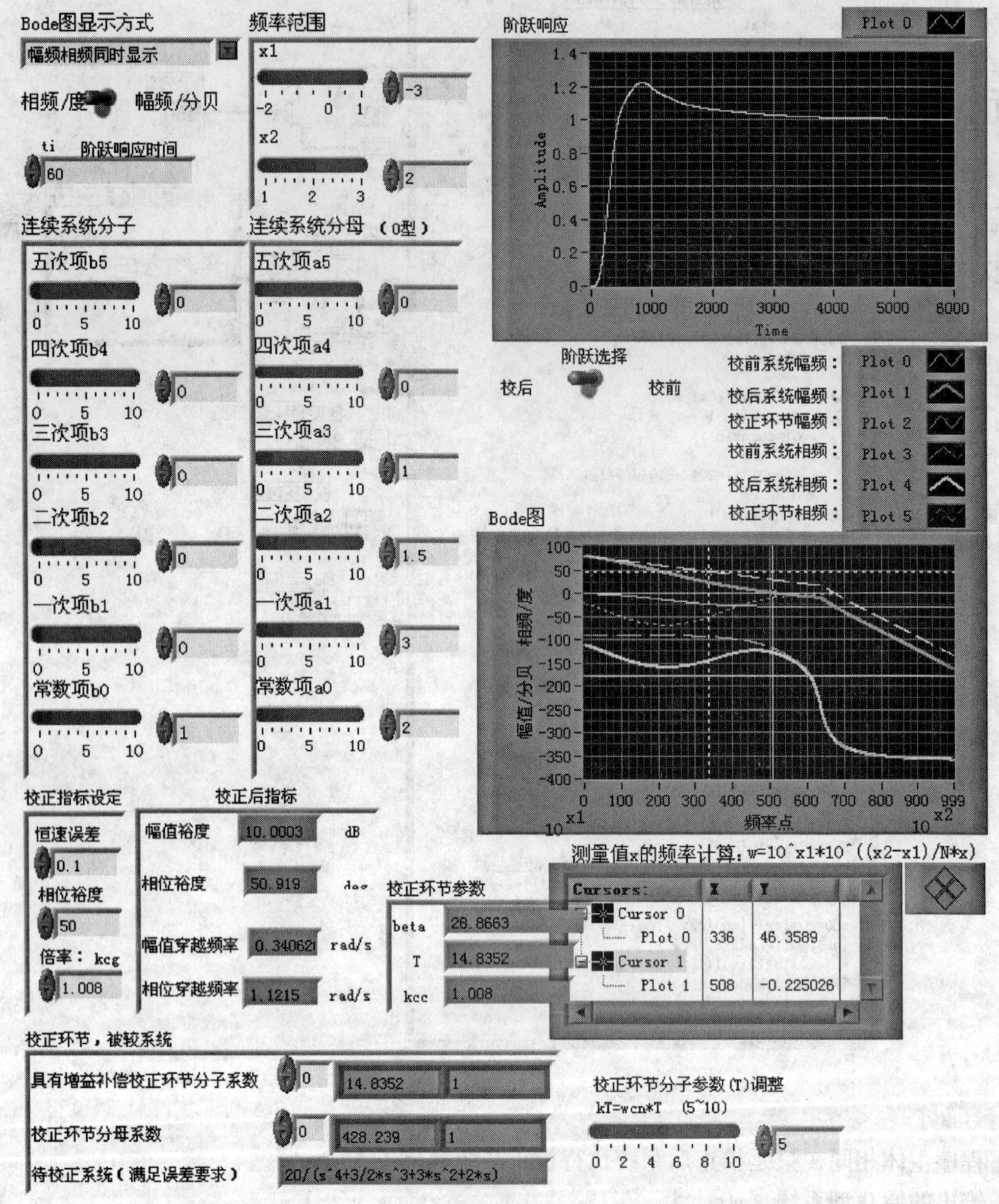

图 6-2-8　程序 shixz06_05 前面板

式中，微调前 $\beta=28.6372$，微调系数 $k_{cg}=1.008$。

校正后系统开环传递函数（sysk）为

$$G_k(s)=\frac{296.7s+20}{428.2s^5+643.4s^4+1286s^3+859.5s^2+2s} \tag{6-2-13}$$

显然，稳态恒速误差为 2/20 = 0.1。

校正后闭环系统（sysc）为

$$G_B(s)=\frac{296.7s+20}{428.2s^5+643.4s^4+1286s^3+859.5s^2+298.7s+20} \tag{6-2-14}$$

校正前系统不稳定，校正后系统稳定，且各项指标满足设计要求。

（2）满足稳态位置误差要求的0型系统的滞后校正

【例6-6】 具有稳态位置误差要求的0型系统相位滞后校正仿真分析仪。

具有位置误差指标要求的0型系统滞后校正程序如shixz06_06所示。程序框图面板和前面板分别如图6-2-9和图6-2-10所示。

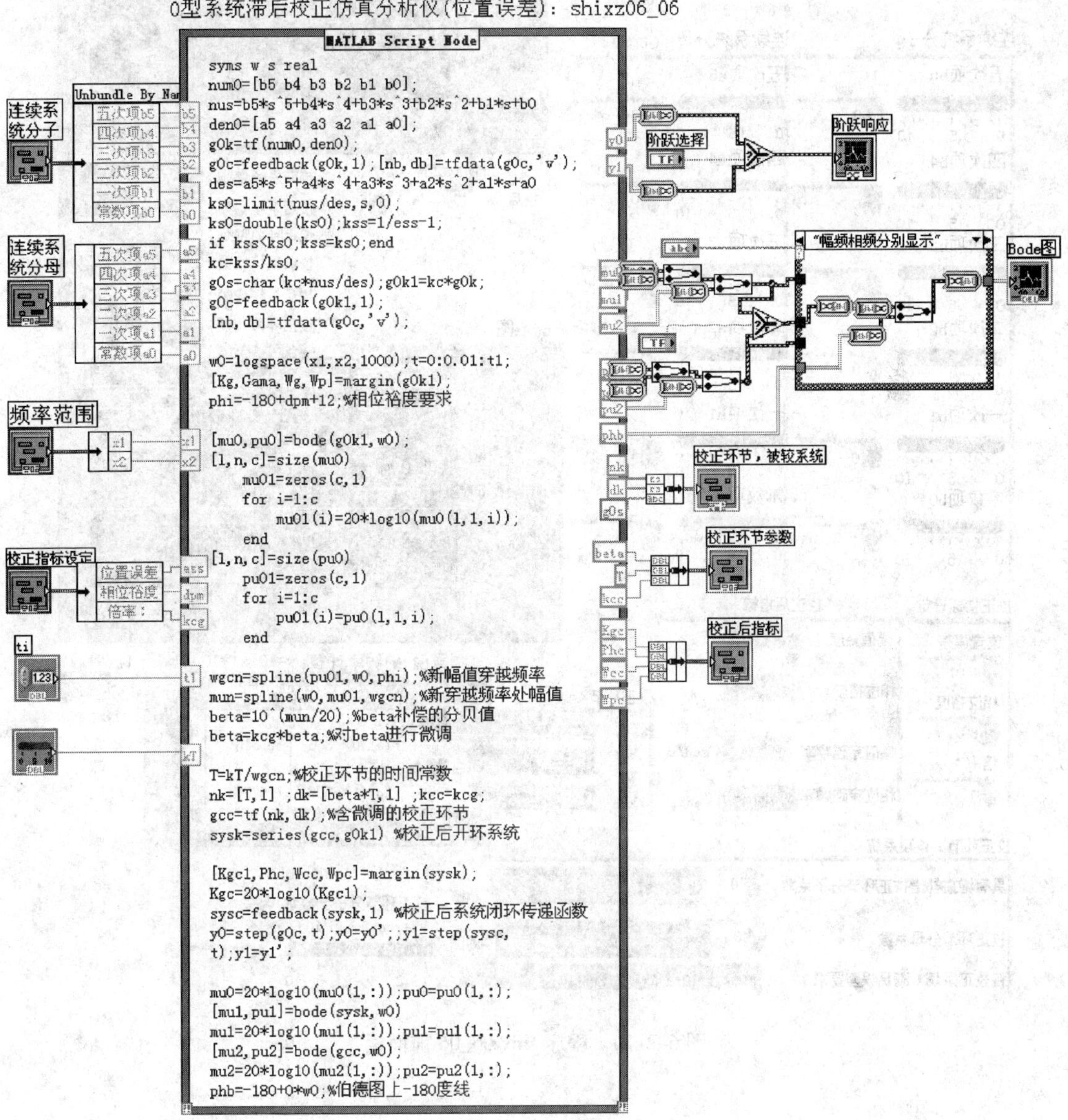

图6-2-9 程序shixz06_06框图面板

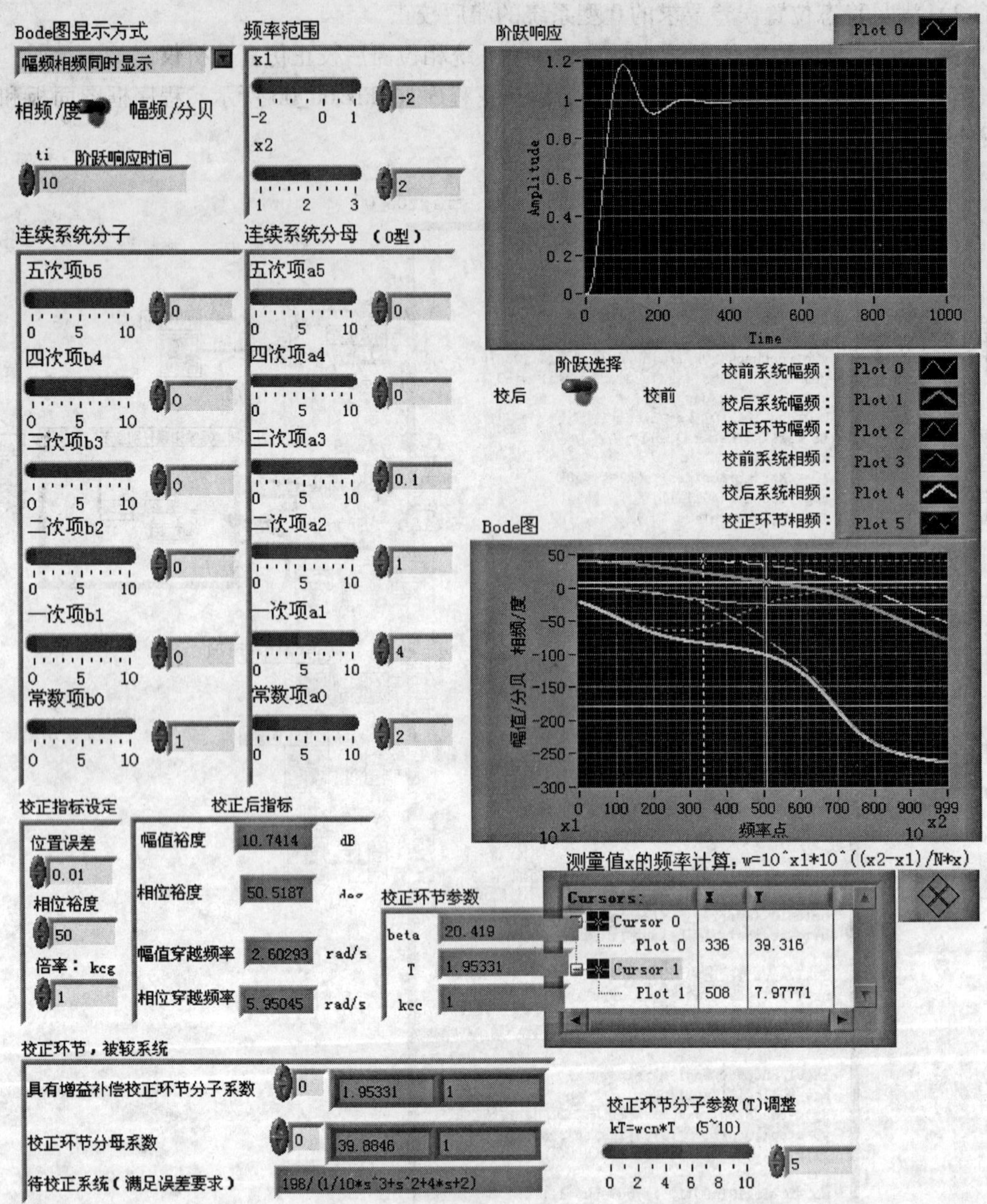

图 6-2-10 程序 shixz06_06 前面板

程序说明：

满足校正后稳态位置误差的程序段说明见例 6-3，滞后校正的程序见例 6-4。

原始待校正系统（g0k）为

$$G_0(s)=\frac{1}{0.1s^3+s^2+4s+2} \tag{6-2-15}$$

满足稳态位置误差指标要求的待校正系统（g0k1）为

$$G_{0k}(s)=\frac{198}{0.1s^3+s^2+4s+2} \tag{6-2-16}$$

稳态位置误差为 ess = 1/(198/2 + 1) = 0.01。

滞后校正环节（gcc）为

$$G_c(s)=\frac{1.953s+1}{39.88s+1} \tag{6-2-17}$$

其中，微调前的$\beta=20.419$，微调系数$k_{cg}=1$。

校正后系统开环传递函数（sysk）为

$$G_k(s)=\frac{386.8s+198}{3.988s^4+39.98s^3+160.5s^2+83.77s+2} \tag{6-2-18}$$

校正后闭环系统（sysc）为

$$G_B(s)=\frac{386.8s+198}{3.988s^4+39.98s^3+160.5s^2+470.5s+200} \tag{6-2-19}$$

仿真表明，校正前系统不稳定，校正后各项指标满足设计要求。

6.3 控制系统的相位滞后—超前校正

前已述及，相位超前校正的主要功能是增加相位裕量，提高系统的相对稳定性，增大系统的带宽，改善系统的快速性。超前校正对系统稳态性能改善不大。相反，滞后校正的主要作用是在一定条件下，使原来不稳定的系统首先变得稳定，并且改善系统的稳态性，减小稳态误差。如果将这两种校正结合起来，构成滞后—超前校正，则可以在一定条件下，兼顾改善系统的动态和稳态性能。

从仿真实用的角度，可以简单地取相位滞后—超前环节为

$$G_c(s)=\frac{(T_1s+1)(T_2s+1)}{\left(\frac{T_1}{\beta}s+1\right)(\beta T_2s+1)}\qquad(\beta>1,T_2>T_1) \tag{6-3-1}$$

式中，环节$\frac{(T_2s+1)}{(\beta T_2s+1)}$（$\beta>1$）是相位滞后环节；环节$\frac{(T_1s+1)}{\left(\frac{T_1}{\beta}s+1\right)}$（$\beta>1$）是超前环节。各环节的转角频率从小到大顺次为$\left(\frac{1}{\beta T_2},\ \frac{1}{T_2},\ \frac{1}{T_1},\ \frac{\beta}{T_1}\right)$。所以式（6-3-1）校正作用是先滞后，再超前。

设计滞后—超前环节见式（6-3-1），需要确定参数T_2、T_1、β。下面结合前面讨论过的滞后校正和超前校正方法，辅以前面板的调节功能进行滞后—超前校正设计，主要设计步骤如下：

1）由稳态误差要求确定待校正系统的增益k_c，作$k_cG_0(j\omega)$（其中$G_0(j\omega)$是待校正开环系统频率特性）的伯德图，确定原系统相位裕度γ_0和幅值裕度K_{g0}。

2）确定滞后校正后系统的幅值穿越频率 ω_{cn}。在该频率下，校正前开环系统的相位为

$$\varphi(\omega_{cn}) = -180 + (\gamma - \mathrm{dmp0}) \tag{6-3-2}$$

式中，考虑到进行超前校正后，相位超前不至于使系统相位裕度太大，仍然能在设计指标附近，所以预先扣除 dmp0°。该值可由前面板的“相位修正”节点调节，可取 15°左右。

3）确定滞后校正环节时间常数 T_2。

$$T_2 = \frac{k_T}{\omega_{cn}} \tag{6-3-3}$$

式中，$k_T = 5 \sim 10$，可由前面板调节。

4）β 值由式（6-2-5）求出，不再进行微调，滞后校正环节为

$$G_{c2} = \frac{T_2 s + 1}{\beta T_2 s + 1} \tag{6-3-4}$$

5）选取超前校正环节的时间常数 T_1 远小于 T_2

$$T_1 = k_{cg} * T_2 \tag{6-3-5}$$

式中，系数 k_{cg} 置于前面板“倍率：k_{cg}”控制节点内，可在 0.1 左右进行调整。

6）构成超前校正环节

$$G_{c1} = \frac{T_1 s + 1}{\dfrac{T_1}{\beta} s + 1} \tag{6-3-6}$$

式（6-3-6）和式（6-3-4）一起构成完整的滞后—超前校正环节见式（6-3-1）。

7）绘制伯德图，通过 k_{cg}，k_T，和 dmp0 等 3 个可调节参数，保证校正后系统频域和时域性能指标满足设计要求。

1. Ⅰ型系统的滞后—超前校正

【例 6-7】 Ⅰ型系统相位滞后—超前校正仿真分析仪。

Ⅰ型系统滞后—超前校正仿真仪程序如 shixz06_07 所示。程序框图面板和前面板分别如图 6-3-1 和图 6-3-2 所示。

参见例 6-4 的程序说明。不同语句说明如下：

```
phi = -180 + dpm - dmp0; % 按式(6-3-2)确定滞后校正幅值穿越频率处的相位
wgcn = spline(pu01,w0,phi); % 滞后校正后的幅值穿越频率
mun = spline(w0,mu01,wgcn); % 滞后校正后幅值穿越频率处原系统幅值
beta = 10^(mun/20); % beta 补偿的分贝值
T2 = kT/wgcn; % 滞后校正环节的时间常数,kT 由前面板调整
nk2 = [T2,1];dk2 = [beta * T2,1];
gc2 = tf(nk2,dk2); % 滞后校正环节,见式(6-3-4)
T1 = kcg * T2;nk1 = [T1 1];dk1 = [T1/beta 1];
gc1 = tf(nk1,dk1);% 超前校正环节,见式(6-3-6)
```

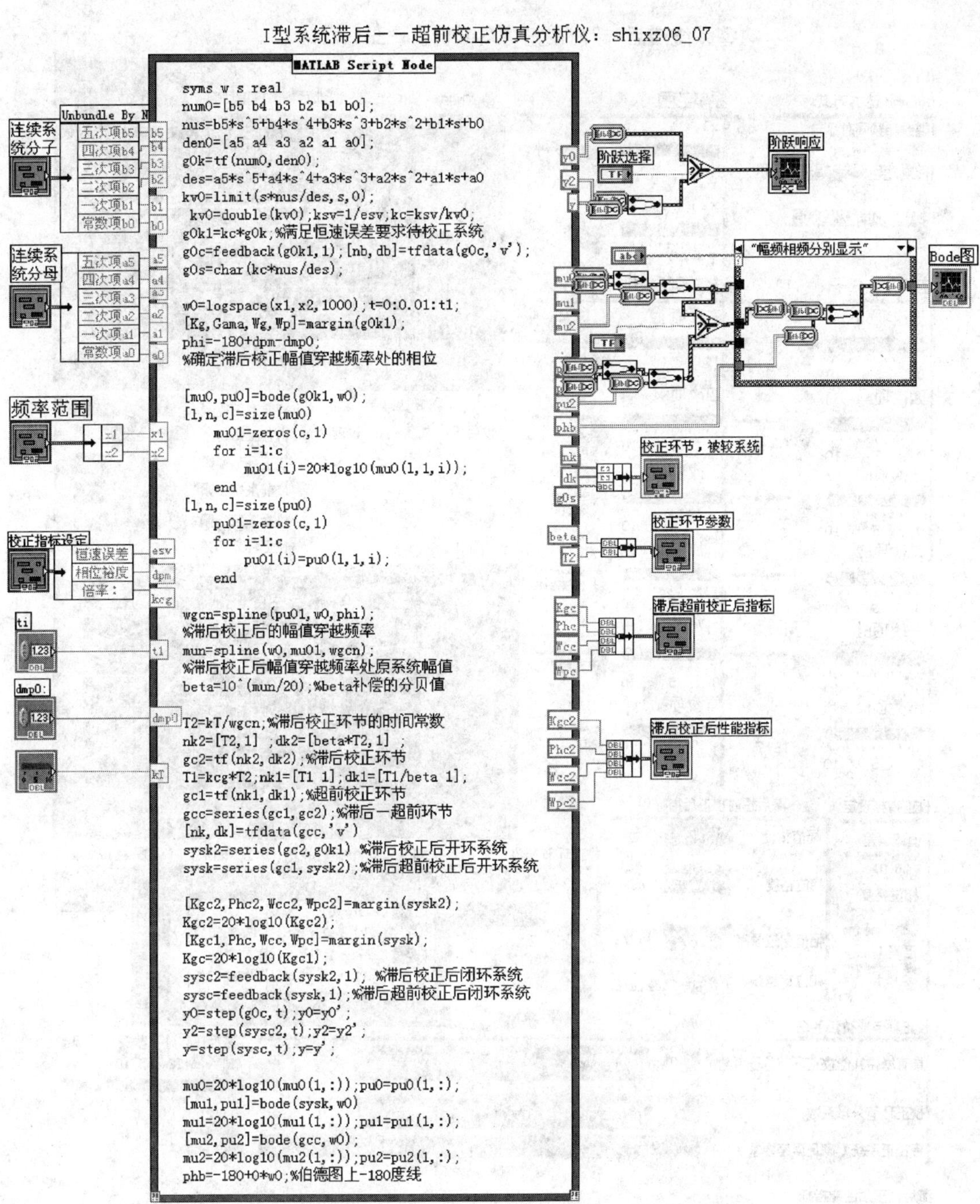

图 6-3-1　程序 shixz06_07 框图面板

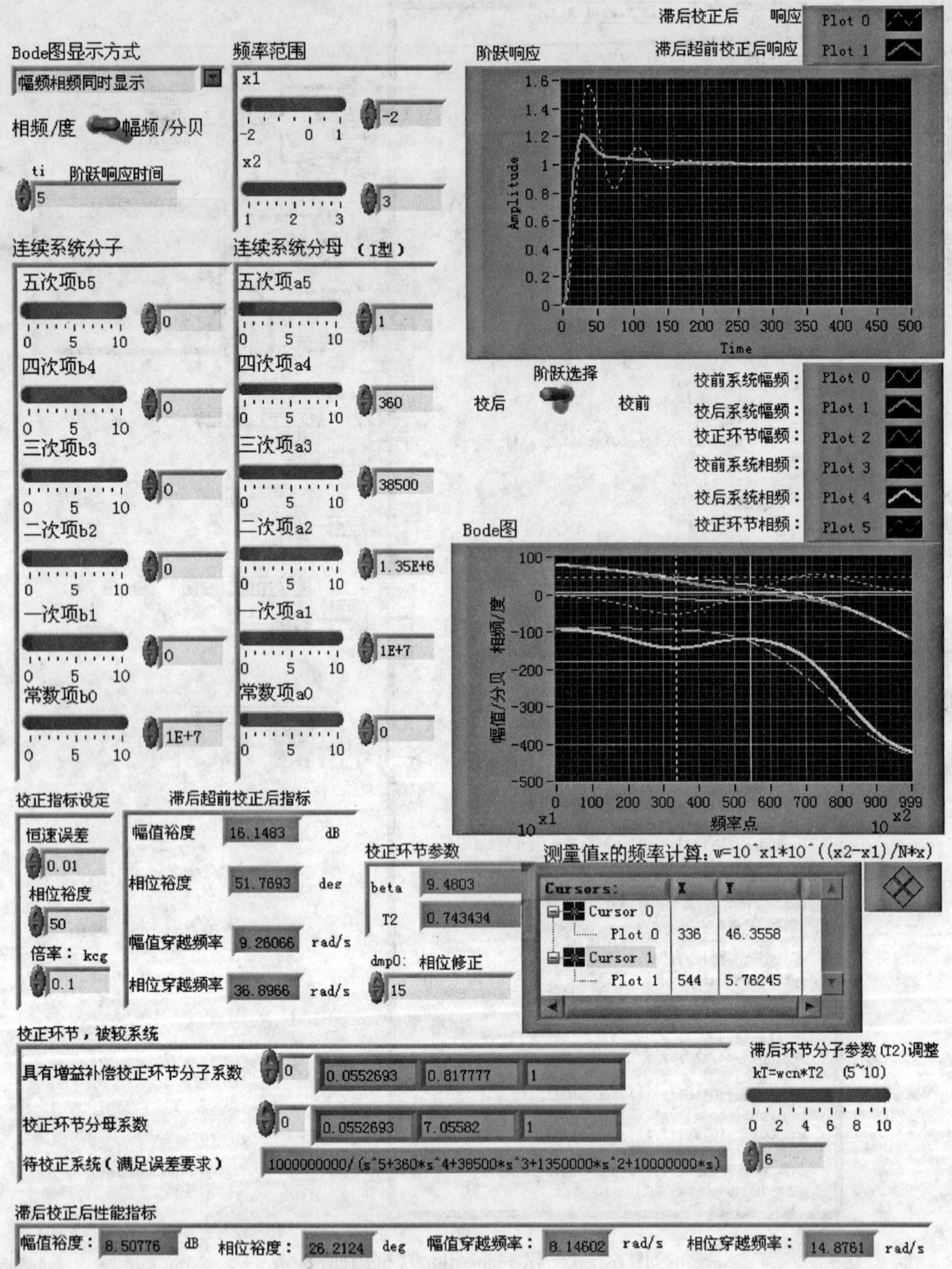

图 6-3-2 程序 shixz06_07 前面板

校正前系统、滞后校正后系统和滞后—超前校正后系统的程序语句如下：

```
sysk2 = series(gc2,g0k1)% 滞后校正后开环系统
sysk = series(gc1,sysk2);% 滞后—超前校正后开环系统

g0c = feedback(g0k1,1);% 校正前闭环系统
sysc2 = feedback(sysk2,1);% 滞后校正后闭环系统
sysc = feedback(sysk,1);% 滞后—超前校正后闭环系统
```

参见图6-3-2，滞后—超前校正环节及校正前后系统伯德图显示方式与前例相同，仍然有分别显示和同时显示两种选择。校正后系统单位阶跃响应显示两条曲线，一条是滞后校正后闭环系统的单位阶跃响应（plot0），另一条是滞后—超前校正后闭环系统的单位阶跃响应曲线（plot1）。

```
y0 = step(g0c,t);y0 = y0 ';% 校正前系统单位阶跃响应
y2 = step(sysc2,t);y2 = y2 ';% 滞后校正后系统单位阶跃响应
y = step(sysc,t);y = y ';% 滞后—超前校正后系统单位阶跃响应
```

校正前系统不稳定，其阶跃响应曲线如图6-3-3所示。阶跃响应示波器端口选择开关如图6-3-4所示，对比一下它和图6-2-4的区别。

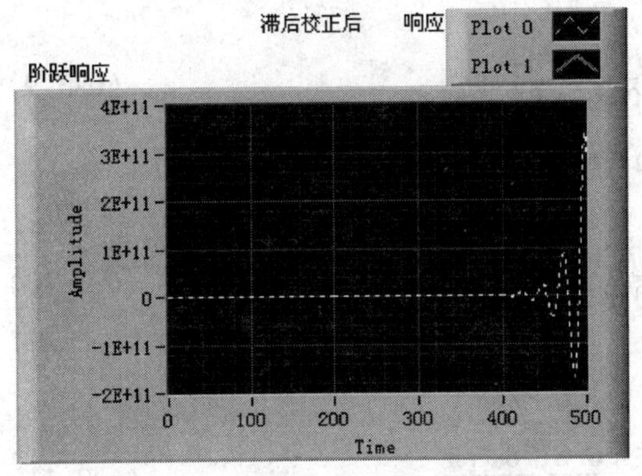

图6-3-3　校正前系统阶跃响应曲线

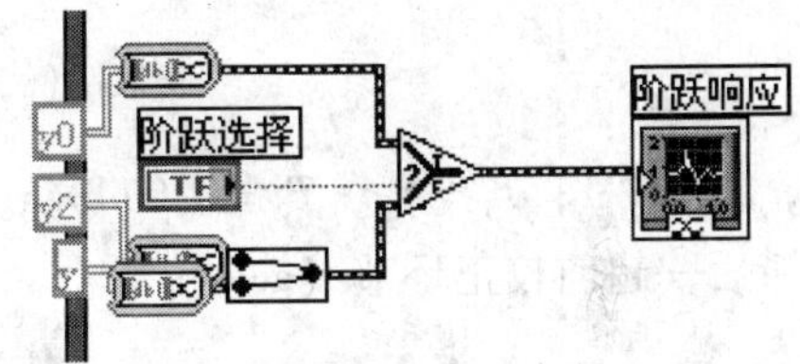

图6-3-4　阶跃响应示波器端口选择开关

图6-3-5和图6-3-6分别示出滞后—超前校正环节，校正前后系统的相频与幅频特性曲线。

仿真实例的各种传递函数归纳如下：

原始待校正系统（g0k）为

$$G_0(s) = \frac{10^7}{s\ (s^4 + 360s^3 + 38500s^2 + 1.35 \times 10^6 s + 10^7)} \qquad (6\text{-}3\text{-}7)$$

提高增益后，满足稳态误差指标的待校正系统（g0k1）为

$$G_{0k}(s) = \frac{10^9}{s\ (s^4 + 360s^3 + 38500s^2 + 1.35 \times 10^6 s + 10^7)} \qquad (6\text{-}3\text{-}8)$$

滞后校正环节（gc2）为

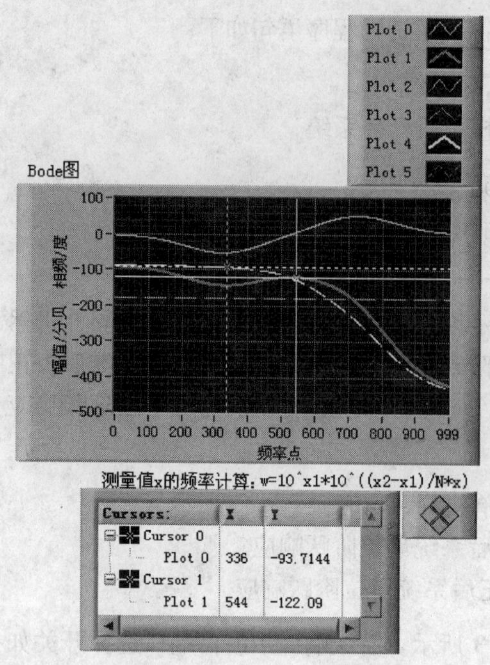

图 6-3-5 滞后—超前校正的相频特性曲线

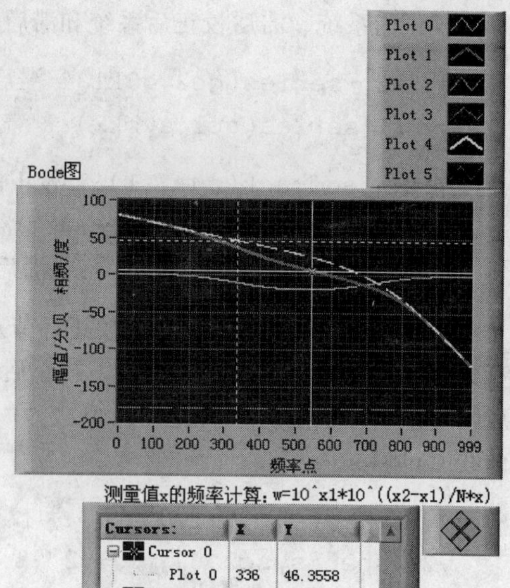

图 6-3-6 滞后—超前校正的幅频特性曲线

$$G_{c2}(s)=\frac{0.7434s+1}{7.048s+1} \tag{6-3-9}$$

式中，$\beta=9.480$；$k_T=6$；$\omega_{gcn}=8.0707\text{rad/s}$；$T_2=k_T/\omega_{gcn}=0.7434\text{s}$。

超前校正环节（gc1）为

$$G_{c1}(s)=\frac{0.07434s+1}{0.007842s+1} \tag{6-3-10}$$

式中，$k_{cg}=0.1$；$T_1=k_{cg}*T_2=0.07434\text{s}$。

滞后—超前校正环节（gcc）为

$$G_c(s)=\frac{0.05527s^2+0.8178s+1}{0.05527s^2+7.056s+1} \tag{6-3-11}$$

滞后校正后的开环系统（sysk2）为

$$G_{k2}(s)=\frac{7.434\times10^8s+10^9}{7.048s^6+2538s^5+2.717\times10^5s^4+9.553\times10^6s^3+7.183\times10^7s^2+10^7s} \tag{6-3-12}$$

滞后校正后的闭环系统（sysc2）为

$$G_{B2}(s)=\frac{7.434\times10^8s+10^9}{7.048s^6+2538s^5+2.717\times10^5s^4+9.553\times10^6s^3+7.183\times10^7s^2+7.534\times10^8s+10^9} \tag{6-3-13}$$

滞后—超前校正后的开环系统（sysk）为

$$G_k(s)=\frac{5.527\times10^7s^2+8.178\times10^8s+10^9}{0.05527s^7+26.95s^6+4669s^5+3.466\times10^5s^4+1.012\times10^7s^3+7.191\times10^7s^2+10^7s} \tag{6-3-14}$$

滞后—超前校正后的闭环系统（sysc）为

$$G_B(s)=\frac{5.527\times10^7s^2+8.178\times10^8s+10^9}{0.05527s^7+26.95s^6+4669s^5+3.466\times10^5s^4+1.012\times10^7s^3+1.272\times10^8s^2+8.278\times10^8s+10^9}$$

(6-3-15)

仿真结果表明，校正前系统不稳定。如果仅仅进行滞后校正，系统的稳定性问题虽然解决了，但幅值裕度为8.51dB，相位裕度为26.21°。相位裕度不够，系统动态性能不满足设计要求，必须再加上超前校正。在进行滞后——超前校正后，幅值裕度增加到16.15dB，相位裕度增加到51.77°，动态性能有了较大改善，参见图6-3-2中校正后的两条阶跃响应曲线。

2. 0型系统的滞后—超前校正

（1）满足稳态恒速误差要求的0型系统的滞后—超前校正

【例6-8】 满足稳态恒速误差要求的0型系统滞后—超前校正仿真分析仪。

满足稳态恒速误差要求的0型系统滞后—超前校正程序如shixz06_08所示。程序框图面板和前面板分别如图6-3-7和图6-3-8所示。

程序说明：

如前所述，给出稳态恒速误差的0型待校正系统，需要校正环节含有积分因子。为了方便，可将校正环节内的积分因子纳入待校正系统之中，使问题仍然归于Ⅰ型系统的滞后—超前校正。除了将待校正系统变为Ⅰ型系统之外，其余程序与例6-7相同，只是校正后系统比待校正系统高出了二阶。

实例的原0型系统（g0）为

$$G_0(s)=\frac{100000}{s^3+38500s^2+135000s+200000} \tag{6-3-16}$$

考虑恒速误差指标后的实际被校正系统（g0k1）为

$$G_{0k}(s)=\frac{2\times10^7}{s\ (s^3+38500s^2+135000s+2\times10^5)} \tag{6-3-17}$$

显然，待校正系统由3阶变成了4阶，由0型变成了Ⅰ型。系统的稳态恒速误差由无穷大变为$e_{vs}=1/100=0.01$。当然，如果不加校正，式（6-3-17）所对应的闭环系统是不稳定的。

滞后校正环节（gc2）为

$$G_{c2}(s)=\frac{4.114s+1}{296.5s+1} \tag{6-3-18}$$

式中，$\beta=65.4997$；$\omega_{gcn}=1.3612$. 实例取$k_T=5.6$，$T_2=k_T/\omega_{gcn}=4.114s$。

超前校正环节（gc1）为

$$G_{c1}(s)=\frac{0.4114s+1}{0.006281s+1} \tag{6-3-19}$$

其中，选取$k_{cg}=0.1$，$T_1=k_{cg}*T_2=0.4114s$。

滞后—超前校正环节（gcc）为

$$G_c(s)=\frac{1.693s^2+4.526s+1}{1.693s^2+269.5s+1} \tag{6-3-20}$$

滞后校正后的开环系统（sysk2）为

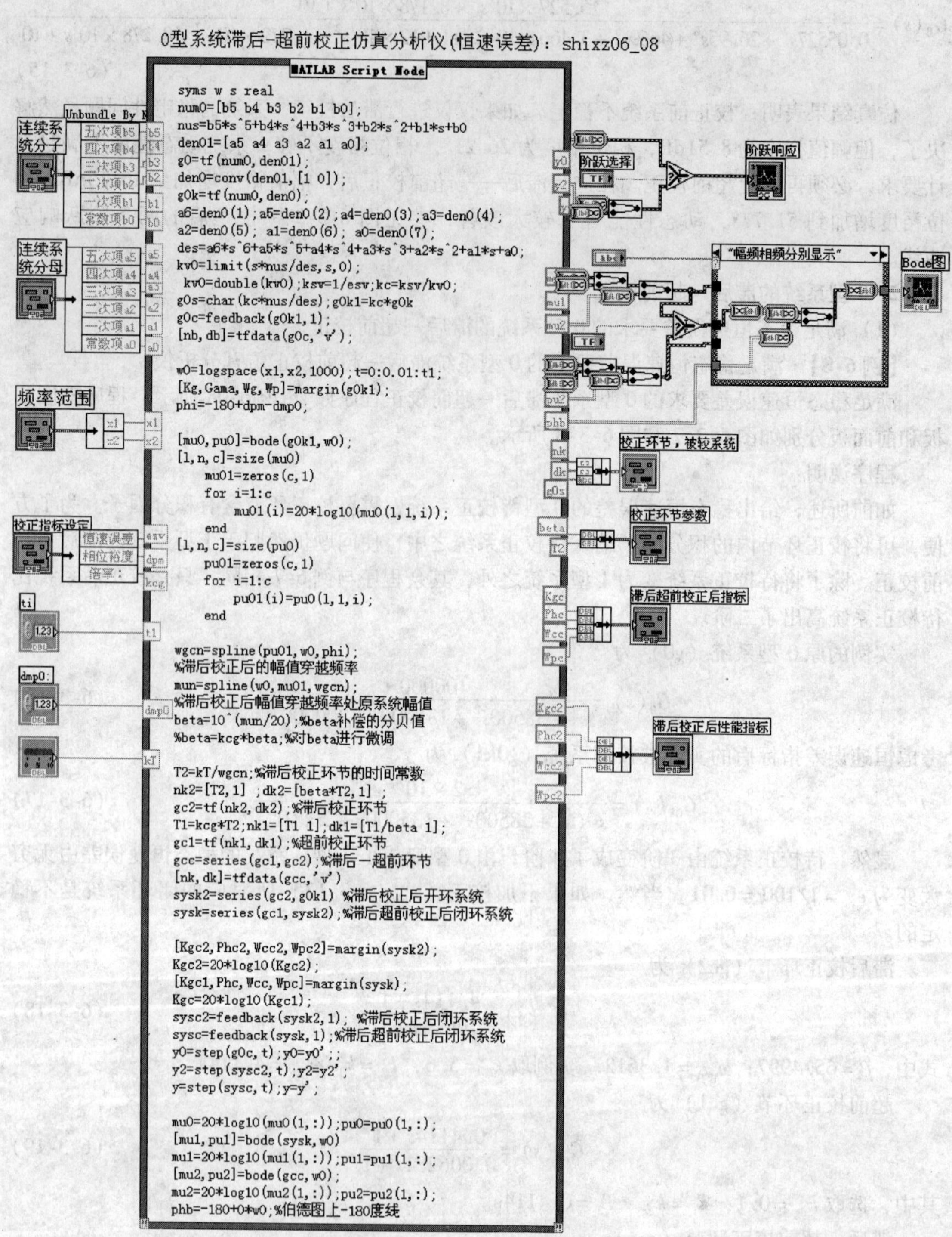

图 6-3-7　程序 shixz06_08 框图面板

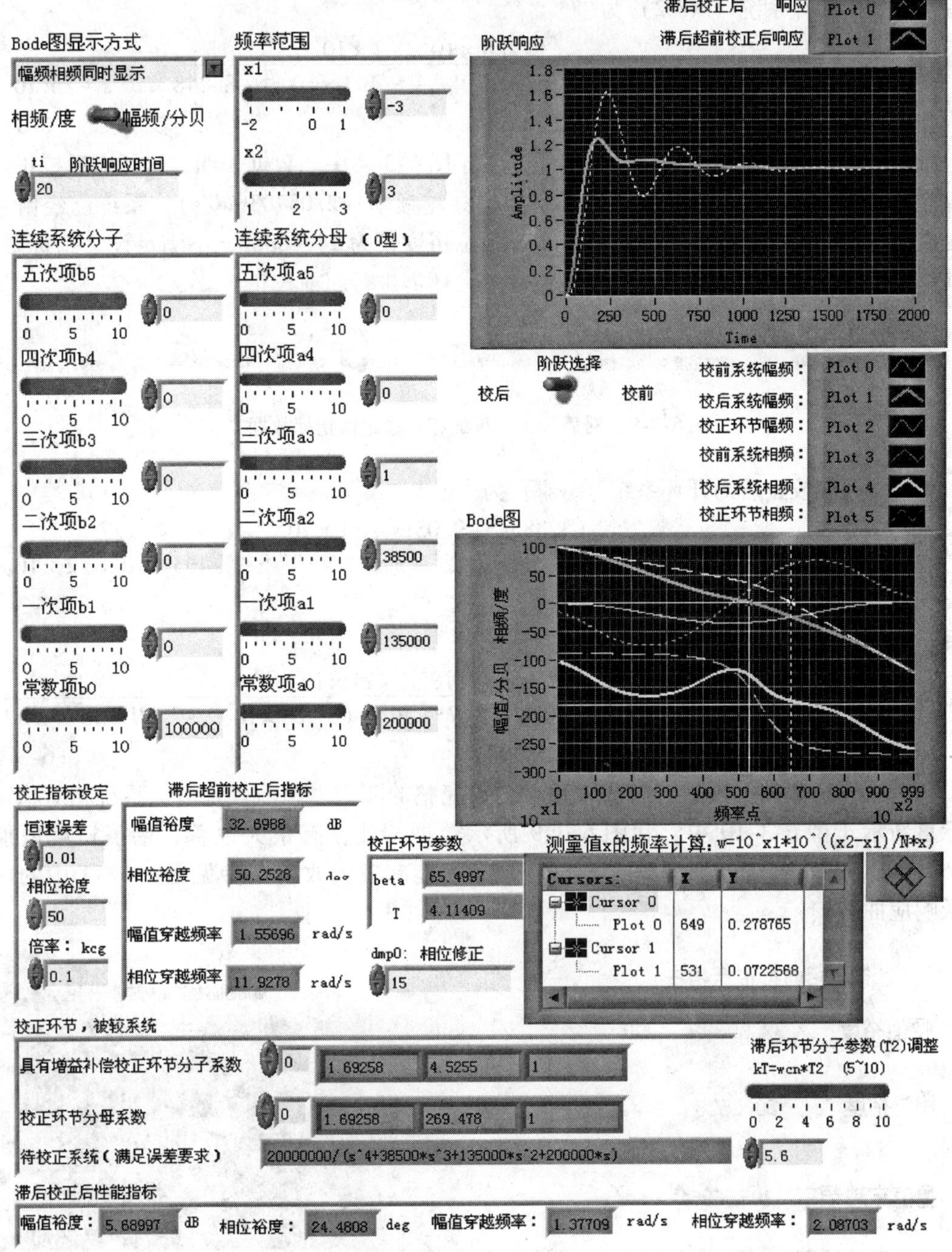

图 6-3-8 程序 shixz06_08 前面板

$$G_{k2}(s)=\frac{8.228\times10^{7}s+2\times10^{7}}{s\ (269.5s^{4}+1.037\times10^{7}s^{3}+3.642\times10^{7}s^{2}+5.403\times10^{7}s+2\times10^{5})}\tag{6-3-21}$$

滞后校正后的闭环系统（sysc2）为

$$G_{B2}(s)=\frac{8.228\times10^{7}s+2\times10^{7}}{269.5s^{5}+1.037\times10^{7}s^{4}+3.642\times10^{7}s^{3}+5.403\times10^{7}s^{2}+8.248\times10^{7}s+2\times10^{7}}\tag{6-3-22}$$

滞后校正后的频域相对稳定性指标重新示于图 6-3-9 中。数据表明，进行滞后校正后其幅值穿越频率（1.37709rad/s）已经小于相位穿越频率（2.08703rad/s），系统已经由不稳定变成稳定。但幅值裕度仅为 5.68997dB，相位裕度仅为 24.4808°，不满足设计指标要求，由其单位阶跃响应曲线可见系统动态特性较差，还需进行超前校正。

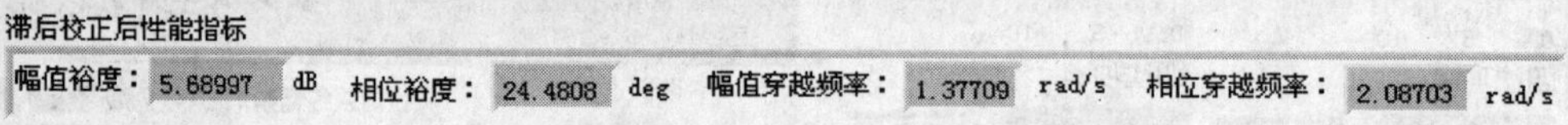

滞后校正后性能指标

幅值裕度：5.68997 dB　相位裕度：24.4808 deg　幅值穿越频率：1.37709 rad/s　相位穿越频率：2.08703 rad/s

图 6-3-9　滞后校正系统的相对稳定性指标数据

滞后—超前校正后的开环系统（sysk）为

$$G_{k}(s)=\frac{(3.385s^{2}+9.051s+2)\times10^{7}}{s\ (1.693s^{5}+6.543\times10^{4}s^{4}+1.06\times10^{7}s^{3}+3.676\times10^{7}s^{2}+5.403\times10^{7}s+2\times10^{5})}\tag{6-3-23}$$

滞后—超前校正后的闭环系统（sysc）为

$$G_{B}(s)=\frac{(3.385s^{2}+9.051s+2)\times10^{7}}{1.693s^{6}+6.543\times10^{4}s^{5}+1.06\times10^{7}s^{4}+3.676\times10^{7}s^{3}+8.788\times10^{7}s^{2}+9.071\times10^{7}+2\times10^{7}}\tag{6-3-24}$$

在滞后校正基础上再进行超前校正，构成完整的滞后—超前校正后，系统相对稳定性指标重新示于图 6-3-10 中。和图 6-3-9 所示数据相比，有很大改善，幅值裕度增加到 32.6988dB，相位裕度增加到 50.2508°，动态性能有较大改善，参见图 6-3-11 中的两条阶跃响应曲线。

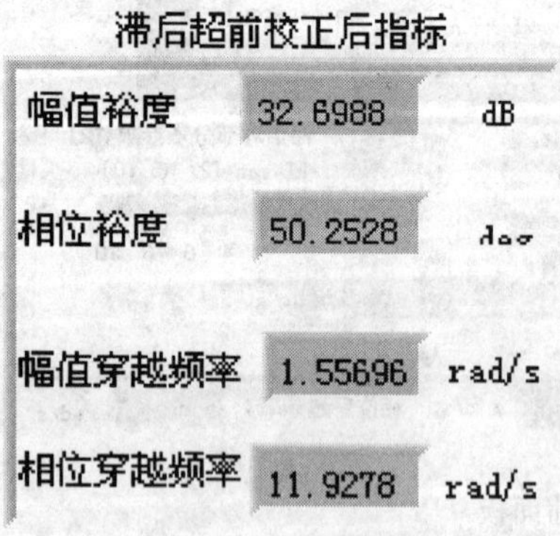

滞后超前校正后指标

幅值裕度　32.6988　dB

相位裕度　50.2528　deg

幅值穿越频率　1.55696　rad/s

相位穿越频率　11.9278　rad/s

图 6-3-10　例 6-8 滞后超前校正后频域性能

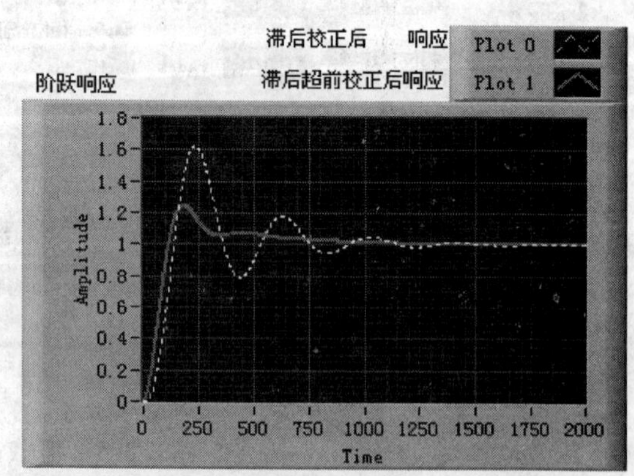

图 6-3-11　例 6-8 滞后校正和滞后超前校正动态性能比较

(2) 满足稳态位置误差的0型系统的滞后—超前校正

【例6-9】 满足稳态位置误差要求的0型系统滞后—超前校正仿真仪。

满足稳态位置误差要求的0型系统滞后—超前校正仿真仪程序如shixz06_09所示。程序框图面板和前面板分别如图6-3-12和图6-3-13所示。

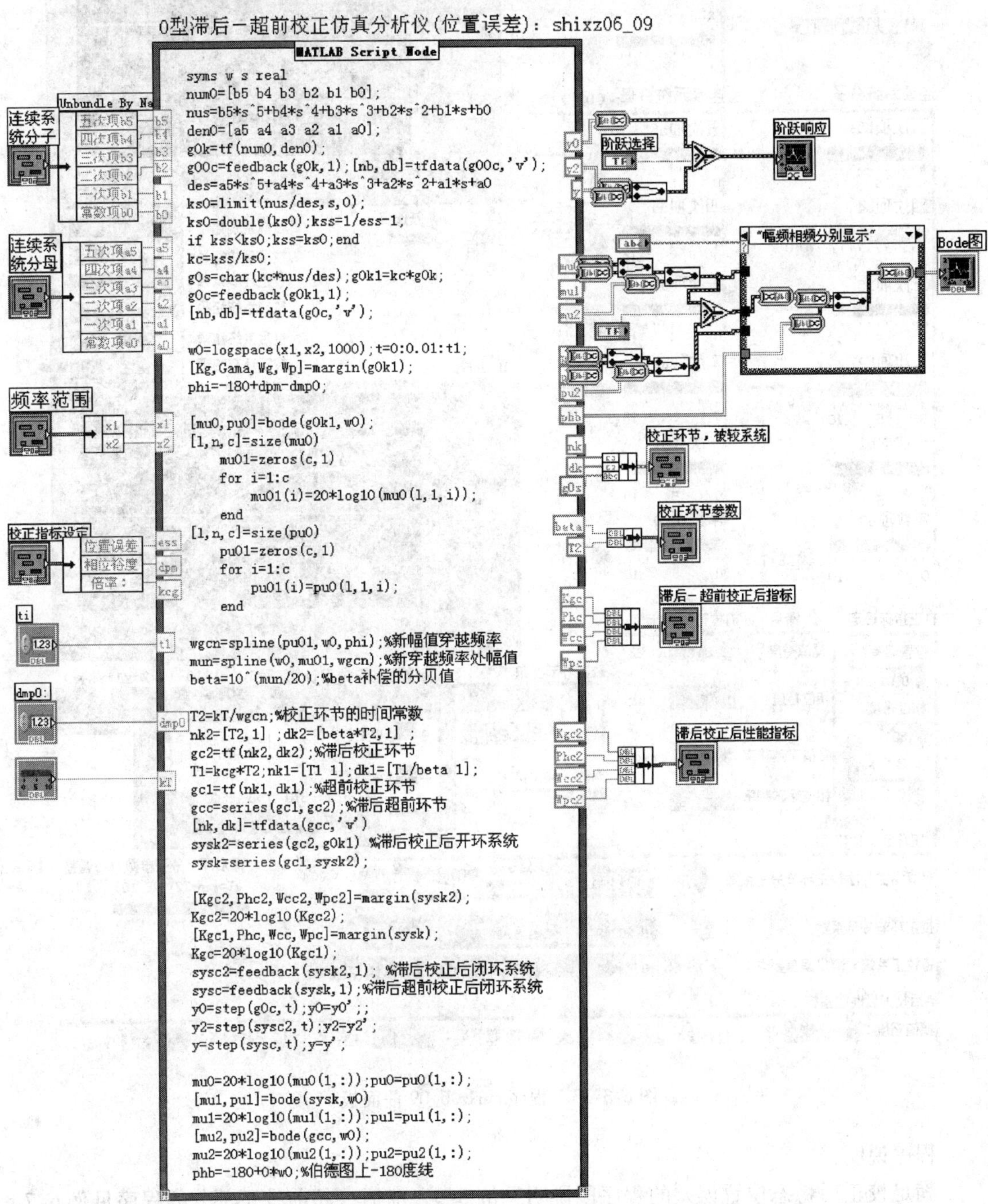

图6-3-12　程序shixz06_09框图面板

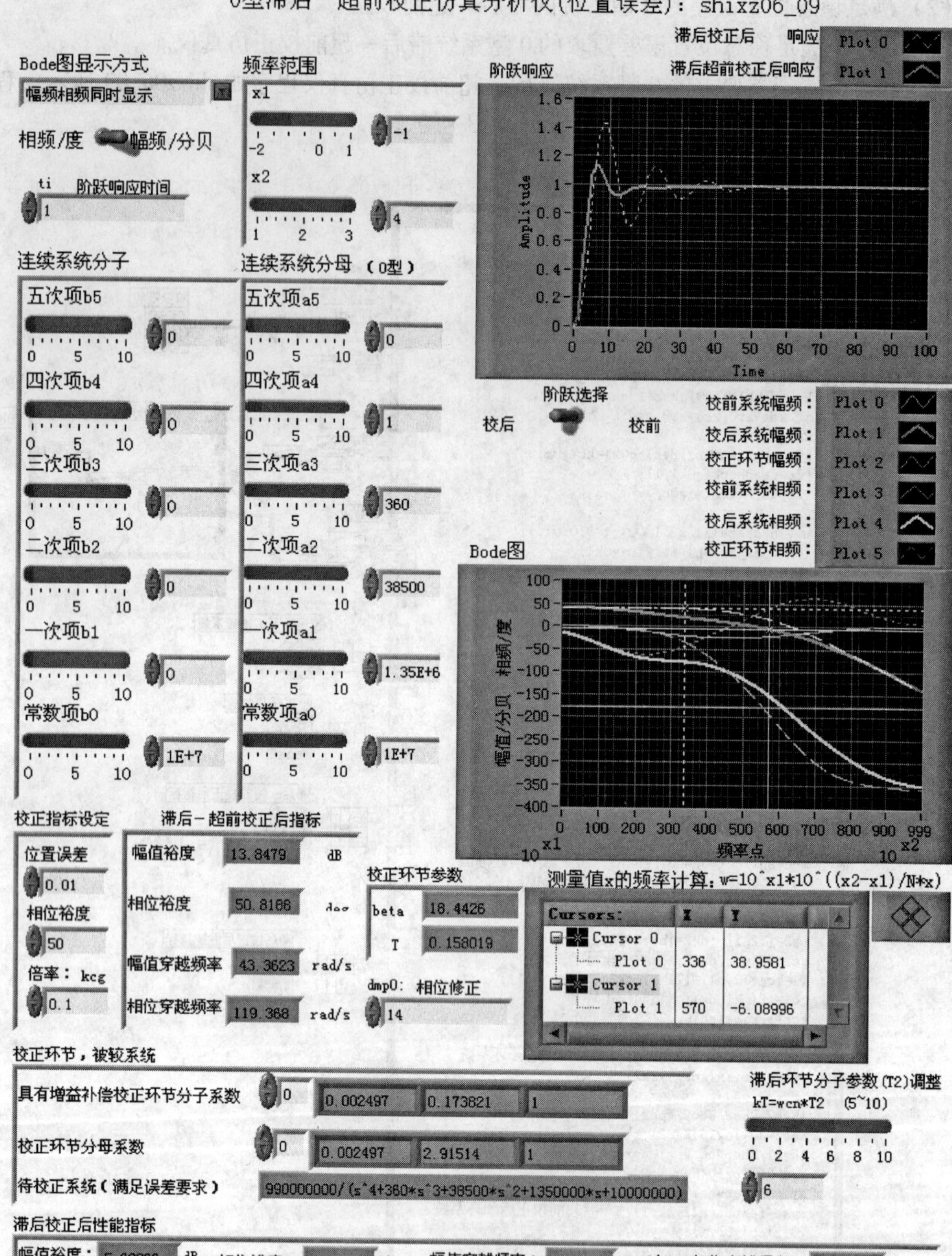

图 6-3-13 程序 shixz06_09 前面板

程序说明：

满足校正后稳态位置误差的程序段说明见例 6-3，滞后—超前校正部分的程序见例 6-7，仿真实例模型如下：

原始待校正 0 型系统（g0k）为

$$G_{0k}(s)=\frac{10^7}{s^4+360s^3+38500s^2+1.35\times10^6 s+10^7} \tag{6-3-25}$$

显然，系统稳态位置误差为1/(1+1)=0.5，不满足设计要求。

考虑稳态位置误差指标后的实际被校正系统（g0k1）为

$$G_{0k}(s)=\frac{9.9\times10^8}{s^4+360s^3+38500s^2+1.35\times10^6 s+10^7} \tag{6-3-26}$$

增益的提高，使得稳态位置误差变为1/(99+1)=0.01，满足设计指标要求。当然，如果不加校正，式（6-3-26）所对应的闭环系统是不稳定的。

滞后校正环节（gc2）为

$$G_{c2}(s)=\frac{0.158s+1}{2.914s+1} \tag{6-3-27}$$

式中，$\beta=18.4426$；$\omega_{gcn}=37.9701$。实例取 $k_T=6$，$T_2=k_T/\omega_{gcn}=0.158\mathrm{s}$。

超前校正环节（gc1）为

$$G_{c1}(s)=\frac{0.0158s+1}{0.0008568s+1} \tag{6-3-28}$$

其中，选取 $k_{cg}=0.1$，$T_1=k_{cg}*T_2=0.0158\mathrm{s}$。

滞后—超前校正环节（gcc）为

$$G_c(s)=\frac{0.002497s^2+0.1738s+1}{0.002497s^2+2.915s+1} \tag{6-3-29}$$

滞后校正后的开环系统（sysk2）为

$$G_{k2}(s)=\frac{1.564\times10^8 s+9.9\times10^8}{2.914s^5+1050s^4+1.126\times10^5 s^3+3.973\times10^6 s^2+3.049\times10^7 s+10^7} \tag{6-3-30}$$

滞后校正后的稳态位置误差与式（6-3-26）相同。此时系统已经稳定，可以计算稳态误差。

滞后校正后的闭环系统（sysc2）为

$$G_{B2}(s)=\frac{1.564\times10^8 s+9.9\times10^8}{2.914s^5+1050s^4+1.126\times10^5 s^3+3.973\times10^6 s^2+1.869\times10^8 s+10^9} \tag{6-3-31}$$

滞后校正后的频域相对稳定性指标重新示于图6-3-14中。数据表明，进行滞后校正后其幅值穿越频率（38.3176rad/s）已经小于相位穿越频率（56.6957rad/s），系统已经由不稳定变成稳定。但幅值裕度仅为5.69066dB，相位裕度仅为26.4854°，不满足设计指标要求，由其单位阶跃响应曲线可见系统动态特性较差，还需进行超前校正。

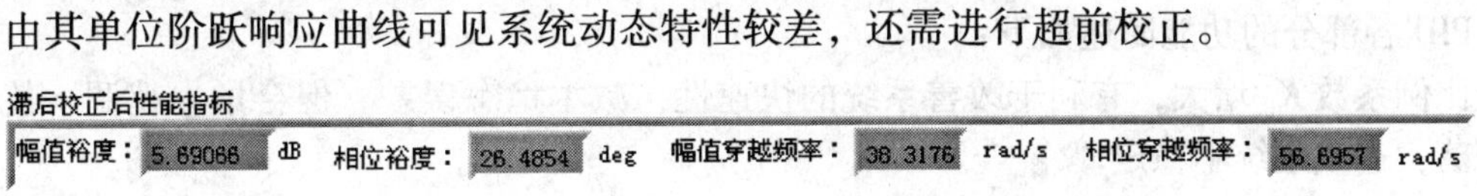

滞后校正后性能指标

幅值裕度：5.69066 dB　相位裕度：26.4854 deg　幅值穿越频率：38.3176 rad/s　相位穿越频率：56.6957 rad/s

图6-3-14　例6-9滞后校正后系统的相对稳定性数据

滞后—超前校正后的开环系统（sysk）为

$$G_k(s)=\frac{2.472\times10^6 s^2+1.721\times10^8 s+9.9\times10^8}{0.002497s^6+3.814s^5+1147s^4+1.16\times10^5 s^3+3.999\times10^6 s^2+3.05\times10^7 s+10^7} \tag{6-3-32}$$

滞后—超前校正后的闭环系统（sysc）为

$$G_{\mathrm{B}}(s)=\frac{2.472\times10^{6}s^{2}+1.721\times10^{8}s+9.9\times10^{8}}{0.002497s^{6}+3.814s^{5}+1147s^{4}+1.16\times10^{5}s^{3}+6.471\times10^{6}s^{2}+2.026\times10^{8}s+10^{9}} \tag{6-3-33}$$

在滞后校正基础上再进行超前校正，构成完整的滞后—超前校正后，系统相对稳定性指标重新示于图 6-3-15 中。和图 6-3-14 所示数据相比，有很大改善，幅值裕度增加到 13.8479dB，相位裕度增加到 50.8188°，动态性能有较大改善，参见图 6-3-16 中的两条阶跃响应曲线。

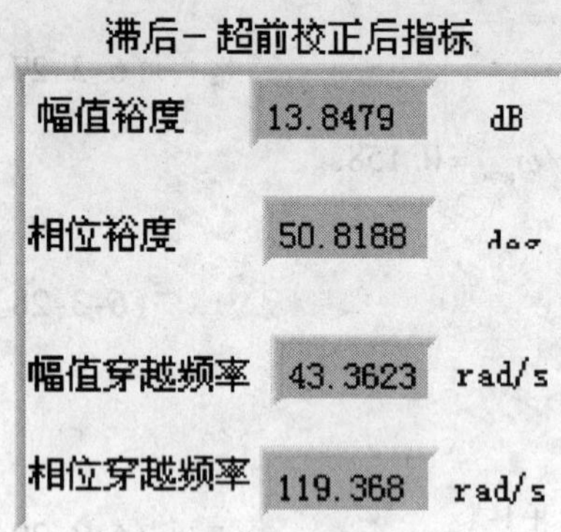

图 6-3-15 例 6-9 滞后超前校正后频域性能

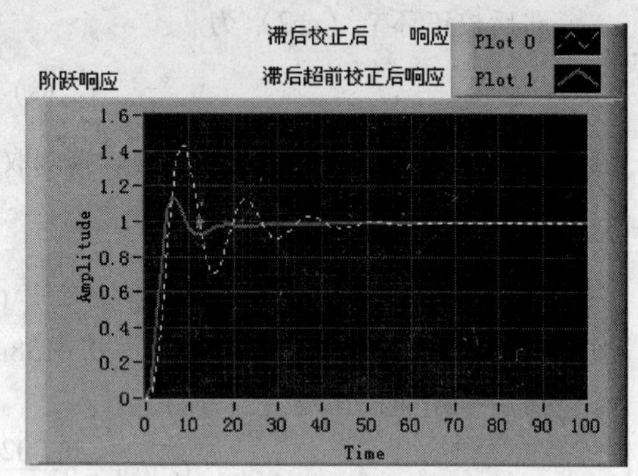

图 6-3-16 例 6-9 滞后校正和滞后超前校正动态性能比较

6.4 控制系统的 PID 校正

6.4.1 模拟 PID 调节器原理

PID 调节器可对控制系统实施比例（P）积分（I）微分（D）校正。模拟 PID 调节器的控制规律为

$$u(t)=K_{\mathrm{p}}\left(1+\frac{1}{T_{\mathrm{i}}}\int_{0}^{t}e(t)\,\mathrm{d}t+T_{\mathrm{d}}\frac{\mathrm{d}e(t)}{\mathrm{d}t}\right) \tag{6-4-1}$$

式中，K_{p} 为比例系数；T_{i} 为积分时间常数；T_{d} 为微分时间常数。

PID 各部分的功能简述如下：

比例系数 K_{p} 增大，有利于改善系统的快速性，减小稳态误差，但会增大超调，甚至引起振荡，造成系统不稳定。

积分时间常数 T_{i} 增大，积分作用减小，对误差的累计效应减小，系统超调将减小，响应速度变慢。

微分环节可以提高系统响应的快速性，可以抵消系统惯性环节的滞后作用，有利于系统稳定。微分时间常数 T_{d} 的变化对系统超调和调整时间影响较大，其偏大或偏小都会使超调和调整时间变大，而且微分环节所产生的控制量与误差变化率成正比，当误差不变时，微分项不起作用。

PID 调节器的传递函数为

$$G_c(s)=\frac{U(s)}{E(s)}=K_p\left(1+\frac{1}{T_i s}+T_d s\right)=K_p+K_i\frac{1}{s}+K_d s \tag{6-4-2}$$

式中，$K_i=K_p/T_i$；称为积分系数；$K_d=K_p*T_d$ 称为微分系数。式（6-4-2）构成了 PID 调节器的并联结构。若保证 $T_i>T_d$，积分环节的转角频率将小于微分环节转角频率，PID 调节器提供相位滞后—超前校正功能。其中比例积分（PI）提供滞后校正功能，比例微分（PD）提供超前校正功能。

PID 调节器也可以写成

$$G_c(s)=\left(K_p+\frac{K_i}{s}+K_d s\right)=K_i\frac{T_iT_ds^2+T_is+1}{s} \tag{6-4-3}$$

PID 调节器自身是一个Ⅰ型系统，即使被校正的系统是 0 型，经 PID 调节器校正后也可以构成位置无差系统。稳态恒速误差系数与积分系数 K_i 和被校正系统有关。

6.4.2 模拟 PID 调节器的设计

PID 调节器的传递函数形式见式（6-4-3），设计任务就是确定比例系数 K_p，积分系数 K_i 和微分系数 K_d。下面讨论在已知（或满足）稳态误差 e_{ss}，相位裕度 γ 和幅值穿越频率 ω_c 等校正指标情况下设计 PID 调节器的解析方法。

1. 由稳态误差求积分系数 K_i

设待校正系统为 $G_0(s)$，加上 PID 校正后系统的开环传递函数为

$$G_k(s)=K_i\frac{T_iT_ds^2+T_is+1}{s}G_0(s) \tag{6-4-4}$$

设 $G_0(s)$ 为 n 型系统（$n=0,\ 1,\ 2$），则 $G_k(s)$ 为（$n+1$）型系统（至少是Ⅰ型）。当系统为有差系统时，其稳态误差系数为

$$K_{n+1}=\lim_{s\to 0}s^{n+1}\cdot K_i\frac{T_iT_ds^2+T_is+1}{s}G_0(s)=K_i\lim_{s\to 0}s^n\cdot G_0(s) \tag{6-4-5}$$

Ⅰ型及以上系统的稳态误差 e_{ss} 等于其稳态误差系数的倒数，即

$$K_i\lim_{s\to 0}s^n\cdot G_0(s)=\frac{1}{e_{ss}} \tag{6-4-6}$$

解出积分系数

$$K_i=\frac{1}{e_{ss}\cdot\lim_{s\to 0}s^n\cdot G_0(s)} \tag{6-4-7}$$

式中，极限 $\lim_{s\to 0}s^n\cdot G_0(s)$ 一定存在，因为 $G_0(\mathrm{s})$ 为 n 型系统，分母含有 s^n 因子。

2. 求比例系数 K_p 和微分系数 K_d[11]

设经过 PID 校正后系统的频率特性为 $G_k(j\omega)$，若幅值穿越频率为 ω_c，有

$$|G_k(j\omega_c)|=1 \tag{6-4-8}$$

$$G_k(j\omega_c)=e^{j\varphi(\omega_c)}=\cos\varphi(\omega_c)+j\sin\varphi(\omega_c) \tag{6-4-9}$$

式中，幅值穿越频率处的相位 $\varphi(\omega_c)$ 为

$$\varphi(\omega_c)=-180°+\gamma \tag{6-4-10}$$

考虑到 PID 调节器式（6-4-2），校正后的开环频率特性为

$$G_k(j\omega_c) = \left(K_p + jK_d\omega_c + \frac{K_i}{j\omega_c}\right) \cdot G_0(j\omega_c) = \cos\varphi(\omega_c) + j\sin\varphi(\omega_c) \tag{6-4-11}$$

化简式（6-4-11）

$$K_p + jK_d\omega_c = \frac{\cos\varphi(\omega_c) + j\sin\varphi(\omega_c)}{G_0(j\omega_c)} + j\frac{K_i}{\omega_c} \tag{6-4-12}$$

设 $G_0(j\omega_c) = u(\omega_c) + jv(\omega_c)$，将上式右边有理化，有

$$\begin{aligned} K_p + jK_d\omega_c &= \frac{\cos\varphi(\omega_c) + j\sin\varphi(\omega_c)}{u(\omega_c) + jv(\omega_c)} + j\frac{K_i}{\omega_c} \\ &= \frac{u(\omega_c)\ \cos\varphi(\omega_c) + v(\omega_c)\ \sin\varphi(\omega_c)}{u^2(\omega_c) + v^2(\omega_c)} \\ &\quad + j\left(\frac{u(\omega_c)\ \sin\varphi(\omega_c) - v(\omega_c)\ \cos\varphi(\omega_c)}{u^2(\omega_c) + v^2(\omega_c)} + \frac{K_i}{\omega_c}\right) \end{aligned} \tag{6-4-13}$$

令式（6-4-13）两边实部与虚部分别相等，解出比例系数 K_p 和微分系数 K_d

$$K_p = \frac{u(\omega_c)\ \cos\varphi(\omega_c) + v(\omega_c)\ \sin\varphi(\omega_c)}{u^2(\omega_c) + v^2(\omega_c)} \tag{6-4-14}$$

$$K_d = \left(\frac{u(\omega_c)\ \sin\varphi(\omega_c) - v(\omega_c)\ \cos\varphi(\omega_c)}{u^2(\omega_c) + v^2(\omega_c)} + \frac{K_i}{\omega_c}\right) \Big/ \omega_c \tag{6-4-15}$$

式中，K_i 已求出，当校正后幅值穿越频率 ω_c 和相位裕度 γ 已知时，K_p 和 K_d 可解。

6.4.3 模拟 PID 校正仿真分析实例

下面讨论两种 PID 校正仿真分析仪，即常规 PID 调节器解析设计仿真仪和改进型 PID 调节器图形设计仿真仪。

1. 常规 PID 调节器解析设计仿真仪

【例 6-10】 常规 PID 调节器解析设计仿真分析仪。

使用解析方法设计常规 PID 调节器的仿真仪程序如 shixz06_10 所示。程序框图面板和前面板分别如图 6-4-1 和图 6-4-2 所示。

程序说明:

主要程序段是求解 PID 调节器的 3 个系数，即 K_i，K_p 和 K_d。

(1) 计算积分系数 K_i 的程序段

由式（6-4-7），计算积分系数 K_i 主要包括判断原待校正系统的型次及计算极限两部分。设待校正系统为最小相位系统，程序段如下:

```
g0s = char(nus/des);% 原待校正系统字符串表达式
kn = length(den0)% 待校正系统分母项数
  if den0(kn-1) = =0 & abs(den0(kn)) = =0;% 分母一次项系数及常数项均为0
     n =2;% Ⅱ型
  end
  if den0(kn) = =0 & abs(den0(kn-1)) >0;% 分母常数项为0,一次项系数大于0
      n =1;% Ⅰ型
  end
```

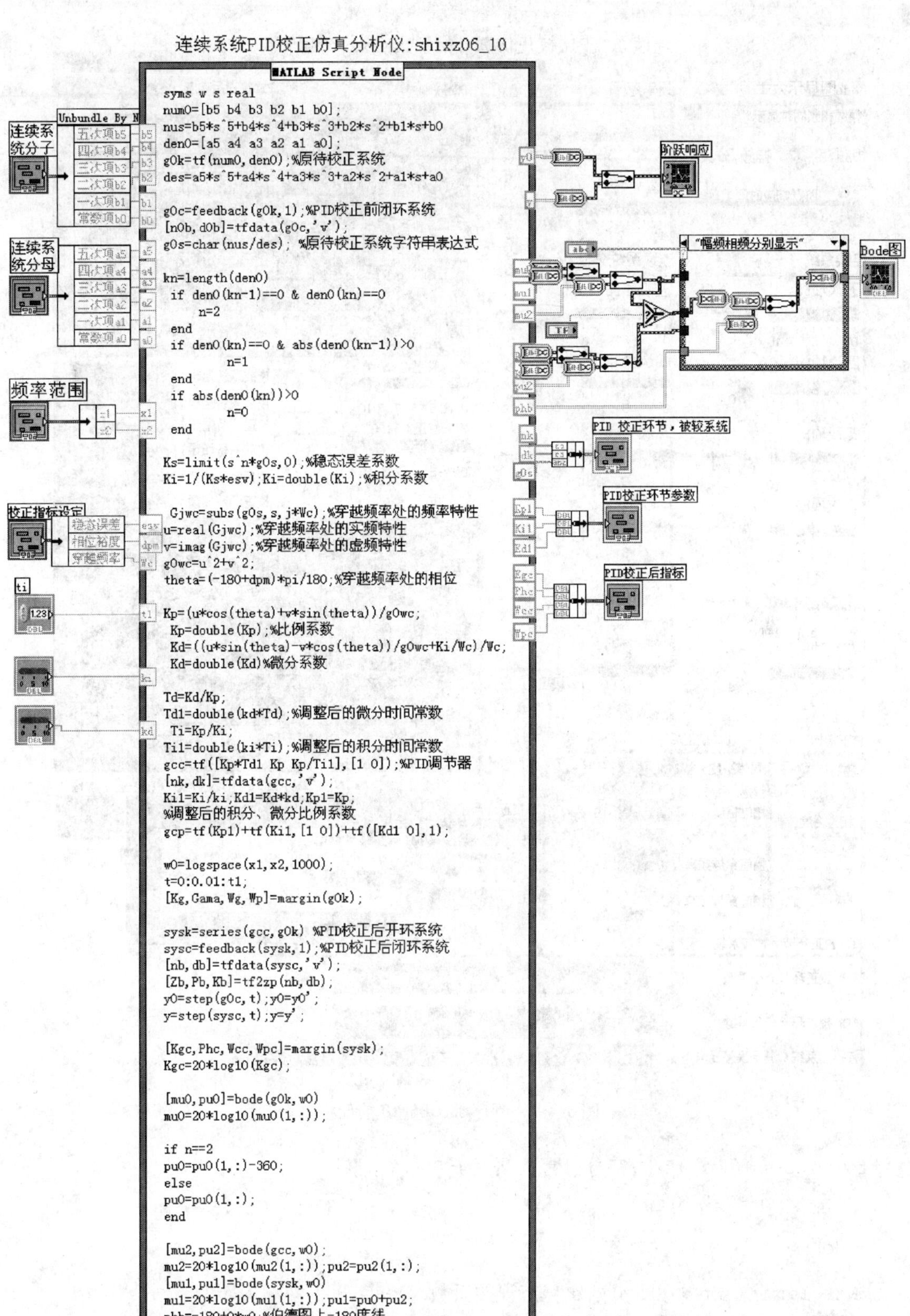

图 6-4-1　程序 shixz06_10 框图面板

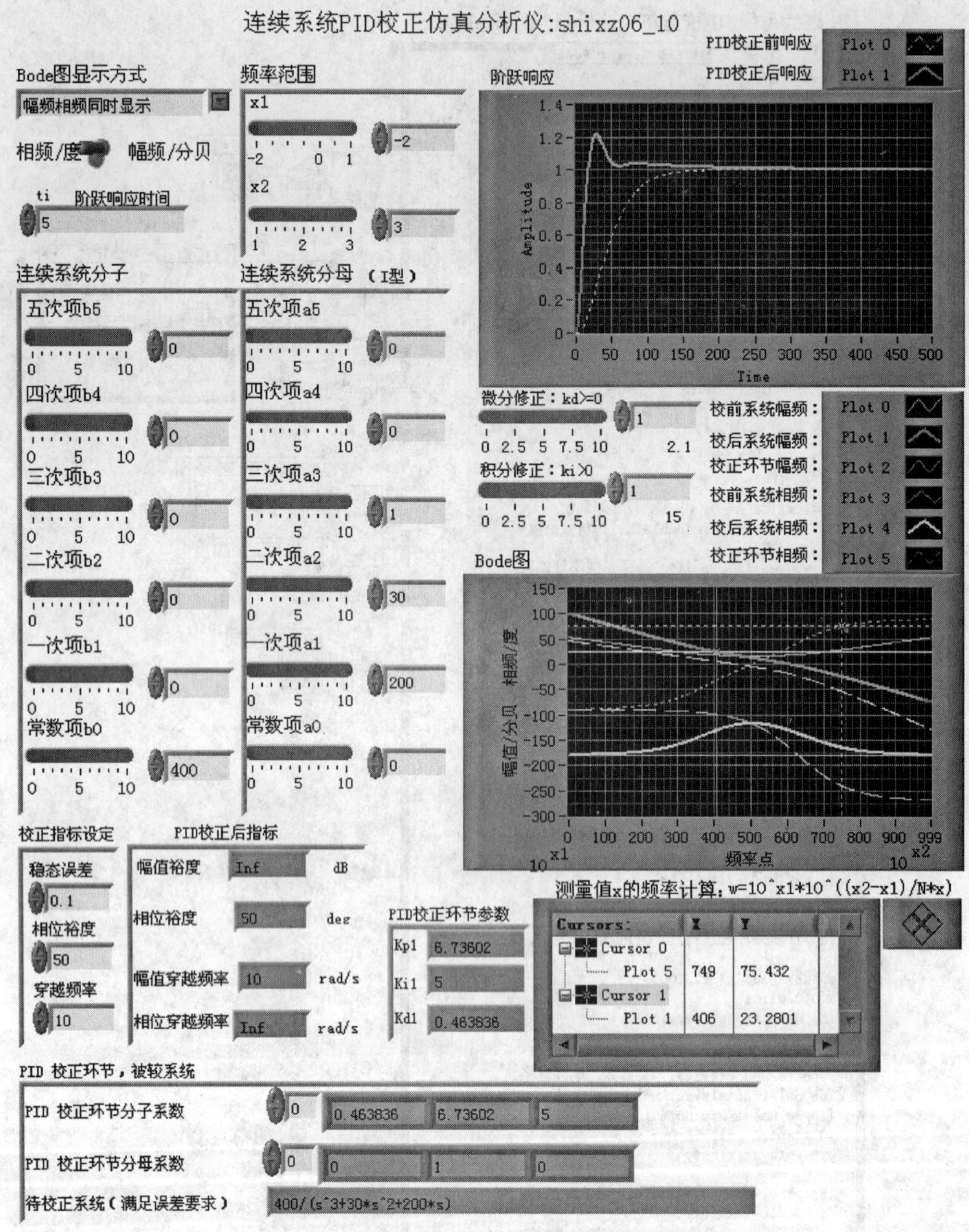

图 6-4-2　程序 shixz06_10 前面板

```
if abs(den0(kn))>0;% 分母常数项大于0
        n=0;% 0型
  end
  Ks=limit(s^n*g0s,0);% 稳态误差系数
  Ki=1/(Ks*esv);Ki=double(Ki);% 积分系数
```

程序段通过查看待校正系统分母的常数项和一次项是否为0来判断其型次：当常数项和一次项均为0时，原系统为Ⅱ型（$n=2$）；当仅有常数项为0时，原系统为Ⅰ型；当常数项不为0时，原系统为0型。

极限计算语句“Ks = limit（s^n * g0s，0）”中的“g0s”，必须使用符号工具箱，参见图6-4-1。

（2）计算比例系数 K_p 和微分系数 K_d 的程序段

本段程序完成式（6-4-9）~式（6-4-15）的计算。语句命令如下：

```
Gjwc = subs(g0s,s,j * Wc);% 穿越频率处的频率特性,参见式(6-4-9)
u = real(Gjwc);% 穿越频率处的实频特性
v = imag(Gjwc);% 穿越频率处的虚频特性
g0wc = u^2 + v^2;
theta = ( -180 + dpm) * pi / 180;% 穿越频率处的相位,参见式(6-4-10)
Kp = (u * cos(theta) + v * sin(theta)) / g0wc;% 比例系数,参见式(6-4-14)
Kp = double(Kp);% 比例系数
Kd = ((u * sin(theta) - v * cos(theta)) / g0wc + Ki / Wc) / Wc;% 微分系数,参见式(6-4-15)
Kd = double(Kd)% 微分系数
```

（3）积分时间常数 T_i 和微分时间常数 T_d 的计算及其调整

本仿真仪在计算出积分时间常数 T_i 和微分时间常数 T_d 之后，利用前面板的控制节点对其进行调整，可以方便地研究PID调节器中，积分环节和微分环节对校正结果的影响。

```
Td = Kd / Kp;
Td1 = double(kd * Td);% 调整后的微分时间常数
Ti = Kp / Ki;
Ti1 = double(ki * Ti);% 调整后的积分时间常数
gcc = tf([Kp * Td1 Kp Kp / Ti1],[0 1 0]);% PID 调节器
[nk,dk] = tfdata(gcc,'v');
Ki1 = Ki / ki;Kd1 = Kd * kd;Kp1 = Kp;% 调整后的积分、微分比例系数
gcp = tf(Kp1) + tf(Ki1,[1 0]) + tf([Kd1 0],1);
```

程序中，前面板上的积分修正系数 $k_i>0$，k_i 越大，积分功能越弱。微分修正系数 k_d 不小于0，当取 $k_d=0$ 时，微分环节不起作用，PID校正退化成PI校正。

请注意，最后进入PID调节器的各参数都是经过修正以后的参数。式（6-4-2）和式（6-4-3）的各种表达形式都是等价的，例如程序中的gcc和gcp完全相同。

（4）修正 T_i，T_d 对校正结果的影响

解析方法设计PID调节器可以完全满足规定的设计指标，参见图6-4-2，在不对 T_i，T_d 修正（$k_i=k_d=1$）时，校正后的相位裕度和幅值穿越频率与规定指标完全相同，但是校正后的单位阶跃响应曲线并不理想。通过使用前面板的控制节点连续改变修正系数 k_d 和 k_i，对 T_i，T_d 进行修正，可以进一步提高系统的动态性能，如图6-4-3所示。

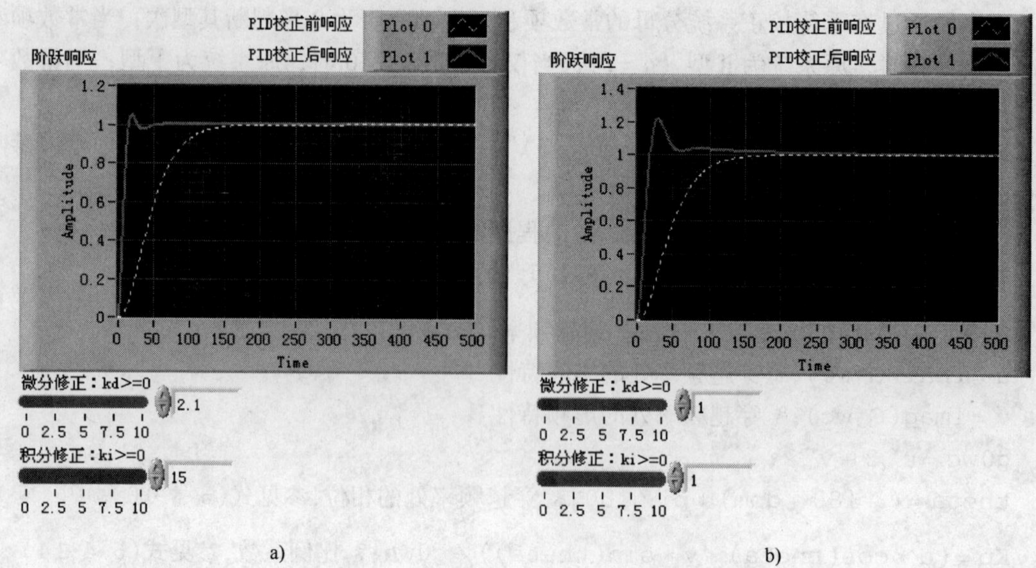

图 6-4-3　修正 T_i，T_d 对动态特性的影响

a）对 T_i，T_d 进行修正　b）不对 T_i，T_d 进行修正

修正后系统的超调明显下降，快速性明显提高。

分析一下 T_i，T_d 修正前后系统闭环极点的分布，研究一下系统动态性能提高的机理。

修正前（$k_i = k_d = 1$），仿真实例的各传递函数如下：

PID 调节器（gcc）

$$G_c(s) = \frac{0.4638s^2 + 6.736s + 5}{s} \tag{6-4-16}$$

校正后开环系统（sysk）

$$G_K(s) = \frac{185.5s^2 + 2694s + 2000}{s^2\ (s^2 + 30s + 200)} \tag{6-4-17}$$

校正后为Ⅱ型系统，恒加速稳态误差为设计指标 0.1，恒速输入和阶跃输入时为无差系统。

校正后闭环系统

$$G_B(s) = \frac{185.5s^2 + 2694s + 2000}{s^4 + 30s^3 + 385.5s^2 + 2694s + 2000} \tag{6-4-18}$$

闭环零极点分布

```
Zb1 =
   -13.7377
   -0.7847
Pb1 =
   -15.9178
   -6.6231 +10.3169i
   -6.6231 -10.3169i
   -0.8359
```

```
Kb1 =
  185.5346
```

闭环零点完全由 PID 调节器的零点贡献。最靠近的零极点分别为 -0.7847 和 -0.8359，相差约 6%，不能进行零极点对消。

修正后（$k_i=15$，$k_d=2.1$），同一待校正仿真实例的各传递函数如下：

PID 调节器

$$G_c(s)=\frac{0.9741s^2+6.736s+0.3333}{s} \tag{6-4-19}$$

校正后开环系统

$$G_K(s)=\frac{389.6s^2+2694s+133.3}{s^2\ (s^2+30s+200)} \tag{6-4-20}$$

校正后闭环系统

$$G_B(s)=\frac{389.6s^2+2694s+133.3}{s^4+30s^3+589.6s^2+2694s+133.3} \tag{6-4-21}$$

闭环零极点分布

```
Zb2 =
  -6.8656
  -0.0498
Pb2 =
  -11.9773 +17.3508i
  -11.9773-17.3508i
  -5.9954
  -0.0500
Kb2 =
  389.6226
```

最靠近的零极点分别为 -0.0498 和 -0.0500，二者相差约 0.4%，可以进行零极点对消。对消后的闭环传递函数为

$$G_{Bx}(s)=\frac{389.6226\ (s+6.866)}{(s+5.995)\ (s^2+23.95s+444.5)} \tag{6-4-22}$$

系统由 4 阶降成 3 阶。修正前后的相对稳定性指标如图 6-4-4 所示。相位裕度由 50°提高到 63.3604°，幅值穿越频率由 10rad/s 提高到 14.3883rad/s，致使系统快速性和超调都有较大改善。

(5) 关于Ⅱ型系统 PID 校正仿真的一些讨论

对Ⅱ型系统进行 PID 校正，获得的开环传递函数将含有 3 个积分环节，其伯德图相频曲线起始相位为 -270°，在整个仿真频段可能只对 -180°线相交一次（正穿越），因而出现两个特点。

第一，按照以往程序绘制伯德图，其相频曲线可能出现起始于正 90°的问题，这是由于反正切函数主值限制所致。当使用以往的伯德图绘制程序（例如图 6-3-10）对Ⅱ型

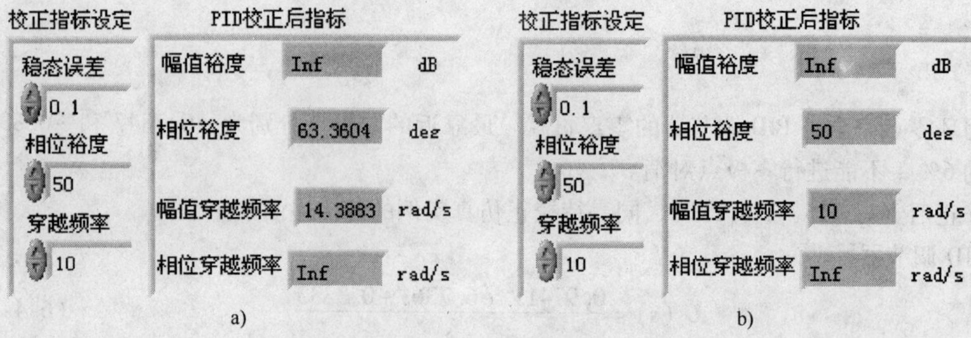

图 6-4-4　修正 T_i，T_d 对相对稳定性的影响

a）对 T_i，T_d 进行修正　b）不对 T_i，T_d 进行修正

系统

$$G_0(s)=\frac{400}{s^2(s+30)} \tag{6-4-23}$$

进行 PID 校正时，在其余参数不变的情况下，伯德图将如图 6-4-5 所示。系统式（6-4-23）和 PID 校正后系统（sysk）的相频曲线（plot3 和 plot4）分别起始于 180°和 90°，未能反映相频滞后的特征。

为了避免这种情况，本仿真仪伯德图绘制程序添加了型次判断功能块：

```
[mu0,pu0] = bode(g0k,w0);% 待校正系统伯德图数据
mu0 =20 * log10(mu0(1,:));% 待校正系统伯德图幅频特性数据
if n = =2 % 如果待校正系统是Ⅱ型系统
pu0 =pu0(1,:)-360;%  Ⅱ型系统相频数据
else
pu0 =pu0(1,:);%  0 型和Ⅰ型系统相频数据
end
[mu2,pu2] = bode(gcc,w0);%  PID 调节器伯德图数据
mu2 =20 * log10(mu2(1,:));
pu2 =pu2(1,:);
[mu1,pu1] = bode(sysk,w0);%  PID 校正后系统伯德图数据
mu1 =20 * log10(mu1(1,:));
pu1 =pu0 +pu2;%  PID 校正后系统相频数据计算方法
phb = -180 +0 * w0;% 伯德图上 -180 度线
```

经过修改后，在同样条件下，系统式（6-4-23）校正前后的伯德图如图 6-4-6 所示。

在上述程序中，对Ⅱ型系统的相频数据使用减去 360°的计算方法，同时，对于 PID 与原系统串联后的相频数据使用二者相频数据相加的计算方法。

第二，可能造成幅值裕度为负值，但系统却是稳定的矛盾情况，这方面请读者参考有关论著。不同的学者，对于稳定性的伯德判据尚有不同论述[12]。

对系统式（6-4-23）进行常规 PID 校正后的前面板如图 6-4-7 所示。

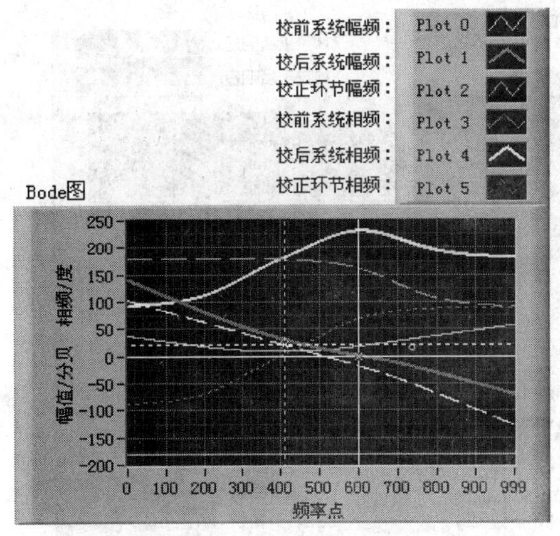

图 6-4-5　不正确的Ⅱ型系统相频曲线图

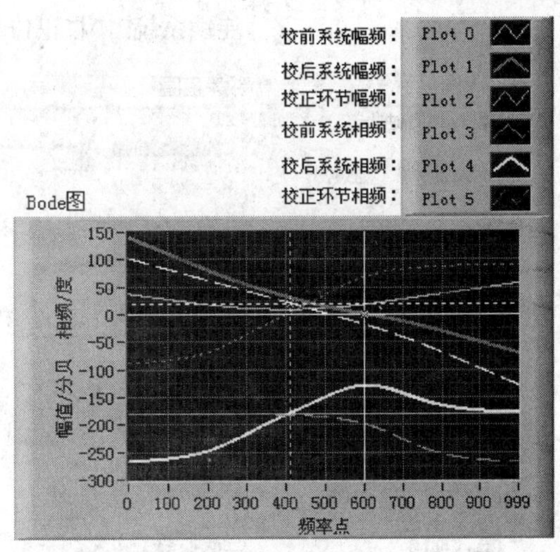

图 6-4-6　正确的Ⅱ型系统相频曲线图

由图可见，系统式（6-4-23）经 PID 校正后，示出的幅值裕度为 -30.47dB，参见图 6-4-7“Bode 图”中实线坐标系（cursor1）所示。这是使用命令 margin（sysk）获得的，这表明命令“margin”所获得的结果判断系统稳定性有时会出现偏差。

分析图 6-4-7 的各传递函数，可以证明该系统校正前不稳定，经 PID 校正后系统稳定。

PID 校正环节（gcc）

$$G_c(s)=\frac{0.7427s^2+2.906s+0.75}{s} \tag{6-4-24}$$

PID 校正后系统开环传递函数（sysk）

$$G_k(s)=\frac{297.1s^2+1162s+300}{s^3(s+30)} \tag{6-4-25}$$

校正后开环系统为Ⅲ型。

PID 校正后系统闭环传递函数

$$G_B(s)=\frac{297.1s^2+1162s+300}{s^4+30s^3+297.1s^2+1162s+300} \tag{6-4-26}$$

PID 校正后系统闭环零极点分布为

```
Zb =
   -3.6345
   -0.2778
Pb =
   -15.7390
   -6.9919 +4.4582i
   -6.9919-4.4582i
   -0.2772
Kb =
  297.0921
```

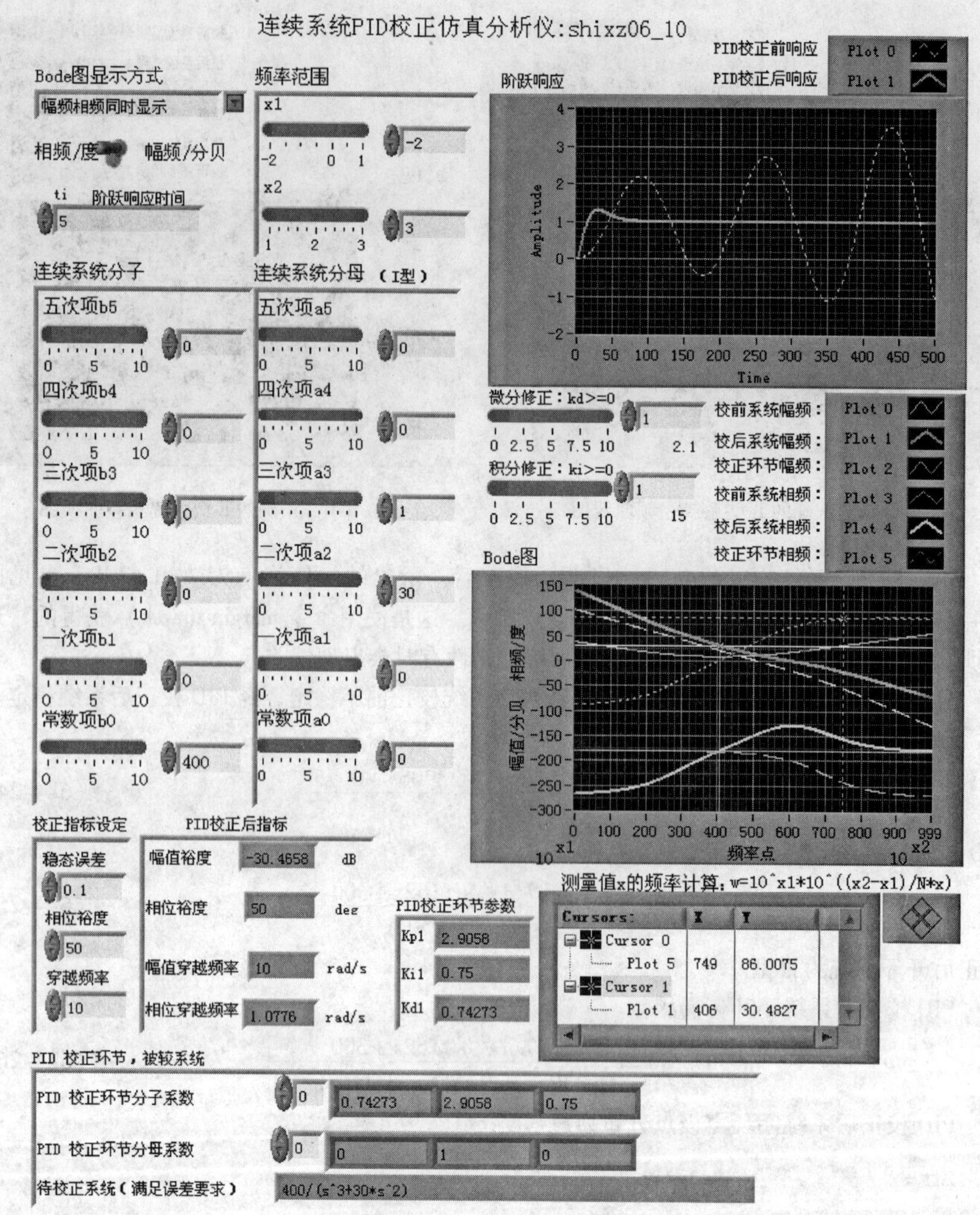

图 6-4-7　对系统式（6-4-23）的 PID 校正前面板

闭环极点全部处于复平面左边，而且具有零极点相消的条件。

2. 改进型 PID 校正设计仿真仪[13]

例 6-10 通过解析方法得到常规 PID 调节器的设计参数。在工程实用中，这种 PID 调节器有一定的局限，常常需要进行改进。下面介绍一种改进型 PID 校正设计仿真仪，并且利用虚拟仪器面板上的控件功能，直接使用仿真结果研究调节器参数对校正结果的影响，借助于图形方法，在获得优良控制效果的基础上获得改进 PID 调节器的参数。

设反馈控制系统框图如图 6-4-8 所示，图中 $G_c(s)$ 采用图 6-4-9 不完全微分的改进型 PID 调节器。引入低通滤波器改进理想微分器，可以更好地抑制高频干扰，减弱对噪声的放大。

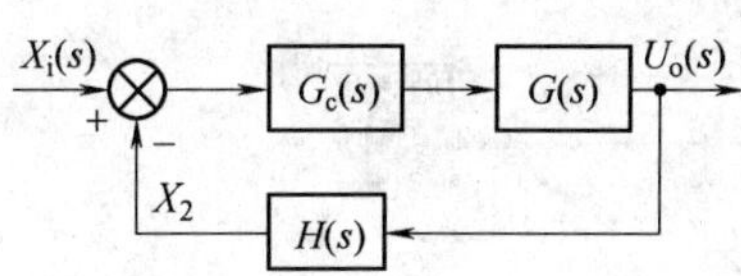

图 6-4-8　反馈控制系统框图

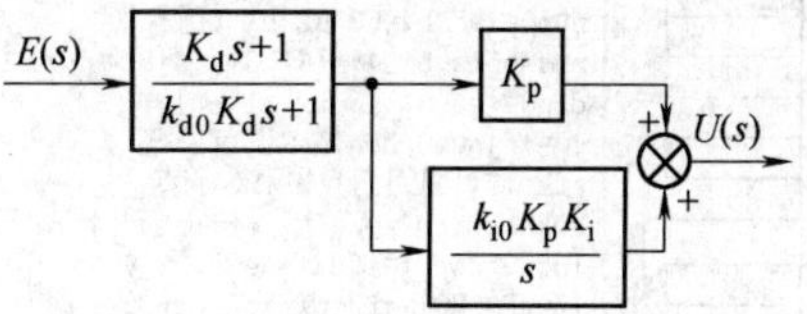

图 6-4-9　改进型 PID 调节器框图

改进型 PID 调节器（图 6-4-9）的传递函数为

$$G_c(s)=\frac{K_p[K_d s^2+(k_{i0}K_d K_i+1)s+k_{i0}K_i]}{s(k_{d0}K_d s+1)} \tag{6-4-27}$$

式中，K_p 为比例系数；K_d 为微分时间常数；K_i 为积分时间常数的倒数；k_{d0}是调节低通滤波器时间常数的系数；k_{i0}为控制积分环节的常数，$k_{i0}=1$ 表示投入积分环节，$k_{i0}=0$ 表示切除积分。

通过参数选择与调整，式（6-4-27）（图 6-4-9）可以构成多功能校正环节。其中包括不实施校正，采用 P、PI、PD 或 PID 等校正方法实施校正，简述如下：

1）当 $K_p=1$，$k_{d0}=1$，$k_{i0}=0$ 时，式（6-4-27）为

$$G_c(s)=\frac{K_p(K_d s^2+s)}{K_d s^2+s}=K_p\rightarrow 1 \tag{6-4-28}$$

比例、积分和微分环节均不投入。校正环节出现两对零极点对消，不起校正作用，便于研究被控对象校正前的特性。如果此时 K_p 不等于 1，校正环节成为单一的比例（P）环节。

2）当 $k_{i0}=0$，K_p 和 k_{d0}可调且不为 1 时，式（6-4-27）为

$$G_c(s)=\frac{K_p(K_d s+1)}{k_{d0}K_d s+1} \tag{6-4-29}$$

校正环节对消了原点处的零极点，成为带低通滤波器的比例微分（PD）调节器。调节 K_p 可以改变增益，调节 k_{d0}和 K_d，特别是 k_{d0}，可以改变 PD 调节器的频率特性，从而改变其校正功能。为使 PD 调节器具有超前校正功能，应当使 k_{d0}在区间（0，1）之间可调。

3）当 $k_{d0}=1$，$k_{i0}=1$，K_p 可调，式（6-4-27）为

$$G_p(s)=\frac{K_p(s+K_i)}{s} \tag{6-4-30}$$

在对消了（$-1/K_d$）处的零极点之后，校正环节成为比例积分（PI）调节器。

4）当 $k_{i0}=1$，$k_{d0}\neq 1$，K_p 可调且不为 1 时，式（6-4-27）为

$$G_c(s)=\frac{K_p[K_d s^2+(K_d K_i+1)s+K_i]}{s(k_{d0}K_d s+1)} \tag{6-4-31}$$

校正环节还原成完整的 PID 调节器，可调参数为 4 个。

改进型 PID 校正设计、仿真仪见例 6-11。

【例 6-11】 采用不完全微分的改进型 PID 校正设计、仿真仪[13]。

不完全微分 PID 校正设计、仿真仪程序如 shixz06_11 所示。程序框图面板和前面板分别

如图 6-4-10 和图 6-4-11 所示。

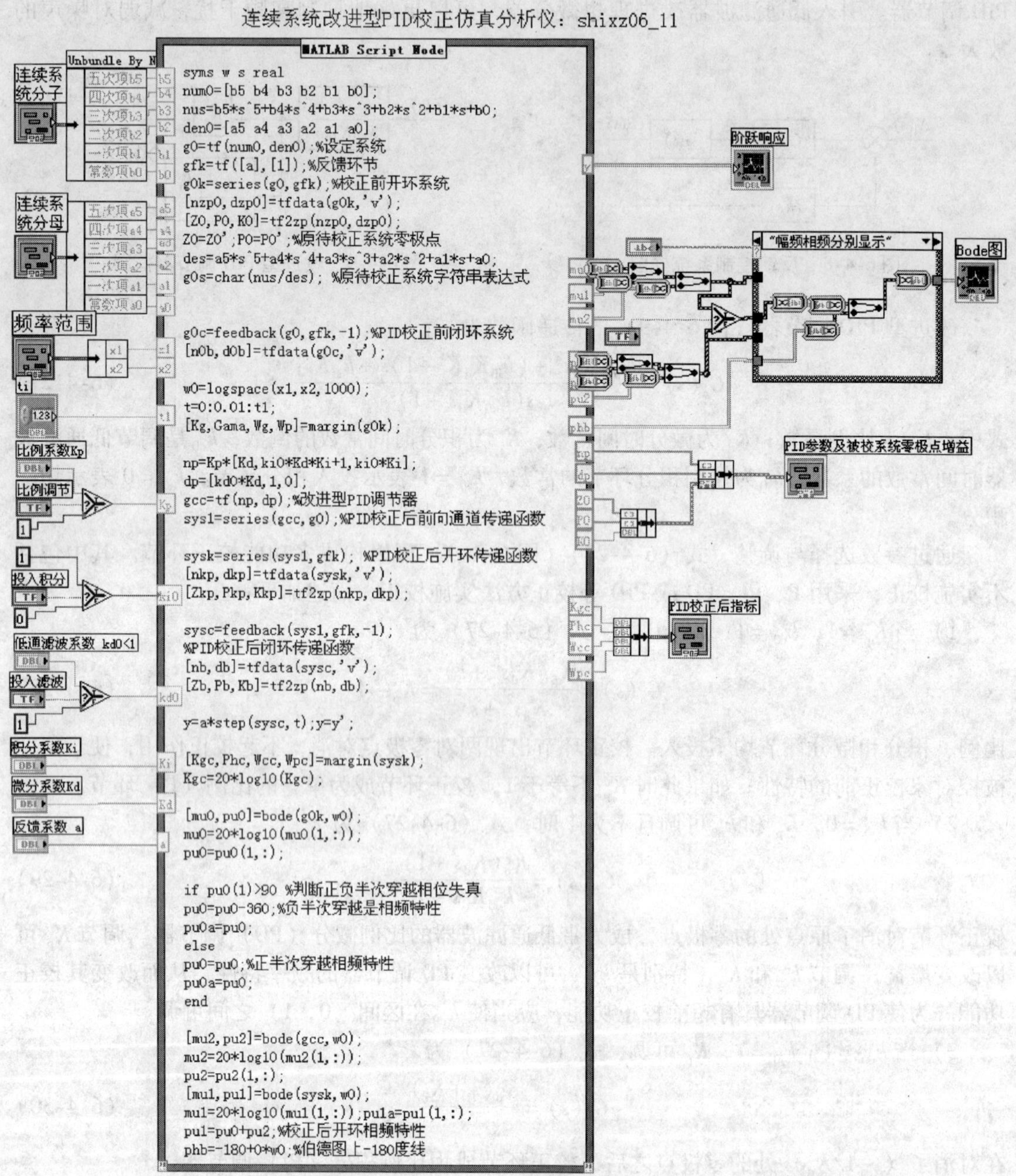

图 6-4-10　程序 shixz06_11 框图面板

程序说明：

(1) PID 调节器几种算法的切换

本仿真仪的主要特点是 PID 调节器的参数通过前面板的对应控件调节设定，主要控件包括 3 个选择开关和 4 个可调参数滑竿，参见图 6-4-12。选择开关在程序面板中的输入接口如图 6-4-13 所示。

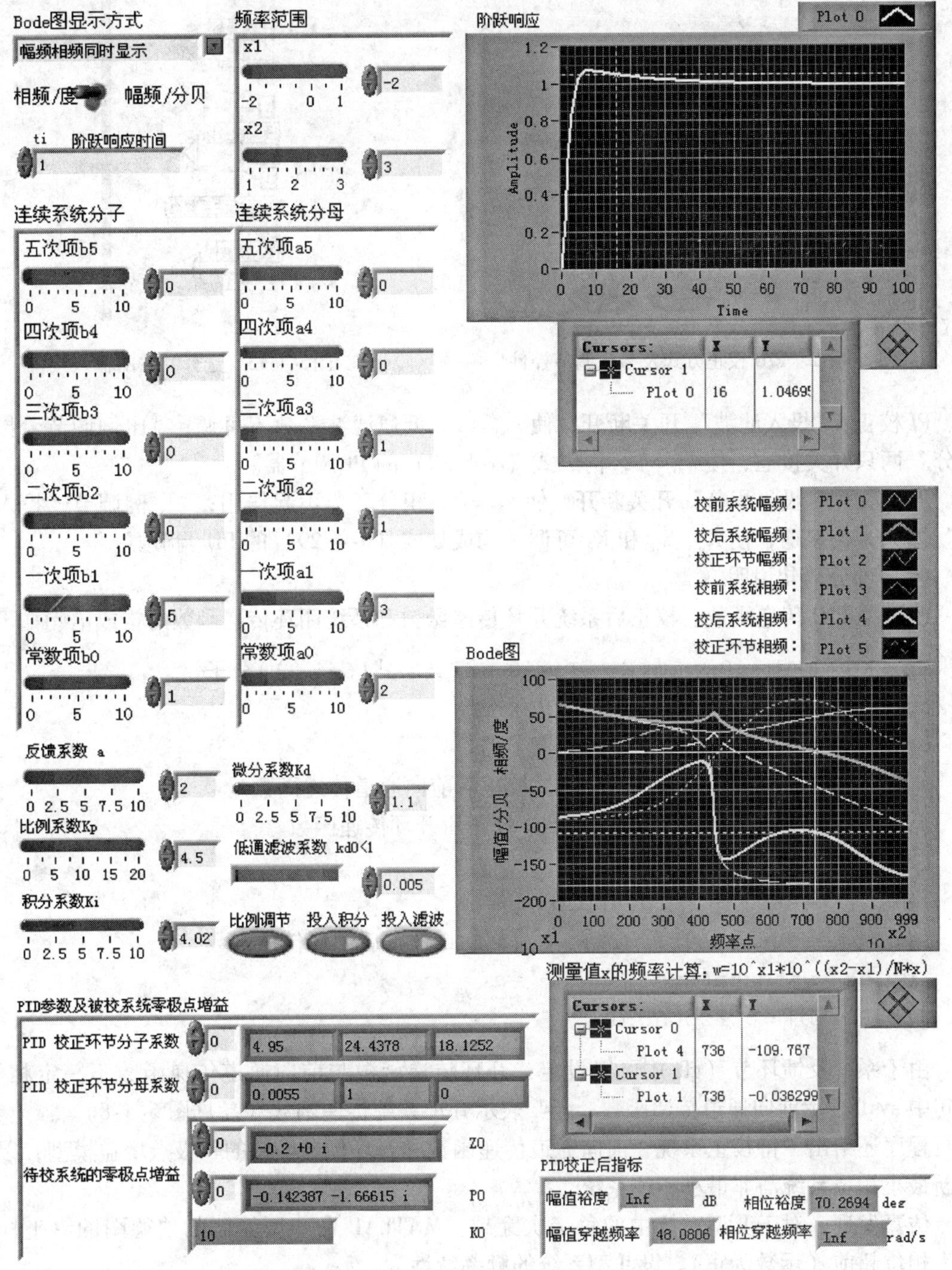

图 6-4-11　程序 shixz06_11 前面板

图 6-4-12 中“比例调节，投入积分，投入滤波”3 只开关有接通和断开两种状态，当开关上的小绿灯点亮时表接通，熄灭时表断开。

完整的 PID 校正：3 只开关均接通。“投入积分”使 $k_{i0}=1$，“比例调节”和“投入滤波”分别使比例系数 K_p 和低通滤波系数 k_{d0} 可调。

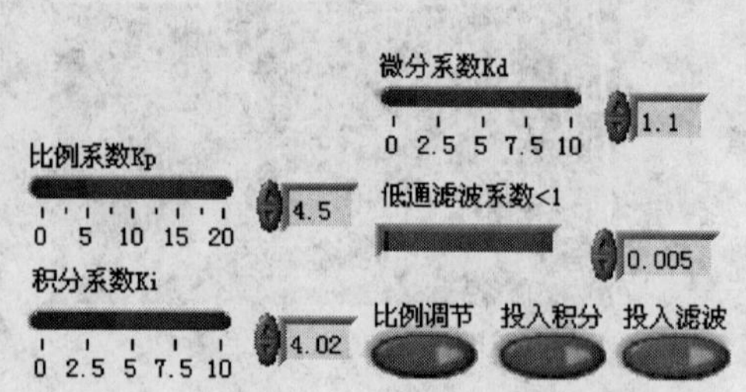

图 6-4-12　PID 校正方式及参数调节控件

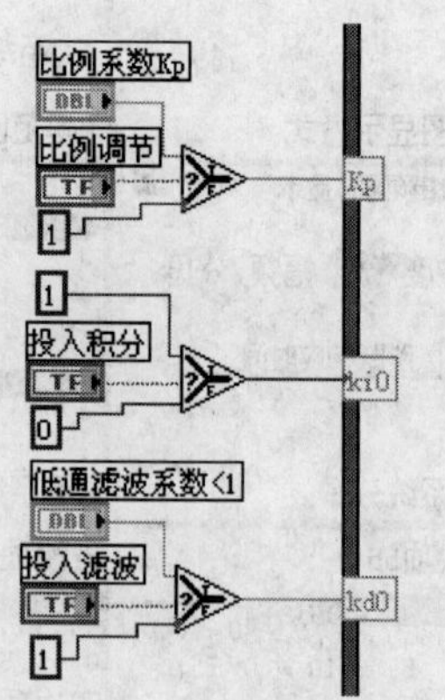

图6-4-13　选择开关的输入接口

PI 校正：“投入滤波”开关断开，使 $k_{d0}=1$，低通滤波系数不可调；“比例调节，投入积分”两只开关接通，使 $k_{i0}=1$，构成式（6-4-30）的 PI 调节器。

PD 校正：“投入积分”开关断开，使 $k_{i0}=0$，积分环节不起作用；“比例调节，投入滤波”两只开关接通，使 K_p，k_{d0}和 K_d 可调，构成如式（6-4-29）的 PD 调节器。

（2）部分语句说明

改进型 PID 传递函数、校正后系统开环传递函数和系统闭环传递函数的构成语句如下：

```
np = Kp * [Kd,ki0 * Kd * Ki +1,ki0 * Ki];% 式(6-4-31)分子
dp = [kd0 * Kd,1,0];% 式(6-4-31)分母
gcc = tf(np,dp);% 改进型 PID 调节器
sys1 = series(gcc,g0k);% PID 校正后前向通道传递函数
sysk = series(sys1,gfk);% PID 校正后开环传递函数
[nkp,dkp] = tfdata(sysk,'v');
[Zkp,Pkp,Kkp] = tf2zp(nkp,dkp);
sysc = feedback(sys1,gfk, -1);% PID 校正后闭环传递函数
[nb,db] = tfdata(sysc,'v');
[Zb,Pb,Kb] = tf2zp(nb,db);
```

由于系统反馈环节（gfk）可以设定，开环传递函数与前向通道传递函数不一定相等，语句中 sys1 表示前向通道传递函数，sysk 表示开环系统传递函数（参见图 6-4-8）。

程序还给出了待校正系统、前向通道传递函数和开环传递函数的零极点增益模型，以便判断最小相位系统与非最小相位系统。

仿真发现，对于Ⅱ型系统中的负半次穿越，MATLAB 命令所绘制的伯德图的纵坐标表达为相位超前（示数为正）。设Ⅱ型系统的频率特性为

$$G(j\omega)=\frac{1+jT_1\omega}{(j\omega)^2(1+jT_2\omega)} \tag{6-4-32}$$

当系统中 $T_1<T_2$，导前环节的转角频率大于惯性环节的转角频率（$\omega_{c1}=1/T_1>\omega_{c2}=1/T_2$）时，惯性环节相位滞后作用先于导前环节相位超前作用，总体效果滞后。对数相频曲线起始于 $-180°$，并且构成负半次穿越。以 $T_1=5$，$T_2=10$ 为例有

$$G(s)=\frac{5s+1}{s^2(10s+1)}\xrightarrow{s=j\omega}\frac{1+j5\omega}{(j\omega)^2(1+j10\omega)} \tag{6-4-33}$$

对系统（6-4-33）使用命令 bode 所编写的相频特性曲线语句为

```
w0 = logspace( -2,3,1000);g1 = tf([5 1],[10 1 0 0]);
bode(g1,w0),grid
[mu1,pu1] = bode(g1,w0);
pu1 = pu1(1,:);
figure,plot(w0,pu1),grid
```

得到对数相频特性曲线如图 6-4-14 所示。曲线纵坐标示数为正相位，不能真实反映式（6-4-33）总体的相位滞后和起始负半次穿越的相频特性。

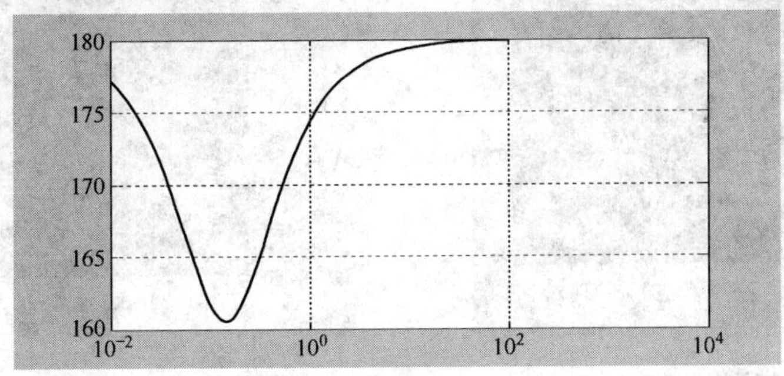

图 6-4-14　bode 命令未能正确反映Ⅱ型系统式（6-4-33）相频特性

本仿真仪对此段程序进行如下修改：

```
[mu0,pu0] = bode(g0k,w0);
mu0 =20 * log10(mu0(1,:));
pu0 = pu0(1,:);
if pu0(1) >90 % 判断正负半次穿越相位失真
pu0 = pu0-360;% 负半次穿越时相频特性
else
pu0 = pu0;% 正半次穿越相频特性
end
```

将系统式（6-4-33）输入仿真仪 shixz06_11，运行后得到如图 6-4-15 所示的对数相频特性曲线，能够正确反映滞后和负半次穿越的特征。

(3) 仿真实例的传递函数

校正前的系统开环传递函数（g0k）

$$G_{0K}(s)=\frac{10s+2}{s^3+s^2+3s+2} \tag{6-4-34}$$

校正前的系统闭环传递函数（g0c）

$$G_{0c}(s)=\frac{5s+1}{s^3+s^2+13s+4} \tag{6-4-35}$$

注意反馈系数为2。

改进型PID调节器（gcc）

$$G_c(s)=\frac{4.95s^2+24.44s+18.13}{0.0055s^2+s} \tag{6-4-36}$$

校正后系统开环传递函数（sysk）

$$G_K(s)=\frac{49.5s^3+254.3s^2+230.1s+36.25}{0.0055s^5+1.006s^4+1.017s^3+3.011s^2+2s} \tag{6-4-37}$$

采用幅频、相频分别显示方式校正前系统，PID校正环节和校正后开环系统的相频曲线如图6-4-16。

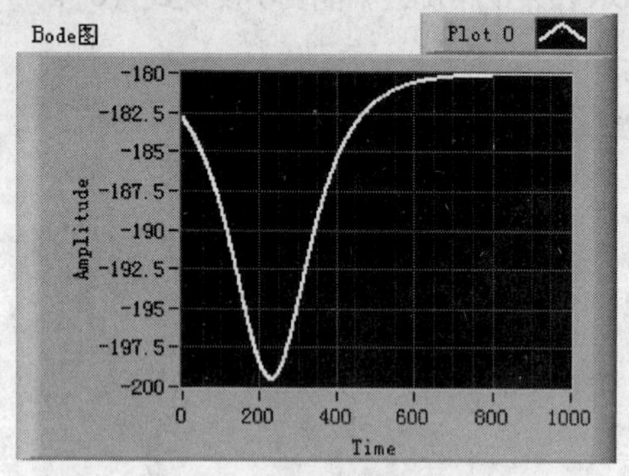

图6-4-15　Ⅱ型系统式（6-4-33）的负半次穿越相频特性曲线

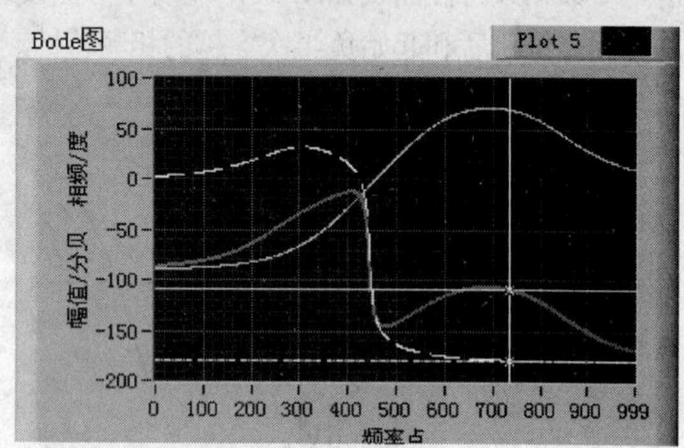

图6-4-16　PID校正环节和校正后开环系统的相频曲线

图中虚线为校正前系统式（6-4-34）相频特性曲线，PID校正环节显示出滞后超前相频特性，校正后开环系统式（6-4-35）相频特性起始于$-90°$，终止于$-180°$。

校正后系统闭环传递函数（sysc）

$$G_B(s)=\frac{24.75s^3+127.1s^2+115.1s+18.13}{0.0055s^5+1.006s^4+50.52s^3+257.3s^2+232.1s+36.254} \tag{6-4-38}$$

作为对比，图6-4-17给出图6-4-11仿真实例校正前后系统的单位阶跃效应曲线。

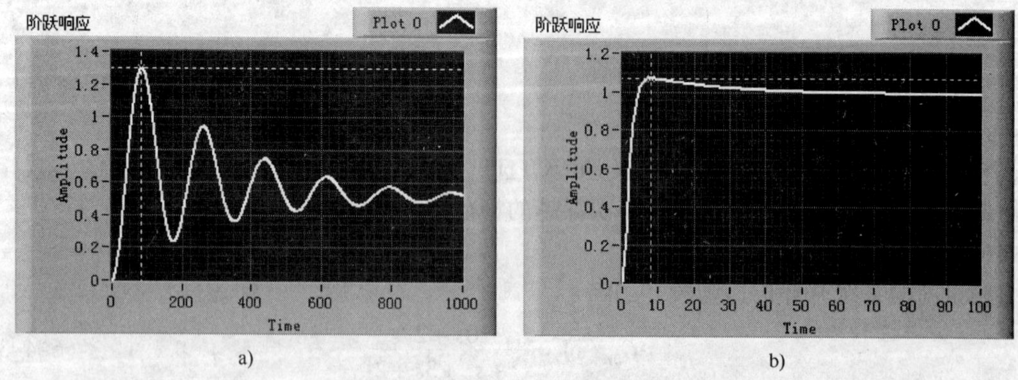

图6-4-17　校正前后单位阶跃效应曲线对比

a）校正前　b）校正后

(4) 仿真结果的显示与直接测量

仿真仪前面板上提供的数字显示器可以直接显示仿真结果，也可以使用前面板上示波器内的测量坐标对仿真结果进行测量，参见图 6-4-11。

PID 调节器参数和待校系统零极点增益数字显示器簇如图 6-4-18 所示。

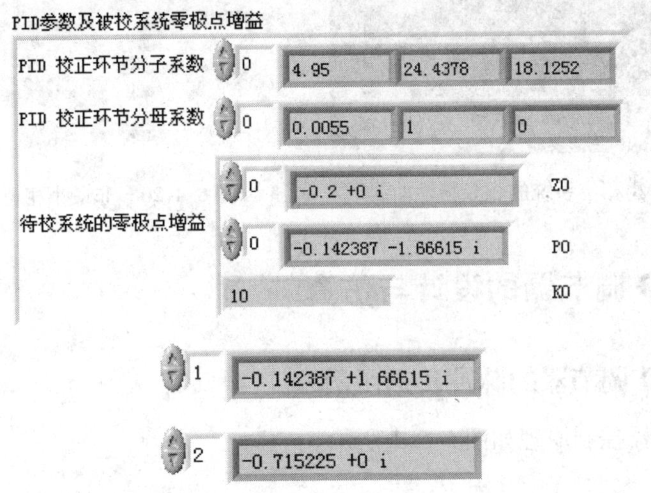

图 6-4-18　PID 调节器参数和待校系统零极点增益数字显示器簇

PID 算法与式 (6-4-31) 一致。根据使用者在前面板上选择调整的参数，参数由算法式 (6-4-31) 决定。

“待校系统的零极点增益”显示的是校正前系统开环传递函数 (g0k) (式 6-4-34) 的数据 (参见图 6-4-8)。注意图 6-4-18 中极点只显示了一个数值，其余两个极点可以通过改变簇的数组索引得到。

由坐标系测量校正后系统时域性能指标如下：峰值时间为 0.08s，超调约为 7%，当规定误差带为 ±5% 时，调整时间为 0.16s。可见，校正后系统时域性能有很大提高。

由坐标系测量部分频域性能指标如下：将图 6-4-11 的幅值穿越频率代入起始和终止频率点，幅频曲线穿越 0dB 线的频率点 736，得

$$\omega_c = 10^{x1} \cdot 10^{[(x2-x1)x/N]} = 10^{-2} \cdot 10^{736*0.005}\text{rad/s} = 47.8630\text{rad/s}$$

相位裕度 $\gamma = 180° - 109.77° = 70.23°$，结果和数字指示器之间的误差在允许范围之内。

作为对比，此处研究一个非最小相位系统的仿真结果。

在仿真仪上输入原始开环系统

$$G_0(s) = \frac{5s+1}{s^3+s^2+3s+4} \tag{6-4-39}$$

得到系统对数相频特性曲线如图 6-4-19 所示，待校正系统零极点增益如图 6-4-20 所示。

分别对比图 6-4-19 与图 6-4-16，图 6-4-20 与图 6-4-18，由于非最小相位系统式 (6-4-39) 有一对正实部共轭极点，因此总体相位超前。

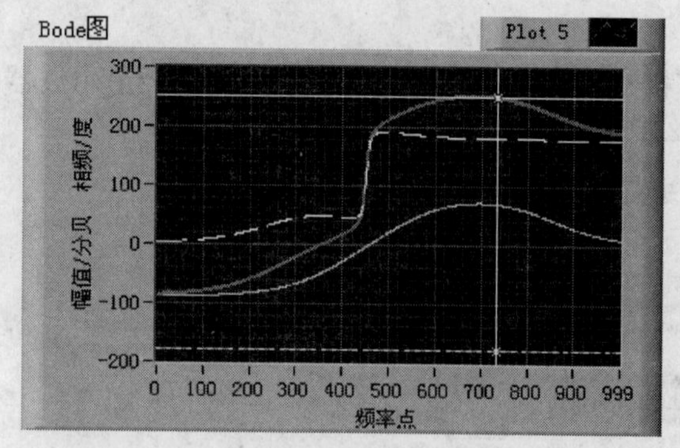

图 6-4-19　非最小相位系统的相频特性曲线

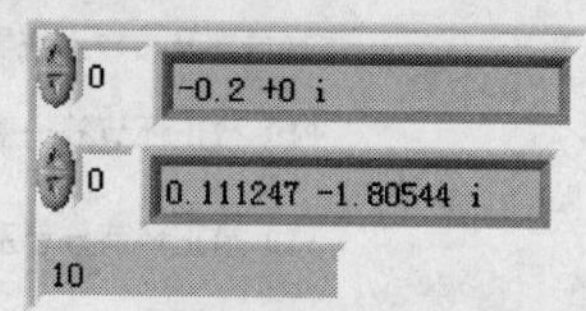

图 6-4-20　非最小相位系统的零极点增益

6.5　数字 PID 调节器的设计与仿真

6.5.1　数字 PID 调节器的脉冲传递函数

数字 PID 调节器控制原理如图 6-5-1 所示。

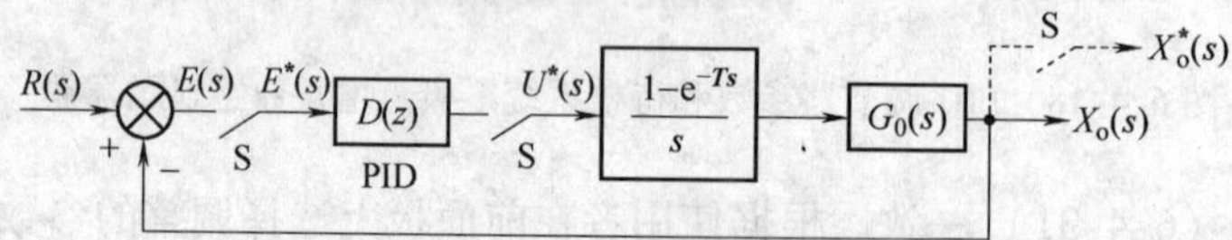

图 6-5-1　数字 PID 调节器控制原理图

将式（6-4-2）连续 PID 调节器的积分和微分环节使用后向差分法

$$s = \frac{1 - z^{-1}}{T} \tag{6-5-1}$$

进行离散，得到

$$D(z) = K_{\mathrm{p}}\left[1 + \frac{T}{T_{\mathrm{i}}}\frac{1}{1 - z^{-1}} + \frac{T_{\mathrm{d}}}{T}(1 - z^{-1})\right] = K_{\mathrm{p}} + \frac{K_{\mathrm{I}}}{1 - z^{-1}} + K_{\mathrm{D}}(1 - z^{-1}) \tag{6-5-2}$$

式中，T 为采样周期；K_{p}、K_{I}、K_{D} 分别是离散 PID 的比例、积分和微分系数。相对于连续系统的积分和微分系数有

$$K_{\mathrm{I}} = K_{\mathrm{i}}T \tag{6-5-3}$$

$$K_{\mathrm{D}} = K_{\mathrm{d}}/T \tag{6-5-4}$$

采样周期 T 对离散系统积分系数和微分系数的影响正好相反，在其他条件不变的情况下，采样周期增大，积分功能加强，微分功能减弱；反之亦反。为了强调，在这里使用大小写下标分别表示离散和连续 PID 的积分和微分系数，比例系数不受采样周期的影响。

写成 z 的正数幂形式有

$$\begin{aligned} D(z) &= \frac{(K_{\mathrm{p}} + K_{\mathrm{I}} + K_{\mathrm{D}})z^2 - (K_{\mathrm{p}} + 2K_{\mathrm{D}})z + K_{\mathrm{D}}}{z^2 - z} \\ &= \frac{(K_{\mathrm{p}} + K_{\mathrm{I}} + K_{\mathrm{D}})\left(z^2 - \dfrac{K_{\mathrm{p}} + 2K_{\mathrm{D}}}{K_{\mathrm{p}} + K_{\mathrm{I}} + K_{\mathrm{D}}}z + \dfrac{K_{\mathrm{D}}}{K_{\mathrm{p}} + K_{\mathrm{I}} + K_{\mathrm{D}}}\right)}{z^2 - z} \end{aligned} \tag{6-5-5}$$

如果对式（6-4-2）中的微分环节使用后向差分，对其中积分使用双向性变换

$$s=\frac{2}{T}\cdot\frac{z-1}{z+1} \tag{6-5-6}$$

可得

$$\begin{aligned}D(z)&=\frac{(2K_p+K_I+2K_D)z^2+(K_I-2K_p-4K_D)z+2K_D}{2z(z-1)}\\&=\frac{(2K_p+K_I+2K_D)\left(z^2+\frac{K_I-2K_p-4K_D}{2K_p+K_I+2K_D}z+\frac{2K_D}{2K_p+K_I+2K_D}\right)}{z^2-z}\end{aligned} \tag{6-5-7}$$

6.5.2 数字PID调节器的设计步骤

设计数字PID调节器就是要确定 K_p，K_I 和 K_D 这三个参数，主要步骤如下：

1）对被控对象 $G(s)$ 带零阶保持器离散化，得被控对象的脉冲传递函数

$$G(z)=(1-z^{-1})Z\left(\frac{G_0(s)}{s}\right) \tag{6-5-8}$$

并求出其所有极点 P_i（$i=1，2，\cdots，n$）。

2）求解积分系数 K_I。参见图6-5-1，经 $D(z)$ 校正后系统的开环脉冲传递函数为 $D(z)G(z)$，设已确定采样周期 T 和系统的稳态恒速误差 e_{sv}，则稳态恒速误差系数为

$$K_v=\frac{T}{e_{sv}}=\lim_{z\to 1}(z-1)D(z)G(z)=K_I\cdot G(1) \tag{6-5-9}$$

积分系数为

$$K_I=\left(\frac{T}{e_{sv}}\right)\Big/G(1) \tag{6-5-10}$$

3）求解比例系数 K_p 和微分系数 K_D。令调节器 $D(z)$ 的两个零点抵消被控对象的两个不稳定或远离原点的极点 p_1，p_2，可得关于 K_p 和 K_D 的两个方程，联立求解这两个方程即可解出 K_p 和 K_D。当采用式（6-5-5）的算法时时，得方程组

$$\begin{cases}\dfrac{K_p+2K_D}{K_p+K_I+K_D}=p_1+p_2\\[2ex]\dfrac{K_D}{K_p+K_I+K_D}=p_1p_2\end{cases} \tag{6-5-11}$$

当采用式（6-5-7）的算法时，得方程组

$$\begin{cases}\dfrac{2K_p-K_I+4K_D}{2K_p+K_I+2K_D}=p_1+p_2\\[2ex]\dfrac{2K_D}{2K_p+K_I+2K_D}=p_1p_2\end{cases} \tag{6-5-12}$$

4）在选择被控对象被抵消的极点时，若全部为实极点或复共轭极点，选择其绝对值最大的极点；若既有实极点又有复极点，选择一对具有最大模的复共轭极点。

5）检验校正效果，通过微调 K_D，提高校正性能。

6.5.3 数字PID调节器的设计仿真实例

【例6-12】 数字PID调节器的设计仿真分析仪。

数字 PID 调节器的设计仿真分析仪程序如 shixz06_12 所示。前面板和程序框图面板分别如图 6-5-2 和图 6-5-3 所示。

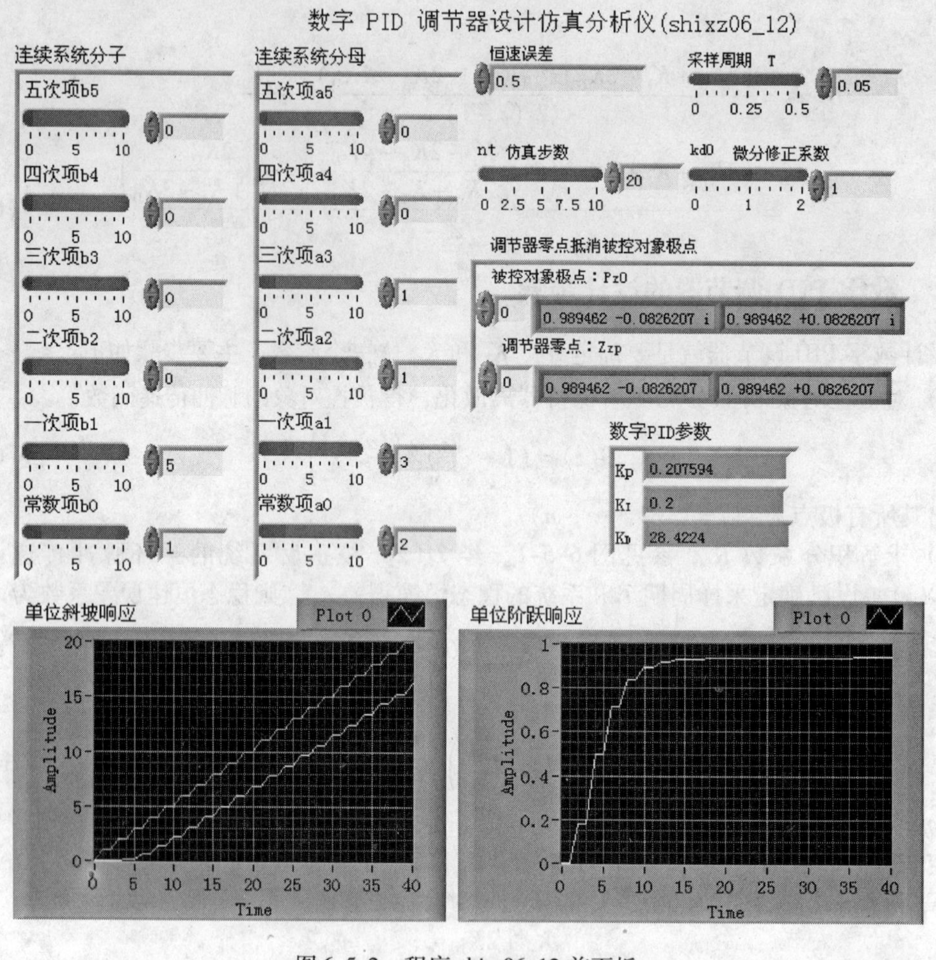

图 6-5-2　程序 shixz06_12 前面板

（1）离散化被控对象程序段

前面板由用户设定连续被控对象的传递函数，带零阶保持器离散化的程序段如下：

```
n0s = [b5 b4 b3 b2 b1 b0];
d0s = [a5 a4 a3 a2 a1 a0];
g0 = tf(n0s,d0s);% 设定系统
[ns0,ds0] = tfdata(g0,'v');% 连续系统分子分母多项式,供转换成零极点增益模型
[Zs0,Ps0,Ks0] = tf2zp(ns0,ds0);% 连续系统零极点增益数值
g0zp = zpk(Zs0,Ps0,Ks0);% 连续系统零极点增益模型
[numd,dend] = c2dm(ns0,ds0,T,'zoh');% 被控对象带零阶保持器离散化
gz1 = tf(numd,dend,T);% 被控对象脉冲传递函数模型
[Zz0,Pz0,Kz0] = tf2zp(numd,dend);% 离散化被控对象零极点增益数值
```

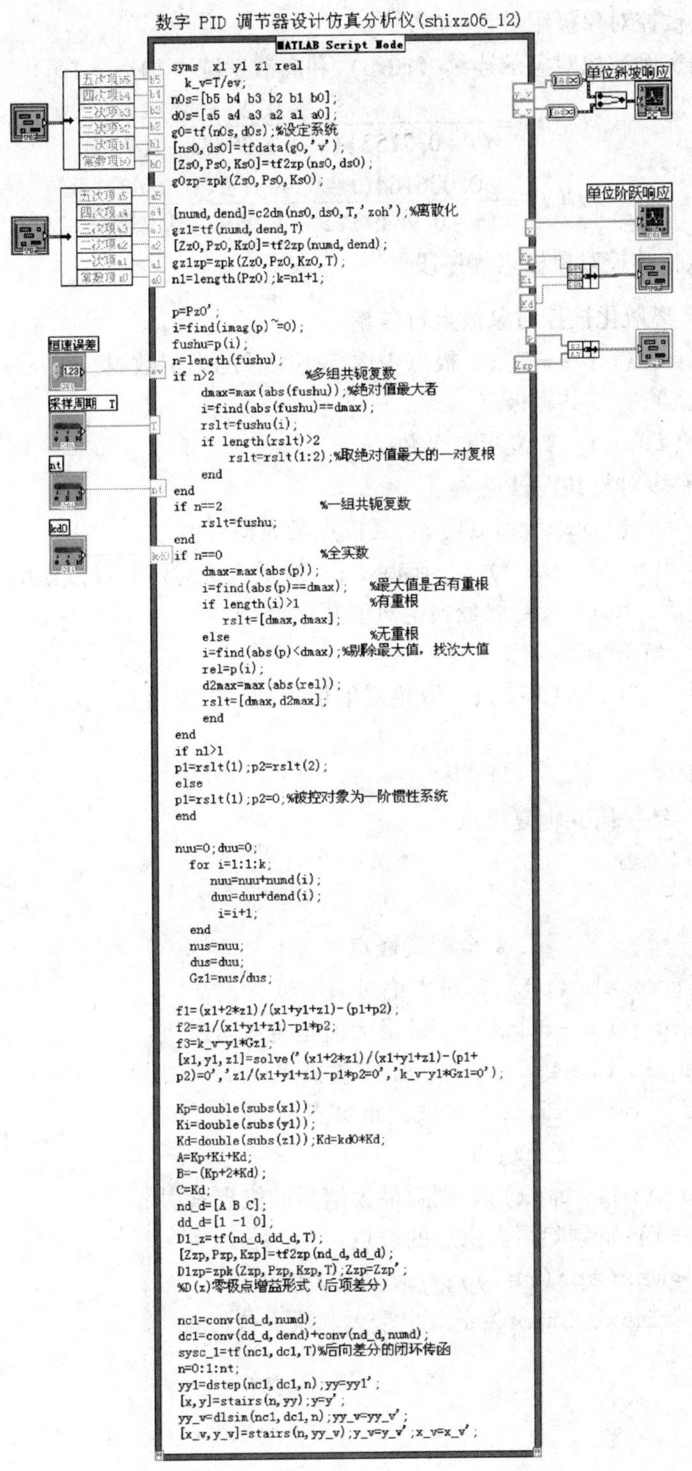

图 6-5-3 程序 shixz06_12 框图面板

```
gz1zp = zpk(Zz0,Pz0,Kz0,T);% 离散化被控对象零极点增益数值
n1 = length(Pz0);k = n1 +1;% 离散化被控对象阶数和特征多项式项数
```

最后一句用于求被控对象极限。

运行后可得实例被控对象的连续（g0zp）和离散系统（构造 gz1zp）

$$G_0(s)=\frac{5(s+0.2)}{(s+0.7152)(s^2+0.2848s+2.796)} \tag{6-5-13}$$

$$G(z)=\frac{0.006164(z-0.99)(z+0.9868)}{(z-0.9649)(z^2-1.979z+0.9859)} \tag{6-5-14}$$

（2）取离散化被控对象极点程序段

```
p = Pz0 ';% 离散化被控对象极点行矢量
i = find(imag(p) ~ =0);% 极点中虚部不为零的索引数组
fushu = p(i);% 复共轭极点
n = length(fushu);% 复极点个数
if n >2  % 多对复共轭极点
    dmax = max(abs(fushu));% 复极点最大绝对值
    i = find(abs(fushu) = = dmax);% 取最大绝对值复极点索引
    rslt = fushu(i);% 取最大绝对值复极点
    if length(rslt) >2
        rslt = rslt(1:2);% 取绝对值最大的一对复极点
    end
end
if n = =2  % 一组共轭复极点
    rslt = fushu;
end
if n = =0                % 全部实极点
    dmax = max(abs(p));% 最大绝对值实极点
i = find(abs(p) = =dmax);  % 最大值是否有重极点
    if length(i) >1          % 有重极点
     rslt =[dmax,dmax];% 取出重极点
    else          % 无重极点
i = find(abs(p) <dmax);% 剔除最大值后的极点索引
    rel =p(i);% 剔除最大值后的极点
    d2max = max(abs(rel));% 取出次大值极点
    rslt =[dmax,d2max];% 取出最大和次大值极点
    end
end
if n1 >1
p1 =rslt(1);p2 =rslt(2);% 取出被控对象两个极点
else
p1 =rslt(1);p2 =0;% 被控对象为一阶惯性系统
end
```

该程序段实现6.5.2节的设计步骤（4）。

运行后得 p1 =0.9895 -0.0826i，p2 =0.9895 +0.0826 i，如图6-5-4所示。

（3）计算被控对象当 $z=1$ 的值 $G(1)$，求出式（6-5-9）的极限值

```
nuu = 0;duu = 0;
  for i = 1:1:k
    nuu = nuu + numd(i);% G(z)分子各项系数累加
    duu = duu + dend(i);% G(z)分母各项系数累加
    i = i +1;
end
nus = nuu;
dus = duu;
Gz1 = nus / dus;% G(1)数值
```

运行后得到 $G(1)=0.5000$。

（4）求出由 K_p，K_D 和 K_I 构成数字PID调节器的程序段

在MATLAB符号工具箱下求解三元一次方程组，求解 K_p，K_D 和 K_I。

```
f1 = (x1 +2 * z1) / (x1 +y1 + z1) -(p1 +p2);% 式(6-5-11)的第一个方程
f2 = z1 / (x1 +y1 + z1)-p1 * p2;  % 式(6-5-11)的第二个方程
f3 = k_v-y1 * Gz1;% 式(6-5-9),
[x1,y1,z1] = solve('(x1 +2 * z1) / (x1 +y1 + z1)-(p1 +p2) =0 ','z1 / (x1 +
y1 + z1)-p1 * p2 =0 ','k_v-y1 * Gz1 =0 ');% 求解 x1,y1,z1
Kp = double(subs(x1));% 比例系数 Kp
Ki = double(subs(y1));% 积分系数 KI
Kd = double(subs(z1));Kd = kd0 * Kd;% 微分系数 KD 及其微调值
A = Kp + Ki + Kd;% D(z)分子二次项系数
B = -(Kp +2 * Kd);% D(z)分子一次项系数
C = Kd;% D(z)分子常数项
nd_d = [A B C];% D(z)分子多项式系数
dd_d = [1-1 0];% D(z)分母多项式系数
D1_z = tf(nd_d,dd_d,T);% D(z)传递函数
[Zzp,Pzp,Kzp] = tf2zp(nd_d,dd_d);% D(z)零、极点和增益
D1zp = zpk(Zzp,Pzp,Kzp,T);% D(z)零、极点和增益形式
```

运行后，数字PID（D1_z）参数如图6-5-5所示。PID调节器为

$$D(z)=\frac{28.83(z^2-1.979z+0.9859)}{z(z-1)} \tag{6-5-15}$$

对比式（6-5-15）与式（6-5-14）的零极点相消情况。

（5）显示说明

参见图6-5-2，两个示波器屏幕分别显示恒速响应（含输入）和单位阶跃响应。前面板使用数组簇给出调节器零点和被控对象极点。实例被控对象是3阶，有3个极点，使用数组

索引可以查看全部极点。PID 调节器的两个零点都已显示，如图 6-5-4 所示。图 6-5-5 示出了后向差分调节器的参数。

如果使用式（6-5-12）求解数字调节器 $D(z)$ 的参数，程序如 shixz06_12a 所示。与 shixz06_12 十分相似，对同样的被控对象获得的 PID 参数只有 K_p 有些差别，如图 6-5-6 所示。

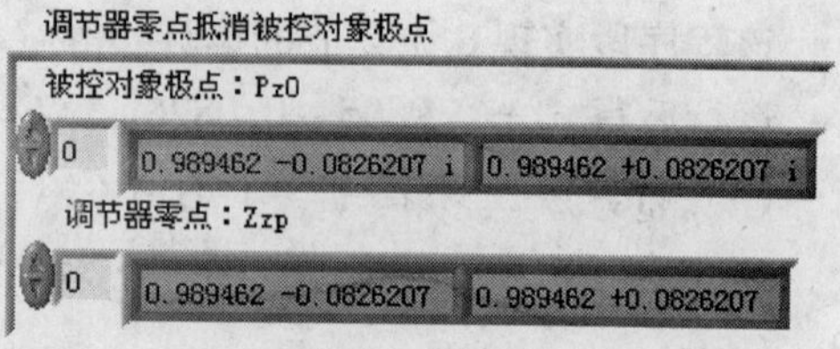

调节器零点抵消被控对象极点
被控对象极点：Pz0
0
0.989462 -0.0826207 i
0.989462 +0.0826207 i
调节器零点：Zzp
0
0.989462 -0.0826207
0.989462 +0.0826207

图 6-5-4　调节器与被控对象的零极点对消

数字PID参数
Kp 0.207594
KI 0.2
KD 28.4224

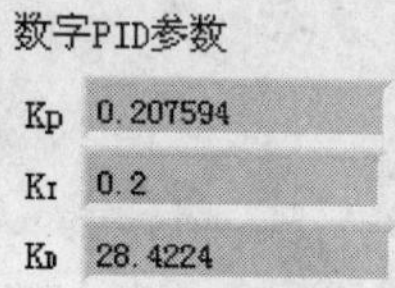

图 6-5-5　数字 PID 的参数
（积分取后向差分）

数字PID参数
Kp 0.307594
Ki 0.2
Kd 28.4224

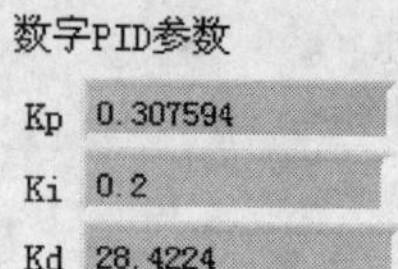

图 6-5-6　数字 PID 的参数
（积分取双线性变换）

6.6　大林算法仿真分析

6.6.1　大林算法的基本思路

工程实践中有一类被控对象是带有较大时延的惯性系统，对这类系统控制的基本要求是没有超调，响应的快速性退居次要地位，允许有较长的调整时间。针对这类被控对象，大林提出了自己的算法，比其他控制方法效果更好些。

设控制系统框图如图 6-6-1 所示。其中被控对象 $G_0(s)$ 为纯滞后一阶或二阶惯性系统，见式（6-6-1）。

R(s)
E(s)
E*(s)
D(z)
大林算法
U*(s)
1-e^-Ts
s
G0(s)
X*o(s)
Xo(s)
S
S
S
+
-

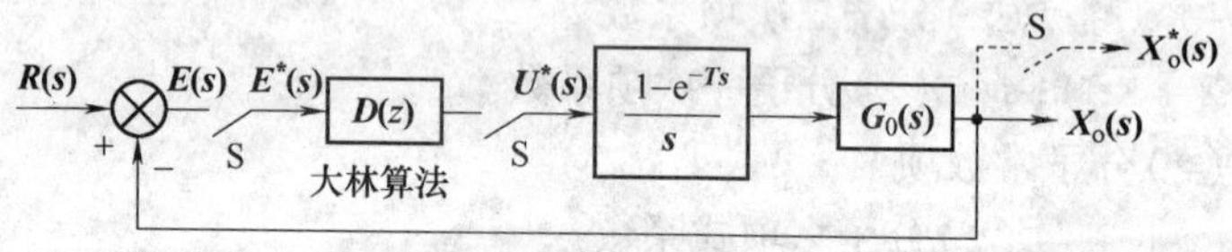

图 6-6-1　大林算法控制系统框图

纯滞后惯性系统

$$G_0(s) = \frac{Ke^{-\tau s}}{(T_1 s + 1)(T_2 s + 1)} \tag{6-6-1}$$

式中，τ 为延迟时间；T_1、T_2 为系统时间常数。当 T_1、T_2 均不为 0 时，表示纯滞后二阶惯性系统；T_1、T_2 中有一个为零时，为纯滞后一阶惯性系统。

大林提出经过调节器的作用，获得如图 6-6-1 所示的期望闭环传递函数为

$$G_c(s) = \frac{e^{-\tau s}}{(T_H s + 1)} \tag{6-6-2}$$

期望闭环传递函数为延迟时间不变的一阶惯性系统。期望系统的时间常数 T_H 可以根据实际需要在一定范围内选择。由于期望闭环系统是一阶惯性系统，其单位阶跃响应是一个无超调

的指数上升曲线，输出延迟时间由被控对象决定，上升速度由期望时间常数决定，实现了对具有较大延迟的惯性系统的控制要求。

6.6.2 大林算法的实现

1. 将期望闭环和被控系统进行带零阶保持器的离散化

期望闭环系统式（6-6-2）离散化后的脉冲传递函数为

$$G_c(z)=Z\left[\frac{1-e^{-Ts}}{s}\cdot\frac{1}{(T_H s+1)}e^{-NTs}\right]=z^{-(N+1)}\frac{(1-e^{-T/T_H})}{1-e^{-T/T_H}\cdot z^{-1}} \tag{6-6-3}$$

式中，$N=\tau/T$，T 为采样周期，取延迟时间为采样周期的整数倍 N。

被控对象式（6-6-1）离散化后的脉冲传递函数为

$$\begin{aligned}G_0(z)&=Z\left[\frac{1-e^{-Ts}}{s}\cdot\frac{K}{(T_1s+1)(T_2s+1)}e^{-NTs}\right]\\&=K(1-z^{-1})z^{-N}\cdot Z\left[\frac{1}{s(T_1s+1)(T_2s+1)}e^{-NTs}\right]\\&=\frac{K(c_1+c_2z^{-1})z^{-(N+1)}}{(1-e^{-T/T_1}z^{-1})(1-e^{-T/T_2}z^{-1})}\end{aligned} \tag{6-6-4}$$

式中，

$$c_1=1+\frac{1}{T_2-T_1}(T_1e^{-T/T_1}-T_2e^{-T/T_2}) \tag{6-6-5}$$

$$c_2=e^{-T/(1/T_1+1/T_2)}+\frac{1}{T_2-T_1}(T_1e^{-T/T_2}-T_2e^{-T/T_1}) \tag{6-6-6}$$

如果令式（6-6-4）、式（6-6-5）和式（6-6-6）中 T_1 或 T_2 等于0，可得一阶纯滞后惯性系统的脉冲传递函数（例如令 $T_2=0$）

$$G_0(z)=Z\left[\frac{1-e^{-Ts}}{s}\frac{Ke^{-NTs}}{T_1s+1}\right]=z^{-(N+1)}\frac{(1-e^{-T/T_1})}{1-e^{-T/T_1}\cdot z^{-1}} \tag{6-6-7}$$

其中，$c_1=1-e^{-T/T_1}$，$c_2=0$。

2. 数字调节器 $D(z)$

通过闭环传递函数和被控对象求取调节器 $D(z)$。由

$$G_c(z)=\frac{D(z)G_0(z)}{1+D(z)G_0(z)} \tag{6-6-8}$$

有

$$D(z)=\frac{G_c(z)}{[1-G_c(z)]G_0(z)}=\frac{G_c(z)}{G_e(z)G_0(z)} \tag{6-6-9}$$

式中，$G_e(z)$ 为误差传递函数，表示系统误差 $E(z)$ 与系统输入 $R(z)$ 之间的传递关系。

$$G_e(z)=\frac{E(z)}{R(z)}=\frac{1}{1+D(z)G_0(z)}=1-G_c(z) \tag{6-6-10}$$

将式（6-6-4）代入式（6-6-9）之中并化简，有

$$D(z)=\frac{(1-e^{-T/T_H})(1-e^{-T/T_1}z^{-1})(1-e^{-T/T_2}z^{-1})}{Kc_1\left(1+\frac{c_2}{c_1}\cdot z^{-1}\right)[1-e^{-T/T_H}z^{-1}-(1-e^{-T/T_H})z^{-(N+1)}]} \tag{6-6-11}$$

3. 振铃及其消除

振铃是指调节器 $D(z)$ 的单位阶跃响应 $u(kT)$ 以 $2T$ 为周期的大幅度摆动。振铃幅度可以表示为

$$RA=u(0)-u(1)=a_1-b_1 \tag{6-6-12}$$

式中，a_1，b_1 分别为分母和分子中 z^{-1} 的系数。对于式（6-6-11）有

$$RA=\frac{c_2}{c_1}-e^{-T/T_H}-e^{-T/T_1}-e^{-T/T_2} \tag{6-6-13}$$

由离散系统的动态特性分析可知，$D(z)$ 在左半平面的极点会产生振铃现象，当 $z=-1$ 时，振铃幅度最大。相反，$D(z)$ 在右半平面的极点会减弱振铃现象。要消除振铃，可以先找出调节器在左半平面在 $z=-1$ 附近的极点，然后令其中的 $z=1$。对于调节器式（6-6-11），通常有两种消除振铃极点的方法。

第一，消除振铃极点 $z=-\frac{c_2}{c_1}$。令因子 $\left(1+\frac{c_2}{c_1}z^{-1}\right)$ 中的 $z=1$ 得

$$c_1\left(1+\frac{c_2}{c_1}z^{-1}\right)\bigg|_{z=1}=c_1+c_2=(1-e^{T/T_1})(1-e^{-T/T_2}) \tag{6-6-14}$$

带回式（6-6-11）中，得到消除振铃极点 $z=-\frac{c_2}{c_1}$ 之后的数字调节器[14]

$$D(z)=\frac{(1-e^{-T/T_H})(1-e^{-T/T_1}z^{-1})(1-e^{-T/T_2}z^{-1})}{K(1-e^{-T/T_1})(1-e^{-T/T_2})[1-e^{-T/T_H}z^{-1}-(1-e^{-T/T_H})z^{-(N+1)}]} \tag{6-6-15}$$

第二，对式（6-6-11）的分母进行因式分解，消除引起振铃的所有极点得[15]

$$D(z)=\frac{(1-e^{-T/T_H})(1-e^{-T/T_1}z^{-1})(1-e^{-T/T_2}z^{-1})}{K(1-e^{-T/T_1})(1-e^{-T/T_2})[1+N(1-e^{-T/T_H})](1-z^{-1})} \tag{6-6-16}$$

实际上，振铃现象与采样周期、期望闭环传递函数的时间常数等都有关系，选择适当的采样周期对减小振铃会有很大帮助。消除振铃极点后，对系统的稳态特性没有影响，但对系统的瞬态特性会有影响。见下面的仿真实例。

6.6.3 大林算法的仿真分析

【例 6-13】 大林算法仿真仪。

大林算法仿真分析仪程序如 shixz06_13 所示。其程序框图面板和前面板分别如图 6-6-2 和图 6-6-3 所示。

（1）纯滞后二阶惯性被控对象和期望闭环传递函数离散化模型

用户在前面板上按照式（6-6-1）和式（6-6-2）设定二阶系统时间常数 T_1，T_2，延迟时间 tao，增益 K，采样周期 T_s 和期望时间常数 T_h，离散化程序段如下：

```
N = ceil(tao/ Ts);% 延迟拍数
n0 = zeros(1,N);% 缺项添零
n01 = zeros(1,N -1);
```

纯滞后惯性系统的大林算法： shixz06_13

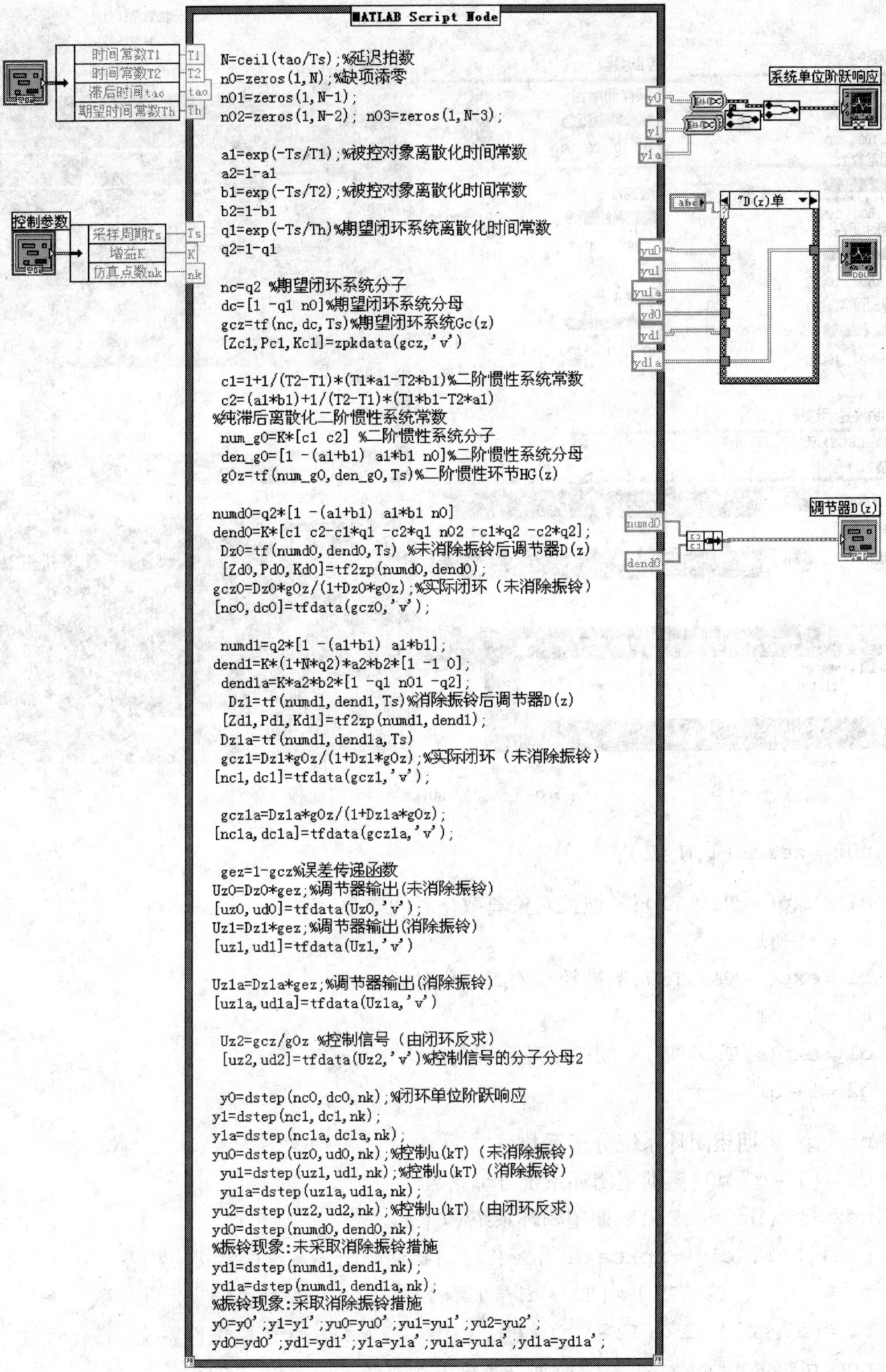

MATLAB Script Node

时间常数T1
时间常数T2
滞后时间tao
期望时间常数Th

控制参数
采样周期Ts
增益K
仿真点数nk

系统单位阶跃响应

"D(z)单

调节器D(z)

```
N=ceil(tao/Ts);%延迟拍数
n0=zeros(1,N);%缺项添零
n01=zeros(1,N-1);
n02=zeros(1,N-2); n03=zeros(1,N-3);

a1=exp(-Ts/T1);%被控对象离散化时间常数
a2=1-a1
b1=exp(-Ts/T2);%被控对象离散化时间常数
b2=1-b1
q1=exp(-Ts/Th)%期望闭环系统离散化时间常数
q2=1-q1

nc=q2 %期望闭环系统分子
dc=[1 -q1 n0]%期望闭环系统分母
gcz=tf(nc,dc,Ts)%期望闭环系统Gc(z)
[Zc1,Pc1,Kc1]=zpkdata(gcz,'v')

c1=1+1/(T2-T1)*(T1*a1-T2*b1)%二阶惯性系统常数
c2=(a1*b1)+1/(T2-T1)*(T1*b1-T2*a1)
%纯滞后离散化二阶惯性系统常数
num_g0=K*[c1 c2] %二阶惯性系统分子
den_g0=[1 -(a1+b1) a1*b1 n0]%二阶惯性系统分母
g0z=tf(num_g0,den_g0,Ts)%二阶惯性环节HG(z)

numd0=q2*[1 -(a1+b1) a1*b1 n0]
dend0=K*[c1 c2-c1*q1 -c2*q1 n02 -c1*q2 -c2*q2];
Dz0=tf(numd0,dend0,Ts) %未消除振铃后调节器D(z)
[Zd0,Pd0,Kd0]=tf2zp(numd0,dend0);
gcz0=Dz0*g0z/(1+Dz0*g0z);%实际闭环（未消除振铃）
[nc0,dc0]=tfdata(gcz0,'v');

numd1=q2*[1 -(a1+b1) a1*b1];
dend1=K*(1+N*q2)*a2*b2*[1 -1 0];
dend1a=K*a2*b2*[1 -q1 n01 -q2];
Dz1=tf(numd1,dend1,Ts)%消除振铃后调节器D(z)
[Zd1,Pd1,Kd1]=tf2zp(numd1,dend1);
Dz1a=tf(numd1,dend1a,Ts)
gcz1=Dz1*g0z/(1+Dz1*g0z);%实际闭环（未消除振铃）
[nc1,dc1]=tfdata(gcz1,'v');

gcz1a=Dz1a*g0z/(1+Dz1a*g0z);
[nc1a,dc1a]=tfdata(gcz1a,'v');

gez=1-gcz%误差传递函数
Uz0=Dz0*gez;%调节器输出(未消除振铃)
[uz0,ud0]=tfdata(Uz0,'v');
Uz1=Dz1*gez;%调节器输出(消除振铃)
[uz1,ud1]=tfdata(Uz1,'v')

Uz1a=Dz1a*gez;%调节器输出(消除振铃)
[uz1a,ud1a]=tfdata(Uz1a,'v')

Uz2=gcz/g0z %控制信号（由闭环反求）
[uz2,ud2]=tfdata(Uz2,'v')%控制信号的分子分母2

y0=dstep(nc0,dc0,nk);%闭环单位阶跃响应
y1=dstep(nc1,dc1,nk);
y1a=dstep(nc1a,dc1a,nk);
yu0=dstep(uz0,ud0,nk);%控制u(kT)（未消除振铃）
yu1=dstep(uz1,ud1,nk);%控制u(kT)（消除振铃）
yu1a=dstep(uz1a,ud1a,nk);
yu2=dstep(uz2,ud2,nk);%控制u(kT)（由闭环反求）
yd0=dstep(numd0,dend0,nk);
%振铃现象:未采取消除振铃措施
yd1=dstep(numd1,dend1,nk);
yd1a=dstep(numd1,dend1a,nk);
%振铃现象:采取消除振铃措施
y0=y0';y1=y1';yu0=yu0';yu1=yu1';yu2=yu2';
yd0=yd0';yd1=yd1';y1a=y1a';yu1a=yu1a';yd1a=yd1a';
```

T1 T2 tao Th Ts K nk

y0 y1 y1a

yu0 yu1 yu1a yd0 yd1 yd1a

numd0 dend0

图 6-6-2　程序 shixz06_13 框图面板

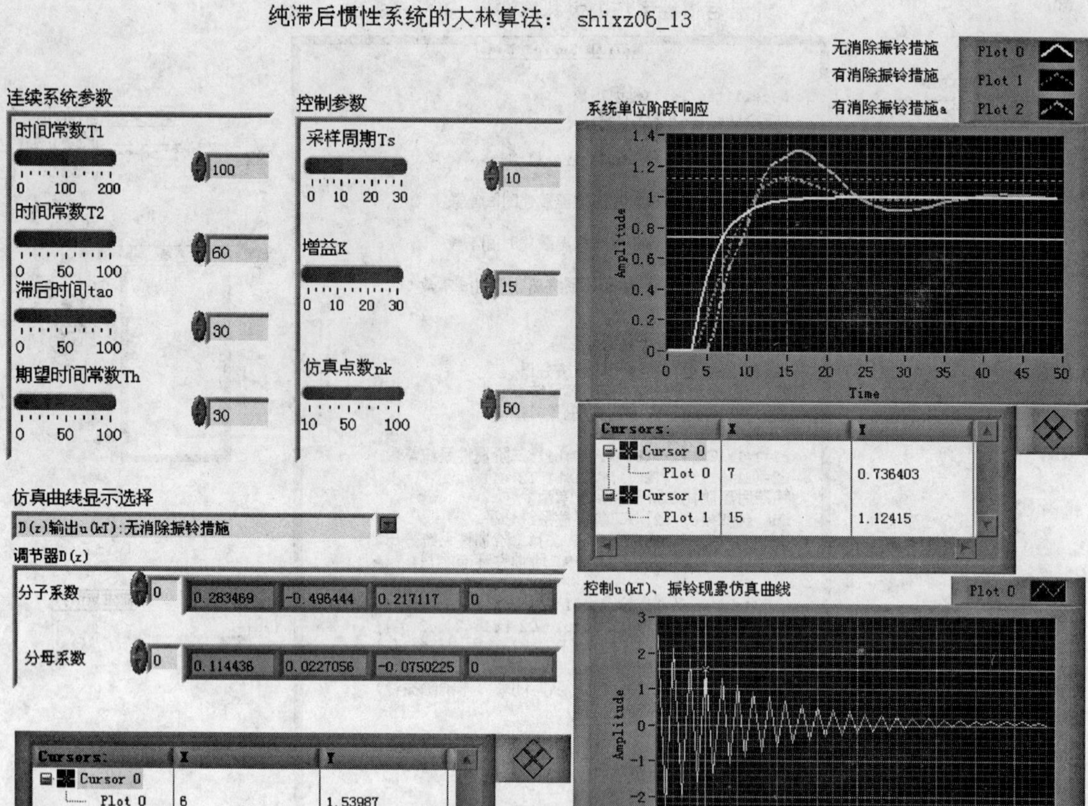

图 6-6-3　程序 shixz06_13 前面板

```
n02 = zeros(1,N - 2);
a1 = exp( - Ts / T1);% 被控对象离散化时间常数
a2 = 1 - a1
b1 = exp( - Ts / T2);% 被控对象离散化时间常数
b2 = 1 - b1
q1 = exp( - Ts / Th)% 期望闭环系统离散化时间常数
q2 = 1 - q1
nc = q2 % 期望闭环系统分子系数
dc = [1 - q1 n0]% 期望闭环系统分母系数
gcz = tf(nc,dc,Ts)% 期望闭环系统 Gc(z)
[Zc1,Pc1,Kc1] = zpkdata(gcz,'v');% 期望闭环系统的零极点增益
c1 = 1 + 1 / (T2 - T1) * (T1 * a1 - T2 * b1);% 二阶惯性系统离散化常数
c2 = (a1 * b1) + 1 / (T2 - T1) * (T1 * b1 - T2 * a1);% 二阶惯性系统离散化常数
num_g0 = K * [c1 c2] % 二阶惯性系统分子系数
den_g0 = [1 - (a1 + b1) a1 * b1 n0]% 二阶惯性系统分母系数
```

```
g0z=tf(num_g0,den_g0,Ts)% 二阶惯性系统HG(z)
```

运行后，实例期望闭环系统式（6-6-3）（gcz）为

$$gcz=\frac{0.2835}{z^4-0.7165\ z^3} \tag{6-6-17}$$

Sampling time：10

广义被控对象式（6-6-4）（g0z）为

$$g0z=\frac{0.1144\ z+0.1047}{z^5-1.751\ z^4+0.7659\ z^3} \tag{6-6-18}$$

Sampling time：10

读者还可以使用命令 c2d 获得无延迟部分的离散化模型。

（2）无消除振铃措施的调节器 $D(z)$（Dz0）

```
numd0=q2*[1-(a1+b1)a1*b1 n0];% 式(6-6-11)的分子系数
dend0=K*[c1 c2-c1*q1-c2*q1 n02-c1*q2-c2*q2];% 式(6-6-11)的分母系数
Dz0=tf(numd0,dend0,Ts)% 式(6-6-11)的调节器D(z)
[Zd0,Pd0,Kd0]=tf2zp(numd0,dend0);% 式(6-6-11)的零极点增益
```

$$Dz0=\frac{0.2835\ z^5-0.4964\ z^4+0.2171\ z^3}{0.1144\ z^5+0.02271\ z^4-0.07502\ z^3-0.03244\ z-0.02968} \tag{6-6-19}$$

（3）有消除振铃措施的调节器 $D(z)$

```
numd1=q2*[1-(a1+b1)a1*b1];% 式(6-6-16)分子系数
dend1=K*(1+N*q2)*a2*b2*[1-1 0];% 式(6-6-16)的分母系数
dend1a=K*a2*b2*[1-q1 n01-q2];% 式(6-6-15)的分母系数
Dz1=tf(numd1,dend1,Ts);% 式(6-6-16)的D(z)
[Zd1,Pd1,Kd1]=tf2zp(numd1,dend1);
Dz1a=tf(numd1,dend1a,Ts);% 式(6-6-15)的D(z)
```

$$Dz1=\frac{0.2835\ z^2-0.4964\ z+0.2171}{0.4055\ z^2-0.4055\ z} \tag{6-6-20}$$

$$Dz1a=\frac{0.2835\ z^2-0.4964\ z+0.2171}{0.2191\ z^4-0.157\ z^3-0.06212} \tag{6-6-21}$$

（4）实际闭环传递函数

```
gcz0=Dz0*g0z/(1+Dz0*g0z);% 采用式(6-6-11)调节器的实际闭环函数
[nc0,dc0]=tfdata(gcz0,'v');
gcz1=Dz1*g0z/(1+Dz1*g0z);% 采用式(6-6-16)调节器的实际闭环函数
[nc1,dc1]=tfdata(gcz1,'v');
gcz1a=Dz1a*g0z/(1+Dz1a*g0z);% 采用式(6-6-15)调节器的实际闭环函数
[nc1a,dc1a]=tfdata(gcz1a,'v');
```

gcz0,gcz1、gcz1a 等表达式较长,此处略去。

（5）调节器的输出 $U(z)$

```
gez=1-gcz% 期望误差传递函数
```

```
Uz0 = Dz0 * gez;% 调节器输出(无消除振铃措施)
[uz0,ud0] = tfdata(Uz0,'v');
Uz1 = Dz1 * gez;% 调节器输出(按式(6-6-16)消除振铃)
[uz1,ud1] = tfdata(Uz1,'v')
Uz1a = Dz1a * gez;% 调节器输出(按式(6-6-15)消除振铃)
[uz1a,ud1a] = tfdata(Uz1a,'v')

Uz2 = gcz / g0z % 期望控制
[uz2,ud2] = tfdata(Uz2,'v')
```

(6) 输出、控制及振铃的时域数值

```
y0 = dstep(nc0,dc0,nk);% 闭环单位阶跃响应(无消除振铃措施)
y1 = dstep(nc1,dc1,nk);% 闭环单位阶跃响应(按式(6-6-16)消除振铃)
y1a = dstep(nc1a,dc1a,nk);% 闭环单位阶跃响应(按式(6-6-15)消除振铃)
yu0 = dstep(uz0,ud0,nk);% 控制 u(kT)(无消除振铃措施)
yu1 = dstep(uz1,ud1,nk);% 控制 u(kT)(按式(6-6-16)消除振铃)
yu1a = dstep(uz1a,ud1a,nk);% 控制 u(kT)(按式(6-6-15)消除振铃)
yu2 = dstep(uz2,ud2,nk);% 期望控制 u(kT)

yd0 = dstep(numd0,dend0,nk);% 调节器的振铃现象(无消除振铃措施)
yd1 = dstep(numd1,dend1,nk);% 调节器的振铃现象(按式(6-6-16)消除振铃)
yd1a = dstep(numd1,dend1a,nk);% 振铃现象(按式(6-6-15)消除振铃)
y0 = y0 ';y1 = y1 ';yu0 = yu0 ';yu1 = yu1 ';yu2 = yu2 ';
yd0 = yd0 ';yd1 = yd1 ';y1a = y1a ';yu1a = yu1a ';yd1a = yd1a ';
```

图 6-6-3 的系统单位阶跃响应示波器上绘制了 3 条响应曲线。曲线 plot0 对应的闭环使用调节器式（6-6-11），未采用消除振铃措施；曲线 plot1 对应的闭环使用调节器式（6-6-16），消除了部分振铃极点；曲线 plot2 对应的闭环使用调节器式（6-6-15），消除了全部振铃极点。它们的稳态特性相同，但其瞬态特性不同，未消除振铃极点的响应无超调，最符合纯滞后惯性被控对象控制的初衷要求。采用消除全部振铃极点的调节器，其闭环响应出现较大超调和一次振荡。消除部分振铃极点的瞬态特性居于二者之间。造成这种情况的原因在于，使用未消除振铃的调节器构成实际闭环系统时，可以还原成期望闭环传递函数，实际上曲线 plot0 就是期望闭环传递函数的单位阶跃响应。而消除振铃极点之后的调节器构成闭环时与期望闭环有一定误差，使其输出响应也与期望闭环响应产生差距。

系统的控制 $u(kT)$ 和调节器的单位阶跃响应示于第二个示波器上。可以使用图 6-6-4 的选择开关选择需要显示的曲线。

几种不同振铃现象的仿真曲线如图 6-6-5 ~ 图 6-6-7 所示。根据振铃幅度的定义式（6-6-12），图 6-6-5 ~ 图 6-6-7 的振铃幅度依次为 4.8297，0.5252 和 0。附带说明，调节器的输出（控制）和调节器的单位阶跃响应（振铃）的最初几拍具有相同的幅值，但随着拍数的增加，二者出现差别。读者可以通过仿真仪的显示曲线选择加以研究。

程序 shixz06_13a 示出了使用阶梯波显示曲线的大林算法，可供参考。

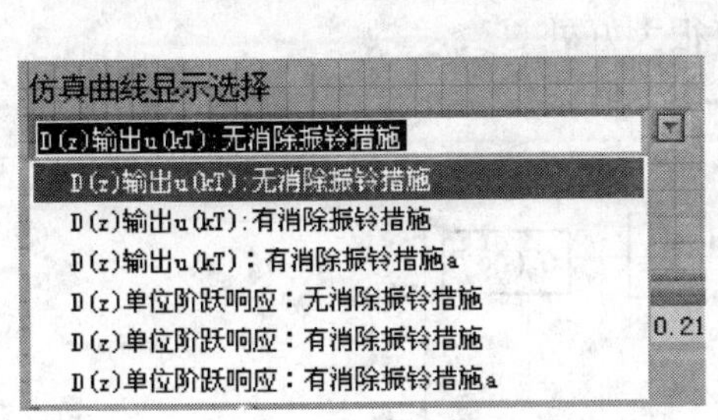

图 6-6-4 仿真曲线显示选择开关

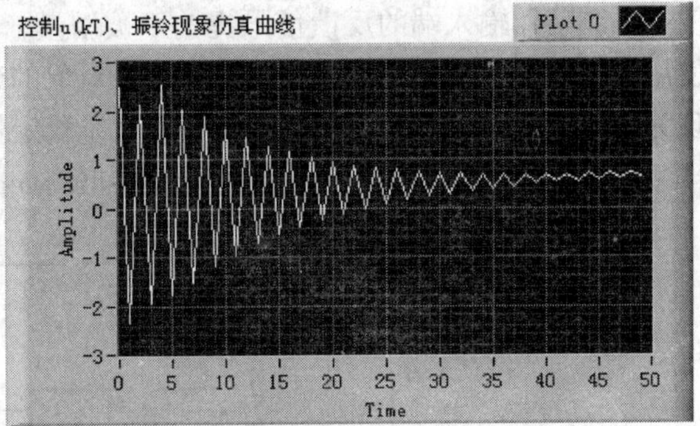

图 6-6-5 无消除振铃措施的 $u(kT)$

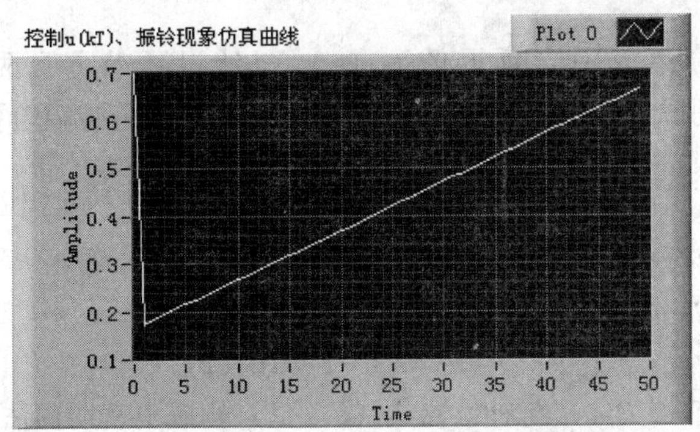

图 6-6-6 消除部分振铃极点的 $u(kT)$

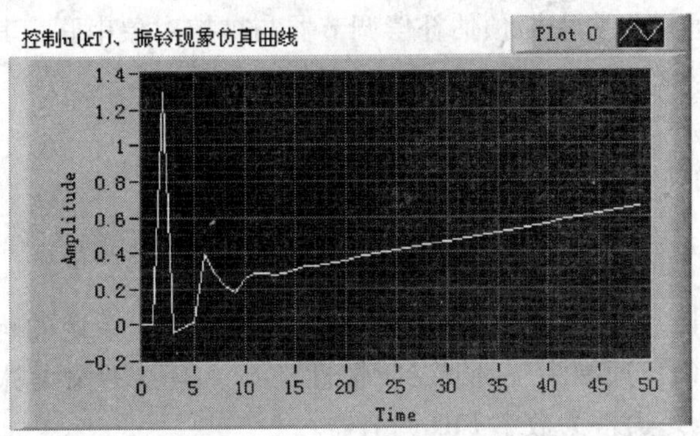

图 6-6-7 消除全部振铃极点的 $u(kT)$

6.7 史密斯预估补偿调节器仿真分析

6.7.1 史密斯预估补偿调节器的基本原理

由于被控对象的滞后特性，使被调量的反馈信号延迟到达调节器的输入端，使调节器的输出，即系统的控制也发生相应的延迟。史密斯预估补偿调节器力图避免反馈信号的延迟，使进入调节器输入端的反馈信号提前于被调量，使调节器的输出纠正这种“迟来的控制”。使用史密斯预估补偿调节器后，会将被控对象的延迟排除于系统特征方程之外，使其仅仅表现为系统响应对输入的延迟，对于提高系统稳定性有很大好处。

计算机控制的史密斯预估补偿调节器框图如图 6-7-1 所示。

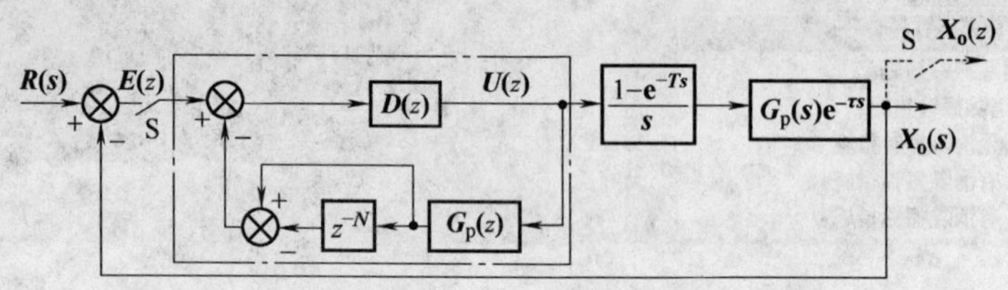

图 6-7-1　史密斯预估补偿调节器控制原理图

图中，将被控对象分离成不含延迟的 $G_p(s)$ 和延迟环节 $e^{-\tau s}$ 两部分。设延迟时间 $\tau=NT$，则延迟部分的脉冲传递函数为 z^{-N}。将不含延迟的部分带零阶补偿器离散化，得到

$$G_p(z)=Z\left[\frac{1-e^{-Ts}}{s}G_p(s)\right]=(1-z^{-1})Z\left[\frac{G_p(s)}{s}\right] \tag{6-7-1}$$

考虑延迟之后，被控对象的离散化传递函数为 $z^{-N}G_p(z)$。

点画线框内补偿器部分的传递函数为

$$D_g(z)=(1-z^{-N})G_p(z) \tag{6-7-2}$$

点画线框内由普通调节器 $D(z)$ 与补偿器式（6-7-2）构成史密斯预估补偿调节器

$$D'(z)=\frac{D(z)}{1+D(z)D_g(z)}=\frac{D(z)}{1+D(z)(1-z^{-N})G_p(z)} \tag{6-7-3}$$

图 6-7-1 的前向通道由史密斯预估补偿调节器与被控对象串联，其闭环传递函数为

$$G_B(z)=\frac{z^{-N}D'(z)G_p(z)}{1+z^{-N}D'(z)G_p(z)} \tag{6-7-4}$$

代入式（6-7-3）化简，有

$$G_B(z)=\frac{D(z)G_p(z)z^{-N}}{1+D(z)G_p(z)} \tag{6-7-5}$$

式（6-7-5）表明，延迟部分已经分离到闭环之外，只对系统的响应造成延迟。式中不含延迟的被控对象 $G_p(z)$ 通常为一阶或二阶惯性环节，但并不像大林算法那样仅限于一阶或二阶惯性环节。$D(z)$ 通常为数字 PID 调节器。

6.7.2　史密斯预估补偿调节器的设计步骤

设已知被控对象的数学模型为 $G_p(s)e^{-\tau s}$，且取整 $N\approx\tau/T$。

1）计算式（6-7-1）。使用零阶保持器法离散化不含延迟的被控对象 $G_p(s)$，得到 $G_p(z)$。

2）计算式（6-7-2）。构造补偿器 $D_g(z)$，注意 z^0 与 z^{-N} 之间缺 $N-1$ 项。

3）根据不含延迟的被控对象 $G_p(z)$，构造数字 PID 调节器。根据仿真实践，对于时间常数较大的被控对象，积分系数 K_i 影响强烈，可以手动设置调节，再确定比例与微分系数（K_p 和 K_d）。参见下面的仿真实例。

4）计算式（6-7-3）。构造史密斯预估调节器 $D'(z)$。

5）计算式（6-7-5）。构造闭环系统，求取其单位阶跃响应。求取调节器的输出（控制）。

6.7.3 史密斯预估补偿法的仿真分析

【例6-14】 史密斯预估补偿法仿真分析仪。

史密斯预估补偿法仿真分析仪程序如 shixz06_14 所示。前面板和程序框图面板分别如图6-7-2 和图6-7-3 所示。

（1）前面板赋值及被控对象离散化模型

参见图6-7-3。用户在前面板上设置不超过5 阶且不含延迟的连续被控对象。在“设定参数”控件簇内设置采样周期 T，延迟时间 tao 和仿真拍数 n_k。在“积分系数”控件中设置积分系数 K_i。离散化程序段如下：

```
N = ceil(tao / T);% 延迟拍数
n0 = zeros(1,N);
n01 = zeros(1,N-1);
n0s = [b5 b4 b3 b2 b1 b0];
d0s = [a5 a4 a3 a2 a1 a0];
g0 = tf(n0s,d0s);% 不含延迟的连续被控系统
[ns0,ds0] = tfdata(g0,'v');
[Zs0,Ps0,Ks0] = tf2zp(ns0,ds0);
g0zp = zpk(Zs0,Ps0,Ks0);
[numd,dend] = c2dm(ns0,ds0,T,'zoh');% 不含延迟的被控对象离散化
gzp = tf(numd,dend,T);% 不含延迟被控对象的脉冲传递函数
[Zz0,Pz0,Kz0] = tf2zp(numd,dend);
gz1zp = zpk(Zz0,Pz0,Kz0,T);
```

实例运行后被控对象连续模型（g0）

$$g0 = \frac{1}{6\ s\hat{}3 + 6\ s\hat{}2 + 11\ s + 6} \tag{6-7-6}$$

被控对象离散模型（gz1zp）

$$gz1zp = \frac{0.16482(z - 0.1715)(z - 0.1267)}{(z - 0.001923)(z\hat{}2 - 0.3067z + 0.02361)} \tag{6-7-7}$$

Sampling time：10

（2）常规 PID 调节器 $D(z)$ 设计程序段

详见程序 shixz06_12，不同之处在于由用户在前面板上设定积分常数 K_i、程序计算比例系数 K_p 和微分系数 K_d，只需两个相关方程。常规 PID 调节器（Dzzp）

$$Dzzp = \frac{2.0924(z\hat{}2 - 0.3067z + 0.02361)}{z(z - 1)} \tag{6-7-8}$$

显然，调节器 Dzzp 的两个零点抵消了被控对象构造 gz1zp 的两个极点。前已述及，积分常

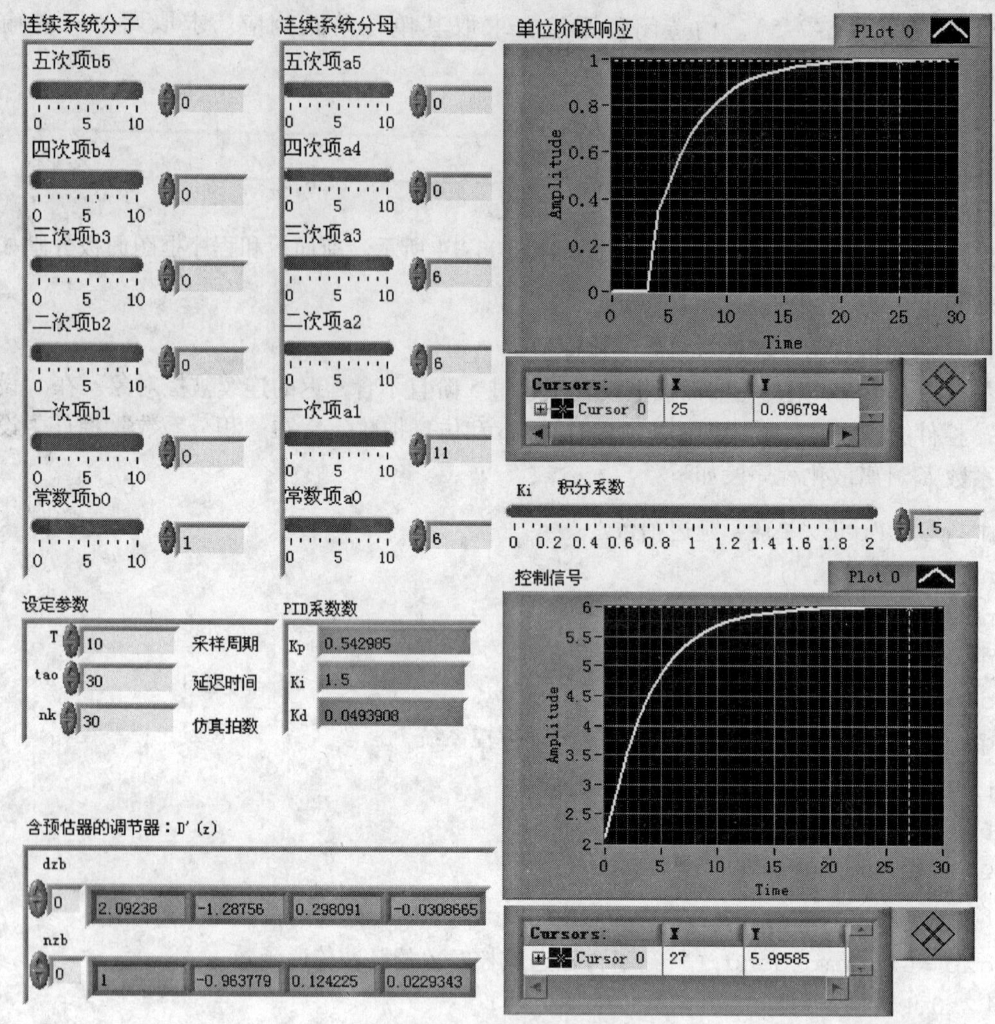

图 6-7-2　程序 shixz06_14 前面板图

数 K_i 的数值对控制性能影响很大，仿真时应当从较小的数值逐渐调大。

（3）构造史密斯预估调节器式（6-7-3）的程序段

```
nz1 =[1 n01 -1];dz1 =[1 n0];% 预估项(1-z^(-N))的分子分母系数
Dz1 =tf(nz1,dz1,T);% 预估项(1-z^(-N))
nz2 =conv(nz1,numd);dz2 =conv(dz1,dend);% 式(6-7-2)的分子分母系数
Dz1p =tf(nz2,dz2,T)% 预估器反馈部分式(6-7-2)
Dzb =feedback(Dz,Dz1p,-1);% 含预估器的调节器
[nzb,dzb] =tfdata(Dzb,'v');
```

注意程序中 n0 和 n01 的作用。运行得

$$Dz1=\frac{z^3-1}{z^3} \tag{6-7-9}$$

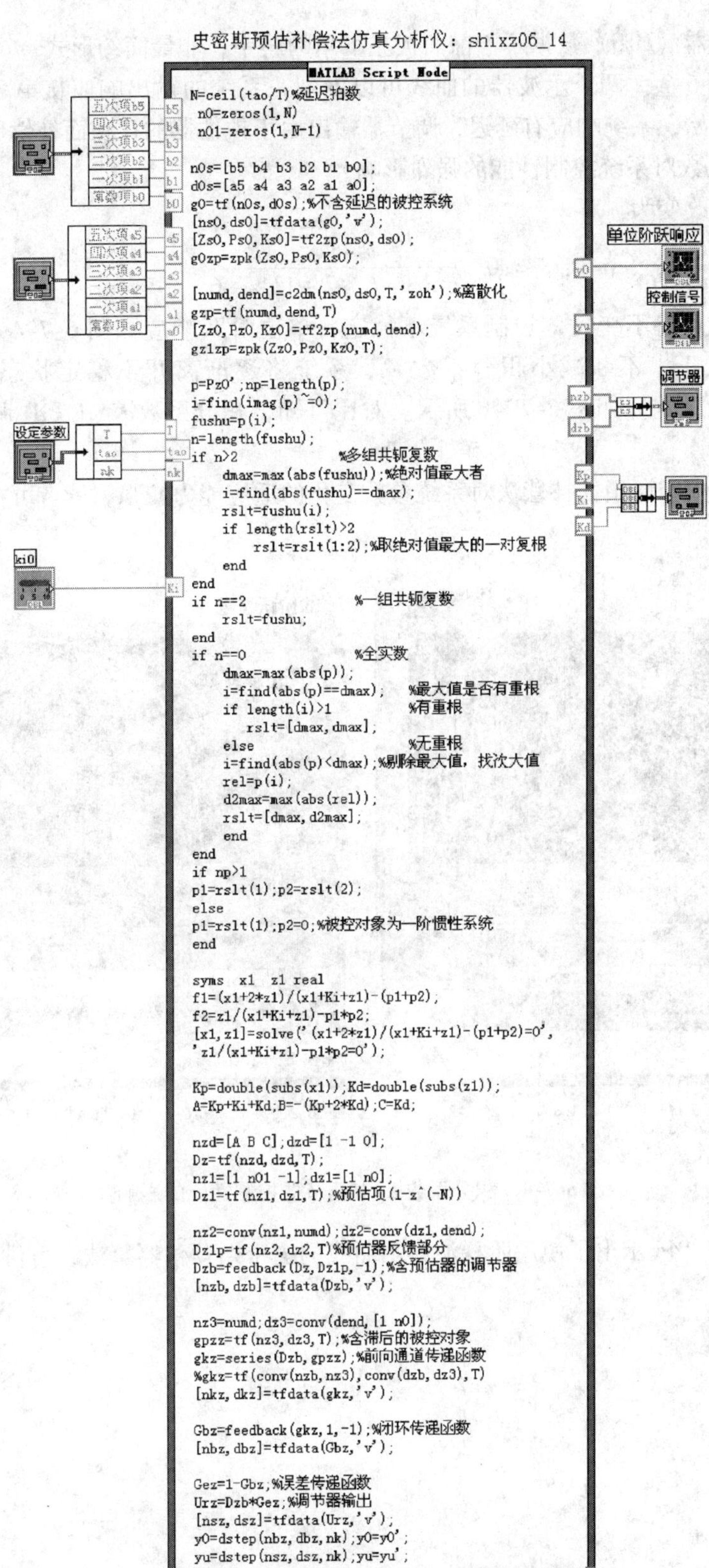

图 6-7-3　程序 shixz06_14 框图面板

含预估器的调节器（Dzb）数据示于前面板左下角的簇中，非最简约形式。

（4）研究图 6-7-2 两个示波器的曲线可以发现，系统的输出响应从第 3 拍开始，控制信号从第 0 拍开始，系统响应有延迟，调节器输出由于预估器的存在而补偿了这种延迟。

（5）积分系数对系统控制性能的强烈影响

将被控对象改变为

$$g0=\frac{5}{6\ s\hat{}3+6\ s\hat{}2+11\ s+6} \tag{6-7-10}$$

当其余参数保持不变时，控制系统不稳定，单位阶跃响应如图 6-7-4a 所示。在仿真仪连续运行模式下，不断减小积分系数 K_i，系统将逐渐离开不稳定状态，当 $K_i=0.35$ 时，系统单位阶跃响应如图 6-7-4b 所示。对比可知，积分系数 K_i 在 PID 调节器中的重要作用。

顺便提及，史密斯预估补偿法对系统参数变化的适应能力较强，读者可在仿真仪上进行研究。

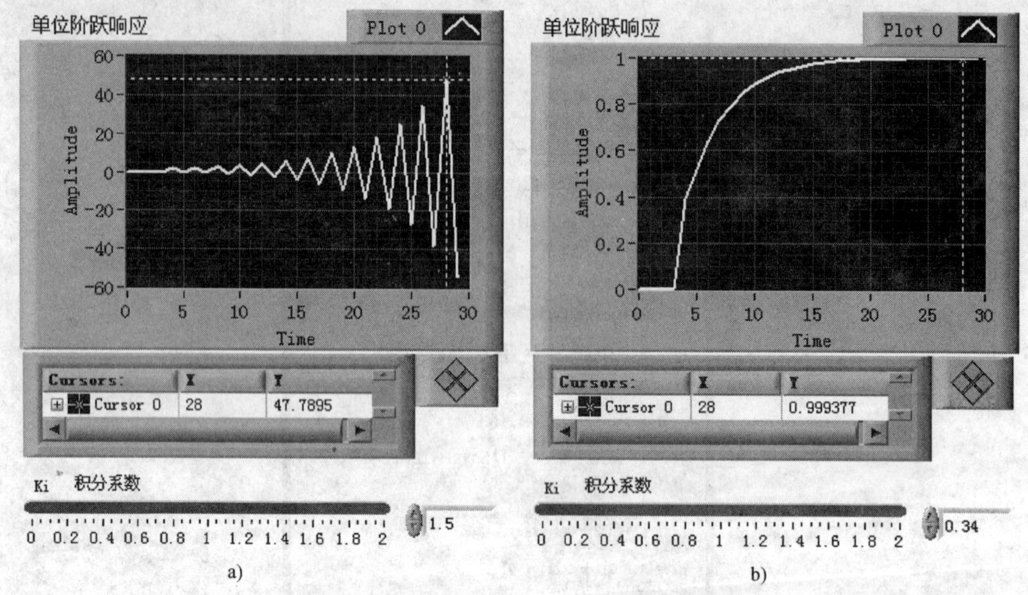

图 6-7-4　积分系数 K_i 对调节器控制性能的影响

程序 shixz06-14a 示出了使用阶梯波显示曲线的史密斯预估器算法，可供参考。

参 考 文 献

[1] Math Works. MatLAB version 6 User's Guide.

[2] 美国 NI 公司. LabVIEW 基础教程.

[3] 雷振山，等. LabVIEW 8.2 基础教程 [M]. 北京：中国铁道出版社，2008.

[4] 郭天石. 基于 LabVIEW 的虚拟信号合成图示仪 [J]. 四川理工学院学报：自然科学版，2006 (1).

[5] 杨叔子. 机械工程控制基础 [M]. 3 版. 武汉：华中理工大学出版社，1993.

[6] 薛定宇. 控制系统计算机辅助设计——MATLAB 语言及应用 [M]. 北京：清华大学出版社，1996.

[7] 刘锋，陈青. 自动控制理论 [M]. 3 版. 北京：中国电力出版社，2008.

[8] 于长官. 现代控制理论 [M]. 3 版. 哈尔滨：哈尔滨工业大学出版社，2006.

[9] 郭天石，刘高君. 基于 LabVIEW 的微分方程数值解的动态仿真仪 [J]. 四川理工学院学报：自然科学版，2009 (1).

[10] 吴麒，王诗宓. 自动控制原理：上册 [M]. 北京：清华大学出版社，2006.

[11] 黄文梅，等. 系统仿真分析与设计——MATLAB 语言工程应用 [M]. 长沙：国防科技大学出版社，2001.

[12] 吴怀宇，廖家平. 自动控制原理 [M]. 武汉：华中科技大学出版社，2007.

[13] 郭天石. 基于 LABVIEW 的多功能控制系统设计与仿真仪 [J]. 系统仿真报，2009 (16).

[14] 席爱民. 计算机控制系统 [M]. 北京：高等教育出版社，2004.

[15] 刘恩沧. 计算机控制系统分析与设计 [M]. 武汉：华中理工大学出版社，1997.

检
7